太湖蓝藻持续爆发原因及防治措施

主 编　朱 喜　苏 华

副主编　张习武　陶琛杰　卢洪欢

　　　　朱 伟　刘丽香　秦建国

U0227543

黄河水利出版社

·郑 州·

内 容 提 要

经 30 余年调研,作者对大型浅水湖泊太湖污染和蓝藻爆发的历史、现状与治理实践进行了全面探讨,本书内容涵盖控源截污、打捞消除蓝藻、清淤、调水、生态修复五大类技术;将以往太湖蓝藻连年持续爆发的主因总结为"三高"(藻密度高、营养程度高、以水温高为代表的自然因素),明确提出必须建立消除蓝藻爆发的目标才有望消除蓝藻爆发;提出太湖治理解决方案,采取三大措施:治理水污染、消除富营养化,降低藻密度、削减蓝藻种源,生态修复、恢复湿地。只有充分发挥中国集中力量办大事的社会主义体制优势,才能实现在 2030—2049 年间消除太湖蓝藻爆发的伟大目标。

本书内容丰富,具有较高的理论性、实用性和可读性,对"三湖"消除蓝藻爆发、国内外河湖污染防治和黑臭水体治理具有现实指导意义。本书可供水利、环保、生态、城建市政等专业人员,政府管理部门、院校师生及关心河湖治理的各界人士阅读参考。

图书在版编目(CIP)数据

太湖蓝藻持续爆发原因及防治措施/朱喜,苏华主编 .
—郑州:黄河水利出版社,2022. 11
ISBN 978-7-5509-3454-2

Ⅰ . ①太… Ⅱ . ①朱…②苏… Ⅲ . ①太湖-蓝藻纲-藻类水华-防治 Ⅳ . ①X52

中国版本图书馆 CIP 数据核字(2022)第 229291 号

审稿编辑:席红兵 13592608739

出 版 社:黄河水利出版社
   地址:河南省郑州市顺河路黄委会综合楼 14 层   邮政编码:450003
发行单位:黄河水利出版社
   发行部电话:0371-66026940、66020550、66028024、66022620(传真)
   E-mail:hhslcbs@ 163. com
承印单位:河南瑞之光印刷股份有限公司
开本:787 mm×1 092 mm 1/16
印张:25.75   插页:14
字数:460 千字   印数:1—1 000
版次:2022 年 11 月第 1 版   印次:2022 年 11 月第 1 次印刷

定价:178.00 元

《太湖蓝藻持续爆发原因及防治措施》
编写人员名单

主　编　朱　喜　苏　华

副主编　张习武　陶琛杰　卢洪欢　朱　伟　刘丽香
　　　　秦建国

主要编写人员

朱　喜　秦建国　吴林锋　边晓阳　吴　钢

张耀华　朱　云　韩曙光　孙　璟　徐项哲

吴　逸　肖　晗　赵兴才　潘正国　朱霖毅

徐　淳　朱金华　常　露　袁　萍　黄玉峰

杨　俊　王喜华　袁向东　卢　骏　孙　雯

龚　莹　陆一平

2007 年太湖"5·29"供水危机以来,为什么总氮持续下降?

为什么总磷下降滞缓甚至升高?

为什么蓝藻密度持续升高 10 多倍?

为什么蓝藻爆发高位运行持续不断?

蓝藻爆发是危害太湖生态安全的最大生态问题!

蓝藻爆发能否消除? 消除技术有哪些?

水土蓝藻三合一治理技术已经出现!

水土蓝藻三合一技术是治理蓝藻爆发的最有效技术!

本著作专门为你解答上述诸多疑难问题!

只要建立消除蓝藻爆发的目标,

发挥我国集中力量办大事的体制优势,

采取综合治理集成技术治理太湖,

消除太湖蓝藻爆发完全有希望!

在新中国成立一百周年之前必能消除太湖蓝藻爆发!

创造大中型浅水湖泊难以全面消除蓝藻爆发的奇迹!

作者介绍

朱喜 1945年生,男,江苏无锡人,高级工程师,从事水资源、水工程、水环境、水生态和治理湖泊蓝藻爆发、富营养化工作40多年,本书主编(著作权人)、主要编写人员,中国水利学会会员。

曾主持编写5部技术专著:《太湖无锡地区水资源保护和水污染防治》(副主编、执笔),2009年;《太湖蓝藻治理创新与实践》(副主编、执笔),2012年;《中国淡水湖泊蓝藻爆发治理与预防》(主编、执笔),2014年;《河湖生态环境治理与调研》(主编、执笔),2018年;《河湖污染与蓝藻爆发治理技术》(主编、执笔),2021年。

曾主编4个规划:《无锡市水资源综合规划》(2007年),为江苏省首个依靠市级水利局自身力量完成的综合规划;《无锡市水生态系统保护和修复规划》(2006年),作为当时水利部全国水生态文明城市建设试点第一批5个水生态系统保护与修复工作试点城市中,仅依靠本市水利局自身力量完成的一个规划;《无锡市水资源保护和水污染防治规划》(2004年),为江苏省和太湖流域依靠本市水利局自身力量完成的首个规划;《无锡市区水资源保护规划》(1995年),为太湖流域首个依靠本市农机水利局自身力量完成的城市市区区域规划(附图0-1)。

曾发表有关河湖的生态环境、蓝藻爆发和富营养化治理、2007年太湖供水危机、水资源保护、城市防洪排涝等文章200余篇,参加全国性研讨会百余场并发言交流。

工作经历。朱喜同志长期奋斗在水利水环境工作第一线,历经艰辛,具有丰富的工作经验、专业知识和社会阅历。其经历可分为四个阶段:

第一个阶段,在家乡成长学习的二十年(1945—1964)。1945年出生于无锡西郊夏家边夏桥头村,先后在尚德小学、无锡市六中上学,向来成绩优秀。

第二个阶段,走出家乡支边新疆学习工作的二十年(1964—1985)。先后在乌鲁木齐农垦大学学习农田水利,巴楚县再教育,县工程队、打井队主持工作,县水电局任副局长,负责水利规划和工程设计、施工和管理工作。有力推进和发展了巴楚的水利事业。

第三个阶段,返乡从事水利水环境工作的二十年(1985—2005)。先后在无锡市水利工程承包公司、犊山工程管理处、水利培训中心、禹光房产公司、水资源管理处等10个单位主持或负责工作。

第四个阶段,潜心研究蓝藻和治理太湖,专心解决消除太湖蓝藻爆发的难题。2005年退休至今一直生活在无锡,依旧充实忙碌,重视水利、水环境事业,曾被无锡市水利局、蓝藻办聘为技术顾问(2005—2013)。没有了退休前繁忙的公务,有了充足时间研究以往未知的蓝藻事业,全身心投入到治理太湖事业中。此期间主编出版6部专著(其中自费出版4部);主编大型水利规划3个;提出2007年太湖5·29供水危机的实质是蓝藻爆发型"湖泛"的结论,为政府采纳;将太湖持续蓝藻爆发的原因总结为"三高",并提出治理太湖消除蓝藻爆发的总体方案。逐渐成为国内治理太湖蓝藻爆发和河湖治理方面的知名专家。这是朱喜同志在退休后取得的一生最大的成就,达到了他人生价值的巅峰。

朱喜同志从1968年新疆巴楚开始工作至2005年退休的38年期间,经历多次职位、岗位的变化,积淀了丰富的生活和工作经验及人生感悟,增加了治理河湖方面技术和知识的储备,为其编写规划、编撰专著等奠定了坚实的理论和实践基础。

朱喜同志小时候看着清澈的五里湖(太湖北部湖湾)水长大,而返乡工作后不久就看到太湖水环境日益恶化和蓝藻爆发越来越严重的局面。对家乡的热爱激发了他的责任心,生长居住在太湖边的水利人有责任和义务为治理太湖消除蓝藻爆发出一份力。从此他更加努力忘我工作,立志寻找解决太湖蓝藻爆发问题的方法,并涉足全国收集整理和分析研究治理河湖资料。

了解朱喜同志经历的人,都对其心系太湖、为民服务的责任心表示敬意,对其踏实严谨和日夜拼搏的工作态度赞叹不已,对其干一行爱一行和勇于创新的工作作风不能忘怀,对其不服老、坚持不懈勇于探索的精神高度赞扬。他大学学习的是农水专业,退休前一直从事水利和管理工作,基本未涉足过水环境、水生态和蓝藻领域。但在退休后,为建设家乡和修复家乡水环境出力的想法一直激荡在心头,他响应社会大众和各级政府部门的迫切需求,豪然全身心投入蓝藻和太湖治理的研究之中,并且取得可喜成绩,成为该领域全国知名专家。朱喜同志曾多次表达这样的人生感悟:"从自己50多年的工作经历中深刻地体会到,只要始终保持高度的责任心、以治理太湖为其最大的兴趣和乐趣,以解决实际问题为导向、坚持不懈努力学习,与大家起共同奋斗,能为治理'三湖'和其他河湖多做贡献,在能够集中力量办大事的社会主义优越体制的中国,定能实现在2030—2049年分别消除'三湖'蓝藻爆发的目标。"

前　言

　　2012年编撰出版《太湖蓝藻治理创新与实践》一书后，已有 10 年了。太湖蓝藻从1990年开始小规模爆发，至2007年发生蓝藻爆发"湖泛"型"5·29"太湖供水危机后，国家加大太湖治理力度，取得相当明显的阶段性成效，至2020年 TN 得到持续大幅度削减，但 TP 有波折，下降速度迟缓，甚至2015—2019年 TP 反而升高，2007—2019年蓝藻密度呈持续升高趋势，其中湖心水域升高十余倍。这是在治理太湖中遇到的新问题，需要认真对待、总结经验、吸取教训、推陈出新。要创造出治理太湖的新思想、新观点、新途径、新机制、新技术、新措施，就可能在2049年以前分水域全面完成消除太湖蓝藻爆发的艰巨任务，实现百姓看不见太湖蓝藻爆发的愿望，把太湖建设成为健康的良性循环的生态系统，成为没有瑕疵的真正美丽的太湖、一颗东方明珠。

　　为此，在《太湖蓝藻治理创新与实践》专著出版 10 周年之际，再编撰《太湖蓝藻持续爆发原因及防治措施》一书，以蓝藻爆发问题为导向，进一步认真研究，总结治理太湖 30 余年的经验教训，提出尽可能完善的准确答案和可行的技术集成综合措施。本著作首次提出了太湖蓝藻连年持续爆发的主因是"三高"：藻密度高、营养程度高和以水温高为代表的自然因素。其中水温高是难以由人为改变的客观因素，主要由大自然自己的客观规律决定，藻密度高、营养程度高两者是可经人为努力而得到改变的因素。书中首次提出治理大型浅水湖泊太湖必须建立消除蓝藻爆发的目标才有望全面消除蓝藻爆发；首次系统地提出治理太湖消除蓝藻爆发的三大措施：治理水污染、消除富营养化，削减蓝藻数量、降低蓝藻密度，生态修复、恢复湿地。发挥中国集中力量办大事的社会主义政治体制优势、人才优势、技术优势、财力优势，必定能在2030—2049年前分水域消除蓝藻爆发。

　　编撰本书的目的是通过相互交流、共同提高，促进尽快实现"深入治理太湖、消除富营养化、消除蓝藻爆发"的共同目标，实现全国百姓看不见太湖无蓝藻爆发的期望。我们必须共同努力、攻坚克难、共同奋斗，将太湖打造成为真正环境优美、风景秀丽、宜居宜商的人间天堂，还给人们一个青山绿水、健康美丽的新太湖。

本书共分 10 篇：

第一篇 调研报告(著作结论)。扼要说明研究结论：太湖蓝藻爆发和治理的成效及存在的问题。首次提出太湖蓝藻爆发的"三高"原因：藻密度高、营养程度高及以水温高为代表的自然因素。据此提出治理太湖的三大措施：治理、消除富营养化；全年实施消除水面水体和水底的蓝藻，降低藻密度；恢复太湖湿地，植被覆盖率达到 25%～30%。

第二篇 太湖与蓝藻爆发。太湖流域及环太湖五城市均是物产丰富、人杰地灵、环境良好的社会经济发达区域。美中不足的是太湖蓝藻年年持续爆发，蓝藻密度持续升高。流域百姓希望太湖水体环境与流域各城市一样环境优美、风景秀丽，宜居宜商，希望看不到太湖蓝藻爆发。主要论述蓝藻、蓝藻爆发的概念，蓝藻爆发面积和蓝藻密度的变化等情况。

第三篇 太湖蓝藻爆发原因。主要论述蓝藻连年持续爆发的原因是"三高"：藻密度高、营养程度高及以水温高为代表的自然因素，"三高"原因相互关联。总体分为人为因素和客观自然因素两类：富营养化主要是人为因素；水温高代表的是客观存在的自然因素，由其自己的变化规律决定；蓝藻密度高、种源多是人为因素和客观自然因素结合的结果。在此三类原因中，人类能够予以总体改变的就是富营养化和藻密度高这两类因素。但"藻密度高、种源多"的因素还未被人们所全面认识。篇中还包括"湖泛"的现状、原因和防治措施。

第四篇 人类活动对富营养化和蓝藻爆发的干预。主要论述2007年"5·29"太湖供水危机以来，流域各级党委、政府和人民为治理太湖在各方面所做的艰巨努力，包括调水 200 多亿 m^3、清淤 4 200万 m^3、打捞水面蓝藻 2 000万 m^3 和在湖体进行数百次的生态修复四个方面。在此四个方面的治理中，当时均是必要的，取得了相当大的成效，减轻了富营养化程度，也存在一定问题，主要是不能适应现阶段治理蓝藻爆发的要求，需要总结经验教训，尽快改进。

第五篇 太湖治理四阶段成效。太湖治理从 20 世纪 70—80 年代以来可分为初期顺其自然、零星治理工业污染、局部综合治理、全面综合治理。分别论述了四个治理阶段的成绩、缺点及其原因。其中主要说明第四阶段治理取得了较好的阶段性成效，确保了十多年的太湖供水安全，太湖年平均水质从劣 Ⅴ 类提升为 Ⅳ 类，特别是 TN 削减 37%。存在的问题主要是蓝藻仍然持续爆发，藻密度持续在高位波动运行，主要原因是第四阶段的治理技术措施满足不了现阶段太湖流域社会经济持续发展对太湖水环境的要求，应改变和完善以往治理太湖的系列技术措施,以满足流域消除太湖蓝藻爆发的要求。

第六篇　深入治理富营养化水质全面达到Ⅲ类。反映了现阶段治理太湖 TP TN 能否全面达到Ⅲ类(其中东部Ⅱ~Ⅲ类)水之争论;现阶段 TP 降低迟缓甚至升高的主因之一是多年持续蓝藻爆发致使藻源性 P 大幅增加;TN 持续降低的主因之一是蓝藻多年持续爆发使 N 元素生成 N_2 进入大气,以及环境容量增加和削减外源负荷。治理措施:建立消除富营养化达到Ⅲ类目标;加大控制点源面源、治理外源力度;污水处理大幅提标至地表水湖库标准Ⅲ类;加大调水力度;加快生态修复、恢复湿地;直接采用净化河道提升水质措施。推广新概念污水处理厂、麦斯特高速离子气浮技术 TP 提标、固载微生物非有机碳源硫自养反硝化工艺 TN 提标,这些新技术、新工艺是能使污水处理 TP TN 提标达到湖库标准Ⅲ类的技术支撑,也是投资省、费用低的好技术。

第七篇　深入治理太湖全面消除蓝藻爆发。坚持以解决蓝藻爆发等问题为导向;建立消除蓝藻爆发的决心与信心,纠正无法消除太湖浅水型湖泊蓝藻爆发的偏面观点;明确蓝藻已成为太湖的主要内源污染,仅依靠治理富营养化难以全面消除蓝藻爆发;将仅在蓝藻爆发期打捞水面蓝藻的习惯,改为全年清除水面、水中和水底蓝藻的策略;建立可靠的政策支持体系和创新技术集成体系支撑。根据蓝藻连年持续爆发原因和治理难点,对全国的技术进行调查研究,总结出消除蓝藻爆发的八大类技术,优选水土蓝藻三合一治理技术(包括专用、组合技术);介绍多种微粒子(电子)类、微生物类三合一治理专用技术的特点、优势及其案例。

第八篇　生态修复。总结以往太湖生态系统受损、修复过程及取得的成效和存在问题。修复生态、恢复湿地思路:认识其必要性;要有决心,有一个适当超前的好规划、恢复植被覆盖率达到 25%~30% 的目标;明确恢复湿地的关键是改善生境;分水域实施人工修复与自然修复相结合。基本措施:恢复原来太湖沿岸水域大部分被围垦的湖滩地;沿岸水域在优先改善生境的基础上大规模修复湿地;适当降低水位,增加、修复湿地;设置挡风浪、阻滞风浪的设施,人工修复与自然修复结合,修复湖心及湖湾中心水域的沉水植物湿地。

第九篇　分水域分阶段消除太湖蓝藻爆发。按太湖九大水域的具体情况和特点,采用适宜的相应技术措施和方法,分水域和分阶段消除水污染蓝藻爆发,修复生态和恢复湿地,在2030年开始分水域消除蓝藻爆发,至2049年以前全面消除太湖蓝藻爆发和恢复20世纪50—70年代的湿地规模。

　　第十篇　中国浅水湖泊蓝藻爆发分类防治。根据治理太湖消除蓝藻爆发的经验教训和思路,推进中国浅水湖泊蓝藻爆发分类防治。中国大部分淡水湖已富营养化,但仅部分蓝藻爆发,特别是蓝藻连年持续爆发的为数不多,主要是"三湖",这个现象值得深思。太湖蓝藻爆发的主因是藻密度高、营养程度高、以水温高为代表的自然因素的"三高",这也基本代表了"三湖"蓝藻持续爆发的原因。根据中国淡水湖泊的具体情况,可分为若干类进行分类治理:按大中小湖泊分类;深水与浅水湖泊分类;径流量大小与换水次数多少分类;流域社会经济发达与否、入湖污染负荷多少分类;城市微型浅水湖泊、植被覆盖率高的湖泊、以"三湖"为代表的大中型浅水湖泊等。根据其具体情况和特点进行治理,必定能预防、消除蓝藻爆发。

　　鸣谢:对关心支持此书出版和提出宝贵意见的朋友(排名不分先后):李贵宝、王圣瑞、成新、张建华、黄建元、张光生、袁伟光、刘亚军、刘永定、成小英、翟淑华、江垠、朱强、张泉荣、郑建中、吴时强、吴小明、张毅敏、冯冬泉、陆胤鸣、韩亚林、朱扣、孙爱权、王红兵等表示感谢!对江苏雷蒙新材料有限公司周永芳的支持表示感谢!

　　多提宝贵意见:本书是在调查研究取得真实案例的基础上,通过与行业专家学者进行深入交流,对治理河湖水污染、生态环境,治理、消除蓝藻爆发等相关方面,实行边探索边前进、逐步提高认识的策略,进一步了解我国大中型浅水湖泊治理的现状、诸多的创新技术,并汇总、总结各方经验教训,以达到为水环境水生态和蓝藻治理行业未来的发展提供技术支撑的目的。虽然以朱喜同志为首的创作团队有着丰富的实践经验,但是本书的编撰涉及方方面面,需要大量的知识储备,而且由于时间仓促,此书中难免存在错误或不完善、不全面之处,望各位同仁多提宝贵意见,相互交流。

　　联系方式:2570685487@qq.com,13861812162。

　　说明:

　　(1)"三湖",即为太湖、巢湖、滇池,书中一般不再另行说明。

　　(2)N P 作为专有名词,N P 两个字母之间空半格,不加"、"号,如汉字书写为氮磷一样,不加"、"号,同样 TN TP 作为专有名词。

　　(3)城镇污水处理厂简称为污水厂。

　　(4)"蓝藻爆发""蓝藻暴发"。目前这二者是通用的,本书中统一为"蓝藻爆发"。

　　(5)本书在采用作者已发表的文章时,对其中有些文章的标题和内容做了略微修改和补充。

(6)本书中若干技术如治理富营养化、清淤、调水、生态修复、打捞蓝藻等及其案例,有相当部分已在主编朱喜以往编撰的 5 本书中有所叙述,本书中仅作简单回顾性叙述。

(7)本书中的每一篇或可独立成章,有些篇以下的每一节也可独立成章,所以有些部分的文句或段落有所重复。

(8)本书中的富营养化、蓝藻、水量、水质、入湖污染负荷等长系列资料一般收集、分析至2020年,个别有说明者除外,有些资料因难以收集以致不全。

(9)治理太湖可简称为"治太"。

(10)"退鱼还湖""退渔还湖"。"退鱼还湖"是退陆地上的鱼池归还湖泊"退鱼池还湖"的简称;"退渔还湖"包括"退鱼还湖"和拆除水域的养鱼围网退还湖泊两个部分。

(11)新名词解释:

① 水土蓝藻三合一治理技术,或称水土蓝藻共治技术。是指能够同时治理水体、底泥和蓝藻污染的技术。

② 水土蓝藻三合一治理专用技术。是指一个技术就能够同时治理水体、底泥和蓝藻污染的技术,简称三合一专用技术。

③ 水土蓝藻三合一治理组合技术。是指两个或多于两个技术组合在一起后可同时治理水体、底泥和蓝藻污染的技术,简称三合一组合技术。

④ 综合治理集成技术。是指为了更有效、更省费用,综合三合一专用技术或组合技术及其他技术集成为一整套治理技术。

⑤ 水土二合一治理技术。是指能够同时治理水体、底泥污染的技术,其专用技术、组合技术、综合治理集成技术的含义类似于上述水土蓝藻三合一治理技术、专用技术、组合技术、综合治理集成技术。

⑥ 太湖"5·29"供水危机。是指2007年 5 月 29 日发生在太湖的贡湖湖湾北部的供水危机,简称"5·29"供水危机;其实质是蓝藻爆发型"湖泛"引起的供水危机,也称为蓝藻爆发"湖泛"型供水危机。

⑦ 固载微生物。即固定化载体微生物,也称固化微生物。

(12)参考文献统一编排在正文后面,不重复。

标准和计量单位:

(1)书中的水质标准采用国家环境保护总局和国家质量监督检验检疫总局《地表水环境质量标准》(GB 3838—2002)。其中,河道的水质文中一般不作说明,文中关于 TP(湖、库)的标准一般作说明(见表1)。

(2)污水处理标准采用国家环境保护总局和国家质量监督检验检疫总局《城镇污水处理厂污染物排放标准》(GB 18918—2002)(见表2),说明者除外。

(3)城市黑臭水体污染程度采用中华人民共和国住房和城乡建设部、环境保护部分级标准(见表3)。

(4)计量单位和名称见表4。

表1　地表水环境质量标准(GB 3838—2002)(摘录)　　单位:mg/L

项目	I	II	III	IV	V
溶解氧(DO)	7.5	6	5	3	2
氨氮(NH_3-N)	0.15	0.5	1.0	1.5	2.0
总氮(TN)	0.2	0.5	1.0	1.5	2.0
高锰酸盐指数(COD_{Mn})	2	4	6	10	15
化学需氧量(COD)	15	15	20	30	40
生化需氧量(BOD_5)	3	3	4	6	10
总磷(TP)(河道)	0.02	0.1	0.2	0.3	0.4
TP(湖泊)	0.01	0.025	0.05	0.1	0.2

表2　城镇污水处理厂污染物排放标准(GB 18918—2002)(摘录)

单位:mg/L

序号	基本控制项目	一级 A 标准	一级 B 标准	二级标准	三级标准
1	化学需氧量(COD)	50	60	100	120
2	生化需氧量(BOD_5)	10	20	30	60
3	总氮(TN,以 N 计)	15	20	—	—
4	氨氮(NH_3-N,以 N 计)	5(8)	8(15)	25(30)	—
5	总磷(TP,以 P 计)	0..5	1	3	5

注:①总磷为2006年1月1日起建设的;

②括号外数值为水温>12 ℃时的控制指标,括号内数值为水温≤12 ℃时的控制指标

表3　城市黑臭水体污染程度分级标准

特征指标	轻度黑臭	重度黑臭	说明
透明度/cm	25~10*	<10*	*表示水深不足25 cm时,该指标按水深的40%取值
溶解氧/(mg/L)	0.2~2.0	<0.2	
氧化还原电位/mV	−200~50	< −200	
氨氮/(mg/L)	8.0~15	>15	

表4　主要计量单位和名称

类别	国际标准单位	中文名称	说明
重量	kg	千克	
	t	吨	
单位重量	mg/L	毫克每升	
	μg/L	微克每升	
面积	m^2	平方米	
	hm^2	公顷	$1\ hm^2 = 15$ 亩
	km^2	平方千米	$1\ km^2 = 100$ 万 $m^2 = 1\ 500$ 亩
体积	m^3	立方米	
	km^3	立方千米	
细胞密度	万 cells/L	万个细胞每升	简写:万个/L
温度	℃	摄氏度	
叶绿素 a	μg/L	微克每升	
干物质	dw,采用质量单位		

编　者

2022 年 9 月

目 录

前 言

导 读 ……………………………………………………………………… (1)

第一篇 调研报告 ……………………………………………………… (2)

一、治理太湖 …………………………………………………………… (2)

二、存在问题 …………………………………………………………… (3)

   1 太湖 TP 下降滞缓或时有升高 …………………………………… (3)

   2 蓝藻爆发程度仍然严重 …………………………………………… (3)

三、蓝藻持续爆发原因 ………………………………………………… (3)

   1 太湖蓝藻持续爆发的原因总体为"三高" ……………………… (3)

   2 "三高"原因可分为人为和自然两个因素 …………………… (4)

   3 人为因素 …………………………………………………………… (4)

   4 自然因素 …………………………………………………………… (4)

   5 重要启示 …………………………………………………………… (5)

四、治理措施 …………………………………………………………… (6)

   1 建立明确目标 ……………………………………………………… (6)

   2 转变观念 …………………………………………………………… (6)

   3 加大削减外源力度 ………………………………………………… (7)

   4 创新除藻技术 ……………………………………………………… (7)

   5 结合实际分水域治理 ……………………………………………… (7)

   6 修复生态系统恢复湿地 …………………………………………… (7)

   7 其他治理措施 ……………………………………………………… (8)

   8 结语 ………………………………………………………………… (8)

第二篇 太湖与蓝藻爆发 …………………………………………… (9)

一、太湖 ………………………………………………………………… (10)

   1 概况 ………………………………………………………………… (10)

   2 入出湖河道及水量 ………………………………………………… (11)

二、蓝藻爆发 …………………………………………………………… (12)

　　　1　蓝藻·水华·爆发 ……………………………………… (12)

　　　2　太湖蓝藻爆发程度历年变化 …………………………… (13)

第三篇　太湖蓝藻爆发原因 ……………………………………… (19)

　一、太湖蓝藻持续爆发关键原因"三高"概述 ………………… (20)

　　　1　藻密度高 ………………………………………………… (20)

　　　2　营养程度高 ……………………………………………… (21)

　　　3　水温高(为自然因素的代表) ………………………… (21)

　　　4　蓝藻爆发具体因素分人为和自然两大类 ……………… (22)

　二、富营养化是蓝藻持续爆发的基本因素 …………………… (22)

　　　1　太湖营养程度的变化 …………………………………… (23)

　　　2　太湖 PN 的变化 ………………………………………… (23)

　　　3　外源污染 ………………………………………………… (25)

　　　4　内源污染 ………………………………………………… (26)

　　　5　湿地减少降低自净能力和抑制蓝藻能力 ……………… (26)

　三、藻密度高是蓝藻持续爆发的根本原因 …………………… (26)

　　　1　藻密度持续高位运行使太湖蓝藻连年持续爆发 …… (27)

　　　2　藻密度持续高位运行极大影响 PN 浓度 …………… (27)

　　　3　藻密度高与 PN 浓度及入湖负荷的关系 …………… (27)

　　　4　藻密度持续高位运行使 N 浓度持续降低 ………… (28)

　　　5　近年藻密度持续高位运行与 TP 浓度互为因果 …… (28)

　　　6　2007年后 TP 升高原因 ……………………………… (29)

　四、水温高是蓝藻爆发自然因素的代表 ……………………… (30)

　　　1　水温与蓝藻爆发的四阶段 …………………………… (31)

　　　2　水温与蓝藻爆发关系密切 …………………………… (32)

　　　3　水温持续升高可能引起 TP 升高 …………………… (36)

　　　4　水温监测值的差异 …………………………………… (36)

　　　5　水温与气温 …………………………………………… (36)

　　　6　光照影响蓝藻爆发 …………………………………… (37)

　五、其他自然因素对蓝藻爆发的影响 ………………………… (37)

　　　1　风对蓝藻有聚集扩散等作用 ………………………… (37)

　　　2　水流是蓝藻输移的主要动力 ………………………… (38)

　　　3　降雨的影响 …………………………………………… (38)

　　　4　种间竞争影响藻密度 ………………………………… (38)

　　5　其他因素影响 ……………………………………………………（39）

六、4 次洪水对太湖 PN 的不同影响 ………………………………（40）

　　1　4 次洪水对太湖 PN 的影响 ………………………………（41）

　　2　洪水对 PN 的影响因素 ……………………………………（43）

　　3　分析 4 次洪水对水质的影响 ………………………………（44）

　　4　结论：消除蓝藻爆发与全面改善水质需同时进行 ………（45）

七、"三高"因素相互关联 …………………………………………（46）

　　1　富营养化使藻密度升高 ……………………………………（46）

　　2　水温是自然因素中使藻密度升高的首要条件 ……………（47）

　　3　藻密度持续高位运行明显影响富营养化 PN 指标 ………（47）

　　4　小结 …………………………………………………………（47）

八、富营养化湖泊不一定发生蓝藻爆发 …………………………（49）

　　1　相当部分富营养化湖泊不一定发生蓝藻爆发 ……………（49）

　　2　藻密度高是蓝藻爆发的根本原因 …………………………（50）

　　3　以水温高为自然因素的代表及蓝藻爆发的必要条件 ……（50）

九、忽视藻密度高的因素就无法得出消除蓝藻爆发的正确思路 …（50）

　　1　不能得出太湖能消除蓝藻爆发的结论 ……………………（50）

　　2　不能全面总结并得到消除蓝藻爆发的措施 ………………（51）

　　3　蓝藻爆发的"三高"因素缺一不可 ………………………（52）

　　4　只有治理富营养化与削减蓝藻数量相结合才能消除蓝藻
　　　　爆发 …………………………………………………………（52）

十、2020 年起藻密度下降原因及相关效应 ………………………（52）

　　1　藻密度下降原因 ……………………………………………（52）

　　2　藻密度升降与 TP 浓度存在因果关系 ……………………（53）

　　3　TN 浓度降低的原因和趋势 ………………………………（54）

　　4　藻密度下降后续效应分析 …………………………………（55）

十一、蓝藻爆发的作用与危害 ……………………………………（55）

　　1　作用 …………………………………………………………（55）

　　2　危害 …………………………………………………………（56）

十二、"湖泛"和太湖供水危机 ……………………………………（57）

　　1　太湖"湖泛"概念 …………………………………………（57）

　　2　太湖2007年"5·29"供水危机过程 ……………………（57）

　　3　20 世纪 90 年代供水危机 …………………………………（58）

4　太湖供水危机的实质是"湖泛" ……………………………… (60)

5　"湖泛"危害 ……………………………………………………… (60)

6　"湖泛"形成原因和类型 ………………………………………… (61)

7　太湖"湖泛"现状及潜在危险 …………………………………… (61)

8　"湖泛"与供水危机的经验教训 ………………………………… (63)

9　治理和预防"湖泛"保障供水安全 ……………………………… (63)

10　分水域消除"湖泛" …………………………………………… (66)

11　结论 …………………………………………………………… (67)

十三、蓝藻爆发的规律及启示 …………………………………… (68)

第四篇　人类活动对富营养化和蓝藻爆发的干预 ……………… (70)

一、调水对蓝藻爆发的影响 ……………………………………… (71)

1　调水的概念和作用 …………………………………………… (71)

2　太湖调水类型 ………………………………………………… (73)

3　望虞河"引江济太"调水工程作用分析 ……………………… (73)

4　梅梁湖调水出湖工程作用分析 ……………………………… (79)

5　启示 …………………………………………………………… (82)

二、清淤对蓝藻爆发的影响 ……………………………………… (85)

1　生态清淤的概念 ……………………………………………… (86)

2　太湖底泥及其污染现状 ……………………………………… (87)

3　生态清淤的必要性和可能性 ………………………………… (92)

4　生态清淤范围深度和设备 …………………………………… (95)

5　国内生态清淤现状 …………………………………………… (96)

6　太湖清淤概况 ………………………………………………… (96)

7　清淤效果和存在问题 ………………………………………… (97)

8　淤泥的无害化处置与资源化利用 …………………………… (98)

9　生态清淤实例 ………………………………………………… (101)

10　清淤存在的问题 …………………………………………… (103)

11　结论:太湖生态清淤作用和问题并存 …………………… (104)

12　改进清除太湖底泥污染的建议 …………………………… (104)

13　采用水土蓝藻三位一体治理技术进行清淤 …………… (104)

14　太湖治理展望 ……………………………………………… (105)

三、打捞蓝藻对蓝藻爆发的影响 ………………………………… (105)

1　蓝藻及蓝藻爆发 …………………………………………… (106)

2 清除蓝藻技术 ……………………………………………… (107)

3 打捞蓝藻的必要性和可能性 ……………………………… (108)

4 打捞蓝藻的历史 …………………………………………… (111)

5 打捞蓝藻的技术设备 ……………………………………… (112)

6 打捞蓝藻的环境条件 ……………………………………… (113)

7 打捞蓝藻的基本状况 ……………………………………… (113)

8 打捞蓝藻的效益分析 ……………………………………… (114)

9 藻水分离现状 ……………………………………………… (116)

10 蓝藻的资源化利用 ………………………………………… (117)

11 开启治理太湖消除蓝藻爆发的新进程 …………………… (118)

12 结论 ………………………………………………………… (119)

13 展望 ………………………………………………………… (119)

四、生态修复对蓝藻爆发的影响 ……………………………… (119)

1 河湖湿地水生态系统保护修复的概念 …………………… (119)

2 太湖生态系统损毁及修复 ………………………………… (123)

3 太湖生态修复案例 ………………………………………… (127)

五、人类干预蓝藻爆发小结 …………………………………… (137)

1 人类活动干预富营养化 …………………………………… (137)

2 自然因素和人类干预的不同影响 ………………………… (138)

3 人类可对蓝藻种源进行直接干预 ………………………… (139)

第五篇 太湖治理四阶段成效 ………………………………… (140)

一、第一阶段治理(1970—1989年) …………………………… (141)

1 蓝藻爆发状况 ……………………………………………… (141)

2 治理措施 …………………………………………………… (141)

3 治理效果 …………………………………………………… (141)

二、第二阶段治理(1990—1997年) …………………………… (141)

1 蓝藻爆发状况 ……………………………………………… (141)

2 治理措施 …………………………………………………… (142)

3 治理效果 …………………………………………………… (142)

三、第三阶段治理(1998年至2007年上半年) ……………… (142)

1 蓝藻爆发状况 ……………………………………………… (142)

2 治理措施 …………………………………………………… (142)

3 治理效果 …………………………………………………… (143)

四、第四阶段治理（2007年下半年至2020年） …………………（143）

　　1　蓝藻爆发状况 ……………………………………………（143）

　　2　治理措施 …………………………………………………（144）

　　3　治理效果 …………………………………………………（146）

　　4　存在问题 …………………………………………………（147）

　　5　问题原因分析 ……………………………………………（148）

五、结束语 ………………………………………………………（150）

第六篇　深入治理富营养化水质全面达到Ⅲ类 …………………（151）

一、太湖环境容量 ………………………………………………（152）

　　1　影响环境容量的因素 ……………………………………（152）

　　2　入出湖污染负荷与滞留率 ………………………………（152）

　　3　环境容量 …………………………………………………（153）

　　4　入湖负荷与环境容量的差距 ……………………………（155）

　　5　环境容量与达到Ⅲ类水 …………………………………（156）

二、TP TN 能否全面达到Ⅲ类水之争 …………………………（156）

三、TP TN 全面达到Ⅲ类水的难点 ……………………………（157）

　　1　TP TN 距Ⅲ类水的目标均有相当的差距 ………………（157）

　　2　太湖以往达到Ⅲ类水的情况 ……………………………（158）

　　3　从历年 TP TN 变化情况分析 …………………………（158）

四、太湖 TP 在2007年后升高原因 ……………………………（160）

　　1　外源污染控制力度不够 …………………………………（160）

　　2　以蓝藻为主的内源不断增加 ……………………………（160）

　　3　外源污染负荷大幅超过环境容量 ………………………（161）

　　4　结论 ………………………………………………………（161）

五、太湖 TN 持续下降的原因 …………………………………（162）

　　1　削减入湖污染负荷 ………………………………………（162）

　　2　环境容量大幅增加 ………………………………………（162）

　　3　藻密度持续升高 …………………………………………（162）

　　4　结论 ………………………………………………………（162）

六、加速治理富营养化水质全面达到Ⅲ类 ……………………（163）

　　1　消除富营养化目标 ………………………………………（163）

　　2　消除富营养化的基本措施是加大控制外源力度 ………（163）

　　3　污水处理必须大幅提标 …………………………………（163）

4　2020—2030年太湖流域和环太湖5城市污水处理能力和
入湖污染负荷 …………………………………………………………（169）

5　加大污水处理力度 …………………………………………………（172）

6　要建设全覆盖的配套管网和加强管理 …………………………（173）

7　加大其他点源和面源治理力度 …………………………………（173）

8　创新技术加大控制以蓝藻为主内源的力度…………………（173）

9　科学调度增加调水能力 …………………………………………（173）

10　恢复湿地加大净化水体能力 …………………………………（174）

11　水土共治技术 …………………………………………………（174）

七、直接净化河道提升水质 …………………………………………（174）

1　河道及其特点 ……………………………………………………（174）

2　河道水质现状 ……………………………………………………（175）

3　直接净化河湖水体的必要性 …………………………………（175）

4　直接净化河道水体技术总体要求 ……………………………（176）

5　河道净化水体生态修复五步骤 ………………………………（176）

6　河道净化区域平面布局 ………………………………………（179）

7　净化河湖水体技术及种类 ……………………………………（180）

8　分类治理净化河道提升水质 …………………………………（185）

9　技术综合集成 …………………………………………………（188）

10　长效治理和长效管理 …………………………………………（189）

八、概念污水厂提标可达准Ⅳ类 ……………………………………（190）

1　新概念污水厂的概念 …………………………………………（190）

2　新概念污水厂案例 ……………………………………………（190）

九、麦斯特高速离子气浮技术TP提标可至Ⅰ~Ⅲ类 …………（191）

1　高速离子气浮技术TP提标 …………………………………（191）

2　麦斯特技术提标案例 …………………………………………（191）

3　初步结论和希望 ………………………………………………（192）

十、固载微生物技术TN提标可至Ⅰ~Ⅲ类 ……………………（193）

1　固载微生物技术TN提标 ……………………………………（194）

2　固载微生物技术TN提标案例 ………………………………（194）

3　固载微生物技术污水厂TN提标改造结论 …………………（195）

4　需要研究解决的问题 …………………………………………（196）

十一、污泥(藻泥)热水碳化减量节能技术 ………………………（196）

　　1　热水碳化技术　………………………………………………（197）

　　2　无锡硕放污水厂污泥减量节能案例及效益分析………………（200）

　　3　污泥减量节能热水碳化技术的推广前景良好和效益巨大……（201）

　　4　藻泥减量化处理方面推广潜力相当大　………………………（201）

　　5　小结　……………………………………………………………（202）

第七篇　深入治理太湖全面消除蓝藻爆发………………………（203）

　一、深入治理太湖全面消除蓝藻爆发总体思路　………………（204）

　　1　坚持消除蓝藻爆发的四个导向　………………………………（204）

　　2　建立全面消除蓝藻爆发的决心与信心　………………………（205）

　　3　明确治理太湖消除蓝藻爆发的四个关键观点　………………（205）

　　4　消除蓝藻爆发必须有可靠的保障措施　………………………（206）

　　5　经济和科研保障　………………………………………………（207）

　　6　分水域除藻　……………………………………………………（207）

　二、深入治理太湖建立除藻目标　………………………………（208）

　　1　消除蓝藻爆发总体目标　………………………………………（208）

　　2　一定能够实现全面消除蓝藻爆发目标　………………………（208）

　三、消除太湖蓝藻爆发存在的问题和难点　……………………（209）

　　1　目前治理太湖存在的问题　……………………………………（209）

　　2　太湖蓝藻年年持续爆发原因　…………………………………（210）

　　3　治理太湖的难点　………………………………………………（211）

　　4　目前治理太湖蓝藻爆发采用的主要措施　……………………（212）

　四、削减藻密度消除蓝藻爆发技术　……………………………（213）

　　1　消除蓝藻技术分类　……………………………………………（213）

　　2　主要除藻技术　…………………………………………………（213）

　五、综合除藻集成技术　…………………………………………（218）

　　1　选择综合除藻技术十原则　……………………………………（218）

　　2　消除水体底泥蓝藻污染　………………………………………（218）

　　3　水土蓝藻三合一治理技术　……………………………………（219）

　　4　开拓三合一治理技术是新时期治理太湖及蓝藻
　　　爆发的需要　……………………………………………………（219）

　　5　太湖综合治理集成技术　………………………………………（219）

　六、优选水土蓝藻三合一治理技术　……………………………（220）

　　1　主要的水土蓝藻三合一治理技术　……………………………（220）

　　2　三合一治理技术优势 ……………………………………………（221）

七、金刚石薄膜纳米电子治理河湖技术及案例 …………………………（239）

　　1　金刚石薄膜纳米电子技术 ………………………………………（239）

　　2　金刚石薄膜纳米电子技术案例 …………………………………（246）

八、复合式区域活水提质除藻技术及案例 ………………………………（262）

　　1　技术概况 …………………………………………………………（262）

　　2　活水提质除藻技术案例 …………………………………………（265）

九、光量子载体技术及案例 ………………………………………………（269）

　　1　光量子载体技术 …………………………………………………（269）

　　2　光量子载体技术案例 ……………………………………………（273）

十、鄂正农微生物治理湖泊消除蓝藻爆发案例 …………………………（278）

　　1　鄂正农微生物功能 ………………………………………………（278）

　　2　案例 ………………………………………………………………（280）

十一、"TWC 生物蜡"治理河湖水环境技术及案例 ……………………（286）

　　1　TWC 生物蜡技术 ………………………………………………（286）

　　2　TWC 生物蜡技术治理案例 ……………………………………（290）

十二、湖卫氧除藻技术及案例 ……………………………………………（304）

　　1　蓝藻与危害 ………………………………………………………（304）

　　2　湖卫氧除藻技术 …………………………………………………（306）

　　3　湖卫氧除藻案例 …………………………………………………（311）

十三、德林海除藻技术及案例 ……………………………………………（314）

　　1　德林海蓝藻治理技术 ……………………………………………（315）

　　2　德林海除藻技术湖泊综合治理案例 ……………………………（318）

第八篇　生态修复 …………………………………………………………（323）

一、太湖生态系统受损与修复过程 ………………………………………（324）

　　1　太湖水生态系统与湿地 …………………………………………（324）

　　2　太湖湿地受损情况 ………………………………………………（324）

　　3　太湖湿地修复成效 ………………………………………………（324）

　　4　恢复太湖湖体湿地有限的原因 …………………………………（325）

二、太湖修复生态、恢复湿地思路 ………………………………………（325）

　　1　认识生态修复、恢复湿地的必要性 ……………………………（325）

　　2　要有恢复湿地的决心 ……………………………………………（325）

　　3　恢复湿地要有一个好规划 ………………………………………（326）

   4 恢复湿地关键是改善生境 ……………………………… (326)
   5 选择能大面积低成本推广的技术和管护方法 ………… (326)
   6 治理蓝藻爆发必须削减藻密度和治理富营养化两者密切结合
    ……………………………………………………… (326)
   7 应分水域实施人工修复与自然修复相结合 ………… (326)
 三、修复生态、恢复湿地的目标 ………………………………… (327)
 四、修复生态、恢复湿地 ………………………………………… (327)
   1 修复生态系统 …………………………………………… (327)
   2 恢复湿地 ………………………………………………… (327)
   3 人工修复与自然修复湿地结合 ………………………… (327)
   4 太湖生态修复分四步走 ………………………………… (328)
 五、修复生态恢复湿地基本措施 ………………………………… (328)
   1 恢复太湖西部等被围垦的原有湖滩地 ………………… (328)
   2 沿岸水域大规模修复湿地 ……………………………… (328)
   3 适当降低水位 …………………………………………… (329)
   4 充分发挥禁渔的作用 …………………………………… (330)
   5 加快削减蓝藻密度的进程 ……………………………… (330)

第九篇　分水域分阶段消除太湖蓝藻爆发 ……………………… (331)
 一、太湖分水域治理全面消除蓝藻爆发思路 ………………… (331)
   1 总体思路 ………………………………………………… (331)
   2 梅梁湖 …………………………………………………… (332)
   3 贡湖 ……………………………………………………… (334)
   4 竺山湖 …………………………………………………… (336)
   5 西部沿岸水域 …………………………………………… (338)
   6 五里湖(蠡湖) …………………………………………… (339)
   7 南部沿岸水域 …………………………………………… (340)
   8 东部沿岸水域 …………………………………………… (342)
   9 东太湖 …………………………………………………… (343)
   10 湖心水域 ……………………………………………… (345)
 二、太湖分阶段治理全面消除蓝藻爆发思路 ………………… (346)
   1 方案一 …………………………………………………… (346)
   2 方案二 …………………………………………………… (348)
   3 分阶段治理说明 ………………………………………… (349)

第十篇　中国浅水湖泊蓝藻爆发分类防治 ……………………… (350)

一、中国湖泊蓝藻爆发及治理现状 ……………………………… (350)

　　1　蓝藻种类及其爆发 ………………………………………… (350)

　　2　淡水湖泊蓝藻爆发生境条件 …………………………… (351)

　　3　湖泊蓝藻爆发现状特点 ………………………………… (353)

　　4　蓝藻爆发治理情况 ……………………………………… (356)

二、湖泊蓝藻爆发治理的误区 ………………………………… (358)

　　1　认为治理富营养化就能消除蓝藻爆发 ………………… (358)

　　2　认为无须建立消除"三湖"蓝藻爆发的目标 ………… (359)

　　3　未分清水华与蓝藻爆发概念的差异 …………………… (359)

　　4　"湖泊水污染,根子在岸上,治湖先治岸"的观点具有二重性

　　　 ………………………………………………………………… (359)

　　5　"控 P 是消除蓝藻爆发关键因子"的提出有其局限性 … (359)

　　6　打捞水面蓝藻能有限减轻爆发程度但不能消除蓝藻爆发 … (361)

　　7　关注控 P 而放松控 N 有造成"湖泛"的潜在危险 …… (361)

三、湖泊蓝藻爆发治理技术 …………………………………… (361)

　　1　八大类除藻技术 ………………………………………… (362)

　　2　发挥水土蓝藻三合一治理技术作用 …………………… (363)

　　3　三合一治理技术的代表 ………………………………… (364)

　　4　综合除藻集成技术 ……………………………………… (364)

　　5　治理、消除富营养化重要措施 ………………………… (365)

　　6　生态修复是除藻重要措施 ……………………………… (366)

　　7　根据具体情况确定采取相应措施 ……………………… (366)

四、治理湖泊消除蓝藻爆发总体思路 ………………………… (366)

　　1　大中型湖泊消除蓝藻爆发必须全流域统一规划 ……… (366)

　　2　大中型湖泊要建立消除蓝藻爆发目标 ………………… (366)

　　3　实行污染源统一治理 …………………………………… (367)

　　4　治理富营养化与治理蓝藻相结合 ……………………… (367)

　　5　分水域清除蓝藻 ………………………………………… (367)

　　6　改变以往仅打捞水面蓝藻的习惯 ……………………… (367)

五、湖泊蓝藻爆发分类治理与预防 …………………………… (368)

　　1　大中小微型湖泊治理应分类区别对待 ………………… (368)

　　2　深水湖泊水库治理 ……………………………………… (368)

3 污染负荷入湖少的湖泊治理 ………………………………… (369)

4 换水次数多的大型湖泊治理 ………………………………… (370)

5 城市微型浅水湖泊治理 ……………………………………… (370)

6 小型浅水湖泊治理 …………………………………………… (371)

7 植被覆盖率高的湖泊治理 …………………………………… (372)

8 大中型浅水湖泊治理 ………………………………………… (372)

展望未来(结束语) ………………………………………………… (375)

参考文献 ……………………………………………………………… (377)

附图 …………………………………………………………………… (383)

附图 0-1 编写五部技术专著四个规划 ………………………… (383)

附图 2-1-1 太湖流域示意图 …………………………………… (384)

附图 2-1-2 太湖分区图 ………………………………………… (384)

附图 2-1-3 太湖周围城市位置图 ……………………………… (385)

附图 2-2-1 太湖蓝藻爆发图 …………………………………… (385)

附图 4-1 太湖调水 4 条线路 …………………………………… (387)

附图 6-1 固载微生物一体化发生器 …………………………… (387)

附图 6-2 麦斯特高速离子气浮技术污水处理设备 …………… (388)

附图 6-3 固载微生物非有机碳源硫自养反硝化工艺污水
处理 TN 提标设备 …………………………………… (388)

附图 7-7-1 金刚石薄膜纳米电子技术设备…………………… (388)

附图 7-7-2 金刚石薄膜纳米电子技术治理河湖原理图 ……… (389)

附图 7-7-3 金刚石薄膜纳米电子技术结构………………… (389)

附图 7-7-4 水利实用技术和环境科学创新技术产品证书 …… (390)

附图 7-7-5 安徽省淮北市李大桥闸河道治理项目 …………… (390)

附图 7-7-6 和县境内得胜河水道示意图(左)及现场照片(右) … (390)

附图 7-7-7 纳污坑塘治理项目 ………………………………… (391)

附图 7-7-8 梅梁湖北部十八湾除藻项目监测点分布 ………… (392)

附图 7-7-9 梅梁湖十八湾蓝藻治理项目……………………… (392)

附图 7-7-10 云南滇池除藻试验项目对比图 ………………… (393)

附图 7-8-1 复合式区域活水提质除藻技术设备 ……………… (393)

附图 7-8-2 星云湖除藻试验项目 ……………………………… (394)

附图 7-8-3 雄安白洋淀治理项目 ……………………………… (394)

附图 7-8-4 竺山湖除藻试验项目 ……………………………… (394)

附图 7-9-1　光量子载体图　………………………………………………（395）

附图 7-9-2　光量子载体技术专利证书等………………………………（396）

附图 7-9-3　苏州吴江区同里湖大饭店景观池蓝藻治理项目………（396）

附图 7-9-4　苏州吴江区林港村河道蓝藻治理项目…………………（396）

附图 7-9-5　武汉墨水湖蓝藻治理项目　………………………………（397）

附图 7-11-1　"TWC 生物蜡"固载土著微生物技术…………………（397）

附图 7-11-2　"TWC 生物蜡"澳大利亚阿斯彭公园湖泊治理项目

　　　　　　………………………………………………………………（398）

附图 7-11-3　澳大利亚昆士兰 Kinbombi 水库蓝绿藻整治项目……（398）

附图 7-11-4　北京通州景观鱼塘治理蓝藻项目　……………………（398）

附图 7-11-5　重庆西南大学鱼塘蓝藻治理课题研究项目　…………（399）

附图 7-11-6　TWC 生物蜡净化养殖池塘研究项目　………………（400）

附图 7-11-7　廊坊市永金渠治理项目　………………………………（400）

附图 7-11-8　广西玉林某湍急河道治理项目　………………………（401）

附图 7-11-9　宁波陶公河治理项目　…………………………………（401）

附图 7-11-10　西安皂河治理项目　……………………………………（401）

附图 7-11-11　重庆隆家沟水库治理项目………………………………（402）

附图 7-11-12　重庆人民水库治理项目…………………………………（402）

附图 7-12-1　岳阳南湖蓝藻治理项目　………………………………（402）

附图 7-12-2　武汉东湖蓝藻爆发治理水域与未治理水域对比图　…（403）

附图 7-12-3　无锡新吴区蓝藻爆发河道治理项目　…………………（403）

附图 7-13-1　德林海治理蓝藻技术装备图(10 类)　…………………（403）

附图 7-13-2　卫星遥感监测　…………………………………………（407）

附图 7-13-3　德林海治理湖泊蓝藻案例(5 例)　……………………（408）

附图 9-1　太湖分水域治理示意图　……………………………………（409）

附图 10-1　巢湖流域水系图　…………………………………………（410）

附图 10-2　滇池流域位置图　…………………………………………（410）

导 读

本书是治理太湖、消除富营养化和蓝藻爆发应用性研究报告的扩展版。学术界一般认为"不管如何治理,太湖水体难以全面恢复、达到国家地表水Ⅲ类标准",国内外专家也普遍认可"大中型浅水型湖泊无法消除蓝藻爆发"的观点。因而,这是一个虽有人关注但少有人研究的方向、课题,本书是专门为解决此议题而撰写的。

2007年"5·29"太湖供水危机以来,加大"治太"力度,取得良好的阶段性成果,TN 持续下降,为什么 TP 下降滞缓甚至升高?

为何 TN 持续下降,蓝藻密度持续升高?

为何控制外源力度尚不够,TN 能持续下降 37%?

1999年、2016年 2 次大洪水对太湖水质的影响为何全然不同?

太湖环境容量为何较以往增加 50%?

30 年"治太"四个阶段的效果如何?

蓝藻爆发是太湖最大的生态问题,危害生态安全,能否消除? 有无决心消除?

以往藻密度持续升高是客观存在的蓝藻种源在自然与人为因素共同作用的结果。

只有人为治理(修复)与自然修复密切结合,人为治理促进自然修复,改善富营养化至一定程度,降低藻密度至蓝藻不爆发程度、才能全面消除蓝藻爆发的最佳策略。

汇总介绍全国调查得到的数十类(种)创新型的单项除藻技术或复合型的水土蓝藻共治技术,进行科学技术集成,可成为消除"三湖"蓝藻爆发的技术支撑。

其中微粒子(电子)水土蓝藻共治技术是最值得推广的能够大规模治理"三湖"的主体技术,外加必要的配套技术。

发挥我国能集中力量办大事的社会主义政治体制优势、技术优势、人才优势、财力优势,建立消除蓝藻爆发目标,攻坚克难,齐心协力,因势利导,加快治太步伐,定能在新中国成立 100 年之前分水域全面消除蓝藻爆发,建设真正健康美丽的太湖。

第一篇　调研报告

序

调研报告是消除太湖蓝藻爆发的应用性研究报告。国内专家一般认为浅水型太湖无法消除蓝藻爆发,也少有人研究此议题。

太湖2007年"5·29"供水危机以来,加大"治太"力度,为什么TN能持续下降? 为什么TP下降滞缓甚至升高? 为什么蓝藻密度持续升高十多倍? 蓝藻爆发持续不断?

只要建立消除蓝藻爆发的目标,发挥我国集中力量办大事的社会主义政治体制优势,采取综合治理集成技术措施治理太湖,分水域全面消除太湖蓝藻爆发完全有希望!

在新中国成立100年之前必能全面消除太湖蓝藻爆发,创造浅水型太湖无法消除蓝藻爆发的奇迹。

太湖蓝藻爆发现象最早发生于20世纪80年代末期。1990年起太湖东北部的梅梁湖水域开始出现规模蓝藻爆发的现象,以后日渐严重。2007年蓝藻爆发最大面积达到1 114 km²,同时发生"5·29"蓝藻爆发"湖泛"型供水危机,危及无锡300万人饮用水安全。

一、治理太湖

国家高度重视、全力治太、大量投入,取得阶段性良好效果:2007—2020年富营养化程度减轻,其中TN浓度持续下降37%,消除蓝藻堆积和爆发的不良感觉,消除大规模"湖泛",确保2007年至今的供水安全。太湖TN浓度持续下降的原因有三:加大污染控制力度致入湖TN负荷减少;入湖水量增加致环境容量增加;蓝藻密度持续升高导致 N 元素进入大气。

二、存在问题

1　太湖 TP 下降滞缓或时有升高

2007年以来 TP 浓度曲折波动,其中2015—2019年较2007年0.074 mg/L 升高6.8%～17.6%。原因是藻密度大幅升高,削减外源力度不够。

2　蓝藻爆发程度仍然严重

(1)蓝藻密度持续上升种源大幅增加。全太湖年均藻密度2020年9 200万个细胞/L,为2009年的6.3倍。其中湖心水域为同期的19.18倍,其藻密度升高带动全太湖升高,其中贡湖、梅梁湖、竺山湖和西部沿岸水域分别为 10.79～3.07 倍,导致原无蓝藻爆发的东太湖、东部沿岸水域发生小规模蓝藻爆发。

(2)蓝藻爆发面积高位波动。2007年来蓝藻持续爆发,年最大爆发面积规模大小不等,如发生"5·29"供水危机的2007年为1 114 km^2,2017年为历年最高峰1 403 km^2,2009年低峰为 524 km^2。每年蓝藻爆发月份不等,开始为每年 5～8 个月,近年如2015年、2017年则全年中 11～12 个月均有蓝藻爆发。

(3)叶绿素 a 持续升高。如2020年叶绿素 a 含量37.7 mg/m^3,为2009年19.8 mg/m^{3}的1.9倍。

三、蓝藻持续爆发原因

2007年来,政府加大"治太"力度,但 TP 下降滞缓、藻密度大幅增加,这是至 2020 年期间治理太湖中遇到的新问题。

1　太湖蓝藻持续爆发的原因总体为"三高"

(1)藻密度高,即种源多,此为蓝藻爆发的根本因素,太湖藻密度2020年为2009年的8.64倍。

（2）营养程度高，为人为因素的总和，是蓝藻爆发的基本因素，太湖目前水质平均为Ⅳ类，但西部水域、竺山湖湾仍分别为Ⅴ类、劣Ⅴ类。

（3）水温高，为自然因素的代表，是蓝藻爆发的必要而难以由人为控制的因素。

2 "三高"原因可分为人为和自然两个因素

太湖蓝藻持续爆发的原因总体为"三高"，其可分为人为因素和自然因素两类。其中，藻密度高是人为因素和自然因素的综合结果；营养程度高主要是人为因素的结果；水温高则主要是自然因素演变的综合结果，其中，也有人为因素的间接影响。

3 人为因素

外源是水污染和富营养化的根子，是太湖蓝藻爆发的基本因素，但是经过多年的积淀，多年外源污染根子已延伸到湖中，发生持续爆发的太湖蓝藻已成为太湖污染的内部根子、主要内源，导致TP降低迟缓甚至升高。

（1）治理P污染速度赶不上污染发展速度。2007年以来，环太湖城市GDP增加2.4倍，人口增加31%。环湖河道入湖P负荷，13年中有10年大于2007年的0.184万t，其中2011年、2016年达到0.25万t，增加36%。

（2）蓝藻已成为主要内源。太湖10多年来清淤4 200万 m^3，其减少的P N和有机质的效果被蓝藻持续爆发所抵消。太湖各水域藻密度增加3~22倍，蓝藻每年近百次的生死循环使水体和底泥中的P N和有机质增多、污染加重，N进入大气，P留在水体和底泥中，并可以增加底泥的P释放量，P浓度升高，相当程度上削弱人为的控源减P的作用。

（3）湿地减少。太湖湿地的大量减少，降低了太湖水体的自净能力，抑制蓝藻迭代生长的自然条件破坏殆尽。

（4）忽视了全面深入降低藻密度削减蓝藻种源的必要性。以往主要注重控制外源、打捞水面蓝藻、治理富营养化，现出现了新问题，需全面深入治理蓝藻，降低藻密度，消除蓝藻爆发。

4 自然因素

（1）温度升高。根据世界气象组织的报告，目前全球气温呈持续升高趋势，水温随之升高。特别是持续暖冬的现象，会导致蓝藻孢子安全越冬，蓝藻萌发复苏比例增加,这是藻密度大幅度升高、蓝藻种源持续增加、蓝藻爆发程度持续高位运行的主要自然原因,且蓝藻爆发时间随之延长。近年冬春季水温只要在一定范围内就会导致蓝藻爆发。

(2)光照。光照时间长且强度大,光合作用强烈,水温升高,使蓝藻生长繁殖加快。

(3)种间竞争。藻类、微生物、动物、植物与蓝藻的种间竞争对蓝藻爆发有相当大的影响。另外,各种蓝藻之间的竞争对蓝藻爆发也有相当大的影响,如微囊藻与非微囊藻间比例的变化对于蓝藻的上浮爆发有相当大的影响。

(4)其他。风使水面蓝藻在下风处聚集;自然水流驱动蓝藻自上游至中下游的湖心和东太湖水域流动(其中表层水流随风向而动),加大中、下游藻密度;还有水量、水位、风、雨、气压、pH、岸线形状等均对蓝藻爆发有所影响。

5 重要启示

(1)人类不可能大范围高强度改变自然。仅能采用调水、深井高压降温、遮阳、人工降雨等措施在局部或小幅改变太湖自然环境。只有依靠自然界自身的能力才能大幅度全面改变自然。人类可以促进自然的改变。

(2)太湖已回不到贫-中营养状态。由于人口增加和社会经济持续发展,加大治污力度仅能在一定程度上改善 P N 浓度,或可改善水质至Ⅲ类,但太湖每一个时间段和每一片水域难以均达到生态环境部 2020.12.30 提出的国家生态环境基准的 TP 0.029 mg/L、TN 0.59 mg/L、叶绿素 3.4 μg/L 的基准,更不能达到国内外专家一般认为的仅依靠治理富营养化消除蓝藻爆发需要达到 TP 0.01~0.02 mg/L、TN 0.1~0.2 mg/L 的标准。

(3)太湖水污染根子已从陆上同时延伸到水中。数十年来,陆上污染的根子已延伸到太湖,太湖蓝藻持续爆发已成为水污染的根子,成为主要内源。只有水陆并举,挖根去源,控制水、陆两个污染源,才能最终消除蓝藻爆发。

(4)藻密度对 TP 浓度影响有时超过入湖 TP 负荷的影响。2006年前,河道入湖 TP 负荷、TP 浓度、蓝藻爆发三者均成正相关。但近年前二者不一定成正相关。如2012年入湖 TP 较2011年减少9.9%(0.199万 t→0.181万 t),TP 浓度却升高7.6%(0.066 mg/L→0.071 mg/L),原因就是藻密度升高 95%(1 277万个细胞/L→2 488万个细胞/L)。

(5)消除蓝藻爆发关键是降低藻密度,削减蓝藻种源至蓝藻不爆发的程度。综上所述,人类难以大范围高强度改变水温等自然因素,最多改善至中营养,TP TN 全面改善至Ⅲ类,无法达到专家一般认为的仅依靠治理富营养化去消除蓝藻爆发必须达到的 TP 0.01~0.02 mg/L、TN 0.1~0.2 mg/L。因此,只有在削减 P N、改善富营养化基础上削减蓝藻种源,降低藻密度至蓝藻不爆发的程度,才能消除蓝藻爆发。所以,必须充分认识到把藻密度高作为蓝藻爆发的三大原因之一,只有大幅降低藻密度、削减蓝藻种源,才能消除蓝藻爆发。

(6)已创新出除藻新技术。目前我国已创新出能大面积有效治理太湖蓝藻的多种技术,主要是以微粒子电子除藻技术为代表的水、土、蓝藻三合一治理专用技术或组合技术,使消除蓝藻爆发有了可靠的技术支撑。

(7)发挥我国能够集中力量办大事的体制优势。建立消除蓝藻爆发目标,发挥我国能够集中力量办大事的社会主义体制优势、财力优势、人才优势和技术优势,必能在新中国成立 100 年之前分水域全面消除太湖蓝藻爆发。

四、治理措施

根据太湖蓝藻持续爆发的"三高"原因的分析,得出消除蓝藻爆发的三大措施:治理富营养化,提升水质达到湖库Ⅲ类标准,大幅度减慢蓝藻生长繁殖速度;全年实施消除水面水体和水底蓝藻的措施,降低藻密度至相当低的程度;大力实施生态修复,恢复湿地至蓝藻爆发以前的规模,有利于当前抑制蓝藻生长繁殖并在消除蓝藻爆发后作为确保蓝藻不爆发的主要措施之一。

太湖治理,坚持蓝藻爆发问题为导向、坚持技术创新为导向、坚持实际应用为导向、坚持治理效果为导向,才能全面消除富营养化和蓝藻爆发。

1 建立明确目标

建议 2030 年内消除富营养化,全太湖全面达到湖库Ⅲ类标准,其中东太湖Ⅱ~Ⅲ类;建议2030—2049年之前分水域全面消除蓝藻爆发。有明确目标可提高各级湖长河长和科研人员消除蓝藻爆发的责任心、主动性和积极性。

2 转变观念

太湖治理已三十多年,不能始终停留在截污调水和打捞水面蓝藻的初级阶段。必须适时改变只要控制外源、治理富营养化就能消除蓝藻爆发的观点,转变思想到深度除藻与治理富营养化并重的轨道上来;改变无法消除蓝藻爆发的消极畏难情绪,不断创造新技术,综合集成,提升治理水平。

3 加大削减外源力度

（1）控制外源是治理富营养化和蓝藻爆发的基本措施。削减外源包括削减污水厂、生活、工业、畜禽集中养殖四类点源和种植业、废弃物、地面径流等诸多面源的污染负荷。

（2）污水厂是最大点源群，应该大幅提标。城镇污水处理厂（简称污水厂）应大幅提标至地表水湖库标准Ⅲ类。经调查，麦斯特高速离子气浮技术处理污水 TP 可达到Ⅰ～Ⅲ类;固载微生物技术（非有机碳源硫自养反硝化脱氮工艺)突破污水处理 TN 无法大幅提标的世界性难题，处理生活污水可达Ⅰ～Ⅲ类。同时须全面建设足够的污水处理能力和全覆盖的污水收集管网，大幅减少外源入湖负荷及大幅削减其他点源和面源负荷。

4 创新除藻技术

（1）改变治理蓝藻习惯。改变以往仅在蓝藻爆发期间大量打捞水面蓝藻的习惯,采取全年清除水面、水体和水底蓝藻的新思路。

（2）消除蓝藻技术分类。经调查，除藻技术可分为微粒子（电子）除藻、安全添加剂除藻、蓝藻底泥协同清除、安全高效微生物除藻、改变生境除藻、生物种间竞争除藻、治理富营养化除藻等。

（3）优选除藻技术。水、土、蓝藻三合一治理技术是消除蓝藻爆发的最佳技术,其能够杀藻除藻降低藻密度、降低营养程度、清除水体和底泥污染,以后一般不需要再单独实施清淤。其中以微粒子（电子）除藻技术中的金刚石碳纳米电子技术为代表。其他大部分技术,水体、底泥和蓝藻污染三者的治理不能兼顾。

5 结合实际分水域治理

把太湖分成若干相对封闭水域治理,水域边界可用适宜类型隔断进行分隔。按照点、线、面的模式分片治理,集中资源层层推进。先行试点,再分别治理或一次性治理太湖北部的三个湖湾,其后治理西部沿岸水域,最后治理其他水域。

6 修复生态系统恢复湿地

太湖植被覆盖率逐步恢复到 20 世纪 50—60 年代的 25%～30%,以利于净化水体、固定底泥、抑藻除藻。

（1）恢复太湖西部等被围垦的原湖滩地 $40\sim50$ km^2，其同时可作为西部入湖河道的净水池。

（2）改善生境后修复太湖沿岸数百米至 1 km 宽水域的芦苇、沉水植物湿地。改善生境包括减小风浪、提高透明度、改善底质或抬高基底等。

（3）统一调度适当降低水位，有利于扩大湿地。

（4）改善中心水域风浪等生境，人工修复与自然修复结合，人工修复促进自然修复扩大湖心及湖湾中心沉水植物湿地。

7 其他治理措施

原有的调水、清淤、打捞蓝藻等措施对改善富营养化和抑藻除藻均有一定作用，可作为深入治理太湖的配套措施继续实施。

8 结语

在中国共产党领导下，依托我国能集中力量办大事的社会主义政治体制优势、财力优势、人力优势、技术优势，以蓝藻爆发问题为导向，建立除藻目标，集成各类除藻技术，全民共努力，攻坚克难，必定能在2030—2049年前分水域全面消除太湖蓝藻爆发，建设真正的美丽太湖。

第二篇 太湖与蓝藻爆发

序

2017年10月,习近平总书记在十九大报告中就已经指出:在现阶段,我国社会的主要矛盾是人民日益增长的美好生活需要和不平衡不充分的发展之间的矛盾。其中环境保护的问题日益凸显,成为影响人民生活水平的主要障碍。习近平总书记又指示"抓好生态文明建设,攻克老百姓身边的突出生态环境问题"。蓝藻爆发是太湖最突出的生态问题,应尽快解决。十九届中央政治局常委、国务院副总理韩正曾批示,长三角地区有条件、有基础、有能力做出示范,要研究在关键点上有所突破。江苏省和无锡市正在全力加强太湖蓝藻治理科研。流域及各环太湖城市密切协作,必定能在新中国成立100年之前完成分水域全面消除太湖蓝藻爆发的艰巨任务,让美丽"太湖明珠"更为璀璨夺目!

自我国加入世界贸易组织(关贸总协定)以来,国民经济长期高速发展,人民环境保护意识不断增强。经过二十余年的发展,物质匮乏、生产力落后的矛盾已经基本解决,但是新的矛盾随即产生。太湖流域及环太湖五城市均是物产丰富、人杰地灵、环境良好的社会经济发达区域。美中不足的是太湖蓝藻年年持续爆发。流域以至全国百姓希望太湖环境与流域各城市环境一样优美、风景秀丽,宜居宜商,希望看不到太湖蓝藻爆发。

自1990年起,太湖蓝藻开始大规模爆发,爆发程度越来越严重。2007年"5·29"供水危机以来,虽经大力治理,TN 大幅度下降37%、保障多年供水安全,但蓝藻密度持续升高,特别是2019年蓝藻密度较2009年各水域普遍升高,升高范围在2~21倍。这个事实超出人们的认知,为什么碧波万顷美丽的太湖,人们努力治理了几十年,蓝藻密度降不下来,反而持续升高?原本蓝藻不爆发的东太湖和太湖东部沿岸均发生一定规模的蓝藻爆发?原因令人深思!

一、太湖

1 概况

碧波万顷的太湖,水域面积2 338 km²,以最大水域面积计为我国第三大淡水湖,在冬春季则为我国最大淡水湖,太湖是浅水型可封闭湖泊,是几千年来哺育着千百万人的"母亲湖"(见附图2-1-1)。按太湖局的划分太湖分为9个水域(见附图2-1-2)。

环太湖城市有苏州、无锡、常州、湖州、嘉兴5个,2020年人口合计3 426万人,为2007年2 616.6万人的1.31倍;2020年 GDP 合计49 057.2亿元,为2007年14 260.5亿元的3.44倍;土地面积合计为27 404 km²,环太湖5城市人口和GDP 均占流域的一半以上,是长三角、太湖流域和全国社会经济发达区域,百姓对太湖及流域的水环境期望值很高。

太湖流域面积36 500 km²,分属江苏、浙江和上海两省一市,2020年流域人口6 755万人,占全国的4.6%,人口密度为1 831人/km²,为全国的12.5倍,土地面积占全国的0.38%,GDP 为10.0万亿元,占全国的9.8%,人均 GDP 14.8万元,为全国的2.1倍(见表2-1-1、表 2-1-2,附图2-1-3),单位面积污染物排放入水量为全国的 11 倍以上。

表 2-1-1 环太湖 5 城市人口社会经济发展情况

项 目		无锡市	苏州市	常州市	湖州市	嘉兴市	合计	(2020 年/2007 年比值)/倍
人口/万人	2020	746	1 275	528	337	540	3 426	1.31
	2007	599	882	435	280	420.6	2 617	
GDP/亿元	2020	12 371	20 171	7 805	3 201	5 510	49 057	3.44
	2007	3 930	5 910	1 940	890.5	1 590	14 261	
土地/km²	2020	4 627	8 657	4 385	5 820	3 915	27 404	

表 2-1-2 环湖 5 城市流域全国人口社会经济指标比较

项目	5城市	太湖流域	全国	5城市/流域	5城市/全国	流域/全国
2020人口/亿人	0.343	0.605	14.1	0.566	0.024	0.043
人口密度/(人/km²)	1 250.2	1 831	146.4	0.683	8.54	12.5
2020GDP/万亿元	4.91	10.0	101.6	0.491	0.048	0.098
人均GDP/(万元/人)	14 319	14.8	7 206	1.252	2.57	2.05
土地面积/万 km²	2.74	3.65	963.1	0.751	0.002 8	0.003 8

注:1.流域资料来源为文献[2];

2.全国2020年的资料来源为国家统计公报。

2 入出湖河道及水量

流域出入湖河道合计有230条。其中江苏171条,浙江59条。

主要入湖河道有漕桥河、太滆运河、殷村港、沙圹港、大浦港、城东港、长兴港、苕溪、望虞河等22条,2007—2020年河道入湖每年水量92亿~159亿 m³,其中,2007年为92亿 m³,2016年为最大159亿 m³,2020年为144.6亿 m³。2020年入湖水量中,湖西区为94.3亿 m³,占65.2%;浙西区为40.53亿 m³。

主要出湖河道有太浦河、瓜泾港、胥江等5条,2007—2020年河道出湖每年水量88亿~166亿 m³,其中,2007年为88亿 m³,2016年为最大166亿 m³,2020年为135亿 m³。2020年出湖水量中,太浦河为50.5亿 m³,占37.5%,太浦河阳澄湖区为29.3亿 m³,望虞河为17.3亿 m³。另外,近年水源地取水量为每年12亿 m³(见表2-1-3)。

太湖生态水位2.65 m;近年平均水位3.21 m;设计最高防洪水位4.65 m;警戒水位,2013年起为3.80 m,以往为3.50 m。近年多年平均蓄水量为49.33亿 m³。太湖防洪标准为100年一遇,太湖经受了1991年、1999年、2016年、2020年4次特大洪水的考验,水位分别达到4.79 m、4.97 m、4.87 m、4.79 m,虽超过了最高防洪设计水位的设计标准,但仍在校核标准以内,所以有惊无险,安然无恙。

表 2-1-3 2007—2020年环太湖河道入出湖水量 单位:亿 m³

项目	2007年	2008年	2009—2012年	2013年	2014年	2015年	2016年	2017年	2018年	2019年	2020年	2007—2020年平均	2015—2020年平均
入湖	92	99	103~119	91	104	119	159	113	117	126	145	116	130
出湖	88	97	97~112	89	99	118	166	103	98	118	135	111	123

注:资料来源为文献[2]。

二、蓝藻爆发

1 蓝藻·水华·爆发

1.1 蓝藻

蓝藻也称蓝绿藻或蓝细菌,是地球上分布最广、适应性最强的光合自养生物。据专家考证,蓝藻在地球的全盛期为 35 亿年前—7 亿年前,历时 28 亿年之久,其间经历了远古时期的巨大繁荣,蓝藻的光合作用产生了大量的氧气,使地球表面在大气环境从无氧变为有氧过程中发挥巨大作用。蓝藻在生物三界系统学说中属于植物界,所以许多专家称之为浮游植物;在生物五界系统学说中属于原核界;在生物六界系统学说中直接分属为蓝藻界。蓝藻一般可分为固 N 蓝藻和非固 N 蓝藻。其中非固 N 蓝藻有微囊藻、颤藻、鞘丝藻等,固 N 蓝藻有鱼腥藻、束丝藻、拟柱胞藻、胶刺藻、节球藻、蓝纤维藻等。其中微囊藻主要包括铜绿微囊藻、水华微囊藻、惠氏微囊藻等。太湖有数百种藻类。近几十年太湖在每年的 5—11 月以蓝藻为优势种或绝对优势种,其中一般以微囊藻居多。

1.2 水华

水华是各种藻类在水面上小范围聚集并能见的自然现象,在 20 世纪 50 年代或更早以前太湖为非富营养化时期就存在,是太湖自然生态的一种现象,不必要消除或难以消除。

1.3　水华爆发

藻类(蓝藻和其他各种藻类的混合体)在合适的生境条件下快速生长繁殖,达到一定密度,在较大水面上聚集并能见的自然现象,即为藻类水华爆发,或简称水华爆发。太湖1986—1989年间在梅梁湖北部发生小规模的藻类爆发。一般是蓝藻在藻类中不占优势或不清楚蓝藻是否占优势的情况下称为水华爆发。

1.4　蓝藻爆发

蓝藻水华爆发是指水体中自然存在的以蓝藻为主的藻类,在水体富营养化等合适的生境及在缺少种间竞争的条件下,快速生长繁殖,达到一定的密度,大范围聚集于某处水面并为视觉能见的现象(见附图2-2-1)。蓝藻水华爆发简称为蓝藻爆发,是应该消除和能够消除的。蓝藻爆发时的颜色,一般为蓝绿色,也有黄色(黄绿色、橙黄色、暗黄色)、棕色、灰色、白色、红色、黑色等。蓝藻爆发时的密度可达到 $1\times10^8\sim1\times10^{10}$ 个细胞/L,其中下风处的藻密度特别大,其间 TP 可能大幅度升高。如2021年6月30日,太湖贡湖湾壬子港附近芦苇荡中监测到:水温28.6 ℃,蓝藻密度 2.55×10^{10} 个细胞/L,TP10.2 ~ 11.2 mg/L,COD_{Mn}293~480 mg/L,NH_3-N 0.17~0.35 mg/L。

2　太湖蓝藻爆发程度历年变化

太湖自1990年起在梅梁湖开始大规模蓝藻爆发,随之太湖西部及太湖相当多的水域均发生程度不等的蓝藻爆发,且规模越来越大,爆发面积甚至达到太湖水面积的一半,其中2007年后蓝藻爆发程度开始阶段性地减轻,2015年后蓝藻爆发程度在高位曲折波动。衡量蓝藻爆发程度的主要指标为蓝藻密度、最大爆发面积、累计爆发面积、叶绿素 a、干物质等。本研究主要根据收集到的蓝藻密度、最大爆发面积、叶绿素 a 等资料进行研究。

2.1　藻密度持续升高

太湖自1990年以来蓝藻持续爆发 30 多年,蓝藻密度总体呈持续增加的趋势。全太湖年均蓝藻密度(以下称藻密度)由2009年的 1 450万个细胞/L(单位简称为万个/L)增加至2020年的9 200万个/L,增加6.3倍。其中 2017 年、2019年为高峰年,分别达到 12 100 万个/L、12 500万个/L,分别为2009年的 8.1 倍、8.6倍(见表2-2-1)。太湖各湖区的蓝藻密度近年均有较大幅度升高,2020年与2009年比值,湖心为19.18倍,东部沿岸为22.83倍。湖心水域面积 973 km² 占太湖水面积的41.6%,其藻密度大幅升高极大地带动太湖中下游藻密度的升高,以往不发生蓝藻爆发的苏州水域(东部沿岸)及东太湖近年也有爆发现象。无锡的贡湖、梅梁湖、竺山湖、西部沿岸水域的蓝藻密度2020年与2009年的比值分别为10.79倍、3.54倍、5.4倍、3.07倍。2020年太湖各水域中藻密度绝对值最高的为竺山湖、湖心、西部沿岸、梅梁湖,2020年均超过1亿个/L。其中水质一直较好的贡湖的藻密度从2009年起持续升高,至2013年、2015年均超过3 000万个/L,至2016—2017年更是明显升高至1亿~1.5亿个/L,后至2020年一直接近1亿个/L,所以近年贡湖持续出现规模较大的蓝藻爆发现象(见表2-2-2、表2-2-3)。但2020年起太湖藻密度有所下降。

表 2-2-1　太湖年均藻密度　　　　　　　单位:万个/L

年份	2009	2010	2011	2012	2013	2014	2015	2016	2017	2018	2019	2020
数值	1 447	1 900	1 900	2 490	5 660	6 200	4 300	8 500	12 100	9 100	12 500	9 200

注:数据来源为文献[2]。

表 2-2-2　太湖各水域年均蓝藻密度及2020年/2009年比值

单位:万个/L

水域	2009年	2019年	2020年	(2020年/2009年比值)/倍
全太湖	1 447	12 500	9 200	6.36
湖心	808	15 000	15 500	19.18
梅梁湖	3 955	16 400	14 000	3.54
贡湖	825	9 100	8 900	10.79
五里湖	1 584	2 650	4 100	2.59
东太湖	1 216	2 600	3 800	3.13
竺山湖	3 050	13 000	16 700	5.48
西部沿岸	4 561	14 100	14 000	3.07
南部沿岸	1 609	9 400	9 100	5.66
东部沿岸	184	3 900	4 200	22.83
平均				8.47

注:数据来源为文献[2]。

表 2-2-3　贡湖蓝藻密度　　　　　　单位：万个/L

年份	2009	2010	2011	2012	2013	2014	2015	2016	2017	2018	2019	2020
贡湖	825	343	863	454	3 772	2 757	3 500	10 500	15 500	8 100	9 100	8 900

注：数据来源为文献[2]。

太湖蓝藻爆发是蓝藻种源达到一定密度后的结果，在未达到一定密度时不会爆发。如东太湖年均蓝藻密度一般为太湖中最小。其中2010—2013年春夏秋冬四季的蓝藻密度均在 73 万~802 万个/L，一般不会发生蓝藻爆发。2009年秋季达到 3 716 万个/L 及 2017—2020 年年均超过 2 000 万个/L（见表 2-2-4、表 2-2-5），就在小范围内发生蓝藻爆发或水华聚集。

表 2-2-4　东太湖蓝藻密度　　　　　　单位：万个/L

年份	2009	2010	2011	2012	2013	2014	2015	2016	2017	2018	2019	2020
蓝藻密度	1 216	441	228	400	500	294	800	600	2 800	2 500	2 600	3 800

注：数据来源为文献[2]。

表 2-2-5　东太湖贡湖四季蓝藻密度　　　　　　单位：万个/L

区域	东太湖					贡湖				
年份	2009	2010	2011	2012	2013	2009	2010	2011	2012	2013
冬	227	94	221	334	250	568	567	396	402	752
春	208	73	160	441	475	256	66	208	624	4 948
夏	711	802	163	543	537	749	2 265	1 908	1 212	7 154
秋	3 716	794	368	283	737	1 726	2 113	939	2 401	2 235

注：数据来源均为文献[2]。

2.2　蓝藻爆发最大面积及持续爆发

2.2.1　蓝藻爆发年最大面积

太湖蓝藻爆发单次最大面积在1990—2006年间持续增加，从 100 ~

200 km^{2}到2006年的最大面积为1 354 km^2。2007—2020年蓝藻爆发基本呈高位波动状态,其中2007年1 114 km^2,2009年最小为524 km^2,有相当年份接近或超过2007年,如2017年最大面积达到1 403 km^2(见表2-2-6)。太湖蓝藻爆发是一波接一波的,在不同水域爆发,每处爆发面积大小不等,一般一次水域的蓝藻爆发仅持续数天。一处水域发生蓝藻爆发后,其剩余的蓝藻种源数量(密度)及其后水域的富营养化、水温光照及其他各种水文气象等生境基本决定了下次蓝藻爆发的规模、时间及二次爆发的间隔时间,太湖各水域可能同时发生多处蓝藻爆发。这需有关研究机构进行蓝藻爆发的预测和预警工作,直至蓝藻爆发被消灭。

2.2.2　每年蓝藻爆发时间

每年蓝藻爆发月份数多少不等。开始时为5~8个月,以后发展为6~10个月,有些年份甚至每月爆发。如2015年、2017年均是每年12个月均爆发。

太湖每月单次爆发面积超过900 km^{2}的年份,且每年发生2次的有2019年、2017年、2015年、2013年(均为单数年)共有4年,每年仅发生1次的有2020年、2016年、2012年、2011年、2010年共5年。

每年蓝藻爆发的月份逐渐增多,由于蓝藻种源(藻密度)持续增多的基本条件及在高水温、多光照、少阴雨等适宜的生境,2013年起每年几乎大部分月份均可能发生规模蓝藻爆发。1990年起一般在4—5月发生第1次规模爆发(2007年为3月),5—10月持续多次爆发,现今11月发生爆发的年份仍很多,如2013—2020年的8年中有6年发生500 km^{2}以上规模的爆发,在12月发生爆发的年份也有2017年、2016年、2013年等年份,其中2013年12月10日发生蓝藻爆发面积仍达到982.3 km^2(见表2-2-6)。

表 2-2-6　太湖蓝藻爆发年最大面积

年份	2006	2007	2008	2009	2010	2011	2012	2013
面积/km^2	1 354	1 114	574	524	984	997	991	1 092
日期(月-日)	08-13	09-08	09-18	08-21	08-15	07-21	08-29	11-19
年份	2014	2015	2016	2017	2018	2019	2020	
面积/km^2	854	1 091	936	1 403	775	977	823	
日期(月-日)	11-26	11-27	07-17	05-10	05-23	09-08	05-11	

注:数据来源为文献[2]。

冬季蓝藻爆发。20世纪90年代,由于水温相对较低和藻密度较低,冬春季蓝藻不爆发;现今,由于蓝藻密度基数大,在冬季 11 月至次年 1 月均能发生蓝藻爆发,其水温仅需要 9 ℃或接近 9 ℃就能爆发。

2.3　叶绿素 a 持续升高

太湖叶绿素 a 与藻密度一样,基本呈持续增加趋势,但升高幅度较小。如 2020年37.7 mg/m³ 为2009年19.8 mg/m³ 的1.9倍(见表 2-2-7)。

表 2-2-7　太湖叶绿素 a 表

年份	2009	2010	2011	2012	2013	2014	2015	2016	2017	2018	2019	2020	2020/ 2009
数值/ (mg/m³)	19.8	26	28	27	25	28.7	30	42	48	38	49	37.7	1.9

注:数据来源为文献[2]。

2.4　蓝藻生长爆发的 4 个阶段

蓝藻分为休眠、萌发复苏、生长繁殖、聚集爆发 4 个阶段。

(1)休眠期。一般在 12 月至次年 2 月,大部分蓝藻在水底和部分蓝藻在水体呈休眠状态。此时蓝藻一般不增殖。

(2)萌发复苏期。一般在 2—3 月,经过休眠的部分蓝藻在水温升高至接近 9 ℃的时候,开始恢复活力,相当部分蓝藻则在休眠期后没有恢复活动能力。蓝藻在此阶段恢复活动能力比例尚无数据可查。

(3)生长繁殖期。一般在 3—4 月,经过萌发复苏期的蓝藻在水温升高至 9 ℃后,开始加快生长繁殖,藻密度明显升高。

(4)聚集爆发期。一般在 5—11 月,蓝藻继续生长繁殖,蓝藻密度快速增加,达到一定的密度并在合适的生境条件下,蓝藻就聚集上浮爆发。

持续爆发期又可分为初次(首次)爆发、连续爆发和爆发衰退 3 个时段。以往蓝藻的初次爆发一般在 3 月至 5 月初;连续爆发在 5—11 月,初次爆发后可能间隔一段时间才开始连续爆发;爆发衰退在 11—12 月,由于水温开始降低,蓝藻活力减弱,蓝藻的爆发规模、强度开始减小、减轻,爆发频次降低,后转入休眠期。

由于每年蓝藻的生存环境不同,所以上述蓝藻休眠、萌发、生长、爆发 4 个阶段(6 个时段)的时间过程有一定的差异。由于2015年后蓝藻的密度大幅升高,有些年份一年四季均发生蓝藻爆发。持续爆发期均可能发生大规模的蓝藻爆发。而 2020 年起蓝藻爆程度有所减轻。

上述蓝藻生长爆发的四阶段(六时段)中,前二个阶段蓝藻在休眠期的存活率和萌发复苏期的萌发率对于当年蓝藻爆发程度均有极大影响。若大幅度降低存活率和萌发率则可使当年蓝藻爆发程度大幅度减轻。

第三篇 太湖蓝藻爆发原因

序

太湖蓝藻年年持续爆发、高位波动,藻密度持续升高,经努力治理而难以得到减轻,这个现象应认真研究。

太湖蓝藻爆发的关键原因可以归纳为"三高":蓝藻密度高、营养程度高、以水温高为代表的自然因素。而对太湖蓝藻及其爆发的影响因素总体是人为因素和自然因素两大类。

蓝藻密度高就是种源密度高,这是蓝藻爆发的根本因素。蓝藻密度高的影响因素为自然因素和人为因素二者作用的总体结果。藻密度持续升高可升高 TP 和降低 TN,反之,藻密度大幅度降低(不低于一定值)可降低 TP 和仍然能降低 TN。

营养程度高即是水体富营养化,这是蓝藻爆发的基本因素。富营养化是人为干预自然的总体结果。其具有升高与降低营养程度两方面的效果:升高营养程度主要是增加外源和内源污染负荷的行为;降低营养程度主要包括控源截污、清除内源、调水、清淤、打捞蓝藻、生态修复等减少污染负荷的行为。

水温高是影响蓝藻爆发的必要因素,是影响蓝藻爆发的自然因素生境的代表。其他的自然因素包括光照、风、雨、pH、气压、水文水动力、水体形状,以及生物种间竞争等,种间竞争中生物包含蓝藻、藻类、动植物和微生物等。水温高可以使藻密度升高,加大蓝藻爆发程度,但人类难以在大范围改变水温等自然因素;藻密度、富营养化这两者相互关联,直接影响蓝藻爆发程度。

只要太湖富营养化条件在适合蓝藻生长繁殖的范围内,同时生境适合、缺乏种间竞争,水体中存在的蓝藻种源仍会快速生长增殖达到一定密度而发生一波一波的程度高低不等的规模爆发。所以,在此富营养化范围(专业术语称为阈值)之内,蓝藻爆发程度和藻密度不一定随 P N 等营养盐的降低而减轻或降低。

太湖中春夏秋冬各时段,蓝藻种源种群藻密度、富营养化、水温等自然因素三要素的组合决定蓝藻爆发的规模、频次、时间长短、二次爆发时间的间隔长度等。

2020年起藻密度有所下降,其可能的发展趋势,一是若干年后藻密度再度有所回升;二是藻密度持续下降至很低程度,不再回升,太湖全面消除蓝藻爆发。

一、太湖蓝藻持续爆发关键原因"三高"概述

蓝藻长期持续爆发涉及的因素很多。根据对2007—2020年太湖蓝藻持续爆发的研究分析,得出其主要因素有三个:藻密度高、营养程度高、以水温高为主的自然因素。

1 藻密度高

蓝藻爆发须有相当密度的种源种群存在,是蓝藻爆发的根本性因素、直接根源。藻密度高代表着客观存在的自然因素和人为因素的总体结果。太湖每年蓝藻爆发初期,由于水温相对较低,一般非蓝藻的藻类或非微囊藻的蓝藻相对较多,随着温度升高,蓝藻特别是微囊藻类蓝藻就成为优势种或绝对优势种。

关于太湖蓝藻持续爆发的关键原因,2012年出版的《太湖蓝藻治理创新与实践》一书就提出蓝藻密度高是蓝藻爆发的关键因素,有相当数量的蓝藻种源种群存在是蓝藻爆发的根本因素。在以后发表的相当多有关治理太湖的文章中均提出了此观点,特别是2022年2月9日发表于"水利天下"(原名"水利参阅")公众平台的《太湖蓝藻持续爆发关键因素为三高——藻密度高·营养程度高·水温高》的文章,更是明确提出藻密度高是太湖蓝藻持续爆发的关键因素的首位。

(1)蓝藻种源种群越多,爆发规模越大。1990—2007年,蓝藻种源种群数量日渐增多、爆发规模日益增大,引发2007年"5·29"供水危机,此后蓝藻爆发总趋势日趋严重。如藻密度由2009年的1 450万个/L增加至2020年的9 200万个/L,增加6.3倍,使蓝藻爆发一直在高位运行。

(2)太湖各水域的藻密度均呈持续增加趋势。2020年与2009年藻密度比值:湖心为19.18倍,东部沿岸为22.83倍。导致蓝藻爆发面积近年一直在高位

波动运行,基本不受 NP 浓度在一定范围内波动的影响。如2007—2020年 TN 持续下降 37%,但蓝藻爆发一直在高位波动,主要原因是藻密度已达到相当高的程度,持续削减后的 TN 仍能满足蓝藻爆发对 TN 的营养需求。但2020年起藻密度有所降低。

2　营养程度高

当水体中 PN 等营养盐含量超过一定限度就称为富营养化。富营养化使水域生态系统失去良性平衡,生物多样性受损。营养程度从低至高分为贫富营、中富营、富营养。富营养又分为轻度富营养、中度富营养、重度富营养和异常富营养。

2.1　营养程度持续高位运行是蓝藻持续爆发的基本因素

营养程度高代表着人类活动对自然水体不合理干预的总和。营养程度高是使藻密度升高、产生蓝藻爆发的基本因素,在富营养化一定程度的范围内均可发生蓝藻爆发,不受期间 PN 浓度下降或升高的影响。

2.2　影响富营程度的主要是人为因素

使大水体从贫营养化转变为富营养化,单纯的自然因素需要经过漫长的时间,至少要上千年。而人为因素,在现代社会经济发展、城市化和大规模工业化进程的早中期,甚至只需要 10~20 年或更短的时间。

3　水温高(为自然因素的代表)

太阳是地球能源的主要来源,天气的阴晴风雨各种状态决定了每天接受能源的多少和光照强度的强弱及时间长短,直接影响到水温。

3.1　水温高是使藻密度升高、蓝藻爆发的必要因素

(1)水温高是影响蓝藻爆发的诸多自然因素的代表。根据世界气象组织的报告,未来气温上升的趋势没有改变的迹象。南北极冰雪融化的速度加快是地球持续升温的标志。因此,全球气候变暖必然导致水温升高,不以人们的意志为转移。水温高是影响蓝藻爆发的诸多自然生境的代表,是自然因素中最重要的因子,自然因素还包括光照、紫外光、风、雨、pH、气压、水文水动力等因素,包括生物种间竞争。

(2)每年水温对蓝藻生长的影响。每年春季蓝藻种源种群的多少主要取决于水温在 9~12.5 ℃时蓝藻萌发复苏的的比例。冬季蓝藻种源主要存在于底泥表层,部分存在于水体中。蓝藻每年的第一次爆发时间和以后的生长繁殖速度,与底泥和水体的蓝藻细胞萌发的种类、密度及复苏时间有

关。若春季水温升高较快,蓝藻就种源多、种群大,如2007年3月的日均水温较2006年同期高1.51 ℃,特别是3月上旬的日均水温达到12.62 ℃,较2006年同期升高3.07 ℃,此水温已是蓝藻萌发开始加速的温度,在该年的3月29日蓝藻就首次爆发,较2007年前2年蓝藻爆发提前近1个月时间。

3.2 水温高与蓝藻爆发关系密切

年或月的日均水温高,爆发规模就大,程度就严重,甚至冬季也能规模爆发。2006年、2007年的年日均水温分别达到18.65 ℃、19.29 ℃,较2008—2010年均高,所以这2年的爆发面积均较大,其中2007年的累积爆发面积较后3年增加1~2倍;2006年以前太湖蓝藻每年爆发时间长度一般为5~8个月,但2007年蓝藻爆发时间有10个月,近年如2015年、2017年更达到12个月。只要水温维持在9 ℃左右,蓝藻仍可能爆发。近几年,由于冬季水温有所升高,如2017年、2018年1月的日均水温较多年日均水温6.27 ℃均高,促使蓝藻提前萌发,加快藻密度的升高速度,蓝藻爆发期延长,原来蓝藻不爆发的冬季12月、1月也发生蓝藻爆发,爆发面积多次超过300 km²。如2013年12月10日爆发面积达到982 km²,其原因是这期间最高气温由9 ℃升至15 ℃,加之近年太湖藻密度持续升高,>4 000万个/L;同样,2018年1月17日蓝藻爆发面积达到390 km²,其原因是这期间最高气温从4 ℃升至13~15 ℃,近几年年均藻密度>8 000万个/L。

4 蓝藻爆发具体因素分人为和自然两大类

造成蓝藻爆发的藻密度、营养程度、水温的"三高"原因的形成包括自然因素和人为因素两大类。其中藻密度高是自然因素和人为不合理干预自然因素相互作用的结果;营养程度高是人为不合理干预自然的结果,主要是由于人口密度增加和社会经济持续发展致入水污染负荷增加,但通过人为因素的合理干预也可降低营养程度。水温高是自然因素的代表,是蓝藻爆发的必要因素。

二、富营养化是蓝藻持续爆发的基本因素

当水体中ＰＮ等营养盐含量超过一定限度就称为富营养化。富营养化使水域生态系统失去良好的平衡,生物多样性受损。营养程度从低至高一般分为贫富营、中富营、富营养。其中富营养又分为轻度、中度、重度和异常富营

养。影响水体富营养程度的主要是人为因素,是为人不合理干预自然的结果,其中也有一些自然因素。单纯的自然因素使大水体从贫营养转变为富营养需要漫长的上千年,而人为因素则只需要10~20年或更短的时间,太湖的梅梁湖就是在20世纪80年代的10年中逐步进入富营养化的。

1　太湖营养程度的变化

太湖水域在20世纪80年代以前为中富营,更早则为贫富营;梅梁湖于20世纪80年代起逐步进入富营养状况,且富营养化程度越来越严重,至21世纪太湖全面进入富营养化,大部分为中富,梅梁湖、竺山湖等水域曾达到重度富营,2007年"5·29"供水危机时贡湖局部范围达到异常富营养,蓝藻都难以生存以至蓝藻不会爆发;2007年后富营养化程度呈逐步减轻趋势,富营养化指数从2007年的62.3减轻为2020年的60.4(见表3-2-1),富营养化指数中主要是TN浓度降低。2020年太湖平均为中度富营养,其中贡湖、东太湖为轻度富营养。

表3-2-1　太湖富营养化指数

年份	2007	2008	2009	2010	2011	2012	2013
指数	62.3	63.2	60.9	61.5	60.8	61	62.1
年份	2014	2015	2016	2017	2018	2019	2020
指数	61.5	61	62.3	61.6	60.3	61.7	60.4

注:1.太湖健康状况报告中评价营养化指数的指标包括COD_{Mn}、TP TN、叶绿素a、透明度5项。

　　2.数据来源为文献[2]。

2　太湖PN的变化

水体富营养化程度主要取决于水体受外源和内源的污染程度及其他一些因素,评价营养化指数的指标一般为5项,有关部门评价的指标可能不尽相同,其中TP TN等2项均为必评的主要指标。1981—2007年太湖水污染程度总体呈增加趋势,其间有波动。

TN,从1981年的0.9 mg/L升至2004年的最高值3.57 mg/L(劣V类),2005—2006年略有下降,2007—2020年,由于加大太湖治理力度、环境容量有所增加及蓝藻持续增加,致使太湖及各湖区年均TN基本呈持续下降趋势,全太湖从2.35 mg/L(劣V类)下降至1.48 mg/L(Ⅳ类),削减37%。

TP,1981—1996年持续升高,从0.025 mg/L升至0.134 mg/L;1997—

2006年在0.1 mg/L上下波动;2007—2020年,经大力治理TP基本持平(均为Ⅳ类),其中2015—2019年均高于2007年的0.074 mg/L(见表3-2-2),2008—2012年均低于2007年。2020年与2007年比较,无锡的梅梁湖、贡湖、竺山湖、五里湖各水域TP均是降低的,降幅为16.4%~53.8%,均大于全太湖1.4%的降幅。湖心、东太湖分别升高8.8%、20%(见表3-2-3)。影响蓝藻爆发的营养元素除TP TN外,还包括有机质、重金属、其他元素和微量元素等,具体有待进一步研究。

表3-2-2　太湖年均TN TP　　　　　　　　　　　单位:mg/L

年份	1981	1987	1988	1990	1991	1992	1993	1994	1995	1996	1997
TN	0.9	1.54	1.6	2.35	1.89	2.87	2.34	1.73	3.14	3.29	3.2
TP	0.025	0.035	0.055	0.058	0.05	0.08	0.08	0.13	0.133	0.134	0.106
年份	1999	2000	2004	2005	2006	2007	2008	2009	2010	2011	2012
TN	2.55	2.6	3.57	2.49	2.85	2.35	2.42	2.26	2.48	2.04	1.97
TP	0.095	0.13	0.086	0.079	0.096	0.074	0.072	0.062	0.071	0.066	0.071
年份	2013	2014	2015	2016	2017	2018	2019	2020	2020/2007		
TN	1.97	1.85	1.85	1.96	1.6	1.55	1.49	1.48	0.63		
TP	0.078	0.069	0.082	0.084	0.083	0.079	0.087	0.073	0.986		

注:1.1981—2007年数据来源为文献[14、16];

　　2.2008—2020年数据来源为文献[2]。

表3-2-3　各水域年均TP及比较

水域	年均TP(mg/L)			
	2007	2019	2020	2020/2007
全太湖	0.074	0.087	0.073	0.986
湖心	0.068	0.094	0.074	1.088
梅梁湖	0.11	0.12	0.092	0.836
贡湖	0.07	0.07	0.054	0.771
五里湖	0.171		0.079	0.462
东太湖	0.04	0.045	0.048	1.200
竺山湖	0.21	0.18	0.136	0.648

3　外源污染

外源是水污染和富营养化的根子，是太湖富营养化和蓝藻爆发的基本因素。目前治理PN污染速度赶不上污染发展速度。

2007—2020年环太湖城市GDP增加2.44倍，人口增加31%，所以污染负荷大幅增加，虽大力治理外源污染，但削减TP的速度仍跟不上污染的发展。环湖河道入湖P负荷略有升高，2020年较2007年增加6%；13年中河道入湖P负荷有10年大于2007年的0.184万t，其中2011年、2016年达到0.25万t，增加36%（见表3-2-4）。虽然太湖TN浓度自2007年以来持续下降，但距太湖水功能区西部Ⅲ类和东部Ⅱ～Ⅲ类的要求尚有相当距离。

表3-2-4　环太湖河道入湖污染负荷　　　　　　　　　单位：万t

年份	2007	2008	2009	2010	2011	2012	2013	2014
TP	0.184	0.22	0.216	0.266	0.25	0.199	0.18	0.17
TN	4.265	4.74	4.938	5.62	4.77	4.73	3.87	4.2
年份	2015	2016	2017	2018	2019	2020	2020年/2007年	
TP	0.22	0.25	0.2	0.19	0.184	0.196	1.06	
TN	4.88	5.35	3.94	3.96	3.641	4.133	0.97	

注：2007—2020年数据来源均为文献[2]。

入太湖污染物主要来自西部和南部的入湖河道，进入河道的污染物主要为点源和面源。目前太湖的点源主要为污水厂及生活、工业、规模畜禽养殖业等4类；面源主要为种植业、分散畜禽养殖业、水产养殖业、农村分散生活、城镇地面径流、各类废弃物、降雨降尘和航行等。除入湖河道的污染外，另外有一部分外源直接来自沿岸的地面径流及湖面上的降雨降尘。

环太湖各水资源分区入出湖河流TP浓度与负荷变化分析：

（1）太湖入湖TP平均浓度。环太湖河流入湖TP浓度多年平均值为0.189 mg/L，明显高于出湖的0.079 mg/L，入湖TP负荷多年平均值为2 206.51 t，也高于出湖的873.73 t；2016年丰水年入、出湖及净入湖TP负荷均最高，分别为2 993.9 t、1 341.1 t、1 652.8 t。

（2）湖西区河流入湖TP浓度为0.226 mg/L，浙西区、武澄锡虞区河流出湖 TP 浓度多年平均值分别为0.114 mg/L 和0.109 mg/L。

（3）湖西区和浙西区入湖 TP 年负荷多年平均值分别为 1 748.71 t 和 278.61 t，入湖 TP 负荷占总入湖负荷的比重，湖西区在67.88%以上，浙西区在 7%～19%；太浦河出湖 TP 年负荷多年平均值为272.27 t，自2014年起其占出湖 TP 年负荷的比重均在 30%以上。

4 内源污染

太湖的内源主要来自底泥、蓝藻和生物死亡的残体等，主要由外源沉积及转化而成。近年由于藻密度持续升高、蓝藻持续爆发，太湖内源逐步转变为以蓝藻为主，蓝藻每年若干次的生死循环，增加了水体、底泥中的 P N 和有机质等污染物。同时大量死亡蓝藻的耗氧促进底泥的厌氧反应，使其加快 P N 特别是 P 的释放。

所以，多年来外源污染根子已延伸到湖中，年年持续发生蓝藻爆发的太湖蓝藻已成为太湖污染的内部根子、主要内源，导致 TP 降低迟缓甚至升高。

太湖 10 多年来清淤4 200万 m³，其减少 P N 和有机质的效果被蓝藻持续爆发所抵消。太湖各水域藻密度增加 3～22 倍，致使水体和底泥中的 P N 和有机质增多，污染加重，N 元素可进入大气，P 元素留在水体和底泥中，底泥的厌氧生化反应增加底泥的 P 释放量，升高水质 P 浓度，相当程度上削弱了控源减 P 的效果。

5 湿地减少降低自净能力和抑制蓝藻能力

由于水污染增加、人为围垦湖滩地、最低水位提高等，大片芦苇地和沉水植物消失，植物湿地减少面积超过 250 km²，植被覆盖率减少一半以上，使太湖水体自净能力减小，抑制蓝藻生长繁殖能力减弱。

三、藻密度高是蓝藻持续爆发的根本原因

太湖蓝藻持续爆发、高位波动运行，这与入湖污染负荷、水体 P N 浓度、自然因素、藻密度高、蓝藻种源多等均有关。而藻密度持续高位运行是太湖蓝藻连年持续爆发的根本原因。藻密度高表示蓝藻种源多，只要水温等自然因素适合蓝藻的生长，蓝藻就会持续增殖、持续爆发。

1 藻密度持续高位运行使太湖蓝藻连年持续爆发

从 20 世纪 80 年代末 90 年代初太湖蓝藻小规模聚集、爆发，其后爆发程度越来越严重，至 2006—2007 年达到高峰，2007 年最大爆发面积达到 1 114 km²，其后蓝藻爆发一直在高位波动运行，甚至 2017 年蓝藻最大爆发面积较 2007 年多 26%。这是 2006—2007 年的藻密度一直呈持续升高，并持续处于高位运行的原因。太湖藻密度平均值从 2009 年的 1 447 万个/L，持续升高至 2019 年的 12 500 万个/L，致使蓝藻持续爆发，且此期间太湖水质 TN 呈持续下降趋势，总计下降 37%；其间 TP 总体持平，其中 2015—2019 年的 5 年间还较 2007 年升高，升高幅度最大达到 13.5%。这说明藻密度持续升高、高位运行是太湖蓝藻爆发严重的主要因素。说明在此期间，对于蓝藻爆发程度的影响因素中，藻密度重于富营养化程度。

直至 2020 年藻密度才有所下降，蓝藻爆发程度也随之有所下降。可能在今后若干年的一个阶段中，由于冬春季水温相对较低和大风、降雨及生物种间等自然因素，太湖会在相对较低的藻密度之中波动运行，蓝藻爆发同样在相对较低的程度之中波动运行，然后可能再度升高。

2 藻密度持续高位运行极大影响 PN 浓度

蓝藻爆发与 PN 浓度一般呈正相关。2006 年以前，太湖 PN 浓度总体呈升高趋势，藻密度持续升高，蓝藻爆发程度日益严重。

2007 年"5·29"供水危机后，太湖水域 TN 持续下降、TP 基本持平，蓝藻爆发程度依然严重。2007—2020 年，太湖 TN 总体下降 37%；TP 基本持平：2007 年、2020 年分别为 0.074 mg/L、0.073 mg/L，其间在 0.062~0.087 mg/L 波动；蓝藻爆发最大面积高位波动运行，如最小为 2009 年的 524 km²，最大为 2017 年的 1 403 km²，超过 2007 年 1 114 km² 的 25.9%。其原因就是藻密度持续升高，从 2009 年的 1 447 万个/L 持续上升至 2020 年的 9 200 万个/L，其中有 2 年的密度超过 1 亿个/L（见表 2-2-2）。藻密度持续升高致使 N 元素的持续降低和阻滞了 P 元素的降低。

3 藻密度高与 PN 浓度及入湖负荷的关系

PN 浓度与入湖负荷以往一般呈正相关。2006 年以前，河道入湖 PN 负荷总体呈升高趋势，太湖 PN 浓度随之总体上升（见表 3-2-2、表 3-2-4）。

P 浓度与入湖负荷近年有时为非正相关。2007年以后,入湖 P N 负荷上下波动较大,2007—2020年期间河道入湖负荷 TN 仅减少3.1%,但太湖 TN 浓度持续下降 37%,太湖 TN 浓度下降的速度为河道入湖负荷 TN 减少速度的11.9倍。TP 浓度基本持平或有升降。如2011—2013年入湖 TP 负荷从每年0.25万 t 持续下降至0.181万 t,但太湖 TP 浓度由0.066 mg/L 持续升高至0.078 mg/L(见表 3-2-2、表 3-2-4),其原因为蓝藻密度大幅增加,致使 TP 浓度升高。

4 藻密度持续高位运行使 N 浓度持续降低

太湖水质 TN 从 20 世纪 80 年代初的Ⅲ类至最大值2004年的3.57 mg/L(劣Ⅴ类),总体呈上升趋势,其后总体呈下降趋势,特别在2007—2020年的 13 年间持续下降 37%(见表 3-2-2)。其原因如下:

(1)环湖河道入湖 TN 负荷削减 3.1%(2007 年 4.265 万 t → 2020年4.133万 t)。

(2)环境容量增加。由于近年的入湖水量较 20 世纪 70—80 年代大幅度增加 50%,环境容量也随之相应增加。

(3)藻密度升高 6 倍多(2009年1 447万个/L→2020年9 200万个/L),其中2019年达到12 500万个/L(见表 2-2-2),蓝藻多年持续爆发、生死循环的生化反应使 N 元素生成为 N_2,进入大气,成为此阶段 TN 浓度持续下降的主要原因。

(4)有个别水域例外,藻密度高位运行而 N 浓度未降低。其原因可能是水体的流动、交换频繁等因素,使该水域在此时段不能形成硝化反硝化的生化反应,或生化反应程度较低,导致 TN 浓度升高而不下降。如据国家地表水水质自动监测实时数据发布系统资料,沙渚 2021 年 9 月 15 日的 TN 浓度达到3.9 mg/L,大幅度高于近年太湖 TN 为Ⅳ类的平均水平。

5 近年藻密度持续高位运行与 TP 浓度互为因果

以往是入湖 TP 负荷的增减,太湖 TP 浓度随之升降,蓝藻密度也随之升降。但2006年后太湖藻密度大幅升高、高位运行,已成为太湖的主要内源,可在相当程度上直接影响太湖 TP 浓度的升降,抵消努力治理外污染源和清淤削减 TP 污染负荷的效果。甚至是藻密度的增加使水体中藻源性 P 增加,并致使藻源性 P 对太湖水体 TP 浓度的影响大于入湖 TP 负荷的影响。

近阶段藻密度与 TP 浓度互为因果关系。2007年后的若干年,藻密度基本持续升高,蓝藻每年近百次的生死循环释放的 TP 负荷成为主要内源,藻密度的增加可抵消入湖 TP 负荷的减少而升高太湖的 P 浓度,藻密度的减少可以抵消入湖 TP 负荷的增加而降低太湖的 TP 浓度。故近年藻密度与 TP 浓度可称互为因果关系。要使 TP 大幅度降下来,必须减少外源入湖,同时消除以蓝藻为主的内源,才能消除蓝藻爆发。

若发生特殊的自然条件,如冬春季水温低,阴雨刮风天多、晴天高温天少及种间竞争等原因,可直接影响致使藻密度下降,导致太湖水体 TP 浓度下降。

5.1　2020年 TP 下降并非环湖河道入湖污染负荷减少

2020年河道入湖的 TP 负荷较2019年增加,由0.184万 t 增加至0.196万 t,太湖同期 TP 浓度反而降低,由0.087 mg/L 降至0.073 mg/L,降低16.1%。原因是藻密度降低了35.8%,由12 500万个/L 降至9 200万个/L,藻源性 TP 负荷减少降低了太湖水体 TP 浓度。其中也存在2020年的洪水增加环境容量的缘故。

5.2　2012年河道入湖 TP 减少,水质 TP 反而升高

2012年入湖的 TP 负荷较2011年减少,由0.199万 t 减少至0.181万 t,太湖同期 TP 浓度反而升高,由0.066 mg/L 升高至0.071 mg/L,增加7.5%。原因是藻密度升高了 1 倍,由1 277万个/L 升高至2 488万个/L,藻源性 TP 负荷增加使太湖 TP 浓度升高。

5.3　2017年河道入湖 TP 减小幅度大而水质改善幅度很小

2017年的入湖 TP 负荷为0.2万 t,较2016年的0.25万 t 减少 20%,太湖2017年 TP 浓度为0.83 mg/L,较2016年的0.084 mg/L 仅减少1.2%。原因是同期藻密度增加 46%(见表 2-2-1、表 3-2-2、表 3-2-4),藻源性 TP 负荷增加抵消了减少的河道入湖 TP 负荷。

6　2007年后 TP 升高原因

太湖水质 TP 从 20 世纪 80 年代初的 Ⅱ～Ⅲ 类至1996年的0.134 mg/L(Ⅴ类),总体呈上升趋势。其后基本呈下降趋势。2001—2020年的 20 年中 TP 在湖泊标准Ⅳ类范围内波动,其中2001—2014年基本呈下降趋势;在2007—2020年的 13 年间有2015—2019年的 5 年均不同程度地高于2007年,直至2020年(0.073 mg/L)才较2019年(0.087 mg/L)略有下降(见表 3-2-2)。

努力治理太湖多年,为何 TN 大幅下降而 TP 下降缓慢甚至有所升高？这是1998年国家治理太湖污染"零点行动"以来遇到的新问题,值得深思。分析以往治理太湖的诸多举措,由于有些认识和举措中有相当部分不符合此阶段治理太湖富营养化和蓝藻年年持续爆发的客观情况,故未能达到2013年制订治理太湖方案中 TP 的原定 2020 年目标 0.05 mg/L。分析其中 5 年 TP升高的原因如下:

(1)外源污染控制力度不够。目前治理外源污染的努力还未能完全克服人口和 GDP 增速带来的不利影响。2007—2020年环湖河道入湖 TP 负荷反而增加6.5%,从2007年0.184万 t 增加至2020年的0.196万 t(见表3-2-4)。

(2)以蓝藻为主的内源不断增加。目前虽每年打捞蓝藻,但打捞蓝藻量仅为蓝藻生长量的 2%~4%。所以蓝藻仍然年年爆发,太湖藻密度升高 6 倍多(见表2-2-2),致藻源性 P 大幅度增加,使太湖十多年清淤4 200万 m³减少 P释放的效果,被增加的藻源性 P 所抵消。其原因是:多年持续蓝藻爆发与死亡的数千次循环,使 N 元素转化为氮气进入空气,但 P 元素大部分被留在水底,少部分留在水体,同时此期间蓝藻大量死亡致使底泥发生厌氧反应,加大底泥表层的 P 释放率。

四、水温高是蓝藻爆发自然因素的代表

水温是蓝藻自然生境因素中的首要因素,是影响蓝藻爆发最主要的自然生境之一,其他生境还有光照、水文水动力、气压、pH、风、雨,还包括生物的种间竞争,其中生物包含蓝藻、藻类、动植物、微生物等。

这里水温高对蓝藻及其爆发的影响主要指:①冬春季节水温高使蓝藻的存活率、萌发率升高,有利于年内的藻密度升高和蓝藻爆发;②年(月)平均水温高,总体使蓝藻生长繁殖速度相对较快和爆发程度相对较严重,甚至使原来蓝藻不爆发的冬春季也发生蓝藻爆发;③若水温过高,如年平均日水温超过20~21 ℃,则可能不利于蓝藻的增殖,④若是气温过高,如多天持续高温超过35 ℃(特别是气温超过 40 ℃)则可能影响蓝藻的上浮或爆发,此时可能相当多的蓝藻隐与水下而不升至水面。③和④类情况有待进一步研究。

太湖 2006—2018 年的平均日水温为 18.13 ℃,最高月均日水温为 8 月的

29.0 ℃,最低月平均日水温为 1 月的 6.27 ℃;最高年平均日水温为 2018 年的 19.1 ℃,最低年平均日水温为 2011 年的 17.2 ℃(见表 3-4-2);最高日平均水温为 2017 年 7 月 24 日的 34.4 ℃,最低日平均水温为 2008 年 2 月 2 日的 0.2 ℃。

一般太湖水温指湖心(或距离湖岸较远)、没有生长水草、水下 50 cm 处的温度,其与沿岸浅水处、沿岸有岩壁水域或水面上的水温可能相差 2 ~ 3 ℃。

1　水温与蓝藻爆发的四阶段

在蓝藻种源、种群较多和水体富营养化程度达到一定值的情况下,一年四季中由于水温等自然因素的不同,蓝藻分为休眠、萌发苏醒、生长繁殖、聚集爆发四大阶段。其中聚集爆发包括首次爆发、持续爆发、衰退三个时段。

以往一般情况如下:

(1)上年的 12 月下旬至当年的 2 月水温较低,多年平均日水温不超过 9 ℃,为蓝藻休眠期,蓝藻大部分存在于水底,部分存在于水体。此阶段若水温较低蓝藻的存活率就低。

(2)3 月水温升高至 9 ℃以上,多年平均日水温达到11.6 ℃,藻类、蓝藻先后开始萌发复苏。此阶段若水温较低,蓝藻的萌发率就低。

(3)4 月至 5 月初,温度开始升高,蓝藻萌发复苏后加快生长繁殖速度,此时多年平均日水温达到 17 ~ 22 ℃,此阶段的晴好天气,蓝藻发生首次爆发。如2008年、2009年、2010年分别在 4 月 3 日、4 月 29 日、4 月 30 日发生蓝藻首次爆发(见表 3-4-1)。

(4)5—10 月,为一年中水温较高或最高阶段,多年平均日水温达到 20 ℃以上,其中 7—8 月最高达到 28 ℃以上,个别日水温超过 34 ℃,为蓝藻持续爆发期。其中日均温度超过 25 ℃,由于蓝藻的耐高温性,其生长繁殖速度很快,逐渐形成蓝藻的优势或绝对优势;水温 30 ℃以上最易引起蓝藻大规模爆发。至于适宜蓝藻生长爆发的最高水温限值未查到资料。

(5)11 月至 12 月上半月,水温降低,多年平均日水温为14.8 ~ 9 ℃,藻类生长减缓,为蓝藻爆发后衰退期,一般不发生较大蓝藻爆发,但近些年由于水体中存在的蓝藻种源较多或冬季水温偏高或耐低温的蓝藻种类增加,水温仍在蓝藻可能的爆发范围内,所以使蓝藻爆发期延长及爆发面积较大。

表 3-4-1　2007—2010年太湖蓝藻首次爆发时水温和天气情况

年份	首次爆发时间	旬均日水温	日均水温	光照时间或天气
2007	3月29日	3月下旬17.4 ℃	3月27—30日，16.6~19 ℃	3月27—30日，光照8~11 h/d
2008	4月3日	4月上旬16 ℃	4月3日16.2 ℃，最高16.9 ℃	4月2~3日，光照7.5~9 h/d
2009	4月29日	4月下旬18.7 ℃	4月27—29日，18.2~19.1 ℃	天气晴或阴
2010	4月30日	4月下旬15.3 ℃	4月29日16 ℃，30日17.3 ℃（最高18.9 ℃）	天气晴

注:数据来源为文献[14、16]。

由于每年的温度变化和营养状态等生境有差异,所以每年蓝藻休眠、萌发苏醒、生长繁殖、爆发的四阶段(六时段)也有早晚和长短的差异,蓝藻下沉进入水底、次年蓝藻复苏的比例有差异。有些年份,水温较高,3月温度升高较快,很快超过9~12 ℃,如2007年3月的平均水温达到13.8 ℃,于是3月29日就发生蓝藻首次爆发。

2　水温与蓝藻爆发关系密切

2.1　水温越高,全年蓝藻爆发持续时间越长,爆发面积越大

如2006年、2007年的年均日水温分别达到18.65 ℃、19.29 ℃(见表3-4-2),较2008—2010年期间的日均值均明显偏高,所以这2年的蓝藻累积爆发面积、最大爆发面积均相对较大,特别是2007年的累积爆发面积较后3年增加1~2倍(见表3-4-3);2006年以前,太湖蓝藻每年爆发时间长度一般为5~8个月。然而从2007年开始,蓝藻爆发时间较长的超过10个月,近年如2015年、2017年更是达到12个月,这些说明只要蓝藻密度的基数高,水温即使较低,但只要在蓝藻仍能维持生长的区间,如达到或接近9 ℃的水温范围,蓝藻仍可能会爆发。

以往太湖蓝藻的最大爆发面积,一般发生在年气温最高的6—10月中。2006年后由于太湖藻密度持续增加,只要在基本适合蓝藻生长繁殖的水温和生境范围内,即天气晴好或多云、无较大降雨、无大风等水文气象条件下,年内

太湖蓝藻爆发的最大规模面积就可能在 5—11 月中任何一个月中发生。2006—2020年的 15 年中,发生在 5 月的有 3 次(其中2017 年 5 月 1 日为有记录以来蓝藻爆发面积最大,1 403 km²)、7 月 2 次、8 月 4 次、9 月 3 次、11 月 3 次。11 月的 3 次中,2015年、2013年两年的爆发面积超过1 000 km²,分别为 11 月 27 日达到1 091 km²、11 月 19 日达到1 092 km²,另外2014年 11 月 26 日达到 854 km²(见表3-4-4)。

表 3-4-2　2006—2018年每月日均水温统计　　　单位:℃

年份	1 月	2 月	3 月	4 月	5 月	6 月	7 月	8 月	9 月	10 月	11 月	12 月	年均
2006	9.4	9.3	12.3	18.4	20.7	24.9	27.0	28.4	24.7	22.4	15.9	10.3	18.65
2007	8.2	11.3	13.8	17.6	22.4	24.3	27.9	28.2	26.5	22.2	16.8	12.2	19.29
2008	8.6	10.6	14.0	16.6	21.7	22.6	27.0	26.0	23.5	20.3	14.5	9.6	17.93
2009	3.8	8.4	10.2	17.1	22.2	26.7	29.2	28.7	25.5	21.5	11.4	6.8	17.61
2010	4.4	6.8	9.1	13.3	21.1	25.0	29.0	31.3	26.9	19.4	13.9	8.0	17.35
2011	2.6	6.4	9.8	15.8	21.6	24.0	29.5	28.6	25.1	19.7	16.4	7.4	17.20
2012	5.5	5.7	9.9	18.5	22.5	25.3	29.3	28.7	24.4	20.5	13.0	7.6	17.60
2013	5.1	7.7	11.8	16.4	22.2	24.7	30.8	30.6	25.3	19.9	14.6	6.8	18.00
2014	6.2	7.0	12.3	16.7	21.6	25.0	28.1	27.2	25.3	21.0	15.2	7.0	17.70
2015	6.7	7.8	11.3	17.4	22.7	25.3	27.1	28.9	25.7	21.1	15.2	9.0	18.20
2016	6.3	7.3	11.9	17.8	21.6	25.3	30.0	30.8	25.3	21.2	14.7	9.9	18.50
2017	8.0	7.5	11.5	17.7	22.8	24.4	31.4	30.2	25.1	20.4	14.7	8.0	18.50
2018	6.7	7.0	12.9	18.9	23.6	25.7	29.1	29.6	28.5	19.9	15.7	11.6	19.10
2006—2018 均值	6.27	7.9	11.6	17.1	22.1	24.9	28.9	29.0	25.5	20.7	14.8	8.8	18.13

注:2006—2010年数据来源为文献[14、16];2011—2020年为太湖东山水文站资料。

表 3-4-3　水温与蓝藻爆发累积面积比较

年份	2006	2007	2008	2009	2010
蓝藻爆发累积面积/km²	14 149	28 926	12 252	7 858	11 232
蓝藻爆发最大面积/km²	1 354	1 114	574	450	740
年均日水温/℃	18.65	19.29	17.93	17.61	17.35
蓝藻爆发次数	86	81	106	86	81

2.2　冬季由于水温高而导致蓝藻爆发

近几年,由于冬季水温较往年有所升高,如2017年、2018年1月的日均水温均较多年日均水温6.27 ℃高,促使蓝藻提前萌发,加快藻密度的升高速度,蓝藻爆发期延长,原来蓝藻不爆发的冬季12月、1月也发生蓝藻爆发,月内日最大爆发面积多次出现超过300 km²的情况。

如2013年12月10日太湖蓝藻爆发面积达到982 km²,其原因是爆发前6天的天气均为多云、晴,无大风,最高气温由9 ℃升高至15 ℃,有利于蓝藻快速生长繁殖,加之太湖蓝藻密度正值持续升高期,年均藻密度升高至超过4 000万个/L;2018年1月17日蓝藻爆发面积达到390 km²,其原因是爆发前8天为晴、多云天气,无大风,最高气温从4 ℃升至13~15 ℃,有利于蓝藻快速生长繁殖,加之藻密度长期处于高位运行,年均藻密度均超8 000万个/L,引起蓝藻爆发。同时说明,在同时存在营养程度高和藻密度高的情况下,即使是冬春季节,只要水温达到或接近蓝藻爆发的最低标准,通过3~8天的营养积累、生长繁殖,蓝藻群体就会大规模聚集,发生蓝藻爆发现象。

表 3-4-4　太湖2006—2020年蓝藻(最大)爆发面积时间　　单位:km²

年份	1月	2月	3月	4月	5月	6月	7月	8月	9月	10月	11月	12月	超50 km²月数
2020	40	45	10	250	823	800	—	40	200	220	100	10	7
日期(月-日)					05-11								

续表 3-4-4

年份	1月	2月	3月	4月	5月	6月	7月	8月	9月	10月	11月	12月	超50 km² 月数
2019	—	—	—	40	937	340	510	780	977	320	280	290	8
日期（月-日）					05-27				09-08				
2018	390	20	40	310	775	674	280	220	300	400	510	300	10
日期（月-日）	01-19				05-23	06-29							
2017	90	120	90	610	1 403	750	230	720	780	—	1 230	500	12
日期（月-日）					05-10								
2016	150	10	70	530	500	640	936	620	340	380	830	720	11
日期（月-日）							07-17						
2015	120	80	85	410	520	400	900	520	540	500	1 091	420	12
日期（月-日）											11-27		
2014	最大爆发面积854,日期11月26日。全年爆发面积较小												
2013	最大爆发面积1 092,日期11月19日;12月爆发面积982,日期12月10日。蓝藻爆发3月底开始												
2012	最大爆发面积991,日期8月29日。蓝藻爆发4月开始,爆发程度较轻												
2011	最大爆发面积998,日期7月21日。蓝藻爆发5月开始,爆发程度较轻												
2010	最大爆发面积984,日期8月15日。蓝藻爆发6月开始,爆发程度较轻												
2009	最大爆发面积524,日期8月21日。本年蓝藻爆发程度较轻												
2008	最大爆发面积574,日期9月18日。本年蓝藻爆发程度较轻												
2007	最大爆发面积1 114,日期9月8日。蓝藻爆发3月底开始												
2006	最大爆发面积1 354,日期8月13日												

注:2008年以前数据来源为文献[14-16];2008年起数据来源为文献[2]。

2.3 年日均水温超过平均值的年份蓝藻爆发均严重

2006—2018年的年日均水温为18.13 ℃(见表3-4-2),凡超过此值的2006年、2007年及2015—2018年蓝藻爆发均严重。其中2006年、2007年为太湖自1990年首次蓝藻规模爆发以来的第一波高潮,并且引起太湖"5·29"供水危机;2015—2018年为太湖蓝藻爆发的第二波高潮,其间,每年的蓝藻爆发月份均达到 10 ~ 12 个月,太湖历史最大蓝藻爆发面积1 403 km²也在其间的2017年。

3 水温持续升高可能引起 TP 升高

水温持续升高至一定范围内,会引起蓝藻持续规模爆发,蓝藻爆发后每年百余次的蓝藻生死循环,蓝藻死亡增加水体中的 P N 含量和底泥表层有机质及 P 含量,同时使底泥发生厌氧反应,导致底泥表层原来的不溶性 P 转化为可溶性 P,释放进入水体,升高水体 TP。如2015—2018年的年日均水温为18.2 ~ 19.1 ℃,均大于 2006—2018 年的 年 日 均 水 温 平 均 值 18.13 ℃ (见表3-4-2),2015—2018年太湖每年水质 TP 则为0.82 ~ 0.87 mg/L,均高于2007年的0.74 mg/L;反之,水温持续降低可能引起 TP 下降。2020年、2021年的年日均水温或冬春季水温低于相关平均值,所以水质 TP 较2007年有所降低。若水温升高而由于某种原因没有升高藻密度,则一般不会发生上述现象。

4 水温监测值的差异

水温值的变化情况,与测点的平面位置和深度有关,与水域的深浅和是否靠近湖岸有关,与最近几天的天气状况和气温有关。一般在夏秋季节,太湖水体表层与底层的水温相差 1 ~ 2 ℃;湖岸浅水区与湖心的水温相差较多,如位于湖岸浅水区杨湾藻水分离站的吸藻口与三山水温自动监测站水温可以相差3~5 ℃。部分水温自动监测站由于水位升降,其所测水温有差异。

5 水温与气温

空气中的热量(气温或光照),一般是通过对流、传导和辐射等作用进入水体,使水温变化。年均日水温一般均略高于气温。水面与空气接触处或水体接近水面处(如水下 20 cm)的水温与气温有一定的直接关系,水面 50 cm 以下的水温一般与气温没有直接关系或关系不大。如根据监测资料,2021 年 8 月 13

日,最高气温29.5 ℃、最低气温25.4 ℃,湖水表面气温最高29.3 ℃、最低25.7 ℃;又如当天监测水温时,湖水表面温度27.9 ℃,水下的温度,20 cm 处28.2 ℃,50 cm处29.5 ℃,100 cm 处及湖底温度均为29.5 ℃,说明水下 50 cm 处或大于50 cm时,水温在一定时间内是稳定的,一般不受气温的影响。

气温仅对浮于水面上及水面至水下 20 cm 之间的蓝藻产生直接影响,对水体中的蓝藻特别是对距水面 50 cm 以下的水体一般没有直接影响。如冬春季节蓝藻休眠期和复苏期主要与水温有关,与气温没有直接关系。

6　光照影响蓝藻爆发

光照在自然条件中是影响蓝藻爆发的又一个重要因素。太湖是浅水湖泊,光照对水面、水体直至水底蓝藻的生长繁殖均有直接影响。光照与天气的晴、阴、雨有关。光照好的天气是晴天,同时可提高水温。太阳光中的紫外光具有蓝藻磷同化效应,有利于蓝藻生长。衡量光照的因素有时间和强度等指标。光照条件好,蓝藻光合作用强烈,生长繁殖速度快,容易引起爆发。春天的晴好天气,光照时间长,光照强烈,光照条件好,会影响春天蓝藻首次爆发时间和规模,如春天的水温在>16~20 ℃时,若连续阴天或阴雨天气,则蓝藻不会爆发;若天气连续数天晴好,则蓝藻很易爆发。如2006年以前太湖每年的第 1 次蓝藻爆发,均发生在光照条件良好的晴天。

五、其他自然因素对蓝藻爆发的影响

水温高是蓝藻爆发的自然生境因素的代表。另外,还有其他一些自然因素对蓝藻爆发的生境或种群起到一定或相当大的影响。

1　风对蓝藻有聚集扩散等作用

影响蓝藻爆发后漂移和聚集的主要动力是风,包括风力、风向和持续时间等,直接影响水面蓝藻漂移和聚集。风生流使太湖表面蓝藻顺风向漂浮,聚集和堆积在下风的凹岸处,造成蓝藻的堆积和爆发。风可以同时影响蓝藻的浮沉。如太湖风速在3.1 m/s,蓝藻可以大面积漂移,但风速过大,引起较大风浪,水面蓝藻就会下隐于水中,在水面看不到蓝藻聚集爆发现象。

每年春夏蓝藻爆发期间一般盛行东风或偏南风,蓝藻爆发后易聚集在太湖的西部、西北部和北部的梅梁湖、贡湖、竺山湖等湖湾或西部沿岸水域,部分时间段为偏东风,蓝藻爆发后易聚集在太湖西岸或南岸水域;每年10月下半月至12月,太湖一般吹北风或西北风,蓝藻容易聚集在太湖的南部沿岸水域,特别是太湖最后数次蓝藻爆发往往发生在南部沿岸水域,次年中有相当多年份春季的蓝藻首次爆发就发生在此水域。

蓝藻容易在微风和小风条件下垂直上浮于水面。若聚集的蓝藻在较大风力作用下,藻密度可增加数十倍,叶绿素 a 浓度在半小时内由 10 μg/L 升至 100 μg/L,之后稳定在 60~80 μg/L。

2　水流是蓝藻输移的主要动力

太湖的自然水流(重力流)驱动蓝藻从上游向下游流动,蓝藻随着水流输移扩散至中下游各水域,直至出湖。近年,由于湖心的藻密度持续升高,2020年为2007年的19.18倍(见表2-2-1、表2-2-2),水面上的蓝藻随风吹向下风口聚集,而水面表层以下的蓝藻随水流输移往中下游各水域,所以近年东太湖、东部沿岸的藻密度持续升高,致使原无蓝藻爆发的水域发生小规模的蓝藻爆发。同样贡湖此期间藻密度升高9.79倍,水质一直较好的贡湖在2012年及以前的年均藻密度一般均在1 000万个/L 以内,但2016—2020年的藻密度持续升高至8 000万~15 500万个/L。另外,还有水量、水位、水深、流河、分层、流速和换水次数等因素均对蓝藻爆发有一定影响。

3　降雨的影响

降雨可以起到降低水温、增加水体氧气含量的作用。此外,大量降雨使蓝藻下沉和降低蓝藻生长速度,或使水面上看不到蓝藻聚集、爆发现象。中等降雨对蓝藻有一定的抑制作用,大雨以上级别的降雨对蓝藻的抑制作用比较明显,连续阴雨天气与集中性强降雨对蓝藻的抑制作用尤为明显。人工降雨也有此作用,如贡湖北部水源地,为降低其藻密度、蓝藻爆发程度,无锡市气象局曾多次实施人工降雨。

4　种间竞争影响藻密度

自然界中,蓝藻的种间竞争是指蓝藻与其他生物之间存在的生存环境或生命的竞争：

（1）生境竞争，即蓝藻与其他生物适应生境的竞争。

（2）生存权（生命）的竞争，即蓝藻与其他生物生存权的相互竞争、或直接使对方消失、死亡。其中其他生物包括蓝藻以外的藻类、微生物、植物、动物等。太湖禁渔是人为因素与蓝藻种间竞争的重要组成部分。

（3）自然界本身就存在蓝藻与其他生物的竞争。与蓝藻的种间竞争除人为因素外，自然界本身存在不断变化的生境及蓝藻以外的生物与蓝藻进行着生境竞争、生存权的竞争，不能忽略。如7亿~40亿年前是蓝藻的全盛时期，蓝藻在地球处于生物的霸主地位、后由于生境变化和生物的竞争，蓝藻开始衰落；20世纪90年代起由于富营养化、水温有所升高及其他生境比较合适、缺乏种间竞争等因素，致太湖藻密度逐渐升高而发生蓝藻持续爆发。以后也可能由于人为因素与自然因素的共同作用而使藻密度降低及使蓝藻爆发程度减轻或直至消除。

5　其他因素影响

5.1　pH值的影响

pH值对蓝藻爆发有一定影响。蓝藻多年多次持续爆发使pH值升高，太湖20世纪70—80年代的pH值一般为7~8；2006—2007年后则升高为8~9；现今个别水域pH值升高至9~10是常有之事。如据国家地表水水质自动监测实时数据发布系统的监测资料，2021年9月1日，太湖的拖山、沙渚、兰山嘴等水质监测点pH的日均值达到9.43~9.87，其中兰山嘴此日的pH最大值达到14.79，最大藻密度达到1.92亿个/L。虽此几处水域此日TP TN浓度均为Ⅲ~Ⅳ类，由于pH值>9而水质总评为劣Ⅴ类。pH值大幅升高，可减少或减轻底泥的酸化反应，减少底泥释放可溶性P，对蓝藻的生长有一定的影响，对藻类的结构产生影响；有专家认为pH值若升高至11会影响鱼类的生存，而鱼类与蓝藻有一定的关联。pH值对蓝藻的影响大小，尚不十分清楚，有待有关专家进一步研究。

5.2　气压的影响

气压对蓝藻爆发有相当大的影响，但尚未有确切的研究记录。在以往的研究中，气压仅作为气象条件的附属项一带而过，未来可作为课题单独研究。

5.3　大自然异常活动影响温度

大规模火山爆发是导致气候异常、影响地球温度和光照的突发性因素。

如报道的2022年1月15日的太平洋汤加海底火山爆发,其间有专家称此次火山爆发可能使地球部分区域的气温下降 2 ℃,或可能在短期内降低藻密度和蓝藻爆发规模。另外,厄尔尼诺现象(指赤道太平洋东部和中部海面温度持续异常偏暖的现象)与拉尼娜现象(与厄尔尼诺相反的现象)可显著影响地球温度。

5.4　其他

其他因素包括:蓝藻爆发程度与水域形状有关,如蓝藻易聚集于太湖的梅梁湖、贡湖、竺山湖等顺风向的湖湾;降雨降尘增加污染负荷;湿地、生物多样性增加湖泊净化污染能力与抑制蓝藻;竞争者和消费者相互作用等对蓝藻有影响;电导、微量元素、细菌、盐度、扰动等因素均对蓝藻生长繁殖和爆发有一定影响;另外,水的因素中还有水深、流速、流向、分层等,对蓝藻的生长繁殖均有一定影响。其中有相当多因素尚待进一步深入研究。

六、4 次洪水对太湖 Ｐ Ｎ 的不同影响

太湖流域历史上发生多次大洪水,造成水灾,淹没土地、庄稼、房屋,造成诸多生命财产的损失。现今高标准的防洪排涝水工程的大量建设,使洪涝灾害的影响得到消除,或大幅减少特大灾害损失。由于社会经济持续发展导致水污染随之加重,国家加大治理太湖水污染力度,使水环境得到相当程度的改善。众所周知,大量的洪涝水可稀释水污染物、提升水质。太湖从 20 世纪 90 年代至今的 4 次大洪水对太湖水质改善的效果不同,给人们留下新的问题,需要去重新认识。由于笔者水平有限和资料不足,下面粗略地对太湖 4 次洪水改善水质的不同效果及原因进行定性分析。

入太湖水量的多少直接影响太湖的富营养化、藻密度和蓝藻爆发程度。入湖水量主要取决于河道来水,其次为湖面降雨和湖岸地面径流直接入湖。洪水年份河道来水量多,较 20 世纪 70 年代增加0.3~1倍。最近 30 年来太湖发生 4 次大洪水的水位达到:1991年4.79 m,1999年4.98 m,2016年4.87 m,2020年4.79 m。4 次洪水均相应增加太湖环境容量,同时输入较多污染负荷,也同样随水流带走大量污染物和蓝藻。但洪水对太湖 Ｐ Ｎ 浓度

的影响差异很大,有些改善了太湖ＰＮ浓度,有些则升高了ＰＮ浓度,有其相应的原因。

1　4次洪水对太湖ＰＮ的影响

1.1　1991年洪水

当年太湖ＰＮ年均浓度是1990—1992年3年中最低的:1991年TP为0.05 mg/L,较1990年0.058 mg/L和1992年0.058 mg/L均低13.8%;当年TN为1.89 mg/L,分别较1990年2.35 mg/L和1992年2.87 mg/L低19.6%、34.1%。

1.2　1999年洪水

当年太湖ＰＮ浓度较1998年高、2000年低:1999年TP为0.095 mg/L,较1998年0.091 mg/L高4.4%,较2000年0.13 mg/L低26.9%;TN为2.55 mg/L,较1998年2.35 mg/L高8.5%,较2000年2.60 mg/L低1.9%。

1.3　2016年洪水

当年ＰＮ浓度和入湖污染负荷均较上年增加:TP为0.084 mg/L,分别较2015年0.082 mg/L和2017年0 083 mg/L升高2.4%、1.2%;TN为1.96 mg/L,分别较2015年1.85 mg/L和2017年1.6 mg/L高5.9%、22.5%。

其中2016年河道入湖污染负荷TP为0.25万t,分别较2015年0.22万t和2017年0.20万t高13.6%、25%;TN为5.35万t,分别较2015年4.88万t和2017年3.94万t高9.6%、35.8%。

另外,2016年藻密度为8 500万个/L,分别较2015年4 300万个/L和2017年12 100万个/L高97.7%、-29.8%(见表3-6-1)。

表3-6-1　太湖4次洪水对水质影响比较

年份	项目	单位		1990	1991	1992	1991/1990	1991/1992	说明
1991	最高水位	m			4.79				
	河道入湖水量	亿 m³			95.8				
	年降雨量	mm			163.9				
	太湖水质TP	mg/L		0.058	0.05	0.058	0.862	0.862	
	太湖水质TN	mg/L		2.35	1.89	2.87	0.804	0.659	

续表 3-6-1

年份	项目	单位		1998	1999	2000	1999/1998	1999/2000	说明
1999	最高水位	m			4.97				最高水位 1999-07-08
	河道入湖水量	亿 m³			108.2				
	年降雨量	mm			1 605				
	太湖水质 TP	mg/L		0.091	0.095	0.13	1.044	0.731	
	太湖水质 TN	mg/L		2.35	2.55	2.6	1.085	0.981	
	藻密度	万个/L		小于 1 000					估计
年份	项目	单位	2009	2015	2016	2017	2016/2015	2016/2017	说明
2016	最高水位	m		4.19	4.87	3.62	1.160	1.343	最高水位 2016-07-08
	平均水位	m		3.41	3.58	3.27	1.050	1.095	
	河道入湖水量	亿 m³		119	159	113	1.336	1.407	
	年降雨量	mm		1 541	1 792	1 222.2	1.163	1.466	
	年均蓄水量	亿 m³		54.2	58.2	50.86	1.074	1.144	
	太湖水质 TP	mg/L		0.082	0.084	0.083	1.024	1.012	
	太湖水质 TN	mg/L		1.85	1.96	1.6	1.059	1.225	
	入湖 TP 负荷	万 t		0.22	0.25	0.2	1.136	1.250	
	入湖 TN 负荷	万 t		4.88	5.35	3.94	1.096	1.358	
	藻密度	万个/L	1 447	4 300	8 500	12 100	1.977	0.702	
年份	项目	单位		2019	2020	2021	2020/2019	2020/2021	说明
2020	最高水位	m		3.83	4.79		1.251		
	平均水位	m		3.31	3.39		1.024		
	河道入湖水量	亿 m³		126	144.6		1.148		
	年降雨量	mm		1 262	1 489		1.18		
	年均蓄水量	亿 m³		51.7	53.8		1.041		
	太湖水质 TP	mg/L		0.087	0.073		0.839		
	太湖水质 TN	mg/L		1.49	1.48		0.993		
	入湖 TP 负荷	万 t		0.184	0.196		1.065		
	入湖 TN 负荷	万 t		3.641	4.133		1.135		
	藻密度	万个/L		12 500	9 200		0.736		

1.4 2020年洪水

当年太湖 TP TN 浓度均较1999年低,分别为0.073 mg/L、1.48 mg/L,分别较2019年的0.087 mg/L、1.49 mg/L 低16.1%、0.7%。

其中2020年河道入湖污染负荷 TP 由2019年的0.184万 t 升高至2020年的0.196万 t,升高6.5%;TN 由3.64万 t 升高至4.13万 t,升高13.5%。

另外,2020年藻密度由12 500万个/L 降低至9 200万个/L,降低26.4%。

2 洪水对 P N 的影响因素

4 次洪水均增加了太湖环境容量,带走大量污染物和蓝藻,按以往一般的认识,均可在不同程度上降低太湖 P N 浓度,但实际产生不同效果,其原因如下:

(1)由于流域社会经济持续发展,如2016年人口为1999年的1.3倍、GDP 为 1999 年的 8 倍,2020年的人口、GDP 较1999年增加得更多,导致各类点源、面源的入河入湖污染负荷直接增加。

(2)洪水使河底淤泥、雨水管及窨井、污水管道底部的淤泥等的入湖污染负荷增加。其负荷增加量则依据洪水的水量、流量、流速及河底(管底)淤泥的大小或多少等因素确定;4 次洪水增加的环境容量均较多;入湖污染负荷较上一年增加比例的大小依次为2016年、2020年、1999年、1991年。

(3)30 年来太湖藻密度总体呈持续增加趋势,对水质的影响呈逐渐增大趋势。太湖自1990年起发生蓝藻小规模爆发,当时藻密度较低,2009年藻密度1 447万个/L,估计1999年不足1 000万个/L,1991年更低。1999年较2016年的8 500万个/L 低近90%,此期间持续上升的藻密度及蓝藻的年年爆发增加了藻源性 P,致使2015—2019年的 TP 均较发生供水危机的2007年为高,N 元素则由于每年近百次的蓝藻爆发、生死循环而生成为 N_2,离开水体,进入大气,所以2007年后的太湖 TN 浓度总体呈持续降低趋势,至2020年降低 37%。

由于2007—2020年期间藻密度在高位运行,成为主要内源。这一阶段特别是2015年起总体上藻密度对太湖水质的影响大于环湖河道入湖污染负荷对水质的影响。对于 TP,藻密度的大幅上升可以部分或全部抵消环湖河道入湖 P 负荷的减少对改善水质的影响;反之,藻密度的大幅下降可以部分或全部抵消环湖河道入湖 P 负荷增加对升高 TP 浓度的影响。此类现象颠覆了以往削减外源 P 负荷就能改善太湖水质 TP 的认识。

3　分析4次洪水对水质的影响

太湖洪水年份对水质的影响因素有多个,包括入湖水量增加、环境容量增加、入湖污染负荷增加,以及藻密度升降、藻密度和蓝藻爆发对 P N 的影响,还有自然条件等。这些因素的综合作用决定了太湖水质 P N 的升降。由于缺乏对太湖蓝藻、水量、水质 3 个方面的综合数学模型试验手段,所以下面仅对太湖 4 次洪水进行粗略的定性分析。

3.1　1991年洪水

① 大量增加入湖水量,增加环境容量;② 增加入湖污染负荷;③ 太湖平均藻密度很低,仅梅梁湖北部的局部水域的藻密度较高,发生小规模蓝藻爆发,对太湖水质的直接影响很小。

所以1991年,洪水增加环境容量对提升水质的影响超过外源入湖污染负荷的影响,致使太湖 P N 浓度均较1990年得到改善,1991年 TP TN 浓度较1990年均降低13.8%,洪水后第 2 年则由于入湖水量减少、污染加重等原因致使 P N 浓度有所升高。

3.2　1999年洪水

① 大量增加入湖水量,增加环境容量;② 增加了入湖污染负荷,那些年份外源呈持续增加趋势,TP TN 负荷均较1998年有相当幅度增加;③ 太湖藻密度较1991年有一定程度增加,增加的藻密度对太湖水质的直接影响有所加大,但藻密度仍然对水质的影响较小。

在上述 3 者综合因素作用下,增加的外源入湖污染负荷和藻密度 2 者之和抵消了环境容量增加能改善水质的作用,致使1999年 TP TN 分别较1998年小幅增加4.4%、8.5%。洪水后第 2 年则由于污染加重等原因致使 P N 浓度有所升高。

3.3　2016年洪水

① 为 4 次洪水中最大的,入湖水量较2015年增加 34%,增加了相应环境容量;② 河道 TP TN 入湖负荷分别较2015年增加13.6%、9.6%;③ 太湖藻密度有很大程度的增加,2016年较2015年增加97.7%,对太湖水质的直接影响很大。

在上述 3 者综合因素作用下,2016年增加的外源入湖污染负荷和藻密度二者之和抵消了环境容量增加对提升水质的影响,使太湖 TP TN 浓度分别较2015年升高2.4%、5.9%。但太湖水质 TP TN 浓度增加的幅度分别仅为入湖负荷增加幅度的17.6%、63.4%。洪水后第 2 年则由于藻密度又大幅升高(由

8 500万个/L升高至12 100万个/L)等,2017年 TN 浓度较2016年明显降低,P浓度基本持平。

3.4 2020年洪水

① 当年入湖水量较2019年增加14.8%,增加了相应的环境容量;② 河道 TP TN 入湖负荷分别较2015年增加6.5%、13.5%;③ 由于水温有所降低等自然原因,该年藻密度较2019年明显降低26.4%,使内源 TP 负荷量明显降低,但藻密度仍位于高位,此期间高位运行的藻密度和蓝藻持续爆发对太湖 P N 浓度的影响大于河道入湖污染负荷的影响。所以,2020年河道入湖 TP 负荷虽增加6.5%,但由于藻密度大幅降低26.4%,使藻源性 P 增加幅度相应减少。

在以上三个因素的综合作用下,藻源性 P 的减少和环境容量 P 的增加,二者之和抵消了外源污染负荷的增加对太湖水质浓度增加的影响,致使太湖 TP 浓度明显降低16.1%。

2020年洪水期间,入湖 TN 负荷虽增加13.5%,由于蓝藻仍持续爆发,蓝藻发生每年近百次的生死循环,使相当多 TN 成为 N_2 进入大气,离开水体,以及由于环境容量的增加,这二者之和抵消了外源 TN 入湖负荷增加升高 TN 的作用,上述三个因素综合作用下,太湖 TN 浓度仍降低0.7%。

太湖2020年洪水最终效果是在外源污染负荷增加的情况下改善了太湖水质,TP TN 浓度分别较2019年降低 16%、0.7%(见表 3-2-2、表 3-2-4)。

4 结论:消除蓝藻爆发与全面改善水质需同时进行

4.1 发生洪水年份的水质由多因素综合确定

洪水年份太湖水质主要与洪水水量、外源入湖负荷、内源特别是藻密度等三个因素密切相关。所以,太湖 4 次发生洪水年份对水质产生不同效果。

4.2 洪水增加环境容量

太湖洪水增加入湖水量、换水次数,加大流速,增加水体自净能力,总的是增加环境容量,同时也增加一些污染负荷,若在以往无蓝藻爆发的情况下,洪水增加的环境容量大于增加的污染负荷,应有利于改善太湖水质,降低 TP TN 浓度。

4.3 蓝藻年年持续爆发会升高 TP、降低 TN

由于藻密度持续升高,从太湖开始蓝藻爆发时的藻密度小于 500 万 ~ 1 000万个/L,增加至2016年的8 500万个/L、2019年的12 500万个/L,可以在相当程度上左右水质 TP TN 的升降。蓝藻密度持续高位运行和蓝藻持续爆发,可产生相当数量的藻源性 P 致 TP 升高;若蓝藻密度降低幅度较大,则可降低 TP;蓝藻密度持续高位运行和蓝藻持续爆发更可生化反应使 N 元素生成为 N_2 进入大气而降低水体 TN 浓度。

4.4 蓝藻爆发影响水质的作用有时可能大于入湖污染负荷

2006 年后蓝藻密度持续上升,蓝藻年年持续爆发,其对太湖水质的影响可抵消部分外源入湖污染负荷升高 TP TN 浓度的作用,甚至此作用可大于河道入湖污染负荷对太湖水质影响。

4.5 彻底治理好太湖必须消除蓝藻爆发

这 4 次洪水较 20 世纪 70—80 年代太湖的入湖水量(以 75 亿 m^3 计)增加 30%~100%,环境容量相应增加,入湖污染负荷同时增加,但由于蓝藻密度的差异导致改善太湖水质的效果有相当不同。如 1991 年洪水,蓝藻爆发规模很小,其结果是改善、提升水质;2016 年洪水,主要由于蓝藻密度大幅增加等,太湖水质 TP TN 浓度均小幅增加;2020 年洪水,由于在高位运行的蓝藻密度降低了 26.4%,致使在入湖污染负荷增加的情况下,太湖水质 TP TN 仍得到一定程度的改善,其中 TP 明显改善了 16%。由此说明,目前藻密度持续高位运行和蓝藻年年持续爆发直接影响太湖水质。若不消除蓝藻爆发,难以持久提升太湖水质至水功能区目标的 Ⅱ~Ⅲ 类,同时蓝藻爆发也是太湖最大的生态问题,流域和全国人民均不希望看见太湖蓝藻爆发。所以,必须消除蓝藻爆发才能彻底治理好太湖,才能成为健康和美丽的太湖。

七、"三高"因素相互关联

太湖蓝藻爆发的"三高"因素不是单独存在的,而是错综复杂、相互关联的。

1 富营养化使藻密度升高

人类不合理干预自然的结果导致大量外源入湖,水体富营养化,继而使蓝藻生长繁殖速度加快,藻密度升高。如太湖水质从 20 世纪 80 年代初的 Ⅲ 类降至 80 年代末的 Ⅴ 类、90 年代的劣 Ⅴ 类;营养程度从贫-中营养升高至中富营养,个别水域为重富营养;年均藻密度估计从 20 世纪 80 年代初的百万个/L 升至 2009 年的 1 447 万个/L,再升至 2020 年的 9 200 万个/L。

2　水温是自然因素中使藻密度升高的首要条件

水温是影响藻密度和蓝藻爆发程度的自然因素的代表，是影响蓝藻爆发的最主要生境。水温一年四季不同，蓝藻就发生休眠、萌发复苏、生长繁殖、聚集爆发、衰退等过程。但由于每年温度、营养状态等生境的差异，蓝藻这几个时间段有早晚和长短的差异，以及蓝藻下沉水底、次年蓝藻复苏比例等都有差异。

一般情况是：① 上年 12 月下旬至当年 2 月的日均水温 < 9 ℃ 为蓝藻休眠期，大部分蓝藻潜于水底，部分蓝藻悬浮于水体中。② 3 月水温升至 9~11.6 ℃，藻类、蓝藻先后开始萌发（复苏）。上述蓝藻休眠期的存活率与萌发期的萌发率对全年藻密度的升高和蓝藻爆发程度起着关键性的作用，其间也包括种间竞争等因素。③ 4 月至 5 月初，水温达到 17~22 ℃，蓝藻发生首次爆发。④ 5—10 月，水温 > 20~34 ℃，为蓝藻持续爆发期。其中当水温 > 25 ℃时形成蓝藻的优势或绝对优势；水温 > 30 ℃时最易引起大规模爆发。⑤ 11 月至 12 月上半月，水温为 14~9 ℃，为蓝藻爆发后的延续、衰退期，一般不发生较大蓝藻爆发，但近些年由于水中存在蓝藻种源较多或冬季水温偏高或耐低温的藻类增加，会导致蓝藻爆发期延长及爆发面积较大的情况。

3　藻密度持续高位运行明显影响富营养化 P N 指标

2006—2020 年太湖藻密度持续高位运行，由 2009 年 1 450 万个/L 升至 2020 年 9 200 万个/L，增长 6.3 倍。其中 2019 年达到 12 500 万个/L，为 2009 年的 8.6 倍，以致蓝藻爆发持续在高位运行，年最大爆发面积一般在 500~1 400 km²。蓝藻持续的高密度和爆发使太湖 TN 浓度持续下降，在 2007—2020 年河道入湖 TN 负荷仅下降 3% 的情况下，太湖水质 TN 从 2.35 mg/L 降至 1.48 mg/L，削减 37%；太湖 2007 年、2020 年水质 TP 基本持平，其中 2007 年、2019 年入湖 TP 负荷虽均为 0.184 万 t，但其间由于藻密度升高 10 倍，达到 12 500 万个/L，结果 TP 从 0.074 mg/L 升至 0.087 mg/L，升高 17.6%。

4　小结

藻密度、富营养化、水温三者密切相关。富营养化是人为干预自然因素的结果，使藻密度升高，但富营养化程度升高或降低至一定范围时，营养程度的升降不再影响藻密度的升降；水温是自然因素的代表，明显影响着藻密度的升降；藻密度持续升高至一定范围后，可明显影响富营养化的 P N 指标，使 TN

持续下降,有可能阻滞 TP 下降速度或可使 TP 升高(见表 3-7-1)。

表 3-7-1　太湖蓝藻连年持续爆发"三高"因素相互影响

项目		影响因素类型	藻密度高	营养程度高	水温高	蓝藻爆发	说明
1	自然因素	—	基本因素	轻微影响	—	重大影响	
1.1	蓝藻种源	自然、人为因素	根本因素	重大影响	重大影响	重大影响	
1.2	藻密度高	自然、人为因素		重大影响	重大影响	重大影响	藻密度高,蓝藻爆发严重
1.3	水温高	自然因素的代表	重大影响	间接影响	—	重大影响	水温升高,蓝藻爆发严重
1.4	光照	自然因素	重大影响	间接影响	重大影响	重大影响,加速蓝藻生长繁殖	光照强烈,容易蓝藻爆发
1.5	水流	自然、人为因素	一定影响	一定影响	轻微影响	较大影响	蓝藻扩散
1.6	风	自然因素	相当影响	间接影响	轻微影响	较大影响,下风处聚集蓝藻	大风蓝藻隐于水下
1.7	雨	主要为自然因素	一定影响	基本无影响	较大影响	较大影响,大雨蓝藻隐于水下	
1.8	形状	自然因素	局部影响	间接影响	基本影响	局部有较大影响	湖湾聚集蓝藻
1.9	湿地	自然、人为因素	相当影响	较大影响	轻微影响	较大影响,抑制蓝藻生长繁殖	调节气候
1.10	鱼类	人为、自然因素	一定影响	一定影响	无影响	较大影响,滤食蓝藻	种间竞争
1.11	植物	人为、自然因素	一定影响	较大影响	轻微影响	较大影响,抑制蓝藻生长繁殖	种间竞争,调节气候

续表 3-7-1

项目		影响因素类型	藻密度高	营养程度高	水温高	蓝藻爆发	说明
1.12	其他生物	人为、自然因素	一定影响	一定影响	轻微影响	较大影响，抑制蓝藻生长繁殖	种间竞争
2	人为因素	—	基本因素	基本因素	轻微影响	有严重影响	一定营范围内的养程度变化，不影响蓝藻爆发程度
2.0	富营养化	人为因素为主	重大影响	—	无影响	基本因素，达到一定范围蓝藻爆发	
2.1	外源	人为因素为主，自然因素为辅	重大影响	重大影响	无影响	重大影响	入湖 P N 升高富营养化程度
2.2	底泥	人为因素为主，自然因素为辅	重大影响	重大影响	无影响	重大影响	释放 P N，富营养化
2.3	蓝藻残体	人为因素为主，自然因素为副	重大影响	重大影响	无影响	重大影响	升高 P，降低 N
2.4	其他生物	人为、自然因素	一定影响	较大影响	基本无影响	一定影响	

八、富营养化湖泊不一定发生蓝藻爆发

全国大部分湖泊已富营养化，但有些发生蓝藻爆发，有些则不发生蓝藻爆发。

1　相当部分富营养化湖泊不一定发生蓝藻爆发

富营养化是湖泊蓝藻爆发的必要条件，但非唯一条件。全国绝大部分大中型湖泊已富营养化，但仅有"三湖"（太湖、巢湖、滇池）年年持续发生蓝藻爆发，而有相当多湖泊未发生蓝藻爆发或未年年持续爆发。如大型的鄱阳湖、洞庭湖均达到富营养化，水质曾达到劣Ⅴ类，但基本未发生蓝藻爆发，仅发生数次蓝藻聚集或轻度规模爆发。其原因是存在一定的自然和人为因素，使藻密度没有达到蓝藻年年持续规模爆发的程度,其原因可能很多,但明显的原因是,这两个湖泊的年换水次数超过10次,汛期的水较深。另外,洪泽湖同样呈现富营养化,以往曾发生数次蓝藻爆发。

2 藻密度高是蓝藻爆发的根本原因

藻密度的高低是大部分研究人员研究太湖蓝藻爆发原因时最容易忽视的问题,均不把藻密度高归入蓝藻持续爆发的原因之中,可能认为藻密度高就相当于蓝藻爆发,均是富营养化和水温高所引起的,故不把其列入。当然,藻密度高与富营养化和水温高密切相关。但若缺少藻密度高这个因素,就不能解释为什么相当多富营养化湖泊不发生蓝藻爆发,也难以解释为何冬季和初春在温度较低的情况下太湖也能发生蓝藻爆发。

以往太湖蓝藻最大爆发面积一般发生在年气温最高的6—10月中,2006年后由于太湖藻密度持续升高、高位运行,只要水温和天气等生境适合蓝藻生长繁殖,蓝藻可在5—11月中任何一个月发生年最大规模的爆发。2006—2020年的 15 年发生年最大蓝藻爆发面积中,在 5 月的 3 次(其中2017 年 5 月 1 日为有记录以来蓝藻爆发最大面积1 403 km^2)、7 月 2 次、8 月 4 次、9 月 3 次、11 月 3 次。其中2015年、2013年 11 月的爆发面积均超过 1 000 km^2,而在2013年 12 月爆发面积曾达到 852 km^2,2018年 1 月曾达到 390 km^2。这说明藻密度高是关键因素,一般认为温度不高的冬春季节不会蓝藻爆发,但由于藻密度高,致使 11 月至次年 1 月仍发生蓝藻爆发。

3 以水温高为自然因素的代表及蓝藻爆发的必要条件

水温高以外其他的自然因素有可能改变局部蓝藻生长繁殖爆发的生境条件,但在大中型湖泊中一般难以起决定性作用。但个别时间段可能起相当大的作用。

九、忽视藻密度高的因素就无法得出
消除蓝藻爆发的正确思路

1 不能得出太湖能消除蓝藻爆发的结论

蓝藻爆发若只承认有营养程度高和水温高两个因素,而缺少或不承认有藻密度高这个因素,以至于目前大部分研究"三湖"蓝藻爆发的专家学者经过分析得出的结论就是不能消除大中型浅水型"三湖"的蓝藻爆发。国内多次学术论坛上发言或诸多权威刊物发表的很多权威专家的文章均持此观点。

若仅有富营养化和水温两个因素就会得出无法消除太湖蓝藻爆发的观点。因为:

(1)关于以水温为代表的自然因素,人类总体难以改变以太湖为代表的"三湖"的气象、水文等自然条件。

(2)根据人类对高营养程度进行干预能达到最佳效果的分析,由于太湖流域人口持续增加、社会经济持续发展,入湖污染负荷增加,使太湖水质从当初Ⅱ类恶化为劣Ⅴ类,从贫-中营养发展到全湖中度富营养及局部重度富营养,经过30余年的努力,至今改善为太湖平均Ⅳ类水、局部Ⅴ~劣Ⅴ类水,营养程度改善为中富、局部轻富。据此治理水污染和富营养化的现状、措施和速度,难以全面达到生态环境部提出的国家生态环境基准 TP 0.029 mg/L、TN 0.59 mg/L 叶绿素 a 3.4 μg/L 的要求,更无法达到国内外专家一般认为仅依靠消除富营养化需要达到 TP 0.01~0.02 mg/L、TN 0.1~0.2 mg/L 才能全面消除蓝藻爆发的标准。

(3)其原因是现在人口和社会经济状况已导致入湖污染负荷大幅度超出太湖环境容量,无论采取何种控源截污措施,均已无法达到或难以达到上述2个有关消除蓝藻爆发的 TP TN 浓度目标的要求。

(4)根据上述分析,仅以富营养化和水温两个因素来讨论蓝藻爆发问题,其得出的结论就是无法消除蓝藻爆发,或客气一点说就是难以消除蓝藻爆发。至此,根据这些权威专家的意见,高层的决策者也就不敢提出消除"三湖"蓝藻爆发的目标,所以消除"三湖"蓝藻爆发的问题就拖而不决。

2　不能全面总结并得到消除蓝藻爆发的措施

若否定高藻密度是蓝藻爆发的主要原因,而在制订消除蓝藻爆发的规划、方案时,就会导致采取不正确或不全面的消除蓝藻爆发的措施。如不把全面削减水面水体和水底蓝藻数量的技术列入主要除藻措施之中,仅认为主要措施是治理外源污染和一般意义上的内源底泥污染及治理水面蓝藻,即治理方案中仅主要包括系列治理富营养化及行政保障措施,而不包括全面彻底治理蓝藻、消除蓝藻爆发的措施。

3 蓝藻爆发的"三高"因素缺一不可

根据上述分析,蓝藻爆发的"三高"因素:藻密度高、营养程度高和水温高是缺一不可的,特别是若缺少藻密度高的因素就无法消除"三湖"蓝藻爆发。其中营养程度高和水温高两个因素是大家共知的。

4 只有治理富营养化与削减蓝藻数量相结合才能消除蓝藻爆发

如蠡湖、东湖、玄武湖、西湖等小湖泊在未消除富营养化或水质没有提升至Ⅲ类水时,就已经基本消除蓝藻爆发。这些湖泊现在一般是Ⅳ~Ⅴ类水,其中东湖在基本消除蓝藻爆发时水质仅为劣Ⅴ类,原因是这些湖泊均采取了适合其实际情况的治理富营养化与削减蓝藻数量相结合的措施。东湖则主要采取利用鲤鱼、鳙鱼滤食蓝藻的措施。据此类经验,太湖也应该根据自身的特点采取相应的措施,实行分水域消除蓝藻爆发。

十、2020 年起藻密度下降原因及相关效应

2020 年开始太湖藻密度有所下降。2021 年藻密度 7 800 万个/L 较 2019 年 12 500 万个/L、2020 年 9 200 万个/L 分别降低 37.6%、15.2%。蓝藻爆发程度随之有所下降。

1 藻密度下降原因

总体是人工措施"治太"效果的累积和自然能力修复太湖两方面的综合效果,致冬春季节蓝藻萌发比例降低、夏秋季节生长繁殖数量减少或蓝藻上浮能力降低所致。粗略分析如下。

1.1 春季蓝藻萌发比例降低减小藻密度

春季若蓝藻萌发减少 1 个细胞,夏秋季就会减少千万个细胞。所以春季蓝藻萌发率降低对日后蓝藻生长繁殖速度大有影响。萌发率降低的可能原因:① 冬春季节水温相对较低,如最低月平均日水温接近或低于 5~6.27 ℃,或最低日平均水温接近或低于 0.2 ℃,可能影响蓝藻休眠期的存活率和萌发期的萌发率;② 由于 pH、气压、风、雨、光照、营养程度等生境因素使蓝藻萌发比例降低;③ 生物种间竞争使蓝藻(特别是微囊藻)在冬春季休眠期的存活率

降低、春季萌发率降低。

1.2 夏秋季蓝藻生长繁殖速度降低减小藻密度

近几年太湖藻密度相对较低(属于中高位波动运行状态),相当于 2016 年水平。其可能原因:① 各类生境比较不利于蓝藻(特别是微囊藻)生长繁殖。其中控源减轻水体营养程度,包括控制外源减少污染负荷入湖、打捞蓝藻、清淤、调水等,使藻密度会有一定程度的下降。② 生物种间竞争使蓝藻数量减少。种间竞争包括生境与生命竞争两方面。生命竞争包括其他藻类,水生动物、植物,微生物与蓝藻的竞争,竞争结果可能是藻类数量减少,蓝藻在藻类中的比例减少;太湖禁渔是水生动物与蓝藻竞争的比较重要的因素,有效减少蓝藻数量;20 多年蓝藻爆发致微生物与蓝藻的关系变化,附体或异体的微生物与蓝藻的竞争加剧是藻密度降低的可能原因之一;植物与蓝藻存在竞争,但由于太湖湖体植物湿地近年变化不大,所以在短期内不会产生较大效果。

1.3 蓝藻上浮能力降低和数量减少

蓝藻上浮能力降低和上浮数量减少使蓝藻爆发程度减轻,蓝藻爆发年最大面积接近于 2008—2014 年程度。可能原因如下:① 生境不利或种间竞争减少蓝藻数量,致使上浮数量减少;② 生境不利使蓝藻上浮能力减小或上浮机会减少;③ 蓝藻构成发生改变,蓝藻中微囊藻数量减少,非微囊藻型蓝藻增加,致使上浮蓝藻比例减少;④ 蓝藻为适应目前人工打捞削减蓝藻数量的情况,或其他原因致蓝藻的多细胞体的体积(细胞聚集数量)减小及多细胞体数量减少,上浮能力减小;⑤ 持续高气温可能影响蓝藻的上浮爆发;⑥ 全年风向风力有所变化和建设太湖隧道筑坝,使蓝藻聚集位置有所变化。以上原因致使蓝藻上浮数量减少而造成蓝藻爆发程度减轻。

2021—2022 年"三湖"藻密度较 2019 年普遍有所减少、蓝藻爆发程度有所减轻。其原因尚不十分清楚,特别是蓝藻冬季的存活率和春季萌发率、多细胞体的体积和数量变化、蓝藻生长繁殖和爆发所适宜水温的上限、持续高气温对蓝藻上浮或爆发的影响等因素有待有关专家进一步研究。

2 藻密度升降与 TP 浓度存在因果关系

太湖蓝藻物质组成的 P N 比在 2009 年测定时为 1:10,而 2007—2021 年期间太湖的 P N 浓度比例均为 1:>10,所以一般认为最小因子 TP 是蓝藻增殖的关键因素。此阶段中,藻密度下降使 TP 浓度下降,TP 浓度下降又使藻密度下降,而 TP 浓度不随河道入湖负荷增加而增加。如 2021 年河道入湖负荷 TP 较 2019 年增加 15.8%,而太湖 TP 浓度同期反而减低 14.9%,其原因是同期藻密度下降 37.6%,TP 浓度随之下降。太湖 TP 浓度未因河道入湖负荷增加而增加,因藻密度下降而下降的实际情况,表明太湖 TP 浓度与藻密度二者存在因果关系(见表 3-10-1)。

若干年内若藻密度继续略有下降,则 TP 浓度仍有一定的自然下降空间,其平均值有可能接近Ⅲ类。若同时加大污水处理力度和提高污水处理标准达到湖库Ⅲ类,并加大其他点源和面源的治理力度,使河道入湖 TP 负荷得到较大幅度削减,太湖 TP 浓度能逐步提升至平均Ⅲ类,其后继续治理,各水域能全面达到Ⅲ类,东部湖区达到Ⅱ~Ⅲ类。

3　TN 浓度降低的原因和趋势

2021 年太湖 TN 浓度 1.18 mg/L 较 2019 年 1.49 mg/L 降低 20.8%,其原因:其一是入湖负荷 TN 减少,如 2021 年 3.347 万 t 较 2019 年 3.641 万 t 减少 8.1%;其二是藻密度较高、蓝藻持续爆发,蓝藻数百次生死循环的生化反应使 TN 持续降低。2021 年年均藻密度虽较 2020 年、2019 年均有所降低,但仍达到 7 800 万个/L,处于中高位运行(根据《太湖蓝藻评价方法(试行)》,藻密度 3 000 万~8 000 万个/L 为中度)。说明此阶段太湖 TN 浓度下降主因是藻密度高和蓝藻爆发,与外源入湖负荷减少有一些关系,但关系不是很密切,其中清淤、调水等措施在此期间也起一定作用。

今后若藻密度持续中高位运行,TN 浓度可能继续呈下降趋势,平均浓度将接近或达到湖库Ⅲ类标准,但下降速度可能有所减慢。若加大污水处理力度和提高污水处理达到湖库Ⅲ类标准,并加大其他点源和面源的治理力度,使河道入湖 TN 负荷得到较大幅度削减,则太湖 TN 浓度能全面达到Ⅲ类,东部湖区达到Ⅱ~Ⅲ类。

表 3-10-1　2019—2021 年藻密度水质负荷比较

项目		2019 年	2020 年	2021 年	2021/2019 降低
藻密度/(万个/L)		12500	9200	7800	0.376
太湖水质/ (mg/L)	TP	0.087	0.073	0.074	0.149
	TN	1.49	1.48	1.18	0.208
河道入湖负荷/ 万 t	TP	0.184	0.196	0.213	−0.158
	TN	3.641	4.133	3.347	0.081

4　藻密度下降后续效应分析

根据藻密度下降原因分析,藻密度下降后续效应的可能性有再度升高或不再升高两种可能,具体根据采取的治理污染、削减蓝藻、修复生态系统的措施及自然的整体影响力决定:

一是藻密度持续下降数年后可能会再度升高。但由于太湖 TP TN 浓度在此时已有相当程度下降,接近或达到湖库标准Ⅲ类,藻密度小幅度持续下降数年后可能会再度升高,但其回升后的值会低于 2007—2020 年藻密度平均值。

二是藻密度持续下降至较低或很低程度,藻密度不再回升,致全面消除蓝藻爆发。这需要国家和全流域共同努力,持续采取有效的削减 TP TN 的措施,使入湖污染负荷大幅度削减,基本达到科学计算得到的环境容量的要求,同时采取有效的削减水面水体和水底蓝藻的措施如水土蓝藻三合一共治技术,并充分利用自然因素赋予降低藻密度或蓝藻爆发程度的机遇,藻密度就不会再度升高,可能会全面降至 20 世纪 80 年代初期那样的很低程度如太湖平均低于 100 万个/L,则在 2030 年起能分水域全面消除太湖蓝藻爆发。

十一、蓝藻爆发的作用与危害

1　作用

蓝藻的光合作用为大自然增加氧气,蓝藻在生长期间吸收水中 P N 等营养物质,减少水体中 P N 含量。所以,只要利用人为措施及自然因素及时清除水体中的蓝藻,就能清洁水体。如 2008 年 8 月 14 日梅梁湖锦园附近蓝藻爆发水域,当时藻密度 $9.67×10^7$ 个/L,取得的水样经 0.45 μm 滤膜过滤后测得浓度为 TP 0.065 mg/L(Ⅳ类)、TN 0.71 mg/L(Ⅲ类),大幅度优于当年梅梁湖均值 TP 0.112 mg/L、TN 2.98 mg/L,比 2020 年的水质还好。

目前监测水质是将在水下 0.5 m 处采得水样放进容器中再沉淀,后取水面蓝藻层以下的水样测定水质或过滤掉蓝藻测定(如自动测站),如 2020 年 11 月 10 日贡湖北部壬子港附近为蓝藻爆发水域,水质 TP TN 分别为 0.135mg/L、0.8 mg/L,TP 明显劣于当年贡湖平均水质 0.054 mg/L(Ⅳ类),TN

明显优于当年贡湖水质1.28 mg/L(Ⅳ类)(见表3-11-1)。

这两个局部水域的对比不能全面说明问题,但可以说明:

(1)蓝藻持续爆发后吸收了大量N元素并进入大气,使TN浓度明显分别低于当年梅梁湖、贡湖的平均值2.98 mg/L、1.28 mg/L,贡湖2020年11月10日的TN较东太湖的1.16 mg/L还低。

(2)由于2020年11月10日贡湖北部壬子港附近水域为下风处,是蓝藻高密度聚集水域,水质TP达到0.135 mg/L,说明TN能够溢出水面、大幅降低,但TP只能留在水体、明显升高。

(3)只要努力治理太湖,技术措施科学合理,水质TN可以全面达到Ⅲ类或按近Ⅱ类。

(4)可以充分利用此特点,采取有效措施消除蓝藻,就能减轻富营养化程度,减轻蓝藻爆发程度。

表3-11-1　梅梁湖和贡湖局部水质的对比　　　　　　单位:mg/L

时间	水域	TP	TN	时间	水域	TP	TN
2008年8月14日	梅梁湖锦园附近水质	0.065	0.71	2008年	梅梁湖平均水质	0.112	2.98
2020年11月10日	贡湖北部壬子港附近水域水质	0.135	0.8	2020年	贡湖平均水质	0.054	1.28

2　危害

蓝藻先于人类出现,在改造自然界中发挥了巨大作用,为什么现在人们谈藻色变? 中国的"三湖"及全世界许多水域存在阶段性蓝藻爆发或持续爆发现象,害处很多:蓝藻可以产生蓝藻毒素,且难以去除;增加底泥,加重底泥污染,加重水污染和富营养化;影响供水安全和危害人类健康,危害生物的安全,损害生物多样性,严重影响旅游业发展和经济发展,影响居民的正常生活。蓝藻持续爆发已成为太湖主要的长期的生态问题,如造成太湖2007年"5·29"供水危机、生态灾害,而且一直存在着"5·29"供水危机那样的潜在危险。

蓝藻从地球生态系统的有功之臣变为有罪,其原因就在于现代社会人类对自然资源过度的索取、开发、消耗及向水体排放大量污染物,造成日益严重的水污染、富营养化以至蓝藻爆发,使原来清洁健康的河湖生态环境在较短时间内发生恶化,成为蓝藻年年持续爆发的亚健康或甚至不健康(如2007年)的生态系统。

十二、"湖泛"和太湖供水危机

太湖2007年"5·29"供水危机震惊世界,影响无锡市300万人的供水,当时有一个星期的自来水是臭的,洗澡、洗碗都不行,人们疯抢瓶装水。当时无锡市曾邀请北京、上海和南京等地多位全国顶级专家讨论,其后多年仍有多地专家讨论其原因,有的说是蓝藻爆发引起的,有的说不是蓝藻爆发引起的。笔者研究的结论为:太湖2007年"5·29"供水危机是"湖泛"引起的,后"湖泛"一词为太湖流域、江苏省及全国所采纳,防治"湖泛"成为太湖的治理目标之一。笔者在此供水危机事件发生后不久的6月底即撰文提出太湖供水危机是"湖泛",发表于《上海企业》2007年7月号。笔者在1990年起就关注、记录太湖"湖泛"情况。2007年"5·29"太湖供水危机的实质是蓝藻爆发型"湖泛",今后太湖还会发生此类供水危机吗?太湖能否防治"湖泛"?这是国家和流域都高度关心的问题。至今还有相当多的专家热衷于研究"湖泛"。其实,太湖此类供水危机在20世纪90年代就已发生多次,每次影响30万~80万人不等,当时供水危机规模较小、历时较短、影响范围较小,因当时没有互联网,所以其他地区一般不知道,未引起大家关注。

1　太湖"湖泛"概念

太湖"湖泛"即是在静止或相对静止的浅水域,由于污染严重的水体和底泥在遇到高水温及严重缺氧的情况时发生厌氧生化反应,伴随产生黑水臭气的现象。

2　太湖2007年"5·29"供水危机过程

2.1　供水危机发生过程

2006—2007年是暖冬天气,平均气温较往年高2℃左右,所以蓝藻萌发(苏醒)较早,太湖在4月中旬就发生第一次蓝藻爆发,由于该年天气热得早,气温高,水位低,仅3.03 m,干旱少雨,太湖北部5月就连续发生蓝藻爆发,较往年提前爆发1个月。加之当时盛行偏南风,使蓝藻爆发后开始大量聚集在太湖西北部湖湾,蓝藻先聚集梅梁湖(太湖西北部湖湾,面积 124 km²)小湾里水源地(无锡市的主要水源地,当时取水能力 60 万 t/d),蓝藻聚集使自来水厂无法正常供水,迫使其停止取水;后又盛行西南风,使爆发后的蓝藻大量聚集在贡湖(太湖北部湖湾,面积 148 km²)北部的贡湖水源地,使当时取水能力100 万 t/d 的贡湖水源厂无法正常取水,自来水厂无法正常制水和供水,直至5 月 29 日自来水发生臭味,即发生供水危机,影响无锡市区 2/3 以上大约300 万市民(包括流动人口)的饮用水和生活用水。

贡湖水源地蓝藻大爆发时,主要污染指标 NH_3-N 较平时高 20 多倍,达到10 mg/L,溶解氧接近于零。其中 5 月 29 日至 6 月 1 日 4 天的自来水臭味特别严重,所以也称"5·29"臭水事件,直到 12 d 后的 6 月 10 日自来水才符合国家水质标准,基本恢复正常供水。

2.2 危机处理过程

这次供水危机,在中央和省政府的关怀下,无锡市尽责尽力和市民的同舟共济与宽容理解下平稳度过。

供水危机发生后,采取了一系列措施改善水源地水质和强化自来水制水工艺。如组织数百人人工打捞、清除水源地水面集聚的蓝藻;立即组织拆除梅梁湖阻水土坝,在 6 月 1 日开启梅梁湖泵站紧急调水,打破原来贡湖北部水体相对静止的状态使其有所流动;采用人工降雨措施,增加水量和降低水温,使贡湖水源地水质得到好转,逐步达到Ⅲ~Ⅳ类水。同时,自来水厂采用紧急处理配方和处理顺序,如适当增加活性炭和高锰酸钾用量,使自来水逐步达到标准。

此次供水危机是天灾,也是多年人祸的积累,由污染物大量排入水体和蓝藻年年持续爆发所造成;此事件是坏事,也是好事,敲响了警钟,使政府和人们开始注重保护太湖。人类向大自然过多索取,但一定要记住在利用自然资源之时要适量并且不能忘记保护大自然。

3 20 世纪 90 年代供水危机

事实上,在 20 世纪 90 年代也曾发生多次太湖供水危机,但外界一般不知道,原因是当时尚无互联网,消息传播不快。

3.1 供水危机过程

1987—1989年期间,由于梁溪河把大量城市污水带入梅梁湖北部,使水质逐步恶化,达到劣Ⅴ类,夏季时就开始发生小规模的蓝藻爆发,已对梅园水厂的取水口产生间歇性的不良影响。1990年起蓝藻爆发的规模开始增大、次数增多,直接影响到梅梁湖北部当时的梅园水厂水源地(供水能力 14 万 m^3/d)的水质。1990 年 7 月,大量蓝藻开始阻塞梅园水厂自来水厂进水管道,致其减产 70%,影响 25 万居民 25 d 的用水,致使 117 家工厂停产,直接经济损失1.3 亿元;1994 年 7 月,梅梁湖北部水源地和东部小湾里水源地由于多年的蓝藻爆发与死亡的循环,水体缺氧,导致底泥表层中存在的大量死亡蓝藻、有机质发生厌氧反应,而产生黑水、臭气的"湖泛"现象,导致梅园水厂和中桥新水厂(供水能力 60 万 m^3/d)自来水发臭,当时梅园水厂取水口的 DO 为0.4 mg/L、TN 为8.5 mg/L,极大地影响全市百万市民的生活;1995 年 7 月,梅梁湖北部出现蓝藻爆发和"湖泛"时,DO 接近于零,整个湖水发臭,梅园水厂停产 4 d,影响 30 万市民的生活和生产;1998 年 8 月,梅梁湖发生蓝藻爆发和"湖泛",严重影响小湾里和梅园水厂取水口水质,造成梅园水厂停产 5 d 和中桥新水厂大量减产,影响数十万市民的生活和生产。

3.2　处理过程

20 世纪 90 年代太湖梅梁湖的两个水源地,曾发生多次供水危机,其中绝大多数是"湖泛"型供水危机,也有些仅是蓝藻阻塞自来水厂水处理工艺的管道。对于蓝藻阻塞管道事件处理措施如下:

(1)打捞水源地蓝藻。

(2)增加制水的预处理工艺,沉淀分离蓝藻,当时沉淀分离主要是采用黏土混凝沉淀。

当时对于水源地"湖泛"的处理措施如下:

(1)打捞消除蓝藻。

(2)控制水污染。建设犊山控制水闸,关闭闸门,阻止城市污水进入太湖、梅梁湖;同时在水源地种植菱等漂浮植物净化水体。

(3)制水时适当加强净化工艺,但效果不太理想,往往是水源地发生水污染突发性事件时基本只能停产。

(4)增加水源地。在梅园水厂水源地蓝藻爆发并发生"湖泛"、水质得不到保证时,先后增加梅梁湖小湾里水源地(取水能力 60 万 m^3/d)、贡湖南泉水源地(取水能力 50 万 m^3/d)、贡湖锡东水源地(取水能力 30 万 m^3/d)。其中增加水源地兼有因为人口增加和社会经济持续发展需要增加自来水供水能力的原因。当时由于水源地频繁发生"湖泛"并且无法得到实质性的控制,所以此后就逐步放弃梅梁湖梅园水源地、梅梁湖小湾里水源地,完全由贡湖的 2 个水源地供应原水。

4 太湖供水危机的实质是"湖泛"

太湖从20世纪90年代至2007年"5·29"事件之间发生了多次供水危机，分析其实质大部分均是由"湖泛"引起的。即太湖由于若干年来连续发生蓝藻爆发，并且经常聚集于梅梁湖、贡湖北部，至梅梁湖、贡湖北部湖底淤泥的上部集聚了相当多的死亡蓝藻、有机质，而当再次发生蓝藻爆发时，蓝藻的多次生死循环消耗水中大量氧气，使湖底大量有机底泥在缺氧状态下发生厌氧反应，产生黑水臭气，即发生"湖泛"。"湖泛"中的臭气主要是在厌氧反应过程中产生的 H_2S、NH_3-N、CH_4 等的混合气体及其间产生的中间产物。"湖泛"过程中，NH_3-N、TN 可能升高至 $8\sim15$ mg/L 甚至更高。

其中2007年发生在贡湖水域的"5·29"供水危机是最严重的一次，属于蓝藻爆发"湖泛"型供水危机。其实是由于太湖多年持续发生蓝藻规模爆发后，死亡蓝藻、有机质大量积存于湖底；2007年初太湖水温较往年偏高2 ℃，3月底至5月底期间又持续多次发生严重蓝藻爆发；蓝藻的多次生死循环导致该水域严重缺氧，DO 接近于零；加之水体相对静止，使水源地发生严重厌氧生化反应，导致水体产生黑水臭气现象，产生大规模严重"湖泛"，当时水源地水质指标的最大值达到 NH_3-N 12.4 mg/L、TN>15 mg/L，即发生震惊中外的"5·29"太湖供水危机、生态灾害，无锡市停止供水1周，300万人（包括非常住人口）无生活水可用。

5 "湖泛"危害

"湖泛"有很大的危害，具体如下：

（1）水质恶化，水体发臭发黑。

（2）生物多样性急剧减少。"湖泛"水域内的鱼类大量死亡，沉水植物死亡，不耐污染的生物死亡。

（3）极大地影响居民生活，影响旅游环境，影响生态环境。

（4）发生供水危机。若在水源地发生"湖泛"，则自来水发臭，无法供水，产生供水危机，如上述提及的1990—2007年间发生多次蓝藻爆发"湖泛"型供水危机，包括梅梁湖的梅园水厂、中桥新水厂、贡湖水厂的多次供水危机，影响供水人口数十万至数百万不等，影响供水时间天数不等，特别是2007年"5·29"蓝藻爆发型"湖泛"导致的供水危机危害最大、影响最恶劣。这些严重的"湖泛"型供水危机给流域的环太湖城市敲响了警钟。

6　"湖泛"形成原因和类型

6.1　形成"湖泛"条件

造成"湖泛"的因素包括以下诸多条件：① 底泥污染严重,污染物质包括有机质和 C、N 及 P、S、Fe、Mn 等；② 上覆水体污染严重；③ 水温较高；④ 严重缺氧；⑤ 上覆水体静止或相对静止；⑥ 水深较浅。

其中,2007年"5·29"供水危机发生在望虞河"引江济太"期间,据2007年太湖流域水情公报资料,当时望虞河入湖水量 $100\ m^3/s$,贡湖水厂取水口当时距离"引江济太"水流的路径不远,照理说水体有相当大的流动性,不会处于静止状态,不至于发生"湖泛"。究其原因,当时盛行南偏西风,在贡湖水面产生的风生流恰与东北方向流来的"引江济太"水流二者在水源地周围附近形成相对静止的循环水流,满足了"湖泛"的上覆水体静止或相对静止的水动力条件。至于水深较浅,太湖本身是浅水湖泊,加之当时降雨少、水位低,所以水相对较浅。

6.2　太湖"湖泛"类型

蓝藻爆发与"湖泛"有一定联系或紧密联系,但不是每次发生蓝藻爆发就一定产生"湖泛",也不是不发生蓝藻爆发就不会产生"湖泛"。需要根据具体情况确定。"湖泛"形成可分为三类：

(1)蓝藻爆发型,即多次大规模蓝藻爆发死亡沉入水底而引起。

(2)水体严重污染型,即大量有机污染物进入水体、底泥引起。

(3)上述两者兼有,即蓝藻爆发与严重污染结合型。

这 3 类"湖泛"太湖均发生过。太湖以往发生的供水危机主要就是蓝藻爆发"湖泛"型。而最初的供水危机,不仅仅是蓝藻爆发堵塞自来水厂制水工艺的管道,同时还伴随着自来水产生异味现象,同样严重影响居民的生产生活。

7　太湖"湖泛"现状及潜在危险

7.1　总述

太湖"湖泛"主要发生在贡湖、梅梁湖和竺山湖。其中贡湖"湖泛"或潜在危险主要发生在其北部,梅梁湖"湖泛"或潜在危险主要发生在其北部的喇叭口和马山的月亮湾,竺山湖"湖泛"或潜在危险主要发生在其中部和北部的相当部分水域。

7.2 竺山湖"湖泛"现状

2008年竺山湖"湖泛"。竺山湖面积56.7 km²,西邻无锡宜兴(南半部)、常州武进(北半部),东邻无锡马山半岛,水域为无锡、常州共有。近几年水质一直为劣Ⅴ类,主要污染指标为TN、TP,其次为NH₃-N。2008年5月26日至6月9日期间,竺山湖发生较长时间的规模"湖泛",影响水域为竺山湖北部和中部,面积为10~16 km²。其时气温在17~30 ℃,水温为23~26 ℃,水面有微风,大部分为晴好天气。该期间主要指标:DO 0.1~2.8 mg/L、CODₘₙ 10.5~22.7 mg/L(Ⅴ~劣Ⅴ类)、TN 8.23~13.4 mg/L(劣Ⅴ类)、TP 0.42~1.02 mg/L(劣Ⅴ类)、NH₃-N 4.76~8.94 mg/L(劣Ⅴ类),水域呈酱油色,水体散发出浓烈的臭鸡蛋味。

2008年竺山湖发生"湖泛"的规模较大、时间较长,历时13 d。其原因如下:

(1)气温、水温较高,且入湖河道太滆运河、漕桥河、殷村港与其他河道有大量污水入湖,河水的污染物浓度较高,底泥及其污染物增加,积累大量有机质、N、P、S等。

(2)"湖泛"水域(周铁镇附近)发生"湖泛"前,入湖河道由于污染严重、DO低,蓝藻严重爆发并聚集、生死循环,水体缺氧,严重污染的底泥发生厌氧生化反应,产生黑水臭气,发生"湖泛"。此时由于湖水污染很严重,所以蓝藻几乎全部死亡,水面上基本看不到蓝藻。

(3)该水域的水流速度很慢,水体的流动性主要依靠自身微弱的湖流和波浪等因素。所以,此次"湖泛"减弱直至消失过程的时间较长。此水域无饮用水水源地。

2008年以后,其"湖泛"发生的环境条件一直存在,如水动力条件差、水质至2020年一直为劣Ⅴ类、蓝藻年年爆发、底泥污染严重、水体流动性差等因素均依然存在,只是环境因素大小高低程度不等。所以,时至今日大部分年份均发生规模不等的"湖泛",是目前太湖"湖泛"最多和最频繁的水域。

7.3 梅梁湖"湖泛"现状

梅梁湖,太湖北部湖湾,水质由劣Ⅴ类现已改善为Ⅳ类,蓝藻年年持续爆发,在偏南风情况下蓝藻常聚集于湖湾北部,所以蓝藻聚集的有些水域容易发生"湖泛"。自2007年以来,梅梁湖常年实施调水,由泵站抽太湖水出湖入梁溪河,蓝藻聚集水域一般位于调水水流不经过的水域,所以"湖泛"发生水域一般在梅梁湖北端的喇叭口和月亮湾水域,产生少量臭气和水体颜色不正常,发生轻微型"湖泛"。今后由于梅梁湖此2处水域发生轻微型"湖泛"的环境条件不会立即改变,所以还将在相当长的一段时间内存在轻微"湖泛"的危险。

7.4 贡湖"湖泛"现状及其潜在危险

贡湖自发生2007年"5·29"蓝藻爆发引起的"湖泛"型供水危机后,由于采取的预防和治理措施得当,后未发生过"湖泛",水源地一直保持正常供水。但存在"湖泛"的潜在危险。如2020年,贡湖北部水源地周围由于持续多年蓝藻爆发后,5月的DO低于2 mg/L,水体有轻微臭气,存在发生"湖泛"的较大可能,后经及时处置,立即加大除藻力度和实施清淤,避免产生"湖泛"型供水危机,保证了供水安全。

贡湖水质已由劣Ⅴ类改善为现今的Ⅳ类,但发生"湖泛"潜在危险的环境如蓝藻年年持续爆发和聚集、底泥污染严重、水体流动性较小等条件依然会存在若干年时间,其中贡湖虽然年年实施望虞河"引江济太"调水入湖可以增大水体流动性,但在绝大部分可能发生"湖泛"的时间段5月底至10月,由于时值汛期,为保证太湖运行安全而一般不实施调水,所以贡湖水源地仍然存在发生"湖泛"的潜在危险。

8 "湖泛"与供水危机的经验教训

(1)蓝藻爆发型"湖泛"引发的供水危机是完全可以控制、消除的。

(2)在一定时间内,贡湖仍然存在由蓝藻爆发型"湖泛"引发供水危机的潜在危险。

(3)在一定时间内,竺山湖、梅梁湖仍然具备发生"湖泛"的环境条件,并且会经常出现小规模"湖泛"。

(4)太湖全部水域全面彻底消除"湖泛"的必要条件如下:

① 太湖各水域全方位消除蓝藻爆发。

② 太湖可能发生"湖泛"的各水域清除有机污染严重的底泥。

③ 太湖入湖河道水质应全面消除劣Ⅴ类(含 TN)。

9 治理和预防"湖泛"保障供水安全

根据"湖泛"的发生条件,分析治理和预防太湖"湖泛"的措施。

9.1 总体思路

"湖泛"的发生环境条件包括自然因素和人为因素两类。自然因素如水温高和水浅等,这在太湖整体上难以改变;人为因素如底泥污染严重、上覆水体污染严重和严重缺氧等,这是人类完全可以改变的,即可通过削减入湖污染负荷、清除水体和底泥污染、消除蓝藻爆发等措施来消除这些因素;有些则是自然因素和人为因素二者兼有的,如消除蓝藻爆发,则可在较长时间内全部改变,还有如上覆水体静止或相对静止,则可以局部改变。这些因素中,重点是消除蓝藻爆发。

9.2 治理"湖泛"的目标

2025年前太湖确保不发生"湖泛"型供水危机;2035年完全消除太湖各水域"湖泛"。

9.3 根本措施是削减外源污染负荷进入水体

全面控制点源和面源、改善太湖水质至Ⅱ~Ⅲ类(湖泊标准)。关于如何控制水污染,人们的认识是逐步提高的。1998年12月31日国家实施了太湖"零"点行动,有一些效果,扼制了污染的发展速度,但效果不大且没有持续措施,后至2007年发生了更大的污染——太湖供水危机,直接影响300万人的饮用水。其后才理解必须采取实质性的治污行动,于是自2007年开始了科学有效地治理太湖水污染的行动:严格控制点源和面源污染、加大污水处理能力和提高污水处理标准、打捞水面蓝藻、清淤、调水和生态修复,终于使太湖水质得到明显改善,平均水质由劣Ⅴ类提升为Ⅳ类,但太湖西部的部分水域仍为Ⅴ~劣Ⅴ类。

9.4 关键措施是消除蓝藻爆发

2007年以来藻密度持续升高,如2020年太湖平均藻密度9 200万个/L,为2009年的6.36倍,其中湖心水域的藻密度为19.18倍,贡湖水域的藻密度为10.79倍。这是太湖蓝藻年年持续爆发的根源。所以,必须全力降低藻密度至相对低的蓝藻不爆发的水平,才能消除蓝藻爆发。

自2007年至今一直采用机械方法打捞水面蓝藻的措施,是必要和有效的应急措施,可以消除集聚于水源地取水口周围的大量蓝藻,消除蓝藻聚集死亡和污染水体,减少水体中溶解氧的耗损。但仅此是不够的,必须改变以往仅在蓝藻爆发期打捞水面蓝藻的习惯为全年深度彻底打捞清除水面水体和水底蓝藻的策略。

9.5 持续清除底泥有机质

20世纪50—70年代为人工罱泥清除太湖底泥,20世纪80年代至2007年的20多年中就没有采取任何清除底泥污染的措施,后在2007年下半年至2020年的13年多的时间太湖清淤4 200万 m³,以清淤平均深度0.3 m计,折合清淤面积为140 km²;太湖底部有淤泥面积1 633 km²,为太湖总面积的69.8%,所以13年清淤4 200万 m³的清淤面积仅占太湖淤泥面积的8.6%,加上现在太湖中的污染物质多,特别是年年持续的蓝藻爆发,淤泥汇集积累的速度快,一边的淤泥没有清除完,那边清淤过的水域淤泥又产生了,所以现在清淤的方法和清淤速度赶不上底泥污染的发展速度,以至于造成底泥污染越来越严重。因此,必须彻底清除有关水域底泥的有机污染,才能彻底解决"湖泛"的关键条件、底泥严重污染的问题。

9.6 水土蓝藻三合一治理技术治理"湖泛"

总结经验,最好的治理"湖泛"技术是水体底泥蓝藻三位一体化共同治理技术(简称水土蓝藻共治技术),即可同时治理水体污染、底泥有机污染和蓝藻爆发。此类技术有微粒子(电子)类水土蓝藻共治技术,包括:① 金刚石碳纳米电子水土蓝藻共治技术;② 复合式区域活水提质水土蓝藻共治技术;③ TWC生物蜡净水清淤除藻技术;④ 固化微生物清淤技术;⑤ 光量子载体除藻净水清淤技术等。此外,也可以采用其他相关的组合技术同时清除水体、底泥的污染和清除蓝藻。

9.7 生态修复

生态修复有助于净化水体、消除底泥污染和抑制蓝藻。应该增加太湖的植被覆盖率至25%～30%。但修复生态、恢复湿地是长期措施,只能长期缓慢发挥其作用,不能作为治理"湖泛"的应急措施。

9.8 调水增加水体流动性和改善水质

继续实行望虞河"引江济太"调水,同时坚持梅梁湖泵站常年调水;加大实施新沟河调水的力度和尽快建设新孟河调水工程,以加大太湖水体的流动性和在一定程度上改善水质。望虞河"引江济太"调水和新沟河调水及今后建设的新孟河"引江济太"调水应尽量延长调水时间,增加引水量,如在不超过防洪警戒水位3.80 m及不影响防洪的情况下应持续调水(因为梅梁湖泵站调水出湖的水量可抵消"引江济太"入湖的部分水量,不增加太湖的蓄水量),若流域在主汛期预警有强降雨、持续降雨,则应提前统一调度引水与排水。

9.9 实施多水源双向供水

无锡市区的供(取)水能力由2000年的100万 m³/d增加至目前的245万 m³/d,正常情况下至2050年仍能满足人口增加和社会经济持续发展情况下的供水需求;采取多水源供水,现主要有双水源(太湖和长江)3处(其中太湖有2个水源地)供水;采取双向供水,即2个原水厂或制水厂之间可以双向供水(原水或自来水)。整个供水系统统一规划、实施,确保市区安全供水。这与预防和消除"湖泛"型供水危机成为双保险措施,以万无一失确保无锡市供水安全。

上述措施是治理和预防"湖泛"的长期措施。其中,消除蓝藻爆发、清除有机底泥污染同时是目前常用的应急措施。

10 分水域消除"湖泛"

10.1 贡湖

贡湖发生"湖泛"的关键因素是蓝藻爆发和底泥污染严重。目前藻密度已较2007年大幅度升高,如2020年贡湖藻密度8 900万个/L,为2009年 825 万个/L 的10.79倍(缺少2007—2008年资料);清淤速度赶不上淤泥污染发展的速度。贡湖现状水质为Ⅳ类,并较2007年有相当程度改善,在汛期一般难以实施"引江济太"调水增加水体的流动性,基本没有河道污水进入贡湖。

根据上述情况确定预防贡湖发生"湖泛"的措施:

(1)目前将加大打捞蓝藻和清淤的力度作为应急措施。

(2)今后应采用水土蓝藻共治技术净化水体,清除底泥污染和深度彻底清除蓝藻,长期受益。

(3)尽量延长望虞河"引江济太"调水时间和增加调水水量。

10.2 梅梁湖

梅梁湖发生"湖泛"的关键因素是蓝藻爆发和底泥污染严重,梅梁湖蓝藻密度已较以往大幅度升高,如2020年藻密度是 14 000万个/L,为 2009年 3 955万个/L 的3.54倍;清淤的速度赶不上淤泥发展的速度。目前梅梁湖水质为Ⅳ类,并较2007年有相当程度改善,基本没有河道污水进入梅梁湖。梅梁湖泵站常年持续调水,保证了梅梁湖绝大部分水域不会发生"湖泛"。

根据上述情况确定预防和治理梅梁湖发生"湖泛"的措施如下:

(1)目前将加大打捞蓝藻和清淤的力度作为应急措施。特别是北部的喇叭口和马山的月亮湾需要加大这两方面的力度。

(2)今后在北部的喇叭口和马山的月亮湾这两处水域应优先采用水土蓝藻共治技术净化水体,清除底泥污染和深度彻底清除蓝藻,长期受益。

(3)坚持梅梁湖泵站常年调水,保证水体的流动性,确保不发生"湖泛"。

10.3 竺山湖

竺山湖发生"湖泛"的关键因素是蓝藻爆发、底泥污染严重和外源污染负荷大量入湖。蓝藻密度大幅度升高,如2020年藻密度16 700万个/L,为2009年3 050万个/L 的5.48倍;清淤的速度赶不上淤泥污染的发展速度。竺山湖水质现为劣Ⅴ类,特别是2020年 TN 仍然达到2.67 mg/L(劣Ⅴ类);入湖河道水质TN 现为3.2~4.4 mg/L,有大量的污染负荷入湖,外源入湖污染负荷及蓝藻大量死亡沉入水底,大幅度增加底泥有机质污染。虽然今后实施新沟河和新孟河"引江济太"调水,但在主汛期是不实施调水的。根据上述情况确定预防和治理竺山湖"湖泛"的措施:

(1)目前将加大打捞蓝藻和清淤的力度作为应急措施。

(2)今后在竺山湖全部水域应采用水土蓝藻共治技术净化水体,清除底泥污染和深度彻底清除蓝藻,长期受益。

(3)加大新沟河调水力度和建设新孟河"引江济太"调水工程,以加大太湖水体的流动性和在一定程度上改善水质。

(4)加大其西部地区控制各项点源和面源污染的力度,大幅度减少入湖污染负荷,确保不发生"湖泛"。

10.4　其他水域

太湖其他有可能发生"湖泛"的水域同样应根据其实际情况采取相应的预防和治理"湖泛"的措施。

11　结论

(1)2007年以后,由于有效治理太湖,均未发生"湖泛"型供水危机,保证无锡市安全供水。

(2)2007年至今太湖仍存在小规模或轻微"湖泛",主要在竺山湖,其次在梅梁湖,但均不影响供水安全。

(3)近年仍存在"湖泛"型供水危机的潜在危险。但只要预防措施科学、恰当,完全可以预防"湖泛"和确保供水安全。

(4)只有在消除太湖蓝藻爆发后才能完全消除"湖泛"。估计在2035年前可以彻底消除"湖泛"型供水危机的潜在威胁。

总之,太湖今后一个阶段仍然存在再次发生"湖泛"型供水危机的潜在风险,但只要努力做到上述措施,则完全可以消除"湖泛"、消除供水危机。但若要完全彻底消除"湖泛"型供水危机的潜在威胁,则须彻底消除全太湖蓝藻爆发、削减太湖有机底泥。经过不懈努力,人为与自然因素结果,人为因素促进自然因素,完全可以尽快全面地消除蓝藻爆发和"湖泛",消除供水危机的潜在威胁,太湖必定能够在不太远的将来实现一年四季呈现碧水蓝天美景的目标。

十三、蓝藻爆发的规律及启示

（1）蓝藻爆发因水体富营养化而引起。

太湖的梅梁湖由于局部达到富营养化程度，从1990年起发生局部蓝藻爆发，以至于太湖整体达到富营养化程度及由于水温升高等自然因素，致使目前太湖蓝藻爆发一直处于高位波动运行状态。

（2）蓝藻爆发程度随富营养化程度的加重而加重。

当人类活动污染水体达到一定程度时，太湖随着 P N 浓度的升高进入富营养化，从1990年起太湖蓝藻开始规模爆发，蓝藻爆发程度同时随富营养化程度的加重而加重。

（3）富营养化程度处于一定范围，蓝藻爆发程度不随营养盐下降而减轻。

当富营养化程度保持在一定范围内时，TN TP 等营养盐的下降对蓝藻爆发程度的影响不大或没有影响。即此时蓝藻爆发程度不一定随富营养化的减轻而减轻。

如2007—2020年政府投入巨资、花大力气，TN 持续下降，TP 一直位于地表水湖泊Ⅳ类标准，处于波动状态，其结果是蓝藻仍处于规模爆发状态，藻密度和叶绿素 a 总体呈持续上升趋势，2020年较2009年藻密度和叶绿素 a 分别升高 536%、90%。说明每年太湖蓝藻的生境虽有所不同，只要 P N 等营养元素处于一定的适宜范围内，蓝藻就会规模爆发，只有当水体的营养程度减轻至一定值以下，蓝藻爆发程度才会随营养程度的减轻而减轻，甚至蓝藻爆发现象消失。

（4）太湖已回不到蓝藻爆发以前的贫营养程度。

由于流域人口持续增加和社会经济持续发展，污染负荷随之增加。人类加大力度、努力治理污染，P N 浓度虽有所改善，太湖平均水质能达到Ⅲ类水，但难以达到生态环境部提出的国家生态环境基准目标 TP 0.029 mg/L、TN 0.59 mg/L 和叶绿素 a 3.4 μg/L，更无法达到国内外专家的期望值，即一般认为要仅依靠治理富营养化消除蓝藻爆发必须达到 TP 0.01～0.02 mg/L、TN 0.1～0.2 mg/L 的标准。

（5）太湖水污染根子已从陆上延伸到水中。

数十年来污染源的陆上根子已延伸到太湖，使太湖产生蓝藻持续爆发。

太湖蓝藻持续爆发已成为水污染的湖内根子,且成为主要内源。所以,只有水陆并举,挖根去源,控制水陆两个污染源,才能最终消除蓝藻爆发。

（6）近阶段的高藻密度对 TP 浓度的影响超过入湖 TP 负荷的影响。

近年太湖水体藻密度总体持续升高,蓝藻爆发面积在高位波动运行。2006年前,入湖 TP 负荷、太湖 TP 浓度、蓝藻爆发三者均呈正相关。但近年来前二者不一定是正相关,太湖 TP 浓度不一定随入湖 P 负荷的减少而降低,或者说现阶段蓝藻密度的高低与 TP 浓度二者互为因果关系。如2012年入湖 TP 较 2011 年减少 9.9%（0.199 万 t→0.181 万 t）,TP 浓度恰升高 7.6%（0.066 mg/L→0.071 mg/L）,原因是此期间藻密度升高 95%（1 277万个/L→2 488万个/L）。近年藻密度对太湖 TP 浓度的影响超过入湖 TP 负荷的影响,高藻密度可减慢太湖 TP 浓度降低速度或在某些情况下甚至可升高 TP 浓度。

由于蓝藻多次爆发、生死循环,增加水体 P 负荷和底泥释放 P 负荷,反之 P 负荷增加则加快蓝藻生长增殖,促进爆发。所以,要使 TP 浓度持续下降,需要持续减轻藻密度,同时加大治理外源力度。

（7）人类无法大范围大幅度改变自然因素。

影响蓝藻爆发的温度、光照、风与降水、气压、水压、生物种间竞争等自然因素,人类难以在大范围内或高强度予以改变。人类仅能采取调水、深井加压降温、遮阳、人工降雨等措施在局部范围内予以改变,但是这种变化对太湖蓝藻爆发的整体影响有限。

（8）人为与自然因素密切结合降低藻密度全面消除蓝藻爆发。

以上几个启示说明,仅依靠治理富营养化难以消除蓝藻爆发,人类又无法大范围高强度改变自然,而自然因素影响蓝藻爆发有其自己的规律,人类在发挥自己控藻作用的同时,与自然因素降低藻密度的功能相结合,如太湖禁鱼有助于除藻,采取综合措施加快降低藻密度,因势利导,希望 2020 年后藻密度不再升高,能永远全面消除太湖蓝藻爆发。

第四篇 人类活动对富营养化和蓝藻爆发的干预

序

人类活动对富营养化和蓝藻爆发的干预、影响,包括调水、清淤、打捞蓝藻和生态修复等,对水温、光照等自然因素也有一定影响。但此类因素一般均是局部的或非长期的,所以对太湖这样的大型浅水型湖泊的蓝藻爆发治理的作用是局部的或非长期的。至于控制外污染源,能够对富营养化程度产生相当大的影响,此话题在后面第六篇中论述。

太湖的调水、清淤、打捞水面蓝藻、生态修复措施均实施了10多年,究竟有没有作用?答案是肯定的,有一定的局部的或相当大的作用。但在当前仍处于蓝藻持续爆发、高位波动运行的情况下,需要改进、创新治理太湖、消除蓝藻爆发的技术措施。

调水是否仅是转移污染物?合理路径调水有利于降低NP浓度,降低水温,减慢蓝藻生长速度;增加环境容量,改善富营养化;带走蓝藻,降低蓝藻密度。生态调水是应急措施,更是长期措施,并非短期行为。

湖泊清淤是否得不偿失?湖泊中那么多淤泥,能清得空吗?清出的大量淤泥又往哪里堆放呢?清淤作用仅限于减少NP释放?这些也是经常有人提出的问题。事实上,清淤在局部区域有相当大的作用。太湖清淤有一定作用,特别是在控制"湖泛"、确保供水安全方面有相当大的作用,清淤也可清除部分蓝藻、PN和有机质等污染物。但14年来清淤4 200万 m^3,平均每年清淤$10\sim12$ km^2,按照这个速度,太湖清淤要上百年才能清完。

打捞蓝藻有用吗?打捞水面蓝藻量仅占太湖蓝藻量的$2\%\sim4\%$。14年来打捞蓝藻水2 000余万 m^3,有改善水源地水质、保障供水安全的作用,有消除近岸堆积蓝藻的作用,可以改善对于蓝藻爆发不良的视觉和嗅觉效果。以后应改变消除蓝藻的技术。由打捞蓝藻爆发期水面蓝藻的措施为全年消除水面水体和水底蓝藻的策略。

为什么 20 年来生态修复的试验和示范案例完成了许多,但恢复太湖水域湿地的数量有限?究竟有无必要大规模恢复太湖湿地?能否恢复太湖植物湿地至 20 世纪 50—70 年代的水平?

这些成效、问题均是在本篇中要分析、说明的事情和要解决的问题。

一、调水对蓝藻爆发的影响

引言

太湖调水究竟好不好?坏处多还是好处多?是不是升高了太湖 TP?这些是前一阶段热议的问题。2007 年供水危机后努力治理太湖 10 余年,2015—2019 年太湖 TP 没有降低反而升高,所以有相当一部分人提出上述问题,认为望虞河"引江济太"调水升高太湖 TP,应停止调水。这是个错误认识,因为这些人找不到太湖 TP 升高的原因,就嫁祸于"引江济太"调水,说明这些人对水、水利和调水的性质与作用不了解,所以在此对太湖调水进行分析,以解除对望虞河"引江济太"调水的误解。

1　调水的概念和作用

中国的调水自古以来有之:春秋时期开凿邗沟(公元前 486—前 484 年),联结长江和淮河的中国古运河;秦修建四川都江堰(公元前 256—前 251 年),全世界迄今为止年代最久、唯一留存、无坝引水的宏大水工程,并开凿郑国渠(公元前 237 年),我国古代最大灌溉渠道,开凿广西兴安灵渠(公元前 219—前 214 年),沟通湘江和漓江;隋代开凿京杭运河(公元 581—618 年),沟通 5 大水系,对中国历代社会经济发展和繁荣起到很大作用。

1.1　调水的概念

调水即是通过人工手段,建设相应工程改变自然水流的路径、水量、流速、水位等水文水动力因素,到达受水区,达到人们所希望的水量适宜和改善水体清洁程度的要求,实现人水和谐。

1.2　调水的目的与作用

1.2.1　调水的目的

调水的目的总体是在一定范围内主要解决水多水少、水污染和生态需水的问题。

1.2.2 太湖调水的作用

（1）解决水多问题。合理的蓄水、滞水、泄水，解决洪涝灾害，如建设水库、泵站、水闸、水坝、泄水通道等工程以解决问题。

（2）解决水少问题。主要是增加水量，解决干旱或缺水问题，包括生活、工业、农业灌溉和城市用水，建设相应的水工程解决水少问题；同时抬高水位，解决航行、生态流量、生态水位问题。

（3）解决水污染、水生态、水环境问题。增加水量、水体流动性、环境容量、自净能力，建设相应的水工程设施解决问题。这是我国改革开放以来社会经济持续发展的需求，也是调水的新功能。

1.3 中国已建大中型调水工程

由于调水的功能多、作用大，所以 20 世纪 50 年代以来，国内实施了多个大中型调水工程，小型调水工程更是不计其数。大型调水工程有：引黄济津和引滦入津（1983 年 9 月）；南水北调工程，东线工程一期（2013 年），中线工程一期（2014 年 12 月）；正在建设的滇中引水工程，珠三角"引西江济东江"地下河调水工程；解决干旱缺水的新疆塔里木河调水（2000 年起）和额尔齐斯河北水南调工程（2008 年），甘肃黑河调水工程（2000 年起）；长三角无锡市等建设大型城市控制圈调水防治洪涝和改善生态环境工程（2007 年起），长江边的武汉和江阴等城市实行江河连通调水改善水环境工程（2002 年、2005 年），望虞河"引江济太"调水工程（2005 年）（附图4-1）等。

1.4 "流水不腐"与水体自净能力

古语称：流水不腐。这是众所周知的道理。流水能给水体增氧，提高水体净化能力，增加水体环境容量（允许纳污能力）。但其也必须在一定的条件范围内。

入水污染负荷不超过环境容量是流水不腐的先决条件，即水体受污染程度应控制在一定范围内，若进入水体的污染负荷太多，超过其自身的净化能力，水体的流速再快也要受污染，甚至要腐败变黑变臭。目前长三角和珠三角地区相当多的流水河道已受严重污染，如 20 世纪 90 年代末和 21 世纪初川流不息的京杭大运河苏南段（苏南运河）受到严重污染，也是"流水已腐"了，NH_3-N 有时大于 5 mg/L，后经治理才逐步减轻。进入的污染负荷主要包括上游流入、污水处理厂和排污口放入、地面径流进入、底泥释放和降雨降尘等。

若进入水体的污染负荷少量超过其净化能力，则流水会慢慢变差；若进入的污染负荷太多，则在短时间内就变差、腐败。所以，流水也必须控制污染物入水。

自然界的水体大多数有"流水不腐"的情况,现在人们也常用此道理进行人工调水,增加水体的数量和流速,以期在一定程度上改善水质。如太湖大规模实施"引江济太"和梅梁湖泵站联合调水,有效改善太湖水质和带走蓝藻。但凡有较好水源的城市和乡镇地区,均实施人工调水,在一定程度上改善了其水环境。这也是"流水不腐"的体现。

2　太湖调水类型

(1)好水入境。调好水或相对较好的水进入受水体,满足水量需求和改善水质、水生态环境,如"引江济太"等。

(2)差水出境。将差水调出被治理水体,如梅梁湖泵站把较差的梅梁湖(太湖北部湖湾)水调离太湖,减轻污染和减少蓝藻,改善水质。

(3)阻污入境。阻挡差水进入被治理水体,主要是太湖中游河道如直湖港、武进港、梁溪河等河道进入太湖的口门处建设水闸挡污工程,阻挡差水入太湖,减轻入太湖污染负荷。

(4)科学调蓄。水工程系统全面提高调蓄能力,在确保水工程安全的状态下,尽量抬高蓄水水位和增加下泄流量,如在下游建设闸坝系列控制工程、在上游建设高程 7 m 的坝体,使太湖成为相对封闭的水体,科学调蓄,增加蓄滞水量,防治洪涝。

(5)泄洪出境。加大太湖泄洪能力,已经建设的望虞河、新沟河调水通道,以及正在建设的新孟河调水通道,均兼有排泄洪水的功能。

本书主要分析太湖调进调出的两类调水:望虞河"引江济太"调水进太湖和梅梁湖泵站调水出太湖。此两类调水主要是生态环境调水,包括生态、环境调水两个方面,环境调水是为改善人类居住区域环境系统,生态调水是为改善河湖生态系统。二者概念有些不同,但无明确区分,是有机结合体。本书不论述这两个工程兼有的排泄洪涝功能,也不论述其他类型调水。

3　望虞河"引江济太"调水工程作用分析

望虞河"引江济太"调水,从2005年开始至2020年已实施 16 年,究竟作用如何?有人否定,原因是自太湖2007年供水危机后治理太湖 10 余年,虽取得相当大的成绩,但2015—2019年太湖 TP 浓度不降反升,认为是"引江济太"调水增加太湖 TP 负荷及源水水质差于太湖的原因,所以此举抬高太湖水质 TP 浓度,应停止调水。笔者则认为调水不会升高水质 TP,反而能改善太湖水质。

3.1 "引江济太"调水概况

3.1.1 工程概况

"引江济太"工程由长江边的常熟枢纽引江水通过望虞河经望亭水利枢纽进入贡湖(太湖北部的湖湾)直接受水区,全长62.3 km。其中河道段60.3 km、入湖段0.9 km、入江段1.1 km。河道口宽平均120~150 m,河道中途经过漕湖(面积9.1 km^2)、鹅真荡(5.2 km^2)、嘉陵荡(1.2 km^2)3个湖泊,面积合计为16.5 km^2。望虞河具有防洪排涝、调水和航行功能。

3.1.2 调水水量

调水水量从2007年供水危机算起,2007—2020年望虞河"引江济太"调水(简称引江),从长江引水和入太湖水量分别为227.2亿 m^3、106 亿 m^3(见表4-1-1),年平均分别为16.2亿 m^3、7.6亿 m^3,其中入湖水量占长江总引水量的46.9%。

表 4-1-1 望虞河"引江济太"入太湖水量统计 　　　　单位:亿 m^3

年份	2007	2008	2009	2010	2011	2012	2013	2014
水量	14	8.92	4.9	10	16.1	6.86	11.41	10.56
年份	2015	2016	2017	2018	2019	2020	合计	年均
水量	3.89	1.44	4.83	5.4	5.62	2.36	106	7.57

注:1.2007—2020年调水 14 年共带走 P 463 t、N 12 974 t。

2.2008年起数据来源于太湖健康报告。

3.1.3 调水入湖水质

2008—2018年引江入湖水质 TP 年平均为0.106 mg/L。其中2008—2014年为0.085~0.14 mg/L,2015—2018年为0.065~0.1 mg/L。

此阶段 TN 年均为2.47 mg/L。其中2008—2014年为1.9~3.6 mg/L,2015—2018年为1.9~2.6 mg/L。

3.1.4 调水输送过程中污染负荷变化

引江水质 N P 浓度在大部分时间段略高于太湖,但调长江水进入望虞河及经过漕湖、鹅真荡、嘉陵荡3个湖泊后流速减慢,含 N P 等物质的悬浮物得到一定程度的沉淀,使水中 N P 得到一定程度削减;此外,望虞河受到两岸及其他河道一定程度的污染。在此两方面作用下,"引江济太"调水进入贡湖前源水水质 TP TN 浓度仍略高于太湖的年平均水质。如2008—2018年的"引江济太"调水入湖水质 TP 年平均值高于2008—2019年全太湖水质 TP 年均值

35.9%;同期入湖水质 TN 年平均为2.47 mg/L、劣 V 类,高于全太湖同期水质年均值1.95 mg/L 的26.7%。

3.2　引江调水与环湖河道入湖比较

太湖水源主要为环湖河道入湖。此处进行引江调水与环湖河道入湖比较。因为2007年供水危机后政府努力治理太湖 14 年,其中2015—2019年太湖 TP 较2007年0.074 mg/L 反而升高6.8%～17.6%,有些人由于找不到 TP 升高的原因,就断定是引江调水引起的。以下根据各类情况分析引江调水不可能升高2015—2019年太湖 TP 浓度。

3.2.1　入湖水量比较

2007—2014年入湖水量:引江82.8亿 m³,仅为环湖河道 831 亿 m³的9.96 %。

2015—2020年入湖水量:引江23.5亿 m³,仅为环湖河道778.6亿 m³的 3%。

因为2008—2014年引江水量占环湖河道入湖水量的9.96 %,均未使太湖 TP 较2007年升高,而2015—2020年引江水量仅占环湖河道入湖量的3%,更不可能使2015—2019年太湖 TP 浓度升高达到或超过6.8%(见表 4-1-2),应该是另有原因,值得研究。

表 4-1-2　环湖河道入湖水量　　　　单位:亿 m³

年份	2007	2008	2009	2010	2011	2012	2013	2014
水量	92	99	103	118.8	113.4	109.8	91	104

年份	2015	2016	2017	2018	2019	2020	合计	
水量	119	159	113	117	126	144.6	1 609	

3.2.2　引江水质与环湖河道入湖水质比较

如正常年份2018年的 TP 浓度,引江0.09 mg/L,为其他 18 条主要入湖河道水质算术平均值0.16 mg/L 的56.3%;同年 TN 浓度,引江1.8 mg/L,为其他 18 条主要入湖河道3.3 mg/L 的54.5%。由此可见,引江水质明显优于其他 18 条主要的入湖河道水质,要升高太湖 TP 浓度,也是由其他入湖河道引起的,因为2018年其他入湖河道入湖 TP 负荷0.19万 t,较2007年的0.184万 t 增加3.26%。

3.2.3　引江调水水质与太湖水质比较

TP 浓度,2007—2014年平均引江 0.124 mg/L,较太湖 0.070 mg/L 高77.1%;2015—2019年平均引江0.114 mg/L,较太湖 0.083 mg/L 高37.3%。即年均引江 TP 浓度高于太湖的比例,后阶段较前阶段降低51.6%,不可能使

2015—2019年的太湖 TP 浓度较2007年升高。

2008—2019年年均 TN 浓度,太湖1.95 mg/L,引江2.47 mg/L,虽然引江较太湖高26.7%,但此期间太湖 TN 浓度持续下降,不存在升高太湖 TN 的问题。

3.2.4 二者入湖负荷量比较

2007—2018年环湖河道入湖年均 TP 负荷量为0.213万 t,其中,2007—2014年、2015—2018年分别为0.211万 t、0.215万 t。引江此 2 阶段分别为122.9 t、46.8 t,分别为环湖河道此 2 阶段的5.8%、2.2 %,2015—2018年仅为前阶段的38%,说明以引江负荷分析,2015—2018年不可能升高太湖 TP 浓度;其中2016年引江 TP 为近年最少,仅16.42 t,为2007—2018年环湖河道入湖 TP 负荷年均值的0.77 %(见表4-1-3),更不可能升高太湖2016年 TP 浓度。(注:由于资料来源所限或不同,以致有时候二者比较年限不一致,若不一致时以年均值比较。)

表 4-1-3　环太湖河道入湖总负荷　　　　　　　单位:万 t

年份	2007	2009	2011	2012	2014	2015	2016	2017	2018	2019	2020	2007—2020 平均
TN	4.26	4.94	4.77	4.73	4.2	4.4	5.35	3.94	4.96	3.64	4.13	4.502
TP	0.184	0.22	0.25	0.2	0.173	0.204	0.25	0.2	0.19	0.18	0.20	0.209

2007—2018年环湖河道入湖年均 TN 负荷总量为4.6万 t。此阶段太湖水质 TN 基本呈持续下降趋势,所以从入湖负荷分析,引江调水不会升高太湖 TN。

3.3 "引江济太"调水改善贡湖水质效果

(1)贡湖 TP 浓度改善幅度优于湖心。

"引江济太"调水入湖首先改善直接受水区贡湖水质,调水后2008年起贡湖水质 TP 持续优于湖心,如 2020年与2007年的比值,贡湖、湖心分别为0.771倍、1.088倍,即贡湖 TP 降低22.9%,湖心反而升高8.8%;2020年贡湖为0.054 mg/L,大幅优于湖心的 0.074 mg/L。据调查分析,湖心 TP 升高的主要原因是其藻密度升高了 17 倍。

(2)贡湖 TP 浓度优于其他相邻水域。

引江调水 14 年,贡湖水质 TP 年均为0.063 mg/L,而湖心为0.069 mg/L,较贡湖高9.5%,太湖为0.075 mg/L,较贡湖高 19%,梅梁湖(太湖北部的湖湾,位于贡湖以西)为0.086 mg/L,较贡湖高36.5%。由此说明引江调水后明显改善贡湖 TP 浓度。

（3）贡湖 TN 浓度优于其他水域。

2007—2020年贡湖 TN 年均值1.74 mg/L，依次优于太湖湖心（1.9 mg/L）、全太湖（1.95 mg/L）、梅梁湖（2.15 mg/L）（见表4-1-4）。由此说明引江调水明显改善贡湖 TN 浓度，使其优于相邻其他水域。

表4-1-4　"引江济太"调水对2007—2020年太湖水质影响比较　单位：mg/L

年份		2007	2008	2009	2010	2011	2012	2013	2014
TP	太湖	0.074	0.072	0.062	0.071	0.066	0.071	0.078	0.069
	贡湖	0.068	0.07	0.054	0.076	0.051	0.061	0.07	0.06
	梅梁湖	0.105	0.115	0.101	0.093	0.061	0.068	0.088	0.075
	湖心	0.068	0.058	0.055	0.062	0.06	0.073	0.078	0.065
TN	太湖	2.35	2.42	2.26	2.48	2.04	1.97	1.97	1.85
	贡湖	2.65	1.97	1.82	2.19	1.8	1.85	1.9	1.8
	梅梁湖	3.2	2.98	2.7	2.69	1.98	2.1	2.15	2.2
	湖心	1.9	2	2.1	2.2	2.01	2.1	2	1.9

年份		2015	2016	2017	2018	2019	2020	2007—2020平均
TP	太湖	0.082	0.084	0.083	0.097	0.087	0.073	0.075
	贡湖	0.058	0.072	0.078	0.061	0.07	0.054	0.063
	梅梁湖	0.074	0.111	0.107	0.058	0.12	0.092	0.086
	湖心	0.053	0.085	0.086	0.084	0.094	0.074	0.069
TN	太湖	1.85	1.96	1.6	1.55	1.49	1.48	1.95
	贡湖	1.74	1.8	1.4	1.35	1.3	1.28	1.74
	梅梁湖	1.63	2.1	1.9	1.55	1.7	1.41	2.15
	湖心	1.88	2	1.6	1.5	1.7	1.47	1.9

说明：1.表中贡湖、梅梁湖、湖心2010年及以后的水质数据来源为太湖健康状况报告的曲线图的估测，来源为文献[2]，2010年以前的来源为文献[14-16]。

　　　2.引江入湖水质（2008—2018年平均）TP 0.106 mg/L、TN 2.47 mg/L，来源为文献[3]。

（4）历年贡湖蓝藻爆发程度明显轻于梅梁湖。

如2017年，贡湖和梅梁湖藻密度分别为1.5亿个/L、2.4亿个/L，叶绿素 a 分别为50 μg/L、90 μg/L，贡湖均明显优于梅梁湖。

3.4 调水改善水质原因分析

调水增加太湖 TP TN 负荷,调水水质 TP 浓度略差于太湖,为何调水入湖后仍能改善贡湖水质?分析原因如下:

(1)引江调水增强太湖水体自身的净化能力。

太湖水流主要是从西向东,即从西部河道入湖后一路向东至东太湖经太浦闸出湖,全程 60 km 多。在此流动过程中,由于有一定的流速和风浪,存在增氧、沉淀、动植物吸收、微生物作用、理化和生化反应等原因,使 P N 浓度得以滞留(净化)。据资料分析,西部河道入湖时的 Ⅴ ~ 劣 Ⅴ 类水可净化为东太湖出湖时的 Ⅲ ~ Ⅳ 类水。其净化率 TP、TN 分别达到 65% ~ 80%、55% ~ 70%。引江调水同样具有并且加强了太湖水体自身的净化功能。以此分析引江调水可改善太湖水质。

(2)调水入湖水质普遍优于环湖河道水质。

太湖的污染负荷主要来源为河道入湖。引江水质明显优于环湖河道水质。如以一般年份2018年为代表,引江水质 TN、TP 浓度分别为环湖河道的54.5%、56.3%,所以能够改善贡湖与湖心水质。

(3)根据水质浓度公式说明引江调水可改善太湖水质。

如2016—2018年引江年均 TP 负荷为46.8 t,仅为环湖河道入湖负荷2 120 t 的2.2%,此期间引江水量占入湖总水量的3.17 %,根据水质浓度=负荷/水量的公式计算,当分子负荷量增加的比例小于分母水量增加比例时,表示 TP 浓度减小,水质得到改善,亦即稀释作用。

(4)流速减慢 TP 沉淀。

当引江水经望虞河入贡湖后,贡湖湾口水体宽度达到 30 km,断面面积较望虞河增加上百倍,流速明显减慢,促进附着相当数量 N P 的悬浮物沉淀,从而降低水体 N P 浓度。其中,沉淀的悬浮物中附着长江源水中原有的 P 物质,也包括贡湖水体中的 P 物质。

(5)调水净化水体带走蓝藻和污染物。

14 年来引江调水年均入湖7.57亿 m³,使贡湖年增换水2.4次。调水增加水体流动性,起增氧作用,利于净化水体中的 P N、改善水质;增加的调水量可带走一定的蓝藻和 P N 等污染物经太浦河出湖,同时可减慢蓝藻生长繁殖速度。其中,调水 14 年共带走 TP 463 t、TN 12 974 t。

3.5 "引江济太"结论

(1)望虞河"引江济太"调水有利于改善太湖水质。

虽然长江源水水质一般均略差于太湖水质和增加太湖 N P 负荷,但由于调水水质明显优于环湖河道入湖水质、具有稀释作用、调水水流流速减慢使悬浮物沉淀、提高水体流动性具有增氧作用等因素,加之太湖采用了控源截污、清除底泥、打捞蓝藻、生态修复等措施,致使受水水域贡湖水质得到有效改善。贡湖水质优于相接的湖心水域,更优于西侧邻近的梅梁湖,表现出明显改善水质的效果。在贡湖、湖心和太湖中下游的总体范围内不存在调水升高太湖水质 TP 的问题。若长江水质能大幅改善,"引江济太"调水改善太湖水质的效果会更好。

(2)太湖 TP 升高原因是藻源性 P 增加。

经过调查分析,太湖 TP 2015—2019年较2007年有所升高的原因主要是蓝藻年年持续爆发,大幅增加整个太湖的藻源性 P,致使全太湖 TP 有所升高,绝非"引江济太"调水引起的。

4　梅梁湖调水出湖工程作用分析

4.1　梅梁湖调水概况

自2007年"5·29"太湖供水危机的第 2 天(5 月 30 日)起就实施梅梁湖泵站调水出湖,调水流量保持在 $40\sim54$ m³/s,全年 365 天持续运行。由于梅梁湖泵站调水的原设计是阶段性使用,没有考虑全年运行,所以若梅梁湖泵站全年连续调水运行,有可能调水设备会出安全问题,于是在其附近建设大渲河泵站,2009年开始与梅梁湖泵站轮流运行。梅梁湖泵站流量为 5×10 m³/s $=50$ m³/s,大渲河泵站为 30 m³/s。2007—2020年梅梁湖、大渲河泵站调水出湖水量 109 亿 m³,带走了大量污染物质(见表 4-1-5)。

表 4-1-5　梅梁湖、大渲河泵站调水出湖水量及带走 P N 统计

年份	调水出湖水量/亿 m³			带走 P/t	带走 N/t
	梅梁湖泵站	大渲河泵站	合计		
2007	8.029		8.03		
2008	9.606		9.61		
2009	5.611	1.467	7.08		
2010	5.229	3.785	9.01		

续表 4-1-5

年份	调水出湖水量/亿 m³			带走 P/t	带走 N/t
	梅梁湖泵站	大渲河泵站	合计		
2011	4.104	2.863	6.97		
2012	5.363	3.953	9.32		
2013	3.911	4.146	8.06		
2014	3.721	3.682	7.40		
2015	3.756	2.984	6.74		
2016	2.762	3.762	6.52		
2017	5.773	3.989	9.76		
2018	4.874	1.873	6.75		
2019	3.085	3.307	6.39		
2020	5.354	2.195	7.55		
累计	71.178	38.006	109.18	1 035	24 518

注: 数据来源于梅梁湖、大渲河泵站调水出湖水量统计表。

4.2 梅梁湖调水作用

(1)有效消除2007年的供水危机。

2007年太湖供水危机的实质是贡湖水源地发生蓝藻爆发型"湖泛",其中一个重要条件是水源地水体静止或相对静止,而自2007年5月30日梅梁湖泵站开始调水出湖后,带动了贡湖水源地水体的流动,打破了贡湖水源地水体相对静止的状态,梅梁湖泵站调水是解决贡湖水源地供水危机的主要措施,并在其他措施配合下有效消除了2007年蓝藻爆发"湖泛"型供水危机。其他措施包括人工降雨、自来水应急处理技术及太湖水体自净能力等。

2007年"5·29"太湖供水危机发生时,贡湖"湖泛"的基本特征是水源地水体黑臭,主要是 TN、NH_3-N 的浓度过高,同时严重缺氧所致。"湖泛"发生初期的最高日均值 TN、NH_3-N 的浓度分别达到 13 mg/L、12 mg/L,梅梁湖泵站调水 6 d 后 NH_3-N 就稳定达到Ⅳ类,调水 20 d 后 TN 就达到Ⅴ类,以后持续好转,另外 TP 也持续好转,充分说明调水改善水质的作用(见表4-1-6)。

表 4-1-6　南泉水厂取水口水源地水质　　　　　单位:mg/L

日期	NH₃-N		TN		TP	
	均值	类别	均值	类别	均值	类别
5月30日	8.6	劣Ⅴ	12.2	劣Ⅴ	0.462	劣Ⅴ
5月31日	12.0	劣Ⅴ	13.0	劣Ⅴ	0.491	劣Ⅴ
6月1日	3.66	劣Ⅴ	8.35	劣Ⅴ	0.274	劣Ⅴ
6月2日	1.84	Ⅴ	10.4	劣Ⅴ	0.152	劣Ⅴ
6月3日	2.25	劣Ⅴ	5.72	劣Ⅴ	0.186	Ⅴ
6月4日	2.12	劣Ⅴ	4.77	劣Ⅴ	0.208	劣Ⅴ
6月5日	1.08	Ⅳ	3.29	劣Ⅴ	0.112	Ⅴ
6月6—10日	0.64	Ⅲ	2.89	劣Ⅴ	0.122	Ⅴ
6月中旬	0.50	Ⅱ	2.21	劣Ⅴ	0.148	Ⅴ
6月下旬	0.33	Ⅱ	1.73	Ⅴ	0.114	Ⅳ
7月上旬	0.44	Ⅱ	1.72	Ⅴ	0.098	Ⅴ
7月中旬	0.38	Ⅱ	1.82	Ⅴ	0.100	Ⅳ
7月下旬	0.31	Ⅱ	1.90	Ⅴ	0.104	Ⅴ
8月上旬	0.31	Ⅱ	1.70	Ⅴ	0.099	Ⅳ
8月中旬	0.53	Ⅲ	1.94	Ⅴ	0.105	Ⅴ
8月下旬	0.28	Ⅱ	1.75	Ⅴ	0.101	Ⅴ

（2）直接有效改善梅梁湖水质 TN TP。

梅梁湖泵站实施调水后梅梁湖水质日益好转,由原来大幅差于湖心,改善为逐步接近或优于湖心,如 TN,2007年二者分别为3.4 mg/L、2.15 mg/L,2020年二者分别为1.41 mg/L、1.47 mg/L,说明2020年梅梁湖已优于湖心;梅梁湖、湖心的 TN,2020年较2007年分别削减58.5%、31.6%。这说明梅梁湖水质 TN 的改善幅度明显优于湖心。2020年与2007年 TP 的改善幅度:梅梁湖、湖心分别为16.4%、-8.8%,梅梁湖改善幅度大于湖心;2020年梅梁湖、湖心的 TP 浓度分别为0.092 mg/L、0.074 mg/L(见表 4-1-7),梅梁湖水质还差一点。分析其原因,是整个太湖藻密度大幅度升高5.36倍,各水域分别升高2~21 倍不等。其中梅梁湖升高2.54倍、湖心升高18.18倍,于是造成梅梁湖 TP 下降滞缓,引起湖心 TP 升高。

表 4-1-7　梅梁湖与湖心水质对比　　　　单位:mg/L

项目	TN			TP		
	2007年	2020年	2020年/2007年	2007年	2020年	2020年/2007年
全太湖	2.35	1.48	0.629 8	0.074	0.073	0.986 5
湖心	2.15	1.47	0.683 8	0.068	0.074	1.088 3
梅梁湖	3.40	1.41	0.414 8	0.110	0.092	0.836 4

4.3　梅梁湖调水改善水质的原因

目前,梅梁湖基本无河道污染负荷入湖,因为原来的梁溪河、直湖港、武进港等入湖河道均已建控制水闸实施挡污控制,所以河道污水一般不会进入。梅梁湖仅存在降雨降尘、内源及少量地面径流污染和特别时期洪水入湖的污染负荷。所以,调水出湖是改善梅梁湖水质的主要原因,分析如下:

(1)增加换水次数净化水体。

梅梁湖泵站 14 年来调水出湖 109 亿 m³,年均出湖7.786亿 m³,使梅梁湖年平均增加换水 3 次,调水增加水体流动性,起增氧作用,利于净化水体中 N P 等污染物,改善水质。

(2)带走蓝藻和营养物质。

调水可带走一定的蓝藻和营养物质出湖。其中 14 年来共带走水体中营养物质 TP 1 035 t、TN 24 518 t,并有一定的减慢蓝藻生长繁殖速度的作用。带大量蓝藻和营养物质出湖可直接提升梅梁湖水质。

5　启示

5.1　正确认识评价大中型调水工程

我国已建众多大中型调水工程,且还将继续建设,故应对太湖调水等大中型工程进行正确认识和予以科学评价,以减少或消除否定调水的议论,利于进一步有序推进大中型调水工程的建设与管理。

一是正确认识。太湖调水均有利于改善水生态环境,不容否认。同样,如有人原先认为南水北调工程开始几年没有达到设计的供水目标水量就是失败的工程。一般大规模调水工程不可能建成运行就达到设计目标(效果),相当多工程可能要建成运行 5~10 年后才能达到设计目标。如南水北调工程的输水量有一个从少至多的过程,根据用水需求、认识、管理和价格等因素逐步达到设计目标,从通水第一天起至调水量累计达到百亿立方米用了 3 年,第二个累计调水量达到百亿立方米仅用 1 年,以后累计调水量达到百亿立方米所需时间更短。三峡水库蓄水从2003年 135 m 水位至2009年达到设计标准175 m,

用了 6 年。望虞河"引江济太"调水已运行 17 年,其调水量根据太湖水位、防汛要求、富营养程度等决定,一般年调水入湖 8 亿~20 亿 m³ 不等,大部分年份不必达到设计标准的年调水 20 亿 m³,有关部门组织专门人员进行望虞河"引江济太"改善太湖水质方面的研究。

　　二是正确评价。有了正确的认识才能进行正确的评价。对太湖调水有了正确的认识就不会否定太湖调水。比如,有些人认为三峡工程有缺陷就否定甚至希望拆除大坝。但三峡水库消除武汉等长江中游城市的洪灾效益非常明显,是其他任何措施不可比拟的;同时三峡工程增加清洁能源、净化空气效益显著:发电装机2 240万 kW、年发电 882 亿 kW·h,2003—2017年累计发电相当于节约标准煤3.6亿 t,减排 CO_2 9 亿 t、SO_2 420 万 t,大量减少了大气污染。

5.2　适宜调水的应尽量调水

　　有建设大中型调水工程的需求和有条件实施的区域,应经评估后尽量实施调水,暂时不具备调水条件的要创造条件上马。我国建设大中型调水工程具备成熟的技术,也不缺资金。所以,有调水需求的城市、区域,其调水工程实施时间的先后主要取决于工程的紧迫性和综合实施条件的成熟程度。如三峡工程在民国初期就提出过,直到 21 世纪初我国社会经济比较发达的时候才得以顺利实施。

　　我国七大水系江河湖库众多,应在流域总体规划下实施江湖连通和控制圈防治洪涝等工程防治洪涝与改善生态环境。特别是水资源丰富和社会经济发达的长三角、珠三角、东南沿海平原区,具备建设条件的应尽量建设调水工程,暂时缺乏条件的应创造条件实施。中国第一个大型调水工程南水北调(东、中线)已建成运行,"滇中引水"大工程、"引江济渭"高难度工程、"引西江济东江"地下河大调水工程等正在实施或建成,说明我国目前有能力和实力实施大规模调水。大西北调水有其必要性,但需根据其紧迫性、拉动内需的必要性、资金来源、就业需求、实施条件的综合成熟程度及社会经济效益的综合评估来确定优先实施哪个工程和实施时间。

5.3　调水需克服不足之处

　　十全十美的大规模调水工程是没有的,存在一些不足或问题是常有的,存在的问题可能是原设计预计到的,或建设时、建成后才发现的。所以,对于已建调水工程在发挥最大效益的同时,应进行长期监测和评估,凡对生态产生不利影响的工程,应根据实情采取补救措施恢复生态功能,包括防治水污染、调整调水比例、维持最低环境流量、栖息地修复等,消除问题或尽量减轻问题。

　　(1)水源水质不理想。如玄武湖、西湖调水时对源水实施沉淀或生化处理去除 N P 后再调水;塘西河净水厂对巢湖源水去磷处理后再调水入河;社会经济发达地区的大量城市暗河治理,可对黑臭水体实施一次处理或二次处理后调水。凡是可以考虑到的问题均应在调水工程规划设计时就应考虑到,如调水水源、输水途中和受水区域的污染控制问题。若工程运行一段时间后发现如污染的变化对调水有影响等问题,则须采取调整控污及调度运行方案等措施予以解决。

控制外源是改善调水水域水质的基本措施,需要全方位控制生活、工业、集中畜禽养殖和污水厂等4类点源及有关面源。关键是要建设足够的污水处理能力和大幅度提高污水处理标准。削减内源也是极为重要的措施,大幅度升高的藻密度和年年爆发的蓝藻已成为太湖目前的主要内源,削减内源的关键是采取综合性措施全年削减水面水体和水底蓝藻数量,由此降低藻密度及底泥的有机污染。

(2)水量不足。① 水源地水量不足。如南水北调中线,丹江口水库水量不足,则加高大坝从 162 m 至176.6 m,扩大库容至 290 亿 m³;南水北调中线的实施,使汉江水量不足,就建"引江济汉",年自流输水 37 亿 m³ 补充汉江水量,后将在引水口建 200 m³/s 提水泵站以满足水环境和春灌期用水需求。② 调水量不足。如南京玄武湖现调水能力不足 5 m³/s,可适度增加流量。武汉大东湖调水网可适度增加调水量,加大水质改善效果和加快改善速度。若调水运行一段时间后,水源地水量有较大变化,则可减少调水量或调整调水运行方案。

(3)为调水工程补缺。如望虞河"引江济太"调水工程无法改善太湖西部梅梁湖水质,后即建梅梁湖泵站调水解决此问题。梅梁湖泵站全年运行难以保障其设备设施的安全,就又增建大渲河泵站,与梅梁湖泵站轮流运行,解决运行的安全问题。太湖、巢湖等浅水湖泊建闸筑堤提高水位,减少了芦苇湿地,而有利于蓝藻生长繁殖,以后应设法解决此问题。三峡工程存在一些问题:一定程度上妨碍生物上下游之间迁移,可能存在有待验证的诱发地震风险,造成支流蓝藻爆发等,以后应逐步澄清、解决或减轻这些问题。

5.4 尽快建设"引江济太"调水新通道

由于太湖仍然存在洪涝危机和继续调水改善水生态环境的需求,望虞河"引江济太"调水运行多年不能满足此要求,所以要科学调度运行第2条通道新沟河和加快建设第3条通道新孟河,充分使"引江济太"双向输水工程发挥调水改善水质兼洪涝水排泄的作用。

5.5 调水工程是太湖治理消除蓝藻爆发必要的配套措施

太湖治理、消除蓝藻爆发的关键是消除太湖"三高":藻密度高、营养高、水温高。其中水温高是自然现象的代表,难以由人为因素大幅度整体改变;藻密度、富营养化这二者相互关联,富营养化产生和推进蓝藻爆发,蓝藻持续爆发可升高 TP。而太湖调水可带走蓝藻和污染物,有削减蓝藻和 P N 的作用,所以太湖必须持续实行调水,进一步科学调度发挥其作用,若新沟河和新孟河的新调水通道建成运行,可使竺山湖年增加换水次数近十次,有可能如鄱阳湖、洞庭湖那样,每年达到 10 多次自然换水,在主水流经过水域就不会发生蓝藻规模爆发。对整个太湖而言,调水仍是主要的配套措施,必须坚持。若长江水质能进一步改善,"引江济太"改善太湖水质的效果将更加显著。

5.6 调水工程具有相当强的公益性

我国是社会主义国家,基建工程应为全民服务,调水工程应兼顾经济效益和社会效益。其中相当一部分工程项目具有完全的公益性,如黑河、塔里木河调水以及无锡等平原城市建设的控制圈工程等;另一类是具有部分公益性,如南水北调应抓经济效益兼顾公益性,如对沿线现代农业等实行水价倾斜,促其发展,实施深井免费回灌或补贴,减少直至停止地下水开采,控制与减轻地面沉降,改善沿途生态环境;在建的"滇中引水"工程和将来可能建设的西南大调水工程均具有相当强的公益性。

5.7 调水是保护、尊重自然人水和谐的重要举措

自然界是地球生态系统的总和,人类要保护、尊重自然。自然与人类息息相关。人类活动对自然的不合理干预造成严重水污染和生态损害,需要人类采取有效措施自行纠错。"人定胜天"观点不妥,高估自己,危及自然环境。人类虽然无法控制暴雨或全面消除干旱,但当遇暴雨洪涝干旱等灾难使人类生存困难或危及生命财产安全时,可因势利导消除或减轻自然灾害,如利用调水,消除或减轻洪涝干旱,一定程度上减轻水污染、修复水生态,改造自然环境,最终实现人与自然和谐共生。

落实习近平总书记绿水青山就是金山银山的指示,充分利用水资源,推进科学调水,发挥其最佳作用。

二、清淤对蓝藻爆发的影响

引言

太湖2007年来清淤4 200万 m³,但太湖蓝藻密度没有降低,蓝藻爆发程度

没有减轻,TP还升高了,清淤究竟能否减少底泥营养物质的释放,能否解决太湖富营养化问题？太湖清淤究竟有无作用？这是众人关心的问题。这些均值得研究。本书从太湖污染底泥的淤积,清淤的必要性、可能性,清淤的现状和效果、存在问题及今后清淤的发展趋势等方面论述,兼回答上述问题。

1 生态清淤的概念

1.1 清淤的内涵

清淤,顾名思义,就是清除淤积在河湖底部受污染的淤泥。底泥污染主要是P N和有机物及重金属等有害有毒物质。淤泥来源主要是污水及固体污染物等外污染物的直接或间接进入,还包括水体中动植物、微生物等生物的残体及如蓝藻等有害生物的沉积,同时包括河湖原底质中所含的污染物质及其释放物质。这些底质表层中的污染物质均应清除,以大幅减少内源的释放。清淤深度根据具体情况确定。

1.2 生态清淤与工程疏浚的区别

1.2.1 生态清淤

生态清淤是通过适当清除污染的淤泥,减轻重污染底泥释放污染物,减轻对上覆水体的污染,包括减少氮磷、有机物及有害有毒物质的释放,清除蓝藻、减少蓝藻种源,改善湖泊生态环境而进行的清淤。所以,一般情况下没有必要清除河湖全部底泥,仅需要清除污染比较严重的一层底泥,故此也是称之为生态清淤的一个理由。清淤在一定程度上影响底泥中生态的原有平衡,但在实施清淤一段时间后,由于其具有自我修复能力,底泥可建立新的良好的生态平衡。

1.2.2 工程疏浚

生态清淤不同于一般意义上的清淤(工程疏浚),如为建设航道、增加水深或水域宽度等目的所进行的疏浚,而能否减少淤泥向上覆水体释放污染物一般不在工程疏浚考虑的因素内或不是考虑的主要因素。

1.3 清淤的主要作用

生态清淤是底泥受到严重污染的浅水型湖泊或水域治理蓝藻爆发和降低富营养化的重要措施之一。

清淤可以在一定程度上有效减少底泥营养物质的释放,有效减轻富营养化,可减少一定的蓝藻种源。

单项清淤工程的作用是有限的,必须正确地选用清淤措施并且与其他工程技术措施配合,才能最终有效地治理太湖的富营养化及蓝藻问题。

2　太湖底泥及其污染现状

2.1　底泥来源

太湖底泥一般分两大类,即俗称"软底"和"硬底"。"硬底"由黄土状物质组成,上面覆盖的淤泥很少;在湖底某些洼地、湖湾或河道入湖口附近,有一层不同厚度的淤积物,有机质含量较高,较疏软,俗称"软底"。"软底"厚度,浅者小于 10 cm,或者 30~50 cm,或者更深。

太湖底泥来源:主要是入湖河道悬浮物的沉淀,藻类和动植物的残体,以及降雨降尘;部分来源于湖周围直接入湖的地面径流悬浮物、风浪对湖岸的冲刷、直接或间接进入湖中的杂物等。

根据1954年统计,河道全年入太湖泥沙量 44 万 t,出湖泥沙10.5万 t,由出湖河道排出。全湖年淤积量33.5万 t。水面下0.5 m 采样的太湖平均含泥沙量0.025 kg/m³,平均沉积速率1.11~2.99 mm/a(见表 4-2-1)。其中东太湖北部的沉积速率最大,为2.99 mm/a,原因是东太湖北部是太湖的最下游,其过水断面由大缩小上百倍,流速相对较慢,悬浮物容易沉淀。

表 4-2-1　太湖泥沙沉积速率

测定地点	淤泥厚度/cm	平均沉积速率/(mm/a)
太湖中部	40~50	1.11
梅梁湖	50~70	1.80
太湖西部大浦口	100	1.66
东太湖南部	100~150	1.83
东太湖北部	150~200	2.99

2.2　污染底泥及其分布

2.2.1　底泥量

太湖底泥以 >0.1 m 厚度的泥层计,2002 年全湖底泥分布面积为 1 632.9 km²,占全湖的69.84%,底泥的蓄积总量为19.15亿 m³(自有太湖以来累积在湖内的沉积量),平均底泥厚度为0.82 m。其中,太湖北部湖区底泥总蓄积量为4.1亿 m³,占太湖底泥蓄积量的 21%,有泥区面积为339.63 km²,占太湖底泥分布面积的 21%,有泥区面积占全太湖面积的 15%。

2.2.2　底泥分布

底泥分布与河流入湖口位置及水动力、水文状况有关。河流入湖后,由于流速降低,泥沙在入湖河口区形成扇形淤积锥,淤积量及污染状况受制于河流汇流区下垫面植被、土壤、水文及人类活动强度,污染源类型、源强、非点源污染状况,湖湾由于为半封闭地形,在湖流和风浪作用下,易形成淤泥富集区。湖泊形状位置也形成沉积物堆积的差异。1990年以后,蓝藻的爆发和随风聚集堆积也是影响底泥分布的一个主要原因。

自太湖诞生以来累积在湖内的底泥沉积量,平均厚度为0.82 m。其中北部湖湾,五里湖湖底原来全部为底泥覆盖,东部湖心最大泥深3 m,西部有槽区域最大泥深超过6 m,平均泥深1.3 m;梅梁湖底泥面积占湖面积的66.4%,平均淤泥厚度为0.84 m;竺山湖约74.5%湖区有底泥分布,有泥区平均底泥厚度为0.85 m,超过1 m深底泥主要分布在东南沿岸。

2.3 太湖底泥营养物质NP和蓝藻

2.3.1 底泥中N

沉积物中N可分为有机态N和无机态N两类。太湖20世纪80年代沉积物的TN为0.033 2%~0.164%,平均0.071 6%。其中有机态N为0.031 5%~0.156%,平均0.068%,明显多于无机态N 0.001 7%~0.008%,平均0.003 6%。2002—2003年调查,太湖平均TN 0.077%。两个时期的含量相仿。

2.3.2 底泥中P

沉积物中P分为有机态P和无机态P两类。有机态P以卵磷脂核酸质素为主,一般占TP的20%~50%,须通过微生物作用矿质化后才能被植物吸收利用。无机态P在酸性中以铁和铝的磷酸盐为主,以钙的磷酸盐为主的无机态P大部分为难溶性。底泥中的TP有部分为速效P(也称有效P、活性P),能为植物、藻类直接吸收利用。但不溶性的TP在一定条件下可转化为活性P。因此,TP虽无直接的营养意义,但可看作P素营养的"仓库"。2002—2003年调查,太湖底泥平均TP 0.049%。

2.3.3 底泥中蓝藻

在太湖蓝藻爆发、聚集和堆积的水域,其死亡后的残体沉入水底,在冬天有相当一部分蓝藻存活在底泥表层"休眠",次年再萌发复苏、生长繁殖。所以,底泥是蓝藻的越冬种源库,又是NP的"仓库"。此类底泥中,蓝藻含量可为0.6 kg/m^3。

2.3.4 底泥污染物含量

太湖2002—2003年TN、TP和OM平均含量(干重)分别为0.077%、0.049%、1.46%。

2.4 太湖底泥污染特点

太湖底泥总体上是量大、污染重。底泥蓄存量以往一直呈日渐增加的趋势,底泥NP和有机质的总体蓄存量随着时间逐渐增加,蓄存速度呈加快的趋势。

2.4.1　底泥污染平面变化特点

太湖底泥 N P 和有机质(OM)含量总体是西半部较东半部高,北部湖湾较湖心高(见表4-2-2)。

表4-2-2　2002—2003年太湖底泥 N P 和有机质含量　单位:干重%

水域	TN		TP		OM	
	平均	范围	平均	范围	平均	范围
全太湖	0.077	0.010～0.471	0.049	0.015～0.333	1.46	0～11.00
五里湖	0.120		0.260		4.04	
梅梁湖	0.166	0.033～0.373	0.097	0.031～0.288	2.75	1.13～7.80
贡湖	0.129		0.073		2.64	
竺山湖	0.126		0.115		2.07	

2.4.2　底泥污染时间变化特点

太湖底泥中 N P 和有机质(OM)含量总体时间呈逐年增高状态。此三者含量自20世纪80年代以来均有较大幅度的增加,表明底泥污染在加重。底泥中营养盐含量变化有以下特点:①太湖底泥中营养盐含量呈逐年增高状态,20世纪80年代后期呈急剧上升趋势,1990—1991年较1980年底泥中TN上升23%,OM增长82.7%,TP增长7.7%;②底泥营养盐含量主要随湖水的污染物浓度升高呈同步增加趋势;③湖底淤泥化学成分,受人为活动影响逐渐明显,其中重金属含量总体不高,个别入湖河口含量稍高(见表4-2-3)。

表4-2-3　太湖底泥主要营养物历年含量比较　　　　　%

年份	TN		TP		OM	
	范围	均值	范围	均值	范围	均值
1960	—	0.067	—	0.044	0.54～6.23	0.68
1980	0.022～0.147	0.065	0.037～0.067	0.052	0.241～3.78	1.04
1990—1991	0.049～0.558	0.080	0.040～0.107	0.056	0.57～5.10	1.90
1995—1996	0.022～0.450	0.094	0.039～0.237	0.058	0.31～9.04	1.70
1997	0.022～0.318	0.082	0.028～0.180	0.059	0.31～5.73	1.53

2.4.3　底泥中污染物的垂直变化特点

太湖底泥中 N P 含量存在较大差异性,与污染物的入湖、太湖复杂的水动力过程对沉积物的搬运影响、受蓝藻漂移堆积和沉降的影响等均有关系,底泥营养盐垂直分布受多种因素影响,各湖区含量分布变化复杂。特别是1990年后太湖北部湖湾的底泥在大量增加的同时,其ＮＰ和有机质含量均有所升高,主要原因之一是蓝藻爆发、堆积和大量死亡。如无锡水文水资源勘测局2002年7—9月对梅梁湖进行的部分底泥调查,说明底泥ＮＰ和有机质含量随着深度变化而呈增加的趋势很明显,0～20 cm 层中N、P 和有机质含量较100～150 cm 层分别增加21.7%、35.4%和34.5%(见表4-2-4)。太湖 TN、TP 和 OM 自20世纪80年代以来均有较大幅度的增加,自80年代后期呈急剧上升趋势,上升幅度为TN12%、OM22%、TP3%。

表 4-2-4　2002年梅梁湖底泥ＮＰ和有机质含量垂直变化

	深度层次/cm						0～20 cm 较 100～150 cm 增加比例/%
	0～20	20～40	40～60	60～80	80～100	100～150	
TN	0.166	0.149	0.148	0.136	0.131	0.130	21.7
TP	0.096	0.075	0.073	0.065	0.062	0.062	35.4
OM	1.598	1.236	1.233	1.092	1.042	1.047	34.5

2.4.4　底泥ＮＰ含量与其释放率成正相关

一般情况下底泥中ＮＰ含量与其释放率基本成正相关。ＮＰ释放量大小,与沉积物中该物质含量高低有明显的对应关系。如太湖东部和贡湖湖心底泥的ＮＰ含量比较低,其释放率为负;太湖北部湖湾竺山湖、梅梁湖底泥的ＮＰ含量比较高,其释放率为正(见表4-2-5)。其中太浦河口是个例外,其底泥 TN 含量较高,但 TN 释放率仍为负,原因应该是东太湖湖湾中水生植物生长良好,固定底泥和减少风浪扰动。

表 4-2-5　太湖底泥释放率与污染状况相互关系

名称	水域	TN		TP	
		释放率/ $[mg/(m^2 \cdot d)]$	含量/%	释放率/ $[mg/(m^2 \cdot d)]$	含量/%
长兴港口外	太湖南部	−43.1	0.045 5	−0.33	0.038 5
殷村港口	竺山湖	33.7	0.187	7.84	0.109
雅浦港口	竺山湖	14.4	0.139	4.56	0.140

续表 4-2-5

名称	水域	TN		TP	
		释放率/ [mg/(m²·d)]	含量/ %	释放率/ [mg/(m²·d)]	含量/ %
三山岛	梅梁湖	48.6	0.128	3.20	0.071
小溪港口	贡湖	22.1	0.161	2.55	0.158
贡湖湖心	贡湖	−57.1	0.057	−5.12	0.039
太浦河口	东太湖	−8.39	0.142	−0.051	0.044

2.4.5　底泥中 NP 的存在形式不同

P 与 Fe、Al 和 Ca 生成的化合物磷酸盐可沉在湖底,并固定在沉积物中。土壤、沉积物中 P 的固定形式有化学固定、吸附固定和闭蓄态固定。而 N 一般没有不溶性化学沉淀。所以,底泥 P 的释放率较 N 低。

2.4.6　太湖东半部底泥 NP 释放率和释放量小于西半部

底泥的 NP 释放率与其 NP 含量有关,同时 N 释放率的总趋势是随着温度的升高而增加,但 P 释放率随着温度升高而变化的规律不明显(见表4-2-6),主要随 pH 值而变化。

表 4-2-6　太湖底泥释放率与温度变化关系

温度/ ℃	$NH_3-N/$ [mg/(m²·d)]	$PO_4^{3-}-P/$ [mg/(m²·d)]
5	−11.0±11.5	1.52±0.78
15	12.6±6.9	1.78±0.96
25	34.1±20.81	1.32±1.05

注:底泥释放率为加权平均值。

NP 的沉降率与水流的速度和水量有关,沉降率是水流速度小>流速大。如"引江济太"从望虞河进入贡湖后,流速明显减慢,含有 NP 的悬浮物相当一部分沉降,此也是"引江济太"调水能有效降低太湖 NP 浓度的原因之一,如2007年 8 月的监测,"引江济太"从望虞河入湖口流入贡湖后的水质分别得到改善,TN 由1.95 mg/L 降低为1.79 mg/L,TP 由0.11 mg/L 降低为0.10 mg/L。

底泥的净释放量=释放量-沉降量。虽然太湖西半部和东半部的底泥均存在释放、沉降两种作用,但净释放量是太湖西部>东部。其中东半部的全年净释放量一般为0或为负数,其中夏天一般大于0;西半部的全年净释放量大于0,且其值较大;北部湖湾>西部沿岸水域。

释放率和释放量也与水生植物长势有关,长势差的>长势好的。太湖总量 400 km² 多面积的水生植物主要生长在太湖东半部,由于东半部水草生长比西半部好,所以太湖东半部底泥的 N P 含量一般也比西半部低(东太湖由于湖湾的特殊形状而例外),释放率和释放量也较西半部小。其中东太湖虽然底泥污染物含量较高,但由于水草的大量存在,固定底泥和吸收 N P,所以东太湖的底泥释放率在夏天也不高,全年的净释放量为负值,所以东太湖的水质普遍优于太湖西部。

2.4.7 太湖西部活性 P 的比重大于东部

活性 P 是底泥所含 TP 的重要成分,水生植物和藻类容易吸收。TP 中有相当一部分是不容易溶解的 P,也即不容易被水生植物和藻类吸收。底泥中活性 P 含量与 P 释放率有较好的对应关系,活性 P 越多,P 释放率越高。太湖底泥中活性 P 占 TP 的比重平均为7.93%。太湖西部底泥中活性 P 的比重大于太湖东部,如太湖的最大值为16.5%,位于梅梁湖,而最小值为 2%,位于太湖东部的小梅口和漫山岛一带。

2.4.8 蓝藻爆发加重底泥污染

据测定,太湖中蓝藻的有机质含量为 72%,说明蓝藻聚集堆积水域蓝藻大量死亡后,底泥中有机质大量增加。如2007年在无锡"5·29"供水危机后,无锡市水文局测定"5·29"供水危机发生的贡湖水源地,其蓝藻爆发聚集堆积水域的底泥中有机质含量达到13.01%,为太湖底泥中一般有机质含量2%~4%的2.7~4.5倍,是太湖多年来监测到的最大值。

3 生态清淤的必要性和可能性

3.1 必要性

(1)大型浅水湖泊底泥受严重污染后,会持续释放 N P 等营养元素,提高湖泊富营养化程度,直至湖泊持续规模蓝藻爆发。

(2)蓝藻年年持续爆发、生死循环,其死亡残体沉积于底泥表层,在冬天相当一部分活体会沉于淤泥表层呈休眠状,蓝藻种源在次年春天萌发(复苏)、大量繁殖,致使蓝藻爆发,加重富营养化和蓝藻爆发程度,如此反复循环。

（3）蓝藻中有部分为固 N 蓝藻,其生长繁殖爆发过程是吸取大气中 N 和进行光合作用生产有机质的过程,所以蓝藻死亡后直接增加底泥 N 元素和有机质。至于蓝藻中 P 仅是在水体、蓝藻、底泥中循环,不增加数量。

（4）为减轻富营养化程度和治理蓝藻爆发,降低底泥有机质含量,减少"湖泛"的基础,所以太湖的重污染底泥必须清除。

（5）若不生态清淤,控源截污可能起不到改善水质的作用。控源截污减少入湖污染负荷一般均能改善水质,改善程度大小不等,但个别情况下甚至无改善水质的效果。凡是水质改善很小或无改善的湖泊几乎都是浅水湖,其主要原因如下:① 控源截污的力度不够;② 底泥污染严重、释放量大,超过控源截污削减的污染负荷。赖丁和福斯伯格在1976年就指出,减少营养物的输入,并不能完全改善污染严重的浅水湖泊;同样,2011—2013年河道入湖 TP 负荷从0.25万 t 持续下降至0.181万 t,但太湖 TP 浓度由0.066 mg/L 持续升高至0.078 mg/L,可说明以蓝藻为主的底泥释放量增加。所以,清除底泥、蓝藻污染是进一步改善浅水型富营养化湖泊的必要手段。

3.2　可能性

目前实施生态清淤的条件已成熟:① 已具有适合于太湖清淤的规模型环保清淤机械设备和相关的技术及人才;② 社会经济发达的太湖流域已具有清淤的经济实力;③ 有丰富的生态清淤的经验;④ 有较成熟的淤泥资源化利用技术,使清淤后的淤泥可全部实施无害化处置或资源化利用;⑤ 淤泥中大量集聚蓝藻为清淤创造了清除区域内蓝藻的机会,由于 N P 和蓝藻活细胞或残体在梅梁湖、竺山湖和贡湖等湖湾的大量沉积,以及含 N P 的悬浮物在入湖河口的大量累积,所以通过清淤移走或消除这些淤积物及其中的蓝藻、N P 是一种有效和可行的选择。

3.3　生态清淤作用

生态清淤是底泥受到严重污染的浅水型湖泊或水域,治理蓝藻爆发和降低富营养化的重要和必要措施之一。

（1）可清除沉入水底的活蓝藻和残体,减少底泥"种源仓库"中休眠的蓝藻种源,减少次年春天蓝藻的萌发复苏量,即直接降低蓝藻生长繁殖速度,减轻本区域爆发程度,以及推迟蓝藻爆发时间。

（2）可清除湖底严重污染的淤泥,大量减少淤泥向水体释放 N P,减轻富营养化程度,在一定程度上减慢蓝藻生长繁殖速度。

（3）可清除湖底大量有机质和其他生物残体,清除产生规模"湖泛"的基础,有效控制、减弱甚至消除规模型"湖泛"。在1998—2000年编制太湖梅梁湖清淤方案时就提出了清淤可以控制"湖泛"的结论。

（4）清淤可增加水深，增加容积，即增加一定的环境容量。

（5）为改善和恢复良好的水生态系统创造有利条件。如根据2007年编制的太湖污染底泥疏浚规划，完成规划的清淤量，扣除背景值后，可去除底泥中有机质49.38万t～67.79万t、TN 1.96万～2.69万t、TP 0.422万～0.579万t，使上述作用得到良好的显现。总之，实施太湖重点水域的清淤产生减少蓝藻、P N 的效果显著。

3.4　处置污染底泥的类型

太湖蓝藻爆发加重底泥污染，底泥污染增加污染物释放量，又可在一定程度上加重蓝藻爆发程度，所以必须对严重污染底泥实施处置。主要类型如下：

（1）异位清除淤泥，即常说的清淤。使用工程技术手段，将污染重的底泥直接移出湖体，放置于适当的区域或进行利用。这是太湖生态清淤的主要类型。

（2）原位覆盖。以多孔介质切断湖水与原位污染底泥的水力联系，覆盖、固定污染沉积物，拦截、阻断底泥释放，防止再悬浮或迁移，降低污染物释放通量。太湖面积大，用此法工程量非常大并且要大量减少太湖的容积。

（3）原位控制。在原位投加有高效降解作用的微生物或化合物，减少污染物溶解度、毒性和迁移活性，固化表层淤泥，形成阻断层，抑制间隙水释放，减少污染物释放通量。用此法要大量增加微生物或化合物，特别是增加大量化合物有损于生态系统的稳定，投放微生物的要确定微生物的安全性。

（4）自然恢复。水污染程度得到有效控制的污染底泥，通过自然的物理（底泥输移、沉淀、悬浮等）、化学（底泥释放、向空气中散逸等）、生物或生化（生物降解、生物扰动、代谢、固着等）等作用过程发挥净化底泥的作用。此法在入太湖的污染负荷与环境容量基本持平时基本可行，但是所需时间比较长，在目前入湖污染负荷大幅超过环境容量的情况下不可行。

根据上述分析和太湖的条件，采用异位控制底泥污染的清淤技术，比较适合太湖大规模的污染底泥的清除技术，且发挥作用也快。但须注意清淤深度、方法和满足生态要求，否则清淤效果不佳或根本无效果。如太湖的五里湖、贡湖的清淤都取得较好改善水质的效果。若清淤方法、技术和深度不适当，则会使底泥的 N P 释放率增加，产生负效果。如滇池草海1998年的清淤效果不佳，又如瑞典 Finjasjon 湖于1987—1992年进行的底泥清除工程花费巨大（500 万英镑），但收效甚微。

4 生态清淤范围深度和设备

4.1 清淤范围

太湖清淤范围主要为水源地周围、蓝藻聚集死亡堆积区、河道入湖口,以及重要风景旅游区和居民聚居区附近。2007年太湖流域管理局编制的太湖污染底泥疏浚规划中确定今后几年太湖清淤面积为93.65 km^2,建议清淤规模2 512万~3 448万 m^3,主要清淤范围为竺山湖、梅梁湖、贡湖和东太湖。其中,竺山湖清淤 722 万~963 万 m^3,梅梁湖清淤1 484万~1958万 m^3,贡湖清淤 171 万~257 万 m^3,东太湖清淤 135 万~271 万 m^3。对航道的疏浚和为调水、排涝泄洪的通道建设进行的疏浚也均是必要的。

4.2 清淤深度

为清除严重污染底泥层,一般清淤深度为 10~40 cm,局部不超过 60~70 cm,并同时清除底泥水土界面上 7~15 cm 半悬浮的类胶体状污染特别严重的有机质。有特殊要求水域的清淤深度可以加深,如自来水取水口等应清到原设计高程。一般认为 20 世纪 80 年代太湖不再实行罱泥以后所积聚的严重污染的重点水域的淤泥均应清除,而此前的淤泥或较硬的底泥则不必要清除。但若主要为清除沉积在底泥表面的蓝藻而进行的清淤,清淤深度达到 10~20 cm 即可。

4.3 生态清淤的方法机械

生态清淤的方法一般为 2 类:抽干水彻底清淤和水下清淤,均为异位清淤。

(1)抽干水彻底清淤适合于局部小范围。

河湖清淤因情况不同而应采用不同的机械设备或技术。平原地区非通航的小河道、断头浜,其最佳清淤方式是抽干水彻底清淤,因其没有回淤。但对于平原地区河道沿岸有老房子且河道驳岸不结实的,在进行是否采用抽干水彻底清淤的决策时,需要慎重,因为抽干水后,河道驳岸失去了水对其的压力,老房子和河道老驳岸有可能开裂、塌陷或倒塌。河道抽干水后,可采用水力冲塘设备清淤,排走泥水;使用挖掘机械,再运走淤泥;个别施工条件较差的,辅助人工清淤。此法仅能在小范围使用,若要在太湖使用,只能在局部水域所筑围堰内抽干水使用。

(2)大范围水域适合于水下清淤。

太湖大规模的清淤采用水下清淤比较合适,且需要采用专门的环保设备。鉴于生态清淤的特点和环保控制要求,施工应采用清洁生产工艺,环保无扰动型挖泥船,尤其是清淤机械头部设备,密闭和抽吸是关键。生态清淤为薄层精确清淤,要求清淤深度、底泥扩散满足设计要求,平面平整度好,不漏清或形成沟坎。太湖的水下生态清淤一般采用环保绞吸式挖泥船。

（3）水下清淤机械设备。

太湖清淤选择设备原则:清淤后的回淤量小和尽量不搅浑水;优选清淤设备依次为泵吸式清淤设备、绞吸式清淤设备、混凝气浮法清淤、自动清淤设备（机器人）。其中环保型绞吸式清淤设备是太湖清淤中最常用的,基本不用抓斗式挖泥船。

4.4　清淤施工的生态要求

清淤过程抓好 3 个关键点。关键点为清淤挖泥、泥水远距离输送和排泥场安全处置。这 3 个关键点均要以环境要求和清淤效果为前提。同时抓好清淤的监测和评估。

工程施工生态要求:① 减少对水体扰动;② 减少回淤,回淤会增加底泥中 N P 的释放量;③ 连片清淤;④ 为生物多样性和物种保留创造条件;⑤ 泥浆远距离输送安全,主要是防止跑、冒、滴、漏,这在采用环保型清淤机械进行大面积清淤施工和清淤泥浆的远距离输送中,是必须遵循的规则,以减少施工过程对水体的污染;⑥ 排泥场的安全:排泥场围堰安全,泄水达标排放,一般排泥场弃水 SS 不大于 $150\sim200$ mg/L,减少排泥场对周围河湖水环境的影响,竣工后对受影响河湖应进行清淤整理和修复,或对淤泥进行无害化处置和资源化利用。

5　国内生态清淤现状

我国众多湖泊水库进行了以改善水环境为目的的生态清淤,如杭州西湖、云南滇池的草海、南京玄武湖、长春南湖、南昌八一湖、广州东山湖和麓湖,太湖的蠡湖、梅梁湖、贡湖和东太湖等。这些清淤工程,在其他治理措施的配合下,多数缓解了湖泊水域污染状况,也有少数如滇池草海没有显示出减轻水污染的效果。

6　太湖清淤概况

6.1　2007年供水危机以前生态清淤

2007年以前清淤分 2 个阶段,采用不同的方式,得到不同的效果。

（1）20 世纪初至 70 年代。为人工罱泥清除太湖底泥,人站于船上,采用简单的罱泥工具,船只作为存放淤泥的设备和运输工具。底泥作为有机肥料,施于农田,同时又清除了湖底污染的底泥,一举两得。此类人工罱泥的方法在太湖流域持续了上百年,农闲时有上千条人工罱泥船进入太湖罱泥。基本能清除每年太湖新增加的淤泥,所以人工罱泥用作肥料和清除底泥污染的效果良好。

（2）20世80年代至2007年。此阶段基本不实行人工罱泥。农田的肥料主要施用化肥。社会经济发展后已没人干此类又脏又累又不赚钱的活,且社会经济发展快,排入太湖的污染物增加很多,所以太湖污染的底泥越积越多。

6.2　2007年供水危机以后的生态清淤

2007年的供水危机使人们认识到太湖底泥的严重污染会导致水源地水质不合格和影响太湖水质提标工作,甚至可能造成严重的"湖泛",如生成2007年那样的"湖泛"型供水危机,危害极大。所以,必须清除污染严重的太湖底泥。因此,各级政府部门在2007年后开始了太湖的生态清淤。

此阶段清淤的方法是机械清淤,清除湖底淤泥,效率较高,相对于人工罱泥而言不脏不累,清淤速度较快。此阶段清除的淤泥量也很多。

据江苏省水利厅统计,2007年后生态清淤共完成工程量4 206万 m^3 ,其中无锡2 855万 m^3 (含宜兴880 万 m^3)、苏州1 025万 m^3 、常州326 万 m^3 。无锡市完成其中的68%。

如无锡市2007—2017年的第一轮清淤。太湖清淤工程是国务院批复的《太湖流域水环境综合治理方案》中确定的一项重要内容,依据苏政办发〔2008〕108 号文《关于加快实施太湖生态清淤工程意见的通知》,自2007年起,无锡市开展第一轮太湖清淤的范围包括梅梁湖、贡湖、竺山湖及太湖西沿岸。至2017年,第一轮太湖清淤全市共完成清淤方量约2 340万 m^3 。2018—2021年又完成太湖宜兴沿岸水域和梅梁湖的 515 万 m^3 ,至此合计完成2 855万 m^3 。

7　清淤效果和存在问题

2007年后实施的环保型清淤效果较好,总的是减少底泥污染物释放,减轻水体污染,削减一定数量的蓝藻。

7.1　减轻水体和底泥污染

太湖实施环保型清淤,2007年以来清淤4 200万 m^3 (干重以1.2 t/m^3 计)。太湖底泥含量以 P 611 mg/kg、N 1 068 mg/kg 计,相当于分别清除 P 30 794 t、N 53 827 t。减少底泥对上覆水体污染物的释放,减少进入水体的内源污染负荷,有利于改善太湖水质。

7.2　生态清淤减少蓝藻种源及 P N 释放

（1）减少蓝藻种源。在蓝藻大量聚集、堆积和死亡区域的清淤,清淤的过程就是清除底泥中蓝藻种源的过程。特别是冬春季清淤,水底"种源仓库"中的蓝藻种源大为减少,减轻次年本水域蓝藻的复苏量、生长繁殖量和爆发程度。2007年后太湖清淤4 200万 m³,主要在蓝藻爆发、堆积严重的水域进行清淤,淤泥中蓝藻含量以0.6 kg/m³计(2008年3月宜兴符渎港测定),相当于清除蓝藻2.52万 t。

(2)清淤清除了底泥表层的蓝藻2.52万 t,因此类蓝藻所含的 N P 均是可再释放的。蓝藻的 P N 含量分别为6.7%、0.68%,所以相当于削减底泥释放量 N 1 688 t、P 170 t。

7.3 生态清淤减少"湖泛"的基础物质——有机质

太湖底泥中平均有机质含量1.58%,清淤4 200万 m³底泥相当于减少底泥有机物66.36万 t,消除能够产生"湖泛"的基础有机质。

但清淤单项措施的效益评估要因地制宜、实事求是,期望值不能过高,局部污染底泥清淤一般只能够改善局部水环境,要正确评估期望值。

8 淤泥的无害化处置与资源化利用

太湖清淤产生的淤泥均应无害化处置或资源化利用。其中资源化利用大部分是进行固化后作为土资源使用等,也可作为修复芦苇湿地抬高基底使用。

8.1 淤泥无害化处置

淤泥无害化处置需要相当多的设备、技术,需要堆泥场,所以需要选择和管理好设备、技术及堆泥场。

(1)选择和管理好排(堆)泥场地。场地一般选用废弃的河道、鱼池、荒地、滩地,并根据排泥场蓄泥能力与占地、地形、施工强度、促淤促沉技术,进行设计布局。泥场要筑好围堤,以防多余泥水流出。淤泥堆放地建设防渗阻淋措施,建设淤泥堆场的尾水排放沉淀池,尾水过滤、阻隔系统,直接净化尾水系统,减少清淤堆场对周围水体的污染。

(2)减少泥水污染二次释放。采用促淤促沉技术,设置数道物理栏栅和沉淀池或泥水径流沉降槽,其中阻水材料宜采用透水性好且能挡泥沙的材料;添加絮凝剂,效果好,但成本高。

(3)排泥场余水处理和达标排放。水质要求基本同农田灌溉标准控制。

(4)排泥结束后的工作。淤泥堆土区统一规划,加强泥场管理,泥场面层植被覆盖、绿化或复垦,减少雨水淋溶,减少地面径流及其入水污染负荷。

8.2 淤泥资源化综合利用

淤泥进行资源化利用,为流域提供清淤后的淤泥出路,大量减少淤泥堆场,甚至不需要淤泥堆场,节约宝贵的土地资源,同时减少对环境的污染,为经济社会发展做贡献。

(1)用作回填土。淤泥进行脱水固化处理,降低含水率,达到一定密实度和硬度后用于筑路筑堤,可同时解决城市建设的土方缺口问题,也可用于回填土、绿化基土等,缓解流域土资源紧缺的矛盾。

(2)作为肥料。无重金属污染和有毒有害物质的淤泥作为绿化基土、种植土;淤泥具有相应有机质含量的可直接农用或进行堆肥后农用;加速淤泥生物处理技术应用,用淤泥制作复合肥、颗粒肥,可增加土壤有机肥力和减少化肥施用量。有毒有害物质超标的淤泥应实行环保填埋等。

(3)作为工业原料。经脱水或其他形式的处理后用于制砖和工业掺合料等。

(4)作为能源。淤泥中有机质含量达到一定程度的,可利用淤泥中有机质资源燃烧产生的热能,如有机质淤泥经脱水作为制砖和工业材料的掺合料,起到节约燃料的作用等,或与其他燃料混合作为混合燃料。

(5)太湖的淤泥可作为修复湿地抬高基底的回填土。太湖以后将大规模恢复湿地,需要大量土方,所以清淤后的淤泥可直接堆放于准备修复芦苇湿地处,使用真空预压、脱水固结、添加固化剂或井点排水等技术降低淤泥含水率至规定标准,并在堆土处外围设置挡泥的设施或坝体。

可以利用清淤固化后的淤泥进行湖滨湿地带建设、恢复湖滨生态湿地,为进一步削减入湖污染、恢复生态岸线、改善太湖生境创造条件。

8.3　淤泥固化技术设备

脱水固化技术设备,其作用主要是降低淤泥的含水率,进行资源化利用,以减少淤土占地面积和占地时间,提高占用土地使用率。淤泥固化处理技术有自然法、物理法、化学法、理化法等,常用以下几种:

(1)自然晾晒法。堆放的淤泥(如3~5 m深)在自然条件下晾干,处理时间很长,一般需要5~8年或更长时间,占地时间长,承载力低。

(2)化学固化法。淤泥在经数天晾晒后,添加固化剂,搅拌混合,使固化剂与水发生水化反应,减少淤泥土中水分,形成固化物,增加强度。固化处理的时间短,固化仅需一天或数天;改变了土壤性质,不宜复耕;一般用于回填土、绿化种植;造价高。

(3)真空预压法。在适当面积的淤土堆积范围内,抽真空,使泥封层下长期保持真空负压,淤泥中大部分空隙水通过排水装置排出,淤泥土得到压缩、固结。处理时间数十天;一般用于绿化种植、复耕,固化结束后即可复耕;可作为低强度回填土;造价较低。另外,也有在此法基础上增加其他技术,加快土中水分排出。

（4）土工袋压滤固结法。即在清淤时直接用泥浆泵把淤泥充入土工袋，经一段时间压滤，淤泥脱水、干化，达到一定强度。土工袋用强度大、寿命长和有一定透水性的特种土工布制成；处理时间较长，一般需 1~2 个月；可用于绿化种植、复耕，固化结束后即可复耕；造价较低。另外，也可在充入土工袋的淤泥中加进混凝、脱水剂，加快脱水速度；渗滤脱水时间可缩短，脱水后的干化土可用作高质量回填土；造价较高。土工袋可反复使用。沙性土壤的脱水效果好于黏性土壤，沙性土壤的脱水时间短于黏性土壤。

（5）脱水絮凝法。需要添加絮凝剂。在清淤排泥时，添加絮凝剂、脱水凝结剂，排出淤泥中的水；处理时间较长，需 1 年左右；可用于绿化种植、复耕，固化结束后即可复耕；也可用于回填土；造价较低。

（6）采用清淤和淤泥固化一体化技术。其一是清淤和固化分阶段进行，即是清淤时直接将淤泥用管道送至岸上堆放，再进行固化处理；其二是直接采用清淤固化一体化设备，即清淤、固化同时进行。淤泥固化后再用船或车运走，根据固化土的性能和承载能力用于相应的用途。

8.4 淤泥资源化利用实例

流域推广先进的淤泥固化处理技术，变废为宝，形成资源的循环利用，解决淤泥的无害处理和减少占地等问题。

（1）无锡市聚惠科技有限公司与河海大学合作，参照日本淤泥固化技术，进行研究，并根据我国实情进行技术改进，降低了成本，提高了适用性。采用的淤泥固化设备由无锡市新安福尔赐机械厂制造，如 FEC-3 淤泥固化设备，日产量1 500 m^3。淤泥固化的生产过程为：淤泥经沉淀脱水，送进搅拌机，添加一定量聚合剂、固化剂，以及适量水泥，经搅拌，送出颗粒状泥土，用于铺路、筑堤。若用于种植土，则不加水泥。

（2）采用固化处理方式对重污染底泥进行了规模化处理，取得较好效果。

①五里湖清淤淤泥固化。堆放在长广溪南部贡湖边堆放场的 190 万 m^3 淤泥，进行固化处理，每天处理 1 万 m^3，固化土承载能力达到 8~10 t/m^2，用于道路、场地的回填土。

②五里湖大堤西侧管社山景观区域清淤淤泥固化。湖底淤泥 120 万 m^3 进行固化处理，边清淤边固化处理，固化土承载能力达到 6~8 t/m^2，用于护岸回填和绿化种植。

③贡湖清淤淤泥固化。清淤 40 万 m^3 淤泥实施固化处理，用于太湖大堤

背水坡回填和绿化种植。

（3）淤泥固化处理的优缺点。优点是节约了大量堆放土地,减少了淤泥对环境的二次污染;但淤泥固化的成本比较高,目前的单价高于就地取土。对于严重缺土区域可操作性强,用途广,可大力推广;对于非严重缺土区域,则需要实施补贴或政策优惠,才能规模推广。

（4）江南大学等单位研制了清淤和固化一体化设备。

9　生态清淤实例

太湖进行了多次生态清淤工程,其中几次主要清淤工程调查总结如下。

9.1　梅园水厂水源地清淤

梅园水厂水源地清淤是在1994年、1995年夏天梅梁湖发生蓝藻爆发型"湖泛",影响梅梁湖北部的梅园水厂供水情况下进行的清淤。当时由于条件限制,采用非环保式机械清淤。清淤工程位于梅园水厂取水口周围,清淤面积0.15 km²,因取水口较深,所以清淤平均深1.4 m,清淤量22万 m³,1996年3—4月清淤。清淤取得较好的改善水环境的效果,如 COD_{Mn},当年 8 月为4.6 mg/L,而清淤前的1995年同期为8.5 mg/L,下降45.9%。

9.2　小湾里水源地清淤

1994年、1995年夏天梅梁湖小湾里水源地发生蓝藻爆发型"湖泛",影响供水,所以1996年春天进行清淤。当时由于条件限制,采用非环保式机械清淤。清淤工程位于梅梁湖东部的小湾里水厂取水口周围,清淤面积0.5 km²,清淤平均深0.4 m,清淤量 20 万 m³,当年有较好的改善水环境的效果。并在2007年太湖供水危机后,又进行了一次清淤,清淤面积2.1 km²,清淤量 65 万 m³,清淤工程也取得改善水环境的较好效果。

9.3　五里湖清淤

2002—2003年投入7 000万元,采用先进的精确定位环保清淤设备,对原来5.6 km²的五里湖,20 世纪 70 年代以后生成的污染底泥,全部进行了生态清淤,清淤深度平均40 cm,清淤量 234 万 m³,即清除了底泥中大量 TP TN 和有机质等污染物。生态清淤后的表层底泥中 TP TN、有机质含量分别比原表层底泥下降了65.1%、25.2%、24.5%,即清淤降低了底泥污染物向水体释放速率,又增加水深 40 cm,扩大了 20%的环境容量。特别是清淤对 P 释放的控制效果明显,清淤后一段时间的释放状态接近零或负值,据中科院地理湖泊研究所范成新教授对五里湖清淤后底泥较长时间跟踪研究,P 的释放率由清淤前的2.3 mg/（ m² · d）

下降到清淤后11个月的-0.6 mg/(m² · d);而NH₃-N的释放率由刚疏浚时的-202.0 mg/(m² · d)上升到11个月后的49.6 mg/(m² · d),表明回升很快。综上所述,清淤对五里湖的底泥P释放有一定的控制作用,可削减相应污染物的内源负荷,减低污染物含量。而对氨氮释放则控制效果较弱。

9.4 三山周围清淤

三山位于梅梁湖北部水域中,由三座小山组成,是重要的风景区域,其周围水域由于近年蓝藻大规模爆发、堆积,使淤泥增加和淤泥污染严重,妨害风景旅游,所以在2008—2010年实施清淤,采用环保型机械清淤。清淤范围包括三山岛南北水域,鼋头渚和充山水厂附近水域,以及十八湾环山河口门附近水域,合计清淤面积10.7 km²,清淤量334万 m³。清淤后蓝藻爆发有所减轻。

9.5 月亮湾清淤

月亮湾是梅梁湖南部水域,为湖西侧马山半岛的一个湖湾,是重要的风景区。蓝藻的聚集严重影响了月亮湾的风景旅游。月亮湾清淤在2009年实施,采用环保型机械清淤,清淤量53万 m³。清淤后蓝藻爆发有所减轻。

9.6 贡湖清淤

贡湖主要清淤区域为南泉水厂和锡东水厂的水源地。2007年5月底至6月初,贡湖南泉水厂水源地发生蓝藻大规模爆发型"湖泛",造成无锡"5 · 29"供水危机,所以在2007年7月至2008年上半年进行清淤,采用环保型机械清淤。清淤范围在贡湖北部的南泉水厂、锡东水厂取水口周围10.4 km²,清淤深度20~30 cm,平均26 cm,清除20世纪70年代后淤积的污染底泥及底泥中的蓝藻,清淤量230万 m³。采用环保型绞吸式挖泥船清淤,并与其他治理措施配合,清淤后再未发生"湖泛",控制了该水域的蓝藻爆发,有效地改善了水源地水质。经南京地理与湖泊研究所范成新教授的测定,贡湖此清淤范围内的底泥释放N、P的速率分别由清淤前的257.2 mg/(m² · d)、10.63 mg/(m² · d)降低到清淤后的61.2 mg/(m² · d)、4.54 mg/(m² · d),释放率分别降低了76.2%、57.3%(见表4-2-7)。

表4-2-7 贡湖底泥释放率清淤前后对比

污染物	测定时间(前、后)	底泥释放率[mg/(m² · d)]		降低比例/%
		清淤前	清淤后	
N	2008年、2009年6月	257.2	61.2	76.2
P		10.63	4.54	57.3

9.7　竺山湖生态清淤

竺山湖为太湖蓝藻的聚集水域,并在2008年5—6月发生规模"湖泛"(该水域无取水口),2008年下半年至2010年实施了竺山湖清淤,面积13.9 km²,采用环保型机械清淤,清淤深度 20～40 cm,清淤量325 万 m³。另外,常州市也在此水域实施了清淤工程。由于清淤,以及采取了控源截污和打捞蓝藻等治理措施,竺山湖蓝藻爆发程度减轻,无规模"湖泛"发生,水质有所改善。

9.8　东太湖清淤

东太湖清淤疏浚,在2010年7月至2013年实施,清淤疏浚包括两部分:一是行洪供水通道,开挖长度33.3 km,面积59 km²,工程量1 063万 m³;二是清除其他水域污染底泥,清淤面积13.5 km²、工程量407 万 m³。二者合计清淤疏浚工程量1 470万 m³,清淤效果良好,保障了太湖行洪供水通道的畅通,一定程度上改善了东太湖水质。

9.9　贡湖应急清淤

2020年5月,贡湖水源地蓝藻严重爆发,水体的 DO 下降到 2 mg/L 以下,接近发生"湖泛"的警戒线,此后即进行了应急清淤。共清淤27.66万 m³,清淤面积1.545 km²,清淤深度一般为0.1～0.3 m,局部0.5 m。该应急清淤工程,降低了污染物释放率,消除了当时阶段可能发生的"湖泛",起到改善水质的较好效果。

10　清淤存在的问题

以往实施的清淤均为常规清淤,存在一定问题。

(1)清淤速度慢、效率低。

2007—2020年的 14 年间,共清淤4 200万 m³,平均每年清淤 10～11 km²,太湖有污染底泥面积1 632 km²,以此速度清除太湖污染底泥一遍还需要 100 多年,大大超过 30 年的清淤周期。现有清淤方式赶不上淤泥的淤积、污染速度。

(2)清淤速度赶不上蓝藻爆发沉积的速度。

因为蓝藻持续爆发,清淤后 5～10 年,其减轻的污染程度就被蓝藻持续爆发的死亡残体补充,所以难以达到人们希望有效削减污染物数量的效果。由于此原因,TP 降低不了或降低速度滞缓。

(3)常规清淤需要大量堆泥场或增加许多费用。

如4 200万 m³的淤泥,堆放高度以 4 m 计,则需10.5 km²的永久或临时堆泥场,这在寸土寸金的太湖流域是不可能的,所以加快清淤速度的一个瓶颈是缺少堆泥场。因此,为减少堆泥场,则采取淤泥固化、资源化利用来解决问题,但淤泥固化的价格超过 60 元/m³,4 200万 m³淤泥固化需要 25 亿元,这不是个小数目。

(4)清淤损害底栖生物系统。

清淤同时清除了淤泥表层的底栖生物,使其受损。但只要水质得到改善,底栖生物系统能够在一定程度内凭其自然修复能力得到恢复或甚至更好。

11　结论:太湖生态清淤作用和问题并存

(1)清淤有相当作用。以往的常规清淤减少底泥 N P 释放和有机质污染,消除太湖"湖泛"产生的基本条件;可清除底泥表层的活蓝藻,有利于减慢蓝藻增殖速度;淤泥可资源化利用,提供土地资源。

(2)清淤不足之处应予重视。常规清淤在一定时间段内损毁部分区域底栖生物系统;成本高、速度慢;清淤速度赶不上蓝藻死亡堆积和污染发展速度;在降低 TP 浓度方面效果不理想。

(3)需要改进清除底泥污染的方式。太湖以往人工罱泥去除太湖淤泥污染的措施,由于社会经济发展而退出历史舞台,现以蓝藻为主的内源污染日渐增多,使太湖水质难以提升至Ⅲ类,蓝藻爆发难以消除。2007年太湖供水危机后,采取了包括生态清淤在内的一系列治理措施,取得相当好的效果,也存在相当大的问题,表明常规清淤明显不能满足现阶段改善太湖生态环境的需求。清淤技术需随时代步伐与时俱进,应采用创新技术进行生态清淤、消除污染,才能加快太湖治理和消除蓝藻爆发的进程。

12　改进清除太湖底泥污染的建议

(1)加大力度持续清除底泥污染,包括增加清淤面积和削减底泥污染物。

(2)创新消除底泥污染方法,采用速度快、效率高、效果好和价格低的技术。

(3)减少清淤对底栖生物系统的损毁,甚至能进而起到修复生物系统的作用。

(4)清除底泥污染结合净化水体和消除蓝藻。

13　采用水土蓝藻三位一体治理技术进行清淤

(1)水土蓝藻三位一体共治技术是治理太湖的技术创新,高效、省时、省力、省钱且效果好,又有利于修复底栖生物系统和清除蓝藻。太湖清淤应由以往绞吸式清淤的常规方法上升为水土蓝藻三位一体共治的清淤技术：① 金刚石碳纳米电子水土蓝藻共治技术；② 复合式区域活水提质水土蓝藻共治技术；③ TWC 生物蜡净水清淤除藻技术；④ 固化微生物清淤技术；⑤ 光量子载体除藻净水清淤技术等。择优选择。

（2）对于入湖河道等可采用清除水体污染和底泥污染的二位一体共治的清淤技术，特别是消除黑臭河道底泥更有效。除上述三位一体的清淤技术外，还有微生物技术，或两种技术的组合技术。

（3）对于治理黑臭暗河（沟），光量子载体技术及 TWC 生物蜡技术，一般对于光照、温度和氧气均没有限制，可以说是最佳的治理黑臭暗河及清淤技术。

14　太湖治理展望

太湖流域人口稠密、社会经济发达，努力治理使太湖富营养化程度减轻。但蓝藻年年持续爆发，藻密度仍在高位运行，应认真总结治理太湖经验教训，发挥我国能够集中力量办大事的体制优势，创新治理思路方法和技术，统一治理水体和底泥污染、削减蓝藻，最终达到全面永远消除蓝藻爆发的目标，使太湖成为世界上首个治理成功、消除蓝藻爆发的大型浅水湖泊，真正建设成为绿水青山和健康的生态湖泊，这个愿望一定能在不久的将来实现。

三、打捞蓝藻对蓝藻爆发的影响

引言

2007年太湖供水危机后开始打捞蓝藻已 14 年多，打捞蓝藻有用吗？能消除蓝藻爆发吗？这是关心太湖的人都十分关心的问题。下面从打捞蓝藻的必要性、可能性，打捞技术设备和环境条件，打捞的效果与存在问题，藻水分离、蓝藻资源化利用等各方面进行论述，结论是打捞蓝藻在以往阶段有相当大的作用，基本消除了蓝藻爆发"湖泛"型供水危机及一定程度上减轻了富营养化程度，但其问题是直到 2019 年打捞后藻密度越升越高，蓝藻爆发程度没有减轻，即无法消除蓝藻爆发，以往的打捞蓝藻无法满足当今社会经济发展对治理太湖的要求。为此，必须开创治理太湖的新阶段，改变以往仅在蓝藻爆发期间打捞水面蓝藻的习惯为全年打捞、消除水面水体和水底蓝藻的策略,同时密切配合其他治理技术措施,尽快消除太湖蓝藻爆发。

1 蓝藻及蓝藻爆发

1.1 蓝藻

蓝藻也称蓝绿藻或蓝细菌,是地球上分布最广、适应性最强的光合自养生物。蓝藻在地球的全盛期为35亿年前至7亿年前,历时28亿年之久,其间经历了远古时期的巨大繁荣,蓝藻的光合作用产生了大量的氧气,在地球表面大气环境从无氧变为有氧的过程中发挥了巨大作用。

蓝藻,在生物三界系统学说中属于植物界,所以许多专家称之为浮游植物;在生物六界系统学说中直接分属为蓝藻界。蓝藻一般可分为固N蓝藻和非固N蓝藻。

1.2 蓝藻爆发

蓝藻水华爆发是指以蓝藻为主的藻类,在水体富营养化等合适的生境及缺少种间竞争的条件下,快速生长繁殖,达到一定密度,大范围聚集于某处水面并可视的现象。蓝藻水华爆发简称蓝藻爆发,是应消除和能消除的,而一般没有爆发的水华没必要清除,也难以全部清除。

太湖自1990年起开始小规模蓝藻爆发,以后爆发规模越来越大,爆发程度越来越严重,至2006—2007年达到顶峰,2007年即发生了非常严重的"5·29"太湖供水危机,当年即开始打捞蓝藻工作。

1.3 蓝藻爆发作用与危害

1.3.1 作用

蓝藻的光合作用产生大量氧气,在地球全盛期7亿年前的历时28亿年之久使地球表面大气从无氧变为有氧过程中发挥了巨大作用;蓝藻爆发能吸取水中大量PN物质,若及时打捞蓝藻就能有效地清洁水体。

1.3.2 危害

蓝藻的生长繁殖过程中会分泌藻毒素,饮用水中藻毒素超标会影响人类健康;蓝藻持续爆发、堆积会产生臭气、黑水,影响水源地供水安全,影响水生动物生存,影响水体环境质量,影响人类居住和风景旅游环境。

1.4 藻水分类

打捞得到的蓝藻水一般统称为藻水。含干物质率一般为:稀藻水0.01%~0.1%,富藻水>0.1%~0.5%,藻浆>0.5%~3%。在实际中,工作人员凭眼睛很难马上精确地判断藻水含藻率,需检测才能确定含藻率。

藻水经脱水处理后的产物为藻泥,其含水率一般为85%~90%。藻泥是近似于固体的产品,用手捏已挤不出水,但蓝藻细胞内还含有大量水。所以,藻水经分离后若要进一步降低藻泥含水率,则需对藻泥再进行第二次脱水或干燥处理(见表4-3-1)。

表4-3-1　藻水的分类

分类名称	解释	含干物质率/%	说明
藻水	藻与水混合体的统称	0.01~3	
稀藻水	藻浓度较低的藻水	0.01~0.1	
富藻水	藻浓度较高的藻水	>0.1~0.5	
藻浆	藻浓度高的藻水	>0.5~3	
1次脱水藻泥	藻水经分离脱水后得到的近似于固体的物质	10~15	用手捏已挤不出水
2次脱水藻泥	连续进行第1、第2次脱水	接近50	
生产生物塑料需要的藻泥	在第1或第2次脱水后进行烘干	85~90	

2　清除蓝藻技术

太湖连年持续发生蓝藻规模爆发和供水危机后,人们思考的问题是如何消除蓝藻爆发或减轻蓝藻爆发对社会、人类的危害。

清除蓝藻技术主要是直接杀死消除蓝藻或抑制蓝藻生长繁殖,其主要技术包括物理、化学、理化、生物(微生物)、生化等或其组合,清除或减少水中蓝藻,降低蓝藻密度,减轻蓝藻爆发程度和减小蓝藻爆发范围,最后达到消除蓝藻爆发的目的。2007年当时的除藻技术有以下几类。

2.1　物理方法除藻

物理方法除藻包括打捞蓝藻、清淤、调水,还包括加压控藻、超声波除藻、遮光技术控藻、絮凝剂将蓝藻沉至水底、覆盖法使底泥中蓝藻与上覆水体隔开等。

2.2　化学方法除藻

化学方法除藻,主要是添加化学剂除藻,即是在水体中加入含有化学成分的添加剂,以达到除藻的目的。分为直接除藻和间接除藻两类:① 直接除藻是通过干扰细胞物质的合成、光合作用和酶的活性,直接抑制蓝藻生长或杀灭蓝藻;② 间接除藻是通过改变蓝藻生境而控制其生长。

化学添加剂的类型有化学杀藻剂和絮凝剂两类:① 化学杀藻剂一般分为氧化型和非氧化型两类,氧化型主要有液氯、次氯酸钠等,非氧化型主要有无机(有机)金属化合物,如硫酸铜等。② 絮凝剂主要是使蓝藻沉入水底,如明矾、石灰、三氯化铁等絮凝藻类。化学除藻行之有效、速度快、操作简便、一次性成本低,但相当一部分如硫酸铜等存在水环境二次污染的重大问题,给生态系统带来较大的负面影响,仅能作为临时性应急措施或作为调整藻类结构的过渡性措施。只有部分安全的添加剂能够用于消除蓝藻的实践中。化学添加剂在除藻过程中一般发生化学和物理双重作用,也称为理化作用,如过碳酸钠、过氧化氢除藻即是如此,而改性黏土、天然矿物质除藻则主要是理化作用。

2.3 生物方法除藻

生物除藻包括微生物、高等植物、高等动物和其他生物除藻。生物除藻主要是利用生物或生物制品,调节水生态系统的结构,抑制蓝藻生长,杀死、沉淀、分解蓝藻等。生物除藻往往包括生化作用。

3 打捞蓝藻的必要性和可能性

3.1 必要性

(1)打捞蓝藻是当时学术界中对直接清除蓝藻唯一没有争议的方法。

2007年8月,中国环境科学院在昆明召开"高原湖泊富营养化治理研讨会",与会专家形成共识:一是治理蓝藻就是治理富营养化,是富营养化湖泊内源治理的重要手段;二是治理蓝藻的方向是机械清除(此为当时的认识)。

(2)打捞蓝藻是落实《太湖水环境综合治理总体方案》。

打捞蓝藻是治理太湖内源、保护太湖水源地的有效措施之一,能削减蓝藻数量,与其他治理措施相配合,能逐步减轻蓝藻爆发问题。打捞蓝藻是贯彻落实国务院批复的《太湖水环境综合治理总体方案》的需要和保护太湖水资源、生态安全的需要,也是贯彻落实《江苏省太湖流域水环境综合治理实施方案》的需要。

(3)打捞蓝藻是治理富营养化的需要。

打捞蓝藻可以清除蓝藻,同时降低湖泊富营养化。蓝藻爆发能增加大量有机质,加大底泥中 P N 的释放率。其中固 N 蓝藻能够增加水体中 N 元素,所以若蓝藻爆发后不予清除,则太湖底泥和水体中会大量增加有机质和污染物。

（4）打捞蓝藻能减轻底泥污染和蓝藻爆发。

蓝藻是原核生物，生命力强，适应性强，即使以后当外源ＮＰ入湖得到基本控制，但由于包括蓝藻的内源的存在，湖泊底泥和水体所含ＮＰ仍能在相当长一段时间内引起蓝藻爆发。所以，必须采取打捞蓝藻措施以减轻底泥污染和蓝藻爆发。

（5）打捞蓝藻是消除规模"湖泛"的重要措施。

打捞蓝藻可消除相当数量的蓝藻，即减少一定程度的有机质以减少"湖泛"的基础物质，同时可避免蓝藻大量堆积腐败造成水体缺氧，引发水体黑臭，所以打捞蓝藻可有利于消除规模"湖泛"。

3.2　可能性

（1）打捞蓝藻在当时清除蓝藻的技术中是最可行的。

当时清除蓝藻的物理、化学、理化、生物（微生物）、生化等技术，如硫酸铜等化学技术有毒害作用，不可行；植物动物等种间竞争技术需时较长，且不能较快解决水面上蓝藻聚集堆积的问题；使用微生物治理蓝藻则存在很大的难以预知的安全性问题，所以暂不能使用；通过清淤清除底泥中的蓝藻、通过调水带走蓝藻同是物理技术，但不具备快速除藻效果；仅有打捞蓝藻这一技术是物理技术，最安全，能较快解决蓝藻在太湖近岸聚集堆积问题，也是众多有决定权的专家均统一认同的技术。所以，打捞蓝藻是当时认为最适宜的清除蓝藻的技术。

（2）蓝藻爆发聚集于下风处为打捞蓝藻提供基本条件。

太湖蓝藻自1990年以来年年爆发，大量蓝藻聚集、堆积在顺风向的湖岸边，为在湖岸有效打捞蓝藻提供了基本条件。

（3）有技术设备和人才。

为应对蓝藻爆发，政府和有关科研单位、大学和有责任心企业共同努力，已研制了可投入实际应用的规模型打捞蓝藻的系列技术设备。如德林海、七〇二所和无锡锦礼公司创造的蓝藻打捞、藻水分离的技术设备等。

中国具有相当多的人才从事打捞蓝藻和藻水分离的研究与试验性示范运行工作，为实施大规模的打捞蓝藻和藻水分离工作创造了必要条件。

（4）有一定的经济实力。

太湖流域经济社会发达，太湖周边城市人均GDP均已超1万美元，有经济实力可大规模地实施蓝藻打捞系列工作。各级政府每年能投入相应资金，这为打捞蓝藻、藻水分离提供了资金基础。

（5）有良好的社会效益。

打捞蓝藻系列工作具有良好的社会效益,可以减轻污染、改善环境、保证水源地供水安全,也有一定的经济效益,为大力推进打捞蓝藻系列工作奠定了基础。

（6）有一个能够接受的成本。

打捞蓝藻系列工作要花费很多资金,经试验,打捞处理蓝藻水的单位成本尚在一个可接受的范围内。

3.3　打捞蓝藻的作用

大规模打捞蓝藻是治理蓝藻爆发非常有效和长期的一项应急性的新措施。蓝藻持续爆发和死亡产生的极大危害与能够富集 NP 的功能同时存在。实施打捞蓝藻预示着太湖治理基本结束了以往1990—2007年太湖越治富营养化程度越高的怪现象,开创了治理富营养化和蓝藻爆发的新阶段。

（1）打捞蓝藻能有效清除蓝藻及其所含 NP 和有机物。

蓝藻爆发有富集 NP 功能,为人们提供一个有效清除蓝藻及其所含 NP 的机会。打捞蓝藻可直接有效地清除水体中蓝藻及其所含 NP 和有机物,明显改善局部水域水质。在蓝藻爆发初期而没有死亡时打捞效果最好。持之以恒地打捞、消除蓝藻,加上其他配套措施,太湖水质能在一定范围内得到一定程度改善。

（2）打捞蓝藻能减轻蓝藻爆发程度。

打捞蓝藻可以直接清除蓝藻,削减蓝藻种源;可削减 NP,一定程度上减慢蓝藻生长繁殖速度;有效地减轻打捞水域蓝藻爆发程度,降低蓝藻在藻类中的比重。

（3）消除蓝藻爆发型"湖泛",保护水源地安全供水。

打捞蓝藻可在有关水域一定程度上降低蓝藻爆发程度,能够基本消除蓝藻持续爆发导致蓝藻大量聚集、堆积于下风处水域的现象,消除该水域蓝藻爆发型规模"湖泛",保护水源地正常供水和安全供水,确保不再发生2007年太湖"5·29"供水危机事件。

（4）改善水生物多样性和水环境。

大量清除蓝藻,可在一定程度上打破夏秋季节湖泊藻类中蓝藻占优势或绝对优势的局面,可改善其他各类水生物生境条件,有利于改善水生物多样性,有利于改善太湖总体水环境。

（5）减少内源底泥污染。

水体中 NP 及部分空气中 N → 蓝藻吸收 → 蓝藻爆发 → 蓝藻死亡 →

回到底泥 → 释放入水(其中相当部分的 N 元素可进入大气),这个循环过程中的 N 是减少的,而有机质是增加的,增加了底泥和水体的污染。所以,打捞蓝藻可在一定程度上减少 N P 和有机质污染,即减少底泥释放 N P 对水体的污染,减缓蓝藻繁殖速度,减轻产生严重"湖泛"的隐患。

4　打捞蓝藻的历史

自国内外众多的湖泊发生富营养化现象以来,其中相当一部分湖泊发生蓝藻爆发,爆发程度越来越严重,爆发规模越来越大。为治理湖泊蓝藻爆发和富营养化问题,早已有专家学者提出打捞蓝藻的方法和进行打捞蓝藻的试验实践。

内贝尔早在 20 世纪 80 年代初就说过,"一次有效打捞可以在好几年内控制蓝藻的爆发,直到湖泊积累到足够的营养为止"。事实上,现今蓝藻爆发程度较 20 世纪 80 年代严重得多,须年年有效打捞、消除蓝藻,其数量须超过一定量才能控制蓝藻爆发程度。

1990年太湖第一次蓝藻规模爆发前,《水资源保护工作手册》(1988年)就提出人工捞藻法;日本在 20 世纪 70—80 年代就使用机械打捞蓝藻和藻水分离,并具一定规模;欧洲国家此后也开始实施此工作;中科院水生生物研究所在1997年于昆明滇池开始机械打捞蓝藻的小试,1999年世博会前推广应用,2001年 4 月至2002年 11 月进行机械打捞蓝藻的规模试验示范,以后每年在滇池外海北岸水域打捞蓝藻水数十万立方米,但藻水未作处理而排入下游河流;1999年 9 月七〇二所试验成功蓝藻打捞船,但由于当时众多客观原因未能投入使用。

无锡市水利局主持编制的《太湖梅梁湖生态清淤工程》(1999 年、2000年)、《无锡市水资源保护和水污染防治规划》(2004年)、《无锡市水生态保护和修复规划》(2006年)、《无锡市水资源综合规划》(2008年)等文件中都提出了机械打捞蓝藻的措施。

2007年太湖"5·29"供水危机后,无锡市政府实施大规模人工打捞蓝藻;2008年 5 月,云南德林海生物科技有限公司在无锡市梅梁湖北部锦园进行机械打捞蓝藻和藻水分离试验,获得成功;2009年在太湖周边城市全面推广"德林海"打捞蓝藻和藻水分离技术(简称"德林海"技术);2010年在太湖试验成功了锦礼藻水磁分离技术和设备,并开始推广。

2007年后治理太湖事实证明,打捞蓝藻在当时治理太湖过程中起到相当大的作用,但仅能作为应急措施,可一定程度减轻富营养化,而不能消除藻爆发,只有更彻底地深度除藻,消除水面水体和水底蓝藻后,才能消除蓝藻爆发和富营养化。

5 打捞蓝藻的技术设备

确定了必须清除聚集堆积于太湖近岸水面上的蓝藻后,就要确定打捞蓝藻的技术设备。

5.1 以蓝藻去向分类

据当时技术可分为:① 打捞蓝藻移出水体,置于岸上处理。② 打捞蓝藻移至处理蓝藻船处理。③ 打捞蓝藻、处理蓝藻一体化工作船。

5.2 择优选择技术设备

(1)择优选择的原则。

① 能最大限度地清除水体中的蓝藻,移出太湖水体,使蓝藻及其所含的NP和有机质不再进入太湖水体。② 有利于进行无害化处置和资源化利用。③ 在全太湖具有可推广性。④ 产生副作用最小。⑤ 打捞效率高,成本相对较低。

(2)择优选择。

根据上述原则,对系列技术设备进行试验,包括打捞蓝藻技术及其他除藻技术。总结试验结果,认为打捞蓝藻技术最为可靠,其他治理蓝藻技术暂不采纳。

根据当时条件决定采用以泵吸式为主的打捞蓝藻设备:① 固定式吸藻平台;② 可移动式吸藻平台;③ 吸藻打捞船;④ 移动式打捞蓝藻和藻水分离联合工作船。

(3)提高打捞蓝藻效率的主要因素。

提高打捞蓝藻效率的因素包括打捞蓝藻设备本身的效率、打捞的外部条件和打捞机制。其中外部条件主要是蓝藻富集程度和气候环境条件,打捞含藻率高的藻水要比打捞含藻率低的效率高数倍至百倍。必须同时研制、选择高效合适的打捞设备、富集拦截蓝藻设施及科学的打捞机制。

5.3 富集和拦截蓝藻设施及作用

(1)富集蓝藻是利用一定形状的围隔等设施或有利地形,引导蓝藻合理流动,使蓝藻富集于有利形状水域内,提高蓝藻的浓度,提高打捞蓝藻效率。

(2)拦截蓝藻是为保护重要水域如水源地和重要风景区,利用围隔等设施或有利地形拦截、阻挡蓝藻,使大量蓝藻不进入重要水域。

(3)富集和拦截蓝藻设施二者可密切结合,效果更好。设施一般分为固定式和可移动式两类。若利用水域有利形状设置围隔可得到更好效果。

6　打捞蓝藻的环境条件

打捞蓝藻量与气象、水文条件密切相系,主要是水温、水流、天气、风等。

6.1　气象、水文条件

在水温 25~34 ℃的晴天,蓝藻生长最快,打捞蓝藻最多;在顺风向的湖湾或凹岸处,蓝藻大量聚集、堆积,打捞蓝藻最多;长时间连续阴雨天,打捞蓝藻少;主要是打捞表层蓝藻。

6.2　打捞蓝藻的时间和水域

(1)全年打捞蓝藻开始时间一般为 4 月下旬至 5 月,此时水温一般≥20 ℃;打捞结束时间一般为 11 月至 12 月上半月,其中有时水温虽低于18 ℃,但此时是打捞蓝藻收尾期,仍有一定的蓝藻打捞量。但近年打捞蓝藻开始的时间有所提前,在 3 月就可能开始打捞。

(2)打捞蓝藻量较高的 5—11 月,此时水温在 20~32 ℃;全年打捞蓝藻时长为 180~250 d,个别年份可达 300 d。

(3)打捞量最多的水域为梅梁湖、贡湖、西部沿岸水域、竺山湖。这些水域打捞量占太湖打捞总量的绝大部分。

(4)打捞量主要由风向和水流方向确定。目前主要是沿岸定点打捞,所以决定打捞量的主要是风向及水流,如东南风、南风及东风时,蓝藻顺风向移动,大量漂浮向太湖北部水域的梅梁湖、贡湖、竺山湖,部分漂浮向太湖西部沿岸水域。

6.3　藻水浓度

藻水浓度决定打捞时间和地点。① 机械打捞藻水浓度含藻率为0.1%~1%。② 人工打捞藻水含藻率为0.4%~3%。2008年起机械打捞的比例逐渐增大,人工打捞藻水比例降低,仅用于机械无法作业的芦苇丛或浅水区域。

7　打捞蓝藻的基本状况

7.1　由人工打捞至机械打捞

2007年"5·29"供水危机后,因当时还未研究出合适的打捞蓝藻设备,所以全部为人工打捞,参与人工打捞的人员有 2 万人,人工打捞是在船上,人工用勺子等工具或网(网眼很细)打捞,藻水置于船内,再运走。2008年开始用机械打捞,主要用水泵吸取藻水,逐渐用机械打捞替代了人工打捞,机械打捞藻水的比例越来越大,而人工打捞藻水的比例越来越小,人工打捞仅用于机械无法作业的芦苇丛或浅水区等水域。2020年有打捞运输设备145台(艘),生产人员400~1 400人,平均923人。2020年参与打捞蓝藻、藻水分离的生产人员仅为2007年人工打捞时的5%左右。

7.2 打捞蓝藻水数量

随着使用机械打捞蓝藻水的设备越来越多、设备越来越好、经验越来越丰富,打捞量也越来越多。

2007—2020年太湖共打捞蓝藻水2 002万 m^3。其中无锡市1 660万 m^3,占83%。从无锡市打捞蓝藻水和水草统计(见表4-3-2)中可以看出,无锡市的年打捞蓝藻水量一年比一年多,2007年打捞蓝藻时间为半年,打捞量由2008年的49.5万 m^3增加至2020年的169.8万 m^3,为3.43倍。其中最多的为2017年的214.9万 m^3。

表 4-3-2　无锡市打捞蓝藻水和水草统计　　　　单位:万 t

年份	打捞蓝藻水	打捞水草	产出藻泥	削减 P	削减 N	削减有机质
2007	32.5					
2008	49.5					
2009	56.9		0.8			
2010	78.2		1.9			
2011	99.8		2.4			
2012	116.7		3.9			
2013	132.6	4.9	6.0			
2014	105.7	4.9	5.7			
2015	150.6	7.3	8.9			
2016	141.7	7.7	7.1			
2017	214.9	8.9	13.0			
2018	164.3	7.4	8.7			
2019	147.0	4.2	9.8			
2020	169.8	6.3	8.6			
合计	1 660.2	51.6	76.8	0.056	0.556	6.36

注:1.2007年打捞蓝藻仅半年。

　　2.削减 P N 和有机质中不含打捞水草的削减数量。

　　3.数据来源于无锡市蓝藻办。

8　打捞蓝藻的效益分析

8.1 打捞蓝藻效益

总体上,打捞蓝藻在这一阶段起到了较好的改善水源地水质和改善沿岸水域水环境的作用,起到了其他措施不能替代的作用。

(1)消除水源地"湖泛"保证供水安全。

由于年年打捞蓝藻,消除了蓝藻在水源地附近水域的聚集、堆积,配合其他的治理措施,消除水源地"湖泛",保证了供水安全。

(2)消除蓝藻爆发堆积死亡的不良感觉,改善环境。

打捞蓝藻主要是在太湖沿岸打捞聚集、堆积于水面的蓝藻,消除了人们对蓝藻堆积死亡产生臭味等不良的视觉和嗅觉效果,有利于改善水环境、人居环境和风景旅游环境。

(3)减少太湖 P N 和蓝藻数量。

减少太湖 P N 和蓝藻数量。2007—2020年打捞藻水2 002万 m^3,可产出藻泥77 万 t 。其中,藻泥含水率以 87%计,蓝藻干物质含量以 P 0.68%、N 6.7%、有机质76.7%计,打捞的全部藻水相当于清除 P 0.068万 t、N 0.67万 t、有机质7.7万 t。

(4)节约自来水制水成本。

若水源地发生"湖泛",则自来水厂需要增加处理费用数倍,而且达不到自来水的质量要求。

8.2　打捞蓝藻存在的问题

(1)打捞蓝藻是应急措施。仅打捞水面上的临时聚集、堆积的蓝藻。

(2)打捞蓝藻能力较低。年打捞蓝藻数量仅为太湖蓝藻年生成量的2%～4%,此措施无法消除蓝藻爆发。

(3)打捞蓝藻不能有效遏制藻密度升高的势头。有时候甚至在客观上升高藻密度,即客观上产生蓝藻越打捞越多的怪现象。如根据太湖局资料,2009—2020年太湖藻密度从1 447万个/L 增加至9 200万个/L,为6.3倍。其中太湖湖心水域同期升高19.18倍,其藻密度大幅升高带动全太湖中下游水域大面积升高,原无蓝藻爆发的东太湖、东部沿岸水域均发生小规模蓝藻爆发。这不能认为打捞蓝藻直接升高了藻密度,而是此阶段由于生境适合致使蓝藻的增殖速度太快,使打捞蓝藻的速度赶不上蓝藻增殖的速度。

8.3　小结

(1)要改变现有打捞蓝藻技术。将现有仅在蓝藻爆发期间打捞水面蓝藻措施改变为全年打捞水面水体和水底蓝藻。

(2)打捞、消除蓝藻应成为长期措施。要使打捞蓝藻这一应急措施转变为打捞、消除蓝藻的长期措施,直至消除蓝藻爆发。要从思想上和技术上进行必要的调整,使其对于目前蓝藻年年持续爆发起到有效的扼制作用,配合其他相关治理技术加快推进消除蓝藻爆发的进程。

9 藻水分离现状

2007年打捞蓝藻后,面临打捞蓝藻难以继续实施的大问题,即蓝藻打捞上岸后,平均每年百万立方米的藻水需相当多池塘等存放场地,流域土地紧缺,怎么办? 最好解决办法是藻水分离,减少体积。

9.1 藻水分离的必要性

① 藻水分离减少体积,可减少存放场地。② 减少运费。据计算,$1 m^3$藻水的运输费用为63元。每年打捞藻水量100万 m^3计,需要6 300万元运输费用。③ 减轻藻水的二次污染。可减少或消除藻水对环境的二次污染,包括产生臭味和有毒气体的污染;藻水下渗对地下水造成严重污染,对周围水体的严重二次污染。④ 蓝藻资源化利用必须实施藻水分离,否则含水率过高,无法进行资源化利用。

9.2 藻水分离的可能性

① 充分认识到藻水分离的必要性。② 已有藻水分离的人才和技术。③ 已有藻水分离的设备。

9.3 藻水分离技术设备分类

(1)藻水分离技术及其共同点。蓝藻是水体中悬浮物,所以藻水分离技术的共同点是根据藻类可上浮的特性,利用分离悬浮物的技术使藻类与水进行分离,达到脱水目的。藻水分离常用技术有气浮法、混凝法、离心法、压滤法、磁分离法、过滤法、热水碳化技术。可对这些技术进行综合使用,以提高藻水分离效果,降低藻泥含水率。

(2)藻水分离设备。藻水分离设备主要可分为固定式、移动式两类。

(3)藻泥含水率。现打捞藻水的含水率平均为0.5%;藻水经一次分离得到产品藻泥的含水率为85%~90%,平均87%;若经2次处理可达到50%左右,如江苏中星环保的热水碳化技术;若经烘干可达到10%~15%。

9.4 藻水分离的基本状况

2007—2008年,打捞蓝藻后的藻水一般均存放在堆放场地,包括沿湖、平地或山间的池塘、洼地、山谷、废水库等,后由于堆放场地均堆满藻水,难以再找到新堆放场地,就成为继续打捞蓝藻的瓶颈,使打捞蓝藻工作难以继续进行。

2009年起开始实施藻水分离,逐步做到当年蓝藻水当年分离,由于在7—9月打捞藻水的盛期,无法做到当日打捞当日分离,于是又建设相当多的藻水蓄存池,夏天分离不完的藻水于10—12月分离。

无锡市承担了太湖主要的蓝藻打捞和藻水分离任务。2020年无锡市共建有14座藻水分离站,藻水分离能力5.44万 t/d,其中采用德林海混凝气浮–离心分离技术的为4.34万 t/d,采用锦礼公司的混凝–磁分离技术的为0.8万 t/d,采用絮凝叠螺技术(符渎港)的为0.3万 t/d。2009年开始藻水分离,年产藻泥不足1万 t,后逐年增加,其中2017年最多为13万 t(见表4-3-3)。

表4-3-3　藻水分离设备的规模划分　　　　　单位:m^3/d

分类	小型	中型	较大型	大型
日处理能力	≤1 000	≥1 000 <5 000	≥5 000 <10 000	≥10 000 <50 000

藻水分离后藻泥实际含水率,以往藻泥的含水率一般为85%~90%。其间为向美国生产生物塑料公司提供低含水率藻泥,曾采用加热烘干法使含水率达到12%,但成本高。现有江苏中星环保发明了热水碳化技术,使含水率达到50%,成本很低,基本不需外加热源,可利用蓝藻本身具有的热能量。

9.5　藻水分离的效果

(1)总体效果良好:① 不再需要占用存放场地。② 降低运输费用。据计算,1 m^3 藻水的运输费用为63元,藻水分离后的体积为原来的1/26,即为3.8%。年打捞藻水100万 m^3 计,原需运费6 300万元,可节省96.2%。③ 消除藻水二次污染。

(2)存在问题:① 耗费较多资金。藻水分离及藻泥运输费用,一年合计需要投入3 000多万元。② 建造的藻水蓄存池降低了藻水分离后余水的质量。

10　蓝藻的资源化利用

每年打捞蓝藻水100多万 m^3,藻水分离产生含水率87%的藻泥10万 t。蓝藻含有许多可利用物质:P、N、有机质、叶绿素、诸多微量元素等,均可利用。

(1)作为热源。与其他燃料混合,可发电、供热。如无锡市惠联热电厂用含水率85%~90%的蓝藻泥作为燃料,2018年开始持续运行至今。

(2)生产沼气。利用藻水分离后含水率85%~90%的藻泥进行微生物发酵产生沼气、沼肥、沼渣。沼气作为燃料;沼肥为液体,沼渣为固体,可直接作为农田、植被的肥料,也可制成颗粒肥用于花圃、苗圃、绿地。如南洋农畜业有限公司所属规模养猪场与江南大学合作,在2007—2009年建成蓝藻与猪粪尿混合沼气发电厂;无锡市唯琼生态农业集团与江苏省农业科学院农业资源与环境研究所于2008年10月联合建成纯藻泥沼气发电厂。

（3）生产有机肥。无锡天仁生物科技有限公司于2010年7月建成以蓝藻为主要原料的有机肥厂,生产有机肥能力3万t/a,公司持续运行了4年多。

（4）生产生物塑料。利用藻泥中有机质生产可以降解的生物塑料。但其要求藻泥含水率达到12%。如德林海公司给美国生物塑料公司供应含水率12%的干藻泥饼,订了一次供货合同。

（5）提炼石油。利用藻泥中有机质提炼石油。试验成功,但未投入生产。

（6）提炼叶绿素。利用藻泥中叶绿素提炼叶绿素。试验成功,但未投入生产。

（7）资源化利用中存在的问题主要是难以进行商业化运作,没有政府补贴就不能持久生产。

11 开启治理太湖、消除蓝藻爆发的新进程

2007年开始打捞蓝藻标志着治理太湖蓝藻的开始,至2020年可作为第一阶段,此为良好开端,取得相当大的成效,但尚无法解决太湖蓝藻密度持续增加、高位运行和蓝藻年年持续爆发的问题,应开启治理太湖、消除蓝藻爆发的新阶段。改变以往仅在蓝藻爆发期间打捞水面蓝藻的习惯为全年实施消除水面水体和水底蓝藻的策略,使蓝藻密度小于蓝藻爆发的起始水平,以终结太湖蓝藻年年持续爆发的现象。

国家发改委《关于加强长江经济带重要湖泊保护和治理的指导意见》(发改地区〔2021〕1617号文)中提出,到2035年,长江经济带重要湖泊保护治理成效与人民群众对优美湖泊生态环境的需要相适应,基本达成与美丽中国目标相适应的湖泊保护治理水平。其中人民群众对优美湖泊生态环境的需要必然是没有蓝藻爆发。

能够全年深入消除蓝藻的最佳技术为水土蓝藻三位一体化共治技术(简称水土蓝藻共治技术)。主要有:① 金刚石碳纳米电子水土蓝藻共治技术;② 复合式区域活水提质水土蓝藻共治技术;③ TWC生物蜡净水清淤除藻技术;④ 光量子载体净水清淤除藻技术;⑤ 固化微生物净水清淤除藻技术;⑥ 光催化网分解蓝藻净水清淤技术等。也可采用高压除藻、湖卫氧(原料为过酸碳钠)除藻等技术与其他净化水体和底泥技术组合的技术。根据太湖各水域具体情况择优选用上述诸技术。

采取水土蓝藻共治技术可同时消除蓝藻、消除水体和底泥污染,节省打捞蓝藻和藻水分离费用,加快消除蓝藻爆发进程。

12　结论

（1）打捞蓝藻效益和问题并存。

打捞蓝藻有较好效益，可在一定程度上削减蓝藻数量，消除蓝藻在下风处的集聚现象，消除蓝藻爆发对人们产生的不良感觉效果，减轻富营养化程度，配合其他措施有效消除"湖泛"型供水危机；但存在的问题是：削减蓝藻速度慢、效率低，只能消除太湖蓝藻的 2%~4%。

（2）打捞蓝藻不能消除蓝藻爆发。

打捞蓝藻十多年，效果较大，但仅此治理技术难以解决蓝藻密度持续增长和高位运行的问题，无法解决蓝藻年年持续爆发的难题，被有些人戏称为"蓝藻越打捞越多"的怪现象。

（3）需要改进治理蓝藻的技术方法。

大规模打捞、消除蓝藻是治理太湖重要的长期措施，直至消除蓝藻爆发。但须改变以往仅在蓝藻爆发期间打捞水面蓝藻的习惯为全年实施分水域消除水面水体和水底蓝藻的策略，有效彻底清除以蓝藻为主的内源，并与治理富营养化和生态修复等措施密切结合，尽快解决蓝藻年年持续爆发的难题。

13　展望

太湖治理蓝藻从人工打捞蓝藻始，发展为机械打捞，以后将逐步发展为采用三位一体水土蓝藻共治技术，加快治理蓝藻，加快消除太湖蓝藻爆发进程，在2030年起分水域建成满足"人民群众对优美湖泊生态环境需要"的无蓝藻爆发的太湖，建设健康的良性循环的太湖生态系统，建设永远美丽的太湖。

四、生态修复对蓝藻爆发的影响

1　河湖湿地水生态系统保护修复的概念

1.1　河湖湿地

2021年12月24日通过，自2022年6月1日起施行的《中华人民共和国湿地保护法》中对湿地的定义是，具有显著生态功能的自然或者人工的、常年或者季节性积水地带、水域,包括低潮时水深不超过 6 m 的海域,但是水田以及用于养殖的人工水域和滩涂除外。

1971年2月2日《湿地公约》对湿地的定义为:不问其为天然或人工、长久或暂时的沼泽地、泥炭地或水域地带,或静止或流动,或为淡水、半咸水、咸水水体者,包括低潮时水深不超过 6 m 的水域。

实际上此为广义湿地的概念,即一般指河湖全部水域(包含水位变幅部分),包括永久性或季节性的浅水型淡水或咸水湖泊。太湖全部水域均应是湿地。

狭义湿地一般仅指河湖生长有一定密度的植物等生物的水域,如太湖沿湖岸附近或湖湾、湖中心生长植物等生物的水域。文中湿地均指狭义湿地。太湖湿地是太湖生态系统构成的最主要部分。

恢复湿地能够起到净化水体、固定底泥、减少污染物释放、丰富生物多样性、抑制蓝藻等作用,特别是在太湖基本消除蓝藻爆发后确保太湖不再发生蓝藻爆发的基本措施之一。

1.2 水生态系统

水生态系统是指在涉水范围内各种生物及其载体或环境相互作用、相互依赖所形成的一个综合性系统,其范围包括永久水域和水位变幅部分,以及对地表或地下水有一定影响的范围。水生态系统也是指由生物群落及其周围环境所组成的具有一定结构和功能,并有一定自我调节能力相对稳定的综合性系统。

太湖生态系统包括太湖湖体及其周围一定范围相关联的陆域、河湖的水体(含地表水和地下水)、底泥及其生物。生态系统包括生物群体和生境两部分。

1.2.1 生物

生物包括生产者、消费者、分解者三类:

(1)生产者,包括原核生物蓝藻和真核生物藻类及大型水生植物,其中藻类有浮游藻类与固着藻类之分。

(2)消费者,包括初级消费者和消费者。其中初级消费者有浮游动物、底栖动物;消费者,指一般鱼类或凶猛性鱼类,其中鲤、鲫为底栖鱼类,以底栖无脊椎动物、水草为食,鳊鱼等以水草及绿藻为主食,青鱼以食螺类为主;鲢、鳙则分别摄食藻类和浮游动物。

(3)分解者,即分解、利用动植物残骸的细菌、真菌、病毒之类的好氧或厌氧微生物。

1.2.2　生境

生境主要包括三类：

（1）水、基质、介质、岩土、空气等，其中水包括水体、地面径流、水面蒸发，并包括入湖出湖河道。

（2）天气、降雨、光照、气温水温、风等气候因素。

（3）物质代谢原料，无机盐、腐殖质、氧气、氮气等。

1.2.3　生态系统

生态系统包含生物多样性和生态系统多样性。

1992年5月22日，《生物多样性公约》于内罗毕讨论通过。生物多样性指生物及其生存环境所形成的生态复合体以及与此相关的各种生态过程之总和。生物多样性应包括生物物种的多样性、遗传的多样性和生态系统的多样性。受到水污染发生富营养化特别是发生蓝藻爆发导致水生态系统严重损毁湖泊的水生态修复的主要目的是恢复生物多样性，特别是恢复物种的多样性，大量削减蓝藻这一单一物种。

生物多样性一般包括藻类（蓝藻和其他藻类）、植物、动物（浮游动物、底栖动物、鱼类）和微生物等生物的多样性。每个湖泊均应有一个结构合理的生物多样性丰富的生态系统。

1.3　生物分类和作用

1.3.1　生物分类

生物一般分为界、门、纲、目、科、属、种7个层次。其中生物三界系统分类学说中，生物分为植物、动物、微生物三类。至于蓝藻，在生物三界学说中归为植物界水生植物中的浮游植物，而在生物六界学说中把其归为蓝藻界，作为单独一界生物，不归入浮游植物。

1.3.2　水生植物作用

植物界中的水生植物，主要包括挺水、湿生、沉水、浮叶、漂浮5类植物，其中也有把浮叶、漂浮称为浮水植物或水面植物；水生植物也可包括浮游植物藻类。其中湿生植物与挺水植物有相似之处，也有不同之处，湿生植物在水中或潮湿陆地上均能生存，而大部分挺水植物不能持久生存在陆地上。水生植物作用如下：

（1）总体上植物具有净化水体和抑制、消除蓝藻作用。

（2）吸收NP。

（3）减小风浪，促进悬浮物沉淀，固定底泥，减少底泥释放污染物。

（4）绿色植物均有光合作用，可增加氧气，特别是维管束植物具有很强的输氧功能,利于净化水体。

（5）大片的芦苇湿地能一定程度有效抑制蓝藻生长繁殖。

（6）相当多植物能产生化感物质抑制蓝藻生长。

（7）以水生植物为主的大片湿地是各类水生或非水生动物的生长繁殖栖息地。

（8）植物是微生物附着的载体,有助于净化水体和抑制蓝藻生长繁殖。

1.3.3　主要水生植物的分类和作用

（1）沉水植物。整体位于水下,通过捕获悬浮物、促进颗粒态磷沉淀、根叶吸收底泥和水体中 P N 等营养物质、根际微生物加速反硝化作用、释放化感物质抑制藻类生长、提高水体溶解氧和透明度、为浮游动物提供庇护、优化鱼类种群结构等途径,推动湖泊生态系统向着健康状态转变,是具有最佳水质改善效果的水生植物类群落。

（2）漂浮植物。通过根系吸收和拦截、根际微生物作用、化感作用、遮光、减少风力作用,促进颗粒沉降、抑制藻类生长。狭义上的漂浮植物是指包括根、茎、叶等整个植物体漂浮在水体上层的一类浮水植物。相当多的人把蓝藻、藻类也称为浮游植物。

（3）浮叶植物。作用与漂浮植物相仿。只是其根生长于底质之中。

（4）挺水植物。能为其他水生植物的生存创造条件,能为水生动物提供栖息环境,通过固定底泥、吸收营养物质、阻挡风浪等功能,对于控制湖泊内源污染、维持水体健康具有重要意义。通常,修复以芦苇等挺水植物为主的带宽幅度超过 50~100 m 可以基本满足大中型湖泊阻挡风浪的功能并具有相当强的净化水体的功能。

（5）湿生植物。作用与挺水植物相似。只是其在水中或无水的湿地上均能生长。

1.3.4　水生动物作用

水生动物包括:① 浮游动物,由原生动物、轮虫、枝角类和桡足类组成;② 底栖动物,通常包括水生寡毛类、河蚬贝类等软体动物,水生昆虫及其幼虫;③ 鱼类等高等动物。其作用有吸收、消除 P N 等污染物质,有部分动物如鲢鱼、鳙鱼、银鱼和底栖动物等可滤食蓝藻。

1.3.5　微生物作用

微生物是水生态系统中数量极其庞大的一类生物群落,既是分解者,把有机质分解成为生物可直接利用的营养物质;又是生产者,为消费者提供充足的物质。

一般把微生物分为有益微生物与无益(或有害)微生物两类。应该充分利用有益微生物分解有毒有害物质,抑制、杀死蓝藻,削减水中有害微生物。

1.3.6　蓝藻作用

蓝藻具有吸收水体中 P N 的作用,若及时打捞新鲜的蓝藻就可以削减 P N,提升水质;但若不能及时打捞蓝藻,则会严重污染水体,甚至造成2007年那样的蓝藻爆发"湖泛"型供水危机。

1.4　水生态系统保护修复

水生态系统保护(简称生态保护),简单地说就是对现有良好的水生态系统实行保护,包括保护湿地面积、生物多样性、良好水质和底泥等。

水生态系统修复(简称生态修复),简单地说就是修复生态系统存在的水污染、富营养化、生态退化、蓝藻爆发和"湖泛"等诸多生态环境问题,恢复生态系统良性循环。客观地说,太湖基本恢复至 20 世纪 70 年代的生态水平就很好,个别区域也许能恢复得更好。

生态修复的主要内容如下:治理水污染、消除富营养化、改善水质和底质;消除蓝藻爆发;修复退化的以植物为主的生物系统,包括恢复湿地面积和修复生物多样性。

太湖生态修复应人工措施修复(治理)与自然能力修复相结合,人工修复促进自然修复。

2　太湖生态系统损毁及修复

2.1　太湖生态系统受损

太湖以往有良好的生态系统和丰富的湿地资源,水体清洁、湿地众多、动植物和藻类多样性丰富,是一个健康美丽的太湖。20 世纪 70—80 年代太湖生态系统开始受损,且受损程度日益严重。

2.1.1　生态系统受损

20 世纪 80—90 年代起太湖生态系统和湿地(统称生态系统)在水质、底泥、湿地、生物多样性等各方面均开始受到损害,且受损程度日益严重。

(1) 太湖湿地面积减少。从新中国成立初的超过 650 km² 缩减至 400 km²,减少 250 km² 以上,致使植物覆盖率减少。太湖湿地受损是从 20 世纪 70—80 年代的水污染开始的,各水域的沉水植物先后受损,其中五里湖沉水植物在 80 年代首先受损,其次梅梁湖、贡湖在 90 年代受损,竺山湖在 90 年代至 21 世纪初受损,受损特别严重的水域几乎看不见沉水植物。

(2) 东太湖的围网养鱼。使东太湖沉水植物在 21 世纪初受损,受损面积超过 60 km²。

（3）芦苇湿地围垦受损。20 世纪 80—90 年代围垦，太湖东部、西部和北部沿岸浅滩芦苇湿地大量减少，其中减少最多的是太湖西部沿岸湿地，减少 70~80 km²。

（4）1990年起蓝藻年年持续爆发。年最大爆发面积从 100 多 km² 发展至最多的1 400 km²。

（5）以蓝藻为主的藻密度持续升高。太湖年均藻密度自2009年的1 447万个/L升高至2000年的9 200万个/L，升高6.36倍。太湖湖心藻密度升高至19.18倍。

（6）太湖水质恶化。年均水质从以往的 Ⅱ～Ⅲ 类升高至 21 世纪初的 Ⅴ～劣 Ⅴ 类。其中 TN、TP 最高分别为3.54 mg/L（劣 Ⅴ 类）、0.096 mg/L（Ⅳ 类）。

（7）生物多样性减少。包括植物、动物和藻类的多样性明显减少。相当多的生物物种消失，食物链断裂。

2.1.2　生态系统受损原因

（1）外源入湖增多。从 20 世纪 80 年代起，乡镇企业大发展，污染负荷排放量日益增加，生活污水由农田肥料变为污水排放进入河湖水体。

（2）内源增多。在改革开放以前，农民种地需要年年人工罱泥，作为庄稼生长的优质肥料。因此，进入太湖的污染物几乎能够及时得到人工清除。后由于社会经济持续发展，复合肥供应充足，河泥等传统的肥料失去了往日的吸引力。而且底泥中重金属、有毒有害物质增多，以至于无人去罱泥，所以不再实行人工罱泥，于是受污染的淤泥越积越多。

（3）蓝藻年年持续爆发。20 世纪 90 年代太湖蓝藻开始爆发，并且规模日益扩大，蓝藻成为太湖中主要甚至是绝对优势的生物种群，其结果是藻类多样性明显减弱，增加水体的污染负荷。

（4）底泥污染加重。由于没有进行人工或机械的清淤工作，以及蓝藻持续年年爆发，使底泥淤积增加和污染加重。

（5）富营养化程度严重。由于外源内源增多，至 20 世纪 90 年代起太湖逐渐开始富营养化，且富营养化程度日益严重，透明度降低，沉水植物群落大量死亡。如竺山湖、五里湖和梅梁湖的沉水植物均是在 20 世纪 90 年代至 21 世纪初这一阶段消亡的。

（6）人工围垦及建成可全封闭水域。由于 20 世纪 60—70 年代的困难形势，大量围垦沿湖芦苇滩地发展种植业、水产养殖业及发展城市村镇建设，致使沿湖芦苇湿地大片消失，全太湖被围垦 160 km² 以上，其中太湖西部沿湖芦苇滩地被围垦至消失 80 km^2。特别是建设环湖大堤及把太湖建成为可全封闭水域,最低水位升高 1 m 多,使湿地大量减少。

(7)过度围网养殖。如东太湖围网养殖和鱼池养殖水产的面积超过 40 km^2,鱼类大量食草,使水草、沉水植物无法生长。

2.2　生态修复

2.2.1　生态修复措施

(1)实施"零点行动"。以1998年12月31日实施的"零点行动"为代表,使太湖水污染恶化的总体趋势得到暂时扼制。

(2)调整水质标准。《地面水环境质量标准》(GB 3838—83)经1988年、1999年二次修订后,在2002年修订为《地表水环境质量标准》(GB 3838—2002),提高和完善了治理标准。

(3)同时治理点源面源。措施包括:有计划治理工业点源,建设了一批规模城镇污水处理厂,禁止日常生活使用有磷洗衣粉(剂)。

(4)实行建闸控污。太湖中游入湖河道直湖港、梁溪河、大溪港、小溪港等河道的建闸控污工程,使河道污水不入湖或少入湖。

(5)实施调水。望虞河"引江济太"调水入湖和梅梁湖泵站调水出湖,二者合计调水 215 亿 m^3。

(6)实施生态清淤。2007—2020年清除污染的底泥4 200万 m^3。

(7)实施打捞蓝藻。2007—2020年打捞蓝藻水2 002万 m^3。

(8)进行生态修复试验和示范。太湖及其周围进行多次生态修复试验和示范。

2.2.2　生态修复总体效果

(1)太湖水质总体有所改善、富营养化程度有所减轻。太湖年平均水质从21世纪初的劣Ⅴ类改善为2020年的Ⅳ类,其中 TN 由2007年的2.35 mg/L改善为2020年的1.48 mg/L,削减37 %。营养程度由中富营养化(相当大一部分为重富营养化)改善为轻度富营养。

(2)湿地面积增加。由于有效推进生态修复,太湖水域增加人工湿地面积 50~60 km^2,近几年太湖湿地总面积在 300~350 km^2,其中沉水植物面积 200~250 km^2。

(3)建设湿地保护区和水利风景区。如:建设苏州太湖、无锡梅梁湖、无锡五里湖、无锡长广溪、无锡梁鸿、宜兴横山、杭州西溪等国家级(省级)城市湿地公园或水利风景区,起到了改善太湖及周围河湖水质、人居环境、风景旅游环境的作用。

（4）减轻底泥污染。

由于实施生态清淤4 200万 m^3 和打捞蓝藻水2 002万 m^3，清除了水体和底泥中相当多的蓝藻、P、N、有机质等污染物，减轻了底泥污染。

（5）生物多样性有所增加。

由于水质有所改善，湿地有所增加，所以生物多样性有所增加。

2.3　水生态修复存在的问题

生态修复存在的问题包括水体、底泥、湿地和生物等方面。

（1）蓝藻爆发程度严重。

太湖自1990年蓝藻初次规模爆发的 30 多年以来，蓝藻爆发程度虽高低起伏，但总体是年年持续爆发。其中主要指标藻密度呈持续上升趋势，湖中心的藻密度2020年较2009年上升近 20 倍（2009年以前无此方面数据）。直至2020年开始才进入下降阶段。藻密度持续升高致使蓝藻成为太湖的优势种或绝对优势种，使藻类的生物多样性严重受损。

（2）存在"湖泛"及其潜在危险。

太湖从 20 世纪 90 年代起梅梁湖水源地发生多次蓝藻爆发"湖泛"型供水危机，在2007年贡湖水源地发生最严重的此类供水危机。其后经治理取得相当大的成效，消除水源地此类供水危机。但在竺山湖、梅梁湖和贡湖的部分水域仍存在"湖泛"或发生"湖泛"的潜在危险。

（3）人工恢复湿地面积程度有限。

太湖由于围垦、水污染、蓝藻爆发、水位上升等原因，生物系统退化、湿地消退、生物多样性减少。其中，太湖湿地由 20 世纪 50 年代的 650 km^2 减少了250 km^2 以上，2007年后开始修复湿地，其恢复面积 60~70 km^2。其中，东太湖退鱼池还湖 37 km^2，苏州三山修复芦苇湿地 3 km^2，五里湖退鱼池还湖 2 km^2，贡湖、梅梁湖和西部沿岸修复部分湿地。

（4）生态修复项目的长期效果普遍不佳。

多年来实施的众多生态修复试验示范项目，长期良好保存下来的有限。如部分基金项目、地方政府自办项目验收合格后，由于缺乏资金和长效管护机制而逐步废弃。如"863"项目太湖的西五里湖 1 km^2 的生态修复项目，其沉水植物在2005年结束试验 1~2 年后则全部死亡；"863"项目太湖的梅梁湖 7 km^2 的生态修复水域，其植物在2005年结束试验 1~2 年后几乎全部消亡。项目的建设、设计、实施及管理单位缺乏建设健康生态系统的认识，仅满足于验收时的短期效果，未在机制上把人工水生态修复纳入陆地绿化一样的管护。以后此类现象有所改善。

（5）生态修复价格高。

生态修复的价格一般均较高，有些要超过 200 元/m^2，高单价无法实施大面积推广，使千百次宝贵的生态修复经验大多只能停留在试验示范或小范围上，无法大面积推广。

（6）总结经验教训和技术集成不够。

太湖相当多湿地已修复 6~10 年或更长时间，管护良好，水体清澈和水草茂盛。如太湖的东太湖和五里湖等湿地生态修复水域均保存良好。也有竣工验收后不久就消失的项目，如五里湖和梅梁湖2005年的生态修复。应认真总结太湖和全国生态修复经验教训，认真总结生态修复的技术集成经验。

（7）存在的思想认识问题。

有些人满足于现有治理富营养化和生态修复取得的成绩，缺乏深入修复河湖生态的信心，认为治好湖泊蓝藻爆发和恢复以往植被覆盖率难以做到，如"三湖"的多个水环境综合治理规划或方案中均无生态修复恢复湿地的目标。

3　太湖生态修复案例

太湖修复生态恢复湿地大大小小的案例很多，现将有限调查所得的案例分水域按时间叙述如下。

3.1　五里湖生态修复试验

五里湖（蠡湖，现8.5 km^2）在2002—2005年已全面实施清淤、退鱼还湖、建闸挡污和生态修复等措施，其间进行多次生态修复试验，修复结束时均是成功的，有部分修复成果保留下来。总体上五里湖成功进行了修复生态恢复湿地，效果良好，水质从劣Ⅴ类提升为Ⅳ类，且保持至今，基本不发生蓝藻爆发，成为国家级湿地公园。但其植被覆盖率仍不高，仅 15%~20%，未达到水功能区目标的Ⅲ类水标准。

3.1.1　五里湖中桥水厂取水口生态修复试验

中国科学院南京地理湖泊研究所濮倍民研究员领导的净化中桥水厂水源地水质的生态修复试验，在1994—1995年实施。该项目采用物理-生态联合净化工程，目的主要是有效改善水源地水质。试验面积2 000 m^2，设有围隔。建造了由漂浮、浮叶、沉水植物各为优势的多块群落镶嵌组合的水生植物修复试验，也包括生藻类和软体动物及若干物理措施的试验。效果良好：NH_3-N由 7~8 mg/L 改善为 1~2 mg/L，下降66.7%；藻类叶绿素 a 下降57.7%，藻类密度下降 2~3 个数量级；TN 下降 60%。试验期间很好地改善了中桥水厂水源水质。但此次试验结束后生态修复工程未继续下去。

3.1.2　五里湖湖滨饭店南侧生态修复试验

该试验工程是利用浮床陆生植物直接净化富营养化水体。试验于1999—2000年进行,此时为五里湖水污染最严重时期。该项目由陈荷生教授、宋祥甫研究员等领导的团队实施。试验在围隔内进行,试验水域总面积为3 600 m^2,分成4块试验区。其中3块试种旱伞草、美人蕉和蕹菜等3种陆生植物,植物覆盖率分别为15%、30%和45%,另一块为对比区。试验期间改善水质效果良好,其中45%处理区已由劣Ⅴ类改善为Ⅴ类,其中TN从2.99 mg/L改善为1.95 mg/L,透明度从46.9 cm提高到165.1 cm,叶绿素a削减77%。这说明试验期间虽然植物吸除大量TN,但由于外来TN很多及底泥释放,仍达不到Ⅳ类水标准。试验结束后未继续进行下去。

3.1.3　西五里湖生态修复试验工程

2003—2005年国家科技部治理太湖水污染重大水专项在西五里湖里实施了生态重建工程,由年跃刚研究员领导的团队实施。试验区为全封闭水域,分区进行生态修复,每个分区均设围隔,生态修复总面积为1 km^2。主要人工种植挺水、沉水、浮叶、漂浮植物和设置生态浮床,其中包括立体浮床;同时养殖鱼类和贝壳类。采用"控制污染源、生境改善、生态重建、稳态调控"4项措施,试验期间效果良好。2005年,试验区水质较对比区NH$_3$-N、TN、TP分别由3.11 mg/L、6.2 mg/L、0.11 mg/L削减80.13%、61.1%、43.64%;营养状况由重富降低为中富,蓝藻爆发程度大为减轻;水生植物平均覆盖率由<10%提高到74.1%。试验结束后有专门机构继续进行管理并继续发挥改善水环境的作用,配合清淤工程,2009年水质达到Ⅳ类。但其后由于管理不善,试验区沉水植物几乎全部消失。

3.1.4　五里湖蠡园公园长廊南生态修复试验

试验水域面积2 800 m^2,试验时间为2008年4月至2010年8月。由淡水渔业中心退休专家刘其哲自费实施。试验包括围隔和种植水生植物两部分。主要种植沉水植物,以轮叶黑藻为主,其他为伊乐藻、金鱼藻、眼子菜等。试验改善水环境效果良好,水质从Ⅴ类改善至Ⅳ类,其中TN达到Ⅲ类。削减率:TN 21%、TP 53.3%、蓝藻密度95.2%。透明度由0.3～0.5 m提高至1.2 m以上。后由于受到干预,试验未能继续。

3.1.5　西五里湖生态修复养菱试验

试验区位于西五里湖的渤公岛与鹭岛之间,面积4万 m^2。试验时间为2010年6—10月。试验前水质年均Ⅳ～Ⅴ类,透明度30～60 cm。由于透明度小于1.0 m,所以沉水植被难以生长。透明度不高的原因是水中悬浮物多和蓝藻密度高。项目试验目的是提高透明度至1.0~1.5 m,为全面修复沉水植被,实现五里湖清澈见底做准备。试验内容:① 用围隔围出一个相对封闭的水域,减少风浪;② 种植本地品种浮叶植物菱;③ 控制水生动物鱼类和底栖动物乌龟的危害。试验效果良好:① 达到水体清澈见底,透明度1.5~2.5 m;② 水质显著改善,TP 达到Ⅰ~Ⅲ类,TN 达到Ⅲ~Ⅳ类。

3.1.6　西五里湖渤公湿地生态修复工程

项目位于西五里湖西部渤公岛附近水域,面积15 万 m^2,2017—2020年实施。实施单位为无锡市农委。目标:提高透明度、清洁水体,丰富生物多样性,使蠡湖湿地公园更美丽。主要措施:种植水草。效果良好,水体清澈见底,成为公园景区,游客众多。

3.1.7　东五里湖生态修复试验

项目位于东五里湖的蠡湖大桥东部梦帆广场水域,实施时间为2020年6月至2021年6月,面积1 万 m^2。实施单位:无锡恒诚水利工程有限公司、华川技术有限公司。目标:达到Ⅲ类水、无蓝藻爆发、透明度0.8~1.0 m。采取措施:曝气增氧、种植以沉水植物为主的水生植物。效果:全部达到了试验目标。试验保留至今,效果良好,清澈见底,水草生长茂盛。

3.1.8　经验教训

五里湖是一个可全封闭的小型湖湾,风浪小,水深适当,有很好的恢复沉水植物湿地的条件,所以五里湖没有必要再进行试验性生态修复,可以直接进行全面的修复生态工作,恢复湿地如 20 世纪50—70 年代那样 80%的面积长满水草。

3.2　梅梁湖生态修复

3.2.1　梅园水厂取水口水源地生态修复试验

试验时间为1991—1995年,主持单位为无锡市建委。缘由:1990年 7 月6—29 日,太湖梅梁湖蓝藻首次规模爆发,由于梅梁湖呈袋状,在东南风作用下,大量蓝藻富集于口袋底的梅园水厂取水口周围。梅园水厂滤池遭堵塞,导致被迫减产 70%,且水质变差,造成百万市民用水告急,116 家工厂停产,当时直接经济损失1.3亿元。为此实施水源地生态修复试验,目的是削减水源地蓝藻,确保供水。试验区主要种植漂浮植物水葫芦、水花生及养殖罗非鱼等。用排桩固定围隔,试验区面积46.7 hm^2。1992年监测,蓝藻削减率69.5% ~ 98.1%,其他指标也有所改善。试验说明,一条半斤的罗非鱼一天可吃掉蓝藻32 g。生态修复试验使1991—1993年梅园水厂水源水质明显改善。但1994—1995年,由于缺少经费,没有专门机构、人员管理,冬季没有清除全部水葫芦残体,没有及时清淤,致使水质没有得到改善,试验项目因此结束,留下遗憾,其后此水源地撤销。

3.2.2 梅梁湖马山水厂水源地生态修复试验

中国科学院南京地理与湖泊研究所在1991—1992年于太湖梅梁湖马山水厂水源区开展改善饮用水水源水质的生态修复试验工程,主要采用物理-生态联合修复工程试验,目的是改善水源地水质和除藻。试验主要是在围隔内养殖凤眼莲(水葫芦)、食藻鱼。试验效果显著,改善了马山水厂水源水质:1992年,除藻率达82%~88%;TN、TP 和 NH_3-N 削减率分别为32.4%、11.8%和33.1%。但试验结束后生态修复未继续实施。此后此水源地由于梅梁湖水质总体恶化而被撤销。

3.2.3 梅梁湖小湾里水源地生态修复试验

项目实施时间为2003—2005年,生态修复总面积7 km^2。此试验系国家科技部"十五"重大科技专项"水污染控制技术与治理工程"的"太湖水污染控制与水体修复技术及工程示范"的"太湖水源地水质改善技术"项目,位于梅梁湖小湾里水源地取水口(取水能力60万 m^3/d)周围,项目由秦伯强研究员领导的团队实施。目的为控制蓝藻、改善水源地水质。项目包括消浪、围隔等基础工程,鱼控藻、贝控藻、絮凝控藻、机械除藻等控藻工程,挺水植物、漂浮植物、浮叶植物、沉水植物群落生态修复工程,生态网附着生物净化水质等子项目。

试验区水质明显改善,改善幅度为:TN、TP 、叶绿素a 分别从3.55 mg/L、0.20 mg/L、0.07 mg/m^3 削减39.83%、36.44%、54.52%。其中,TN 的改善幅度虽很大,但仍为劣V类。主要原因是有效试验时间段较短,水体中 TN 含量多,底泥释放量和外界进入量多。试验结束后无专门机构管理,试验未继续,该水源地从2007年起暂停使用。

3.2.4 梅梁湖北部十八湾水葫芦养殖试验工程

工程实施时间为2007—2009年,工程由无锡市农林局主管,与沃帮公司合作实施。每年种植水葫芦3 km^2。目的是大量削减水体中 N P。① 试验区设置桩固定围网,圈定水葫芦种植范围及阻挡削减部分风浪。② 水葫芦分5个小区圈定开敞式种植,5—7月放养,至11—12月收获,漂浮植物覆盖率75%。

水葫芦系采用机械收获,机械的收获速度300 t/h。收获产品送往肥料加工厂,作为有机肥的主要原料,有机肥由污水处理厂的污泥与水葫芦混合发酵制成。

试验项目取得较好效果,成果与启示如下:① 大量吸除 N P,水葫芦产量

450 t/hm²,含水率93%,干物质7 560 t,以含 N 1.65%、P 0.31%计,共从水体中去除 N 124.7 t、P 23.4 t。② 水质有所改善,TP 削减20%~40%,TN 削减5%~20%。试验区系开放式水体,太湖劣Ⅴ类水体及蓝藻随风浪大量进入试验区,以及底泥释放 N,所以水葫芦虽大量吸除了 TN,但水体 TN 的削减幅度不大。③ 藻密度大幅降低。

3.2.5　梅梁湖十八湾紫根水葫芦修复水体试验

试验时间为2010年10月2—13日(共 12 d),面积600 m²,由无锡市智者水生态环境工程有限公司和云南省生态农业研究所联合自费试验,试验区位于十八湾华藏浜入湖口,蓝藻密集。试验目的是清除蓝藻、改善水质和提高透明度;试验植物品种为紫根水葫芦,试验技术由云南农科院引入;试验基本在封闭水域内进行。试验效果很好,削减率为 TN 99.50%、TP 99.69%、COD 99.03%、藻密度97.49%,透明度达到1.2~1.5 m(见表4-4-1)。

表 4-4-1　十八湾华藏浜入湖口紫根水葫芦修复水体水质改善

日期 (月-日)	NH₃-N/ (mg/L)	TN/ (mg/L)	TP/ (mg/L)	COD/ (mg/L)	藻密度/ (万个/L)
10-02	48	602	51.4	2 597	9 697
10-13	2.34	3.01	0.157	25.2	243
削减/%	95.13	99.50	99.69	99.03	97.49

3.2.6　太湖马山檀溪湾紫根水葫芦净水除藻试验

试验区面积6 700 m²,位于太湖梅梁湖西部的马山,水深1~1.5 m,为基本封闭水域,水污染严重,蓝藻密度高。2011年9月13日放养紫根水葫芦,30 d后藻密度由5.2亿个/L 减少至826 万个/L,削减98.4%,基本看不见蓝藻;TN 削减82.1%、TP 削减82.4%,水体开始变清;经紫根水葫芦逐步降解消化其根系吸附的蓝藻,1个月后水体清澈见底。

3.3　西部沿岸竺山湖生态修复

3.3.1　竺山湖紫根水葫芦净水除藻试验

试验区位于太湖西北部竺山湖(面积56.7km²),试验面积11 万 m²,由云南生态农业研究所和无锡市智者水生态环境修复工程有限公司联合进行。该处水深2~2.5 m,为半封闭水域,水污染较重,蓝藻密度高。2011年8月23日起放养紫根水葫芦,34 d 后藻密度由1.02亿个/L 减少至0.52亿个/L,削减49%,基本看不见蓝藻;TN 削减 42%、TP 削减 60%,水体变清。后未继续进行。

3.3.2 太湖西部宜兴沿岸种植芦苇试验

2000年全面完成太湖大堤建设后,太湖西部宜兴沿岸水域基本没有生长植物,经过多年,在相当大一部分沿岸浅滩水域自然生长出数十米宽的芦苇带。2010—2015年在此沿岸水域水较深处进行人工种植芦苇试验,试验水域外侧设置隔断、坝堤,阻挡风浪,试验水域内抬高基础底面高程,当时成功修复了宜兴沿岸水域的二处湿地,作为太湖人工修复湿地的试验、典型。这两处湿地是大浦港南侧的黄渎港与朱渎港间的 30 万 m^2 及周铁沙塘港以南的 4 万 m^2 芦苇湿地,试验水域芦苇生长很好。此后又进行了数次种植芦苇试验,均成功。宜兴沿岸水域人工种植和自然生长的芦苇的湿地面积已超过 1 km^2。为太湖沿岸水域修复芦苇湿地做出了示范、榜样。

3.3.3 竺山湖除藻生态修复试验

竺山湖水质劣 V 类,入湖河道污染严重,水域藻密度高,年年夏秋季节蓝藻爆发严重。试验由双良集团实施,项目位于竺山湖沿岸的周铁镇附近水域,试验水域面积 15 万 m^2,水深 2 m,试验水域无河道入湖,底泥污染严重。试验时间为2019年 11 月至2021年 11 月。试验水域四周设置木桩隔断及围隔 2 道,阻止外部蓝藻进入。治理目标:试验水域降低藻密度、消除蓝藻爆发。治理措施:试验水域中放置活水循环、能量释放、碳纳米核磁等技术组成的组合装备 2 套,设备由南京瑞迪建设科技有限公司提供,同时放置光催化生态网。

治理效果良好。在 2 年中竺山湖出现大规模蓝藻爆发时,试验区域水面看不见蓝藻;水体透明度大幅度增加,清澈见底,出现水绵、刚毛藻等藻类,自然生长出沉水植物,生态系统得到一定程度的恢复;水质从劣 V 类改善至 IV 类。良好的试验效果保持至今,为太湖大面积除藻和修复沉水植物湿地树立了榜样。

3.4 贡湖生态修复

3.4.1 贡湖北部沿岸生态修复区底泥释放率对比试验

该试验区在贡湖北部水域的大溪港口,面积56 700 m^2。试验区位于2007年"5·29"太湖供水危机的蓝藻大爆发和引发严重"湖泛"水域的附近。试验目的是通过试验,研究湖泊生态清淤和生态修复对底泥污染物质释放率的影响。项目主持人为中国科学院南京地理与湖泊研究所范成新研究员。试验时间为2007年底至2008年底。

试验区现场工作为两个部分,包括清淤和生态修复。在2007年底至2008年 3 月对试验区实施了清淤,清淤深度0.3~0.4 m;清淤后在试验区实施生态修复。试验区域外侧有一条潜坝,正常水位时该潜坝淹没在水下,作为试验区阻挡风浪的设施,减小风浪对试验区的威胁,使生态修复有较平静水面。试验区内主要种植芦苇、荇菜、菹草、马来眼子菜,配种黑藻,生长良好,有效固定了底泥,且在试验区内设不进行生态修复的对比区。

对试验区底泥污染物质释放率的监测结果显示,三类区域的底泥释放率从小到大依次为清淤后进行生态修复区、清淤后未进行生态修复区、未清淤区。其中生态修复区较未进行生态修复区的 N P 分别降低101.7%、28.6%(见表4-4-2)。

表 4-4-2　2008—2009年6月贡湖北部沿岸生态修复区底泥释放率对比

项目	单位	未生态修复区	生态修复区	降低比例/%
N	mg/(m² · d)	61.2	−1.03	101.7
P		4.54	3.24	28.6

3.4.2　贡湖沿岸水域生态修复湿地恢复工程

贡湖是无锡市重要的水源地,其北部是太湖新城,无锡的行政、金融中心及居民区,贡湖沿岸是重要的风景旅游、休闲运动区。贡湖北部 24 km 长的沿岸 150~500 m 宽的水域全部实施生态修复,水域陆域生态修复与景观结合。其中东部的 12 km 岸线生态修复已完成,总面积3.8 km²,分为两部分。

第一部分,贡湖太科园生态修复试验示范工程。由新区城市投资发展有限公司负责。位于贡湖北部沿岸的东部,东西长7.8 km,南北宽150~170 m,合计水面面积1.2 km²。2008—2010年实施,总投资4.36亿元。湿地种植芦苇、菱、沉水植物及浮床植物等。湿地起到良好的改善水质和景观作用。

第二部分,无锡贡湖湿地恢复工程,位于第一部分以西,长4.5 km,宽150~540 m,合计水面面积1.95 km²。实施时间在第一部分后。主要种植芦苇、菱、景观植物、沉水植物。

上述贡湖湿地恢复工程为无锡环太湖湿地恢复工程的一部分,其余还有许多块的环太湖湿地恢复工程如太湖宜兴沿岸湿地工程正在建设或已建成。

效果与经验教训如下:

(1)效果。此工程相当大一部分为全封闭水域,治理效果好,以人工种植为主,植被覆盖率达到 70%~90%,水质达到Ⅱ~Ⅲ类,透明度清澈见底;另有部分位于贡湖大堤南,非全封闭水域,以芦苇为主,自然生长与人工种植结合,虽有围隔,但仍有相当多蓝藻进入,所以水质改善不明显,且藻密度高。

（2）经验教训。生态修复在全封闭水域或基本封闭水域实施,实施容易且效果好。但在太湖开敞水域或封闭程度不高的水域实施,由于风浪和蓝藻爆发影响,修复沉水植物难以进行且水质难以得到改善。因此,生态修复恢复湿地的首要条件是改善生境。

3.5 东太湖生态修复恢复湿地工程

东太湖是太湖东部湖湾,与太湖主体有狭窄湖面相通,长 30 km,最宽处 9 km,原水面面积 135 km²。工程恢复湿地37.3 km²。2008年2月,水利部、江苏省人民政府批准《东太湖综合整治规划》,随后按此实施。实施时间为2010年7月至2013年底,历时42个月。

3.5.1 综合治理措施

（1）拆除围网养殖1.23万 hm²。

（2）退鱼池还湖。将环湖大堤内围垦为鱼池的 50 km² 中的37.3 km²退鱼还湖。

（3）清淤。包括行洪供水通道清淤开挖长度33.3 km、面积59 km²、工程量 1 063万 m³ 和疏浚其他水域污染底泥面积13.5 km²、工程量 407 万 m³,合计疏浚工程量1 470万 m³。

（4）修复生物系统。采用自然修复为主,辅以人工修复,人工修复部分水生植物、鱼类和底栖动物。其中生态修复岸线69.9 km,包括大堤绿化和沿岸水域水生植物种植。

（5）全部费用合计 50 亿元。

3.5.2 治理效果

（1）增加环境容量。退鱼池还湖使东太湖水面面积达到172.3 km²,同时增加水深和蓄水量0.6亿 m³,削减原鱼池污染。

（2）水质改善,确保水源地安全供水。治理后2014年水质由2013年的Ⅳ类改善为Ⅲ类。其中 TN、TP 均达到Ⅲ类,NH_3-N 削减 25%。

（3）增加植物覆盖率和生物多样性。植被覆盖率回升至接近 20 世纪 80 年代状况,全湖生长茂盛的水生植物群落,生物多样性在太湖中最丰富,成为太湖中最好的湿地生态系统。

（4）减慢沼泽化进程。

（5）抑制蓝藻生长和削减蓝藻数量,无蓝藻爆发且藻密度低。2014年东太湖藻密度 294 万个/L,仅为同期全太湖6 200万个/L 的4.7%。

（6）防洪标准从 50 年一遇提高至 100 年一遇,保证了太湖正常行洪和流域总体防洪安全,提高了湿地的安全程度,减轻了湿地植物受高水位影响而严重损毁的危险性。

3.5.3　经验教训

（1）生态修复湿地恢复工程必须要有决心且有一个科学的适度超前的规划。

（2）太湖必须全方位治理、消除蓝藻,才能确保东太湖保持Ⅲ类水并努力达到水功能区目标Ⅱ～Ⅲ类。如由于湖心藻密度从2009年的808万个/L升高至2020年的15 500万个/L,升高 19 倍,直接影响到东太湖藻密度的升高,从2014年 294 万个/L 升高至2020年的3 800万个/L,升高12.9倍,使东太湖多年发生轻度蓝藻爆发。

3.6　其他水域生态修复

如苏州三山、宜兴太湖沿岸、贡湖沿岸、梅梁湖康山湾等水域成功进行了小规模生态修复,有些水域湿地得到一定程度的自然修复。

3.7　太湖生态修复湿地恢复特点

（1）水生态保护修复深入发展。各级政府及市民对生态修复和改善水环境的认识逐步提高,投入资金越来越多,实施项目越来越多,生态保护修复的面积越来越大,其显示的效果越来越好。

（2）陆域修复效果优于水上效果。太湖及其周围的生态修复项目有上百个,但往往是修复成效陆域优于太湖水域,不管是保存修复项目的效果还是保存修复效果的时间长度均是如此。陆域河网区修复项目一般均有良好修复效果,如人口稠密区或风景名胜的河湖、公园水体,老百姓看得到。

（3）一般在基本全封闭水域实施人工修复,其效果也好。

（4）太湖湖体水域的生态修复项目少且效果较陆域河网区差,其原因主要是太湖水面大、风浪大、蓝藻爆发、透明度低、水污染难治理和基底工程不适度等客观因素,导致植物生长的生境不适合,难以修复生态、恢复湿地。

3.8　太湖生态修复经验教训

生态修复可改善湖泊水环境、水生态和治理蓝藻爆发、富营养化。多次生态修复的经验教训如下:

（1）生态修复能有效降低营养程度和抑制蓝藻。

太湖多次人工和自然生态修复的实践均有较好效果,如东太湖一直保持以水生植物为主的水生态系统较好的现状,证明生态修复能有效降低富营养程度,有效抑制蓝藻;五里湖的生态修复使劣Ⅴ类水体改善至Ⅳ类。太湖各水域生态修复的实践经验值得总结和推广。

（2）实施大面积水生态修复是全面治理太湖不可逾越的阶段。

水生态修复可增强水体自净能力,增加生物多样性,是最终使太湖达到和保持Ⅲ类水目标不可逾越的一个长期阶段。人工修复与自然修复结合,先试验示范,后适度推进,步步为营,稳扎稳打,逐步扩大,最后建成大面积的以开放式和半封闭式相结合的种植水生植物为主的生态修复区。大面积水生态修复需经一段时间才能发挥其最佳作用。大面积人工生态修复水域的水生植物和其他生物须经一定时间的生长,才能进入修复水生态系统的最佳效果时间段,特别是沉水植物,在经数年后才能进入旺盛生长期,将植物及其间的动物和微生物净化水体的作用发挥至最佳状态,使生态系统稳定发展和逐步进入良性循环。

(3)实施大规模水生态修复的关键是改善生境。

实施人工水生态修复区域,水生植物特别是沉水植物,以及其间生长的水生动物的成活、生长,须有较好的生境。若生境不能满足有关水生物的要求,则人工水生态修复不会有好效果,甚至完全失败。改善生境基本要求包括控制外源、削减内源(底泥和蓝藻污染),并且改善水质及控制削减风浪至一定程度,如梅梁湖小湾里水源地2003年生态修复效果被一场大风刮得无影无踪。另外,沉水植物必须满足透明度和底质的要求,芦苇湿地需要满足基底高程(水深)的要求。

(4)正确认识种植(紫根)水葫芦的作用和风险。

漂浮植物水葫芦(凤眼莲)生长快、去除 TN TP 效果好,但水葫芦泛滥成灾,不能及时打捞及清除其残体、难以资源化利用阻挡其发展。特别是"紫根水葫芦",具有更强的净化水体和消解蓝藻的能力,为普通水葫芦的数倍,也由于上述原因未能推广。若能够及时解决上述问题,就能够在适当范围适度推广。

(5)鱼类控藻有相当大的作用。

人们对以鲢、鳙鱼等鱼类为主体的水生动物也给予改善水环境、控制蓝藻爆发的很大希望。根据武汉东湖的经验,鱼类具有一定吸 N 除 P 和滤食控藻、消除蓝藻爆发的作用。但自然生存生长的鱼类由于密度过大及体量过大,会排泄大量污染物和扰动底泥,导致增加水体污染,所以大量养鱼控藻与鱼类对水体污染这二者必须兼顾并给予科学调控。至于人工使用饵料养鱼,则污染更大,湖库中不宜采用。太湖禁渔行动采取得良好的控藻效果,但要注意克服其扰动底泥和排泄物污染水体的副作用。

(6)生态修复须有适度超前的科学规划。

太湖大规模生态修复应制订统一长远的符合本地实情的适度超前的科学

规划和实施方案。其中修复目标应该是恢复20世纪50—70年代的湿地面积,使水生态系统得到全面修复,进入良性循环。

（7）人工修复与自然修复相结合。

2013年监测到太湖植被覆盖总面积达到 685 km²,为2007年以来的最大值,较平常年份增加 200 多 km²,增加部分主要位于湖心水域。主要原因是该年前后数年太湖水位均较低、风浪较小、透明度较高,底泥中原存在的沉水植物种子由于生境合适而得以顺利发芽、生长、自然修复。如2010—2014年的 5年间太湖最高水位仅3.34~3.86 m,其中 3 年均低于太湖警戒水位3.8 m。2015年和2016年最高水位分别达到4.19 m、4.87 m,风浪大、透明度降低,使沉水植物不能正常生长,致使原已大量自然生长、恢复的沉水植物又大量减少。所以,应该充分总结此经验,采取适当降低水位和设置挡风浪设施,以改善沉水植物生境,增加自然修复湿地的能力。

（8）必须建立保障措施加强管理。

太湖各水域必须建立一整套保障体系,包括资金、管理,机构、人员;完善配套法规;明确目标和责任,制定考核制度;建立一支富有责任心与技术水平的施工、管理队伍。

五、人类干预蓝藻爆发小结

根据多年湖泊治理的实践经验,以往采取的技术手段还难以有效大幅度降低太湖蓝藻密度。2007年以来总体上蓝藻密度大幅增加,致使太湖蓝藻爆发持续多年在高位运行,造成了不良社会影响。造成太湖蓝藻爆发的因素有很多,可以归纳为两类,即人为因素和自然因素。水体中自然存在的蓝藻在人为和自然两类因素的作用下,其密度大幅增加,导致发生蓝藻爆发。其中人类对于自然因素无法进行大规模或高强度的有效干预、改变,对于人为因素造成的富营养化,根据现代技术条件,可通过人类自己的干预作用改善或消除富营养化,但人类尚难以仅依靠消除富营养化的手段去消除大型浅水湖泊的蓝藻爆发。

1　人类活动干预富营养化

人类活动通过降低富营养化对蓝藻爆发或其生境的干预作用,可在一定范围内直接改变其爆发规模或甚至消除蓝藻爆发,但难以在大型浅水型太湖中,全面整体消除蓝藻爆发。

（1）对湖泊水体富营养化的干预作用。

人类对湖泊水体富营养化具有合理与不合理的正、反两个方面的干预作用：① 人类在推进经济社会持续发展和人口增加的过程中,向湖泊大量排放PN等污染物,这是导致湖泊富营养化的主要原因,而在纯自然条件下湖泊富营养化是一个需要千百年的漫长过程。② 人类采用现代技术,通过努力,花费相当大的代价,大力推进污染治理,改善太湖富营养化至中营养程度,使太湖各水域水质由现在的Ⅳ～劣Ⅴ类提升至全面达到Ⅲ类是可以做到的,但要全面提升至Ⅱ类是难以做到的。

（2）对湖泊藻类物种的干扰作用。

人类引进或移去(或增加、减少)湖泊中的一个或若干个物种、种群,对蓝藻爆发均有影响。如采用打捞消除蓝藻、调水、清淤、种植紫根水葫芦、修复湿地、降低水位、禁渔养鱼、收获水生物、增加氧气、控制污染和增加有益微生物等,均可对蓝藻种源种群的生长繁殖、爆发起到抑制或减弱作用。

2　自然因素和人类干预的不同影响

（1）自然因素在百年以来有一定变化。

影响太湖蓝藻爆发的自然因素在近期,每年气象、水文和自然地理条件有所不同,但没有太大变化或变化速度较慢,如气温百年以来呈升高的趋势,但升高速度很慢,世界气温百年升高 1～2 ℃,各地气温升高的程度不等。太湖在1990年以前也有蓝藻种源,存在水华现象,但均没有发生蓝藻规模爆发现象,只在1990年起的水体富营养化、温度有所升高、底泥积存、湿地减少、生物多样性减弱等组合因素的作用下,导致蓝藻密度持续升高才发生蓝藻持续爆发。但在2020年起的若干年间自然因素可能在人为因素的促进之下发挥较大作用使藻密度持续有所降低,蓝藻爆发程度有所减轻。有待进一步研究其原因。

（2）人类总体上无法大规模高强度改变大自然。

自然条件年复一年地循环,表现出温度高低、天气晴阴、刮风下雨、洪水干旱和种间竞争等不同现象。人类活动对于蓝藻爆发的自然因素总体无法进行大规模的有效干预,人类应在顺应自然、尊重自然的基础上同时采用适当的技术在局部范围一定程度上干预自然因素,减慢蓝藻生长繁殖、爆发的速度或程度。如采取消除底泥污染,恢复底栖生物的多样性,恢复湿地生物的多样性,禁渔、增加滤食蓝藻鱼类,人工降雨、增加换水次数等措施均可起到改变太湖局部水域的蓝藻生境和加剧与蓝藻的种间竞争,起到抑藻除藻的作用。但自然界有其自己的规律,在一定情况下,或结合人工因素,可以较大幅度改善自然生境。

3　人类可对蓝藻种源进行直接干预

蓝藻种源(藻密度)是影响蓝藻爆发程度的关键因素,是人为和自然两类因素共同作用的结果。蓝藻种源在太湖中客观存在了千百年,其本身是个自然因素。但由于人为不合理干预使蓝藻种源种群数量持续增加,同样人类可通过现代科学技术对蓝藻种源种群的增减或爆发进行直接科学合理的有效干预,或对蓝藻存在的生境进行一定程度的有效干预,可以达到减小蓝藻爆发规模,直至消除蓝藻爆发。如采取水土蓝藻三合一治理专用或组合技术为主的八大类除藻技术,就可以分水域消除蓝藻爆发。

第五篇　太湖治理四阶段成效

序

太湖自 20 世纪 80 年代后期开始局部小范围蓝藻聚集、爆发至今已 30 余年，国家在治理太湖富营养化和治理蓝藻的道路上曲折前进，成绩与问题并存。在治理过程中取得成绩的同时，加深对治理太湖存在问题的认识，进一步对太湖自然环境奥秘的了解，为今后进一步深入彻底治理好太湖奠定基础。

太湖水污染、富营养化和蓝藻爆发，破坏了太湖生态系统的良性平衡，逐渐显现严重的不良后果，甚至发生2007年蓝藻爆发"湖泛"型"5·29"供水危机。各级政府一直高度重视治理太湖，实施了 30 年的坎坷治理，由于人类对于自然界奥秘的认识是逐步提高的，所以在治理太湖过程中取得一定成绩的同时难免存在一定问题，需要总结分析，提出进一步的治理意见。太湖治理总体上分为四阶段：

第一阶段治理（1970—1989年）：太湖局部水污染、富营养化和后期蓝藻小范围爆发，此阶段尚未认识到要治理蓝藻，仅采取个别治理污染措施。

第二阶段治理（1990—1997年）：太湖全面水污染、富营养化和蓝藻年年规模爆发。采取了一些治理工业点源的零星措施，基本没有效果，以后蓝藻爆发规模增大、程度日益严重。

第三阶段治理（1998年至2007年上半年）：太湖全面水污染、富营养化程度加重，蓝藻年年大规模持续爆发，越来越严重，以致发生2007年蓝藻爆发"湖泛"型"5·29"供水危机。1998年 12 月 31 日国家实施"零点行动"，提高和完善了治理标准，采取了同时治理点源、面源措施，使污染的发展速度得以减慢。蓝藻爆发程度未得到减轻。

第四阶段治理（2007年下半年至2020年）：太湖仍处于全面水污染、富营养化阶段，但富营养化程度有一定程度减轻，蓝藻仍年年大规模持续爆发。采取了有计划的全面治理措施，全面治理污水厂、生活、工业、规模集中养殖业 4 类点源和众多的面源，使 TN 削减了 37%，确保太湖二个达标：确保年年供水安全，确保不发生大规模"湖泛"。但 TP 下降缓慢或有些年份反而升高，藻密度和蓝藻爆发总体年年持续在高位波动运行,其中2020年起由于若干自然因素致使藻密度开始有所下降。

认真总结过去30余年的治理经验,加快治理太湖的进程,落实习近平总书记绿水青山就是金山银山的指示,建设看不见蓝藻爆发的美丽太湖。

一、第一阶段治理(1970—1989年)

1 蓝藻爆发状况

此阶段太湖开始发生水污染,营养程度一般为中营养,后期局部水域发展为轻度富营养。1987年太湖TP TN平均值分别达到0.035 mg/L(Ⅱ类)、1.54 mg/L(Ⅴ类),此后若干年均大于此值(见表3-2-2),其中梅梁湖污染较太湖为重,于是1987年开始在梅梁湖水域发生小规模蓝藻聚集或爆发。此阶段开始零星治理污染,尚未认识到要治理蓝藻。

2 治理措施

20世纪70年代初停止大规模围湖造田,使太湖水面积不再缩小,相对稳定太湖水环境容量;80年代主要开展对工业重金属污染的治理,使工业污染的增速放慢;80年代建设太湖大堤,使整个太湖岸线稳定。

3 治理效果

此阶段治理没有减轻水污染,没有减轻1987年开始的小规模蓝藻聚集或爆发。建设太湖大堤减少了太湖沿岸大量湿地,减少植物净化水体和抑制蓝藻生长繁殖及固定底泥的作用。

二、第二阶段治理(1990—1997年)

1 蓝藻爆发状况

1990年太湖P、N平均值分别达到0.058 mg/L(Ⅳ类)、2.35 mg/L(劣Ⅴ

类)(见表3-2-2),此年起在梅梁湖等水域蓝藻年年持续爆发,随之太湖相当部分水域相继发生蓝藻爆发,此阶段蓝藻爆发面积总体呈持续增加之势。其蓝藻年最大爆发面积一般在 100～200 km^2。

2 治理措施

此阶段治理以有计划治理工业污染为主。1990年太湖蓝藻第一次规模爆发,造成梅园水厂的无锡第一次供水危机,敲响了太湖水污染和蓝藻爆发的警钟,使人们认识到了治理太湖水污染的重要性和必要性,开始有计划地治理污染,主要是治理工业有毒有害物质的污染和削减 COD;逐渐把防治工业污染与社会经济发展相结合;开始建设具有一定规模的城镇污水处理厂(以下简称污水厂),集中处理生活污水和部分工业污水;实施保护饮用水水源地措施。

3 治理效果

该阶段减少了原有污染源的污染负荷,但由于流域社会经济快速发展,新增大量工业污染源,由于治理标准偏低,其结果是治理水污染速度赶不上流域污染发展速度,太湖 P N 浓度仍持续上升。太湖蓝藻爆发程度持续加重。

三、第三阶段治理(1998年至2007年上半年)

1 蓝藻爆发状况

此阶段太湖 TP TN 年均值分别为 0.074～0.13 mg/L(Ⅳ～Ⅴ类)、2.35～2.85 mg/L(均劣Ⅴ类)(见表3-2-2),蓝藻持续爆发,爆发程度日益严重:2004年前蓝藻年最大爆发面积一般在 100～200 km^2,2004年爆发面积则急剧增加,爆发水域几乎占太湖西半部的全部和太湖东半部的南部水域。2005年达到 317 km^2,2006年发展到 806 km^2,2007年为此阶段最高纪录,达到 1 140 km^2。2003—2007年蓝藻爆发的累积面积也呈增加趋势,从3 617 km^{2}增加到28 926 km^2,增加 7 倍。

2 治理措施

此阶段为综合治理初级阶段。由于第二阶段治理不理想,太湖 P N 浓度仍大幅上升,即开始第三阶段治理。1998 年 12 月 31 日国家实施"零点行动"。国家法规《地面水环境质量标准》(GB 3838—83)经1988年、1999年二次修订后,在2002年修订为《地表水环境质量标准》(GB 3838—2002),提高和完善了治理标准;采取了同时治理点源、面源措施:有计划治理工业点源;建设了一批规模城镇污水厂;全面实施以清淤为主的河道整治工程;实行太湖中游入湖河道直湖港、梁溪河、大溪港、小溪港等河道的建闸控污工程,使河道污水不入湖或少入湖;实施望虞河"引江济太";进行多次水体生态修复的试验和示范。禁止日常生活使用有磷洗衣粉(剂)等,此阶段投入较多资金和人力、物力,控制和防治污染物入湖,但治理标准总体不高。

3　治理效果

此阶段以国家1998年12月31日实施的"零点行动"为代表,使太湖水污染恶化的总体趋势得到暂时扼制,但由于流域社会经济发展快,新增污染源面广量大,此阶段治理仅使太湖污染发展速度减慢,局部水域如五里湖、梅梁湖的水环境有所改善,但总体上治理速度赶不上污染发展速度,太湖水环境总体上没有得到有效改善,N P 浓度在高位波动;太湖蓝藻年年持续爆发的情况没有得到改变,爆发程度日益严重,太湖富营养程度继续升高,直至发生太湖2007年"5·29"蓝藻爆发"湖泛"型供水危机。

四、第四阶段治理(2007年下半年至2020年)

1　蓝藻爆发状况

此阶段蓝藻爆发分为两段。

1.1　2007 年下半年至2014年

此段太湖 TP 0.066 ~ 0.078 mg/L(Ⅳ类),基本与2007年的0.074 mg/L持平,略有波动;TN 从2.42 mg/L(劣Ⅴ类)持续下降至1.85 mg/L(Ⅴ类)(见表3-2-2)。此时段蓝藻爆发得到一定程度控制。如蓝藻爆发的累积面积,从2007年的最大值28 926 km² 减少至2009年的7 858 km²,相当于2005年水平;2009年蓝藻爆发最大面积减少至 524 km²,大幅低于2006—2007年的水平;蓝藻首次爆发时间推迟,如2009年、2010年首次爆发时间分别推迟为 4 月 29

日、4月30日;蓝藻首次爆发面积减小,如2009年、2010年仅分别为3.6 km²、5 km²(见表5-4-1)。分析其原因:① 2008—2010年的3—5月水温偏低等水文气候因素;② 近几年大量打捞蓝藻、清淤,以及调水等因素,大量削减(带走)蓝藻的种源种群;③ 近几年采取各类措施大幅度降低富营养化程度。

表 5-4-1　蓝藻首次爆发时间及其面积

年份	1990—2005	2006	2007	2008	2009	2010
时间	4—5 月	4 月	3 月 30 日	4 月 3 日	4 月 29 日	4 月 30 日
面积/km²			25	40	3.6	5

注:数据来源于文献[3]。

1.2　2015—2020年

其中2015—2019年 TP 0.079 ~ 0.082 mg/L(Ⅳ类),均高于2007年的0.074 mg/L,2020年为0.073 mg/L(Ⅳ类),基本与2007年持平;2015—2020年 TN 从1.85 mg/L(Ⅴ类)持续下降至1.48 mg/L(Ⅳ类)。蓝藻爆发程度持续加重,表现为蓝藻爆发最大面积和藻密度在高位波动。如年最大爆发面积,2010—2012年为900 ~ 1 000 km²,2013年超过1 000 km²,2017年达到历史最大值1 403 km²(见表2-2-6);太湖藻密度均值,2020年达到9 200万个/L,为2009年的6.36倍,同期2020年与2009年比值:湖心、贡湖、梅梁湖分别为19.18倍、3.54倍、10.79倍;2020年蓝藻密度最大水域:梅梁湖和西部沿岸水域均为1.4亿个/L(均为全湖第3位)、湖心1.55亿个/L(全湖第2位)、竺山湖1.67亿个/L(全湖第1位)(见表2-2-2)。但2020年起太湖存在藻密度降低、蓝藻爆发程度有所减轻的现象。

2　治理措施

2.1　建立治理体制

江苏、浙江、上海三省市建立太湖水污染防治委员的联席会议制度,为太湖治理奠定了良好的组织基础,并出台《太湖流域管理条例》,建立五级河长制湖长制体系。由以往的零星治理为统一的治理、管理、监督,由采用单一技术措施的突击治理转向科学长效的综合治理,由单一治理 COD 发展为治理 COD 与 TP TN 并重,加大力度全面治理点源、面源,提高水体自净能力和增加环境容量。

2.2　全面制定治理规划

国务院2008年制订了《太湖流域水环境综合治理总体方案》，又根据2008—2012年共5年的治理太湖情况，2013年修订了《太湖流域水环境综合治理总体方案》，其中把2020年的 TN 目标由1.2 mg/L（Ⅳ类）调整为2.0 mg/L（Ⅴ类），TP 目标保持为0.05 mg/L（Ⅲ类），有关省、市各级政府制订了配套的实施方案，全流域开始积极治水、加大投入、制定系列法规。

2.3　提高治理标准

如污水处理标准均由《城镇污水处理厂污染物排放标准》（GB 18918—2002）的一级 B 提高到一级 A；江苏省2007年专门制定了《太湖地区城镇污水处理厂及重点工业行业主要水污染物排放限值》（DB 32/1072—2007），2018年修订提升为 DB 32/1072—2018，其中污水厂 N P 排放标准的限值均高于一级 A。

2.4　控源截污

严控污染企业污染、封闭排污口，全面控制生活、工业、规模集中养殖等点源和农业农村等面源，关停并转沿湖区域3 000余家重污染企业，封闭大量排污口。

2.5　全面建设污水处理系统

提高污水处理能力，环湖上中游城市污水处理能力已达到700 余万 t/d，建设全覆盖的污水收集管网，排放标准由一级 B 提高为一级 A。但污水处理能力尚不足，其中是太湖西部和南部地区的污水处理能力缺口较大。

2.6　河道综合整治

采用综合措施，基本消除黑臭河道，提高河道水体质量。

2.7　废弃物综合利用

对生活垃圾，工业、农业、畜禽养殖、蓝藻、水草等废弃物进行无害化处理和资源化利用。

2.8　加强内源治理清淤和打捞蓝藻

太湖实施环保型清淤，2007年以来清淤4 200万 m³，相当于分别清除 P、N、有机质33 637 t、58 862 t、72.5万 t，清除相应数量的底泥上层的蓝藻。

2007年以后采取应急措施打捞蓝藻水。2007—2020年打捞2 002万 m³，其中无锡市打捞藻水1 660万 m³，产出藻泥76.8万 t，占全太湖打捞蓝藻量的90%。流域打捞蓝藻水相当于清除 P 1 024 t、N 10 085 t、有机质11.84万 t。另外，打捞水草也清除了一定的 P、N 和有机质，并对蓝藻、淤泥均进行无害化处置和资源化利用。

2.9 大规模调水

2007—2020年"引江济太"望虞河调水入湖106亿 m^3,梅梁湖泵站(含大渲河泵站)调太湖水出湖109亿 m^3,二者合计直接带走污染物:TP 1 498 t、TN 37 492 t(见表4-1-4、表4-1-5)和相应数量的蓝藻。

调水明显改善了相关水域的水质。其中望虞河"引江济太"调水入湖改善了贡湖水质,使贡湖水质持续优于湖心。如 TP 2020年与2007年比较,贡湖下降22.9%,湖心反而升高8.8%;2020年贡湖 TP 为0.054 mg/L(Ⅳ类),大幅优于湖心的0.074 mg/L(Ⅳ类)(见表3-2-3)。

自2007年6月起梅梁湖泵站和大渲河泵站相继开泵实施轮流调水,使梅梁湖水质日益好转,由原来大幅差于湖心改善为优于湖心,如 TP 2020年与2007年的改善幅度,梅梁湖、湖心分别为16.4%、-8.8%(见表3-2-3);TN,2007年二者分别为3.4 mg/L、2.15 mg/L(均为 Ⅴ类),2020年分别为1.41 mg/L、1.47 mg/L(均为Ⅳ类),2020年梅梁湖优于湖心。

2.10 实施水体生态修复

东太湖水域修复芦苇湿地37 km^2,其他水域零星修复湿地11 km^2。如宜兴周铁镇等沿岸水域修复2 km^2,贡湖北部修复2 km^2,西山修复3 km^2,梅梁湖康山湾等水域修复了部分湿地,湖周围陆域的河道和洼地修复大量湿地,增加了净化水体和抑制蓝藻的能力。另外,太湖依靠自我修复能力修复了部分湿地。

3 治理效果

2007年供水危机后采取综合措施治理太湖,取得良好的阶段性效果。

(1)入湖河道水质得到明显改善。2016年起入太湖河道消除劣 Ⅴ 类水(不含 TN),2020 年 22 条主要入湖河道全部达到 Ⅲ 类水。入湖污染负荷减少。

(2)太湖营养程度由中富-重富改善为中富-轻富。太湖平均水质从劣 Ⅴ 类提升至Ⅳ类,太湖 TN 浓度持续下降,从2007年的2.35 mg/L 降低为2020年的1.48 mg/L,降低37%(见表3-2-2)。

(3)消除"湖泛"。消除太湖大面积"湖泛",消除贡湖水源地"湖泛",实现自来水双水源(太湖、长江)双向供水的全覆盖格局,确保供水安全。

(4)消除水面蓝藻堆积现象。明显改善蓝藻爆发堆积区域不良的视觉和嗅觉效果。

(5)完成总体目标双确保。每年完成江苏省政府治理太湖的总体目标双确保:确保不发生大面积"湖泛",确保供水安全。

4　存在问题

治理取得阶段性效果的同时也存在蓝藻爆发、藻密度持续升高等问题,急需尽快解决。

(1)太湖水质 TP 改善迟缓甚至升高。2015—2019年的 5 年期间太湖 TP 浓度均较2007年升高,如2019年 TP 浓度 0.087 mg/L,较2007年升高17.6%(见表 3-2-3);东太湖 TP 升高,2007—2012年均为Ⅲ类,2017—2018年减退为Ⅳ类。

(2)太湖水质改善不均匀。近年太湖水质总评均为Ⅳ类,但2020年竺山湖为劣Ⅴ类,西部宜兴沿岸为Ⅴ类(主要均是 TN 超标)。

(3)太湖蓝藻仍年年持续规模爆发。蓝藻爆发规模持续在高位波动运行,冬季亦有规模爆发。如2017年蓝藻爆发最大面积1 403 km² 超过2007年,2016年 12 月底蓝藻爆发面积尚有 720 km²,2013 年 12 月 10 日爆发面积有 982 km²,2020 年 5 月24 日爆发面积达到1 071 km²,2018 年 1 月 19 日爆发面积有 390 km²。

(4)太湖藻密度普遍升高。2020年为2009年年均藻密度的倍数:全湖6.36倍、湖心19.18倍、梅梁湖3.54倍、贡湖10.79倍。2020年年均藻密度达到 1 亿个/L 的有:湖心1.55亿个/L、梅梁湖1.4亿个/L、竺山湖1.4亿个/L、西部沿岸1.4亿个/L;2011年后太湖叶绿素 a 明显升高,如2020年为2009年叶绿素 a 的倍数:湖心2.89倍、贡湖2.05倍、竺山湖2.37倍。这些客观上造成"蓝藻越打捞越多"的怪现象。

(5)局部水域 DO 下降。经调查,2020年 5 月贡湖北部水源地附近的 DO 急剧下降至 2 mg/L,已接近发生"湖泛"指标 DO 的临界值,贡湖存在蓝藻爆发"湖泛"型供水危机的潜在危险。竺山湖年年存在小型"湖泛"。

(6)入湖河道污染仍严重,环境容量超标。太湖 22 条主要入湖河道虽均达到Ⅲ类,但 TN 均为劣Ⅴ类、TP 为Ⅳ~劣Ⅴ类(湖泊标准);2017年河道入湖负荷 TN 3.94万 t,为2007年的92.5%,削减7.5%;TP 0.20万 t,为2007年的 105%(见表 3-2-4),反而增加 5%;2016年入湖污染负荷量 TN 5.35万 t,为水质目标Ⅲ类水时环境容量1.82万 t 的2.94倍,TP 0.25万 t,为环境容量0.124万 t 的2.02倍(见表 3-2-4、表 6-1-2)。

(7)太湖水域湿地面积较蓝藻爆发以前大幅减少。现实施的生态修复大部分在沿岸陆地和河道周围进行,在太湖水域实施的不多,湖内湿地面积恢复至蓝藻爆发以前规模还需要增加 200 多 km^2 湿地。

（8）太湖治理的应用性研究较薄弱。目前研究机构主要研究太湖治理的基础理论,研究蓝藻的生长繁殖规律、生境,很少研究蓝藻的死亡规律、生境,极少研究消除蓝藻爆发实用的技术或技术集成。

5 问题原因分析

每年,太湖水体 P N 等营养元素在一定范围内波动,只要温度和光照等自然条件满足蓝藻爆发的基本要求,水体存在的蓝藻种源种群就会快速生长增殖达到一定密度而发生一波又一波程度不等的爆发。太湖年年蓝藻持续爆发问题的原因分析如下。

5.1 缺乏消除蓝藻爆发的信心和决心

（1）对消除蓝藻爆发的必要性认识有限,安于治理富营养化现状。

（2）对消除蓝藻爆发的可能性认识不足,认为需等到有了消除蓝藻爆发的成熟技术才能提出消除蓝藻爆发的目标。

（3）对于我国湖泊蓝藻爆发及其治理情况不清楚,如我国大多数的大中型浅水淡水湖泊已富营养化,但只有"三湖"年年持续蓝藻爆发;富营养化的鄱阳湖、洞庭湖、洪泽湖以往仅发生数次非连续性的轻微蓝藻爆发;无锡蠡湖、南京玄武湖、武汉东湖、杭州西湖以往均数次发生蓝藻爆发,经治理一般蓝藻不再爆发或仅轻微爆发。

（4）在2008年《太湖流域水环境综合治理总体方案》和2013年《总体方案（修编）》中均未提及消除蓝藻爆发目标及有关消除蓝藻爆发的实质性治理措施,相关省、市的配套方案及有关文件也是如此。

（5）目前有些人对已经创新的能够有效治理蓝藻、消除蓝藻爆发的技术不了解。应认真总结经验教训,创新出一套消除蓝藻爆发的治理思路和技术集成。

5.2 存在"治理富营养化就能消除蓝藻爆发"的片面认识

人的认知是在实践中不断完善、逐步接近客观规律的。"治理富营养化就能消除蓝藻爆发"的认识是片面的。生态环境部发布的中东部湖区营养盐基准 TP TN、叶绿素 a 分别为0.029 mg/L、0.58 mg/L、3.4 μg/L,此三者缺一不可,太湖是无法达到此标准的;国内外专家一般认为蓝藻已爆发的大中型浅水湖泊,如仅依靠消除富营养化去全面消除蓝藻爆发,则 TP TN 浓度须分别达到0.01~0.02 mg/L 和0.1~0.2 mg/L(相当于太湖Ⅰ~Ⅱ类水),根据太湖的历史和现状分析,太湖不可能达到上述标准,故只有治理富营养化与削减蓝藻数量密切结合,才能分水域治理直至全面消除蓝藻爆发。

5.3　外源污染控制力度不够

太湖流域是社会经济发达地区,其中环太湖 5 城市,2007—2020年人口增加 31%,GDP 增加 244%,污染负荷有相当大幅度的增加;城镇化率不断提高,进入水体的污染物日益增多,致使削减污染负荷速度赶不上增加速度,入湖污染 TP TN 负荷量均明显大于环境容量。

污水厂是太湖流域最大点源群,现行处理标准太低而不能满足太湖环境容量要求。目前城镇污水厂污染物排放标准一级 A 的 TP TN 浓度(0.5 mg/L、15 mg/L)分别为《地表水环境质量标准》(GB 3838)太湖水质Ⅲ类的 10 倍、15 倍,故应提高污水处理标准。有人认为提高处理标准成本很高而不宜提标。考虑问题应从流域污染负荷总量控制的高度出发,故必须提高污水处理标准,实际上已有相当好的提标技术,提标成本和运行费用也不高。同时还应相应增加污水处理能力。

5.4　削减蓝藻、内源污染力度不够

目前控制内源一般仅实施常规清淤和打捞水面蓝藻,没有注意到 10 多年来蓝藻密度持续升高导致蓝藻连年持续爆发的问题,导致对底泥和水体持续产生严重污染使藻源性 P 大幅增加的问题,这也是治理太湖 10 多年来水质 TN 明显得到改善而 TP 未得到改善或有很多年份甚至上升的主因之一。据测算,目前打捞水面蓝藻的数量仅为太湖年生成量的 2%~4%。所以,须创新思路,加大削减内源污染力度,深度打捞、清除水面、水体和水底的蓝藻,才能有效降低藻密度,有效降低水体和底泥的污染特别是 P 污染。必须清楚地认识到,只有大幅度降低藻密度至相当低的程度,才能消除蓝藻爆发。

5.5　缺少统一修复太湖水域湿地方案

湿地具有固定底泥、减少底泥释放污染物、吸收 P N、净化水体等减少营养物质和丰富生物多样性的作用,同时湿地中相当多植物含有的化感物质具有抑藻除藻作用。太湖现状湿地较蓝藻爆发前的 20 世纪 60—70 年代减少面积超过 200 km²,2007年来比较注重恢复太湖周围河网地区的湿地,而恢复太湖水域湿地的面积非常有限,使湿地功能受损严重。有些人认为太湖只有达到适合的生境才能实施大规模修复湿地,此想法表面上是对的,实际上欠妥,应首先致力于人工改善水域生境,满足种植植物的生境要求,修复湿地,不应等待太湖自然修复生境后再去修复湿地,同时人工修复要结合自然修复,并统一制订修复太湖水域湿地方案。

5.6　研究资金和技术集成研究不足

由于研究资金不足,治理太湖研究深度不够,导致相关研究不到位。若利用现有技术进行科学集成创新,则完全可分水域消除富营养化和消除蓝藻爆发。目前国内研究蓝藻和湖泊的机构主要侧重于蓝藻生长机制等基础理论研究,很少进行有效消除蓝藻爆发的应用性技术集成的研究创新,也更少有关于综合治理太湖、巢湖和滇池蓝藻爆发的研究成果,治理大中型浅水湖泊蓝藻爆发的研究基本停留在治理富营养化和打捞水面蓝藻及进行资源化利用的层面,其研究深度不足以支撑消除富营养化和蓝藻爆发。

五、结束语

2020年后,治理太湖将进入第五阶段,掀开治理太湖的新篇章。其中,"十四五"将是过渡期,从治理、消除水面蓝藻过渡至"十五五"进入全面消除富营养化和消除蓝藻爆发的阶段。遵照习近平总书记的指示精神,以对人民高度负责的精神,真正下决心把太湖污染治理好,解决蓝藻爆发这个太湖最大的生态问题,解决大型浅水湖泊蓝藻爆发这个世界性难题,为人民创造良好的生产生活环境。我们必须建立消除蓝藻爆发的目标,选择科学合适的能够大面积消除蓝藻爆发的技术及其综合措施,充分发挥我国能够集中力量办大事的社会主义体制优势、财力优势、人才优势、技术优势,并因势利导,充分利用自然因素,加快"治太"进程,在2030—2049年新中国成立100周年之前必定能够分水域全面消除太湖蓝藻爆发,建设一个真正美丽的太湖。

第六篇　深入治理富营养化
水质全面达到Ⅲ类

序

　　深入治理太湖,消除富营养化、消除蓝藻爆发和恢复湿地是深入治理太湖三项最主要的内容。其中消除蓝藻爆发和恢复湿地在后文论述。

　　太湖消除富营养化,其通常要求是达到地表水湖库标准Ⅲ类,这与太湖水功能区水质目标Ⅲ类(其中东部水域达到Ⅱ～Ⅲ类)相一致,即可以认为太湖全面达到Ⅲ类水就可认为是消除了富营养化。其主要指标是 TP TN,其他指标一般相对比较容易达到。

　　太湖要全面消除富营养化,水质全面达到Ⅲ类,就需要全力削减外源污染负荷和内源污染负荷,满足太湖环境容量的要求。其一,要解决这方面的认识问题和思想问题,如太湖能否全面消除富营养化、水质能否全面达到Ⅲ类水,分析其有什么难点;要调查清楚太湖 TP 升高、TN 持续下降的原因,主要是蓝藻持续爆发,藻密度持续升高;污水厂必须提标,其有什么困难,主要是 TP TN 提标的技术有困难,特别是投资和费用增加等。其二,根据这些存在的问题和困难,提出解决的方法及相应的技术措施。主要措施有:加大污水处理能力,提高污水处理标准到地表水湖库标准的Ⅲ类;加大外源的四类点源和诸多面源的治理力度;全面控制、削减蓝藻密度;直接进行河水治理;恢复湿地,加大自我净化水体能力;采取长效治理技术和长效管理相结合的措施,长效治理技术应该使用水土蓝藻三合一治理技术,即能够同时治理水体、底泥和蓝藻污染的技术,其中河道可以是水体和底泥污染的二合一治理技术。

　　本篇共有 11 部分,分别为:太湖环境容量,TP TN 能否达到Ⅲ类水之争,TP TN 达到Ⅲ类水的难点,TP 在2007年后升高原因,太湖 TN 持续下降的原因,加速治理富营养化达到Ⅲ类水措施,直接净化河道提升水质,概念污水厂提标可达准Ⅳ类,麦斯特高速离子气浮技术 TP 提标可至Ⅰ～Ⅲ类,固载微生物技术 TN 提标可至 I～Ⅲ类,污泥(藻泥)热水碳化减量节能技术。

一、太湖环境容量

水体环境容量亦称水体纳污能力,是在一定水质目标时水体能够容纳污染物的能力。环境容量是衡量需要削减入湖污染负荷数量的标准,是消除太湖富营养化和达到水功能区目标Ⅲ类水的决策依据。

1 影响环境容量的因素

太湖目前的环境容量是指其水体水质指标达到Ⅲ类水时所能容纳的污染物数量。决定环境容量的因素很多,包括:外源,各类入湖污染负荷,主要是河道入湖的水量和污染物浓度及地面径流污染、降雨降尘等;内源,各类水体内部污染负荷,主要是蓝藻、底泥、水生生物残体污染物释放量等;各类出湖污染负荷,主要是河道出湖的水量和污染物浓度、自来水取水量和污染物浓度,生物吸收、消耗污染物量、污染物生化反应的产物等;太湖水体中污染物数量的年内差异,即年初与年末水位、蓄水量、污染物浓度的差值等。其中有些是比较容易确定的,如河道的入出湖水量、污染物浓度,有监测数据;有些是难以确定的,如内源中底泥、蓝藻和其他生物的污染物释放率、释放量或产生量,特别是有关蓝藻吸收和释放营养物质 P N 的数量是很不容易确定的。

2 入出湖污染负荷与滞留率

根据入出湖水量和污染物浓度计算分别得到入出湖污染负荷,采用的主要指标为 TP TN。2007—2020年河道平均入湖水量 115 亿 m³,相应河道入湖 TP、TN 量分别为 0.209 万 t、4.502 万 t;其间最大入湖水量为 2016 年的 159 亿 m³,相应河道入湖 TP 0.25 万 t、TN 5.35 万 t。河道平均出湖水量 120.3亿 m³(含水源地取水量),河道出湖 TP TN 量分别为0.05万 t、1.614万 t;出湖水量最大为 2016 年的 178 亿 m³,相应河道出湖 TP 0.071 万 t、TN 2.474万 t。

采用经验公式计算太湖污染物滞留率。仅根据环太湖河道入出湖 TP TN 污染负荷的比例等因素计算,其他入湖与出湖污染负荷均不计。2007—2020

年实际平均滞留率 TP、TN 分别为75.7%、64.2%。其中滞留率区间,TP 最大
为2015年的81.1%,最小为2019年的64.6%;TN 最大为2018年的75%,最小为
2016年的53.8%(见表6-1-1)。

表 6-1-1　2007—2020年太湖入出湖水量污染负荷滞留率

项目		2007 年	2008 年	2009 年	2010 年	2011 年	2012 年	2013 年	2014 年
入湖	水量/亿 m³	92	99	103	118.8	113.4	109.8	91	104
	TP/万 t	0.184	0.221	0.216	0.266	0.25	0.199	0.181	0.173
	TN/万 t	4.265	4.736	4.938	5.62	4.77	4.73	3.87	4.2
出湖	水量/亿 m³	100	109	111	124	109	109	101	111
	TP/万 t	0.045	0.047	0.044	0.058	0.038	0.044	0.038	0.038
	TN/万 t	1.500	1.690	1.554	2.430	1.515	1.363	1.606	1.454
滞留率	TP	0.755	0.788	0.794	0.781	0.847	0.781	0.788	0.782
	TN	0.648	0.643	0.685	0.568	0.682	0.712	0.585	0.654
项目		2015 年	2016 年	2017 年	2018 年	2019 年	2020 年	2007—2020平均	
入湖	水量/亿 m³	119	159	113	117	126	144.6	115	
	TP/万 t	0.22	0.25	0.2	0.19	0.184	0.196	0.209	
	TN/万 t	4.88	5.35	3.94	3.96	3.641	4.133	4.502	
出湖	水量/亿 m³	130	178	114.7	110	130	146.8	120.3	
	TP/万 t	0.042	0.071	0.06	0.064	0.065	0.057	0.050	
	TN/万 t	1.677	2.474	1.388	0.990	1.365	1.585	1.614	
滞留率	TP	0.811	0.715	0.702	0.664	0.646	0.708	0.757	
	TN	0.656	0.538	0.648	0.750	0.625	0.616	0.642	

注:1.出湖水量包括水源地取水量。

2.河道出湖水量普遍大于入湖水量,原因是湖面降雨量大于蒸发量,另外还有地面径流直接入
湖量。

3　环境容量

根据设定的水质目标、确定的入湖水量和污染物滞留率等因素计算环境
容量。太湖环境容量计算采用大型浅水型可封闭湖泊的经验公式:

环境容量=入湖水量×出湖水质/(1−滞留系数)

由于太湖每年入湖水量不一致,环境容量也不一致。如 20 世纪 70 年代至 21 世纪初的河道入湖水量一般为 70 亿~80 亿 m³(1991年除外),2007—2020年平均为115 亿 m³,2015—2020年平均为 130 亿 m³(6 年中有 2 年发生了大洪水,提高了年均水量)。根据目前全球气温逐步升高和中国降雨量逐渐增加的趋势,太湖的年入湖量也会呈现逐渐增加的趋势,所以同时计算 75 亿 m³、115 亿 m³、120 亿 m³、130 亿 m³ 时的环境容量,以与其比对。

太湖水质目标以平均Ⅲ类计:TP 0.05 mg/L、TN 1.0 mg/L,这是太湖水域中部的水质浓度,由于太湖水体自身的净化能力,其水质由西向东逐步得到改善,太湖上、下游水域的水质浓度应该分别为Ⅲ~Ⅳ类、Ⅱ~Ⅲ类,所以在计算环境容量时,太湖下游水域水质取Ⅱ类标准的上限:TP 0.025 mg/L、TN 0.5 mg/L。

初步计算结果:入湖水量 75 亿 m³、110 亿 m³、115 亿 m³、120 亿 m³、130 亿 m³ 时的环境容量 TP 分别为0.077万 t、0.114万 t、0.119万 t、0.124万 t、0.134万 t,环境容量 TN 分别为1.05万 t、1.54万 t、1.61万 t、1.68万 t、1.82万 t(见表6-1-2)。

表 6-1-2　太湖环境容量计算

项目	浓度/(mg/L)	滞留率/%	入湖水量/亿 m³	入湖水量代表年份	环境容量/万 t
TP	0.025	75.7	75	20 世纪 80 年代至 21 世纪初	0.077
			110	略小于2007—2020年均值	0.114
			115	2007—2020年均值	0.119
			120	略大于2007—2020年均值	0.124
			130	2015—2020年平均值	0.134
TN	0.5	64.2	75	20 世纪 80 年代至 21 世纪初	1.05
			110	略小于2007—2020年均值	1.54
			115	2007—2020年均值	1.61
			120	略大于2007—2020年均值	1.68
			130	2015—2020年均值	1.82

计算结果同时说明,进入太湖的污染负荷大幅度超过环境容量,如2007—

2020年的年平均入湖 TP 为0.209万 t,超过其环境容量0.119万 t 的75.6%;同期入湖 TN 为4.502万t,超过其环境容量1.61万 t 的 180%。

环境容量的计算方法很多,其计算结果有差异。对太湖环境容量的计算结果的基本要求:一是选择一个近期的合理入湖水量范围,如2007年以来的入湖水量的范围,2007—2020年平均入湖水量为 115 亿 m³,其中 2020 年为 144.6亿m³,另有1949年以来的第二次大洪水2016年为 159 亿 m³;二是其结果等于或略大于 20 世纪 70—80 年代以来有记录的河道入湖污染负荷的最小值,若要求的环境容量过小则无法达到;三是其结果要大幅小于近年河道入湖污染负荷的最小值,因为要求的环境容量过大则对控制污染缺乏动力,也无法使太湖达到Ⅲ类水。

本次计算的结果比对分析:

TP 环境容量0.119万 t 较为合理。原因如下:一是计算该值采取的是2007—2020年河道入湖水量的平均值,比较可靠;二是不取 20 世纪 80 年代至21 世纪初入湖水量 75 亿 m³,因其是以往 30～40 年间的环境容量,时间偏早、水量偏小,其间有记录的环太湖河道入湖最小的 TP 负荷范围为0.09万～0.14万 t(其间年份有 1987 年、1988年、1994年、1999年、2004年);三是2007—2020年水量均值时的环境容量0.119万 t 大幅小于2007—2020年的入湖负荷量0.209万 t,仅为 57%,能够满足太湖全面达到水功能区Ⅲ类的要求。所以,TP环境容量取0.119万 t 最为合理。

TN 环境容量1.61万 t 较合理。原因如下:一是计算该值采取的是2007—2020年河道入湖水量的平均值,比较可靠;二是不取 20 世纪 80 年代至 21 世纪初入湖水量 75 亿 m³ 的环境容量,因此环境容量偏小,其间有记录的河道入湖最小的 TN 负荷为1987年、1988年的1.8万 t 左右,已接近1.61万 t;三是容量1.61万 t 大幅小于2007—2020年的入湖负荷量4.5万 t,仅为35.8%,能够满足太湖能全面达到Ⅲ类。所以,TN 环境容量取1.61万 t。

4　入湖负荷与环境容量的差距

近年入湖污染负荷 TP、TN 均大幅度超过太湖Ⅲ类目标的环境容量。如2015—2020年的环湖河道入湖污染负荷平均值为 TP 0.209万 t、TN 4.5万 t,分别为计算得到的环境容量 TP 0.119万 t 的1.76倍、TN 1.61万 t 的2.79倍。其中发生第二次洪水的2016年入湖污染负荷为 TP 0.25万 t、TN 5.35万 t,更分别为环境容量的2.1倍、3.32倍(其实太湖发生大洪水的年份,其环境容量也应该有相应的增加)。

5 环境容量与达到Ⅲ类水

此次是按以往的经验方法计算环境容量,而其中入出湖污染负荷的滞留率仅是按经验公式的环湖河道入出湖污染负荷计算,而不计入其他因素。达到此环境容量目标能否达到Ⅲ类水,这是大家十分关注的问题。应该说,在一般情况下,达到此环境容量目标太湖就能全面达到Ⅲ类水,因为环境容量达到 TP 0.119万 t、TN 1.61万 t 的时候,就基本与太湖 20 世纪 80 年代初至1988年的情况类似,当时太湖平均水质就是Ⅲ类水。但太湖的特殊情况是1990年起持续多年的蓝藻爆发,使入湖污染负荷与太湖水质正相关的规律被破坏,如2007年来国家努力治理太湖 10 多年,其中有很多年份入湖 P 负荷下降,但太湖水质 TP 反而升高,此情况说明,一是河道入湖负荷 TP 削减率太低,2007—2020年 TP 仅削减1.4%;二是太湖蓝藻连年持续爆发,增加了藻源性 P。所以,太湖要达到水功能区Ⅲ类的水质目标,必须在达到河道入湖环境容量要求的同时消除蓝藻爆发,才能真正使太湖水质全面达到Ⅲ类水。

二、TP TN 能否全面达到Ⅲ类水之争

现在研究太湖治理的专家对太湖能否全面达到Ⅲ类水,特别是 TP 能否全面达到Ⅲ类进行了热烈讨论。因为《太湖流域水(环境)功能区划》中提出了太湖的水质目标总体为Ⅲ类,其中东太湖为Ⅱ~Ⅲ类,即太湖东部的出湖口必须达到Ⅱ类。现在达到此目标尚有相当长的距离,也不知何时能够达到,所以才有了太湖能否达到Ⅲ类水之争,特别是在努力治理太湖多年后2015—2019年太湖年均 TP 反而超过2007年,在此情况下提出 TP 难以达到Ⅲ类水的观点。如《近 70 年来太湖水体磷浓度变化特征及未来控制策略》为代表的文章提出了此观点。有许多专家认为太湖难以达到Ⅲ类水,其中 TP 更难达到Ⅲ类水。

其实,这是一个太湖治理过程中提出治理 TP 难还是治理 TN 难的问题的延伸。这个问题早在2007年供水危机后国务院2008年的《太湖流域水环境综合治理总体方案》和2013年的修编方案中就出现了。

在1990—2006年,太湖的 TP 基本保持在Ⅳ类上下波动,而 TN 持续升高,1999—2011年均达到劣 Ⅴ类,甚至超过 3 mg/L,所以那时候国家把控制 TN 作

为关键。如在《太湖流域水环境综合治理总体方案》(2008年)中,2020年太湖水质目标,TN 定为Ⅳ类(1.2 mg/L)、TP 定为Ⅲ类(0.05 mg/L),其制定目标的基准年2005年分别为2.95 mg/L、0.08 mg/L。

《太湖流域水环境综合治理总体方案》(2013 年修编)中,将2020年太湖水质目标修改为 TN Ⅴ类(2.0 mg/L)、TP 保持Ⅲ类(0.05 mg/L)。分析2013年方案降低 TN 目标的原因,认为当时 TN 比较高,要从劣 Ⅴ 类改善至Ⅳ类(1.2 mg/L),必须提高 2 个等级,很不容易,就调低了目标,只要求达到2.0 mg/L;很明显认为当时 TP 从Ⅳ类改善至Ⅲ类、达到0.05 mg/L 是可能的,就未做调整,保持0.05 mg/L。这说明当时认为削减 TN 难于 TP。

但实施结果,2007年太湖供水危机以来,TN 得到相当多的削减,2020年TN 很容易就达到Ⅴ类,甚至达到Ⅳ类1.48 mg/L,较2007年削减 37%;TP 削减的很少或甚至反而增加,2015—2019年的 5 年中均高于2007年的0.074 mg/L,其中2018年上升到0.097 mg/L,较2007年增加31.1%,所以2020年 TP 未达到目标Ⅲ类,仅达到0.073 mg/L,与2007年基本持平。实际上,2013—2020年期间TP 一直在Ⅳ类中徘徊,基本未得到提升。所以,现在相当多的专家又认为太湖治理 TP 是关键。

事实上,太湖这样的蓝藻多年持续爆发的浅水湖泊,在各阶段削减 TP TN 的难度和专家对其的认识程度均是不同的。应该说,控 P 是关键仅能适合某一阶段,其实 TP TN 全面达到Ⅲ类均很难,特别是太湖东部出湖口要达到Ⅱ类。应根据湖泊各个治理阶段的情况制订一水域一策各阶段的削减TP TN(包括外源和内源)的方案,同时削减 TP TN,使其达到水功能区的水质目标。

三、TP TN 全面达到Ⅲ类水的难点

1　TP TN 距Ⅲ类水的目标均有相当的差距

根据分析,当前太湖水质 TP TN 要全面达到Ⅲ类水难度均很大,其中 TP浓度自2007年以来基本持平,一直保持在Ⅳ类,很多年份还升高,所以难度大;TN 自2007年以来持续下降,但要全面达到Ⅲ类也不容易。笔者认为太湖全面达到Ⅲ类(包括东部出湖口达到Ⅱ类)的难度虽大,但经过艰苦努力是完全可

以达到的。

2 太湖以往达到Ⅲ类水的情况

自有监测记录以来,特别是1990年发生蓝藻规模爆发以来,太湖 TP TN 达到Ⅲ类水的情况不多。

1986年以前太湖平均水质 TP TN 基本均是Ⅲ类水,其中梅梁湖1984—1986年的水质略差于Ⅲ类。

1986—2020年的 TP,东太湖和东部沿岸基本为Ⅲ类(其中仅2016—2017年略高于Ⅲ类);2014—2015年五里湖为Ⅲ类;其他各水域水质 TP 均差于Ⅲ类。

1986—2020年的 TN,2018年的东部沿岸、五里湖为Ⅲ类,2018年的其他水域及其余年份的各水域水质总体均差于Ⅲ类。但其中有2008年8月14日、2020年11月10日两个测点的水质 TN 达到Ⅲ类(见表6-3-1)。

3 从历年 TP TN 变化情况分析

太湖的 TP TN 指标值均是20世纪80年代初的Ⅲ类分别逐步上升至Ⅴ类、劣Ⅴ类,然后 TP TN 指标值各自从高位逐步下降至Ⅳ类。

TP 指标值总体是先升后降,即从20世纪80年代初的Ⅲ类上升至80年代末的Ⅳ类,再上升至90年代的Ⅴ类(1996年为最大值0.134 mg/L),其后至2020年期间缓慢曲折下降,均为Ⅳ类。

具体分析,TP 从1981年的0.025 mg/L 和1987年的0.035 mg/L(Ⅲ类)上升至1988年的0.055 mg/L 和1993年的0.08 mg/L(Ⅳ类);继续上升至1994年、2000年的0.13 mg/L(Ⅴ类),其中,1998—1999年略下降为Ⅳ类;2000年后总体曲折下降,均为Ⅳ类,2001年为0.10 mg/L,2020年为0.073 mg/L,其中2015—2019年0.082~0.087 mg/L,较2007年的0.074 mg/L 略有升高。2020年起的一个阶段有下降的现象。

TN 指标值总体是先升后降,从20世纪80年代初的0.9 mg/L(Ⅲ类),上升至1987—1989年的1.6 mg/L(Ⅴ类),再上升至1990年的2.35 mg/L(劣Ⅴ类),继续上升至1996—1997年的3.29 mg/L(其后一直为劣Ⅴ类),2004年达到最大值3.57 mg/L,此后则持续下降至2020年的1.48 mg/L,其中,2012年降至1.92 mg/L(Ⅴ类),2020年降至1.48 mg/L(Ⅳ类)。

变化不同点:TP 指标值从Ⅲ类逐步上升至Ⅳ类,最大等级达到Ⅴ类,1996年达到最大值0.134 mg/L,2000年后总体曲折下降,均为Ⅳ类,其中2015—

2019年的5年由于受蓝藻密度持续升高的影响,其指标值超过太湖供水危机的2007年;TN 指标值从Ⅲ类逐步上升至Ⅳ类、Ⅴ类,最大等级达到劣Ⅴ类,2004年达到最大值3.57 mg/L,此后则由于受蓝藻密度持续升高的影响,由劣Ⅴ类持续下降至Ⅴ类、Ⅳ类,2020年为1.48 mg/L。

表 6-3-1　太湖 TP TN 达到Ⅲ类水的情况　　　单位:mg/L

TP				TN		
时间	数值	水域	说明	时间	数值	水域
1981 年	0.025	太湖平均		1981 年	0.9	太湖平均
1982—1986 年	Ⅲ类	太湖平均	估计	1982—1986 年	Ⅲ类或接近Ⅲ类	太湖平均
1987 年	0.035	太湖平均				
1991 年	0.05	太湖平均				
2007 年	0.04	东太湖				
2008—2009 年	Ⅲ类	东太湖	估计			
2010—2012 年	0.036~0.049	东太湖				
2013—2015 年	Ⅲ类	东太湖	估计			
2019—2020 年	0.045~0.048	东太湖				
2007 年	0.045	东部沿岸				
2008—2009 年	Ⅲ类	东部沿岸	估计			
2010—2016 年	0.032~0.047	东部沿岸				
2019—2020 年	0.035~0.050	东部沿岸		2018 年	0.90	东部沿岸
2014—2015 年	0.044~0.046	五里湖		2018 年	0.72	五里湖
2008 年 8 月 14 日	(0.065) (Ⅳ类)	梅梁湖锦园		2008 年 8 月 14 日	0.71	梅梁湖锦园
2020 年 11 月 10 日	(0.135) (Ⅴ类)	贡湖北部		2020 年 11 月 10 日	0.80	贡湖北部

注:1.2008 年 8 月 14 日梅梁湖锦园附近水质为0.4 μm 滤膜过滤后测定的水质。

　　2.2020 年 11 月 10 日贡湖北部测定的为壬子港附近水域水质。

　　3.表中水质均为年均水质(说明者除外)。

四、太湖 TP 在2007年后升高原因

努力治理太湖多年,2007年以后 TN 持续下降,但2015—2019年为何 TP 难以改善或甚至升高?这是1998年国家治理太湖污染"零点行动"以来遇到的最大的新问题,值得深思。

其一,当太湖水体中 P N 浓度超过一定值而其中 1 个指标下降时,对蓝藻生物量增加不一定会有影响。2007年后 TN 虽持续下降37%,但 N 及 P 仍在适合蓝藻生长繁殖的范围内,所以不影响蓝藻的生长繁殖,蓝藻密度(生物量)仍可能继续增加。

其二,蓝藻密度(生物量)的大幅增加反过来以生物磷的形式对营养盐 TP 浓度的影响更大,也即此阶段蓝藻密度(生物量)对太湖 TP 浓度的影响或大于河道入湖 TP 负荷对 TP 浓度的影响。

其三,说明以往虽然采取许多治理太湖的新举措,但由于人们的有些认识和举措不符合治理太湖污染、富营养化和蓝藻持续爆发的现实情况,故未能达到制订治理太湖总体方案时原预计要求达到的效果。

分析 TP 升高的具体原因有外源和内源二类。

1 外源污染控制力度不够

治理外源的力度基本没有超过或仅少量超过社会经济发展的增速。河道入湖负荷 TP 有相当年份有所增加,2007年为0.184万 t,其后至2020年的 13 年中,低于2007年的仅2014年的0.173万 t,其余 12 年均大于或等于2007年,其中2010年、2011年、2016年均达到或超过0.25万 t,至少超过35.9%,2020年入湖 TP 已有所降低,但仍与2007年持平(见表3-2-4)。

2 以蓝藻为主的内源不断增加

目前每年打捞蓝藻一般仅是打捞水面蓝藻,蓝藻仍然年年爆发,太湖藻密度持续升高,2020年为2007年的6.36倍,各水域同期藻密度为2007年的2.59~22.83倍。其中特别是湖中心达到19.18倍(见表2-2-1、表2-2-2),湖中心水域面积接近太湖面积的一半,对太湖中下游水域产生极大的影响,使藻源性 P 大幅度增加,致使太湖十多年清淤4 200万 m³减轻 P 释放的效果,被增加的藻源性 P

所抵消。

一个水域每一次蓝藻爆发的初期,蓝藻大量吸收 P N 营养盐,产生净化水体的效果;蓝藻大量死亡期则是释放 P N 营养盐,起到加大水体、水底污染的作用,每年蓝藻的百次生死循环,P 元素被释放留在水体、水底,并能够同时导致底泥厌氧酸化反应,加大底泥的 P 释放程度,升高 P 浓度。

如2020年环湖河道入湖 TP 为0.196万 t,较2019年的0.184万 t 增加6.5%,但太湖 TP 浓度2020年为0.073 mg/L,较2019年的0.087 mg/L 降低16.1%,分析其主要原因是藻密度从2019年的12 500万个/L 减少至2020年的9 200万个/L,削减26.4%。

又如2012年环湖河道入湖 TP 为0.199万 t,较2011年的0.25万 t 减少20.4%,但太湖 TP 浓度2012年为0.071 mg/L,较2011年的0.066 mg/L 增加7.6%,分析其主要原因是藻密度从2011年的1 227万个/L 增加至2012年的2 488万个/L,增加94.8%。

这2组数据足以说明现阶段太湖水体 TP 浓度的升降直接与当年的藻密度成正相关,而与环湖河道入湖 TP 负荷的增减几乎无关。当然或许还有其他尚未研究出来的原因。但这也绝不是说没有必要削减环湖河道入湖 TP,因为削减外源 TP 能够有效减少湖中的营养盐 TP 负荷,这是基本治理措施,可以抵消藻源性 P 的增加量,同时为在下一阶段太湖藻密度大幅降低后的情况下降低 TP 浓度创造条件,因为那时候藻密度对太湖水质的影响将大幅度降低、甚至趋近于零,如 20 世纪 90 年代至 21 世纪的最初几年那样,太湖 TP 浓度的升降仅随外源入湖和以往的常规内源(底泥)TP 负荷的增减而升降,太湖水质可以达到Ⅲ类并尽可能达到接近Ⅱ类。

3　外源污染负荷大幅超过环境容量

太湖Ⅲ类水的环境容量 TP 为0.119万 t,2007—2020年河道入湖 TP 平均负荷0.209万 t,为其1.76倍,最大的入湖 TP 负荷为2016年的0.25万 t,为其2.1倍,即2007年后任一年的负荷均比环境容量大。

4　结论

2007年后 TP 很多年份反而升高的原因:外源控制力度不够,没有超过社会经济的持续发展的速度,致使河道入湖污染负荷 TP 有很多年份没有得到削减;入湖污染负荷 TP 大幅超过环境容量;内源蓝藻密度大幅升高,致使藻源性 P 大幅增加,藻源性 P 对太湖水体 TP 浓度的影响或已超过入湖污染负荷对 TP 浓度的影响。

五、太湖 TN 持续下降的原因

2007年以来,河道入湖 TN 在 13 年中有 8 年是增加的,只有 5 年是下降的。河道入湖负荷 TN,2007年为4.265万 t,2007—2016年的 9 年中,曲折升高,2016年达到5.35万 t,较2007年增加25.4%,但太湖 TN 却能够大幅持续下降 37%,原因是什么?

1　削减入湖污染负荷

总的说来,外源河道入湖污染负荷 TN 有所削减。2017—2020年河道入湖 TN 总体下降,2020年为4.133万 t,较2007年降低3.1%。

2　环境容量大幅增加

2015—2020年入湖水量增加,达到年均 130 亿 m^3,使环境容量 TN 大幅增加达到1.82万 t(见表 6-1-2),超过 20 世纪 80—90 年代的 78%。

3　藻密度持续升高

2006—2007年起,太湖的蓝藻密度持续升高,其中2020年藻密度为2009年的6.36倍,特别是湖心水域同期为19.18倍,极大地影响并致使太湖中下游水域藻密度普遍升高,太湖蓝藻持续大规模爆发,甚至冬春季均爆发,致使死亡蓝藻大量向水体释放营养盐,但这些释放的藻源性 N 元素在此过程中能成为 N_2 进入空气,使 TN 持续降低。

4　结论

2007年以来,河道入湖 TN 在 13 年中有 8 年是增加的情况下,分析 TN 能持续降低的原因:削减入湖污染负荷 TN 3.1%;入湖水量增加引起环境容量较以往增加 70% 多;全太湖特别是湖心的藻密度年年持续升高,致使藻源性 N 元素在蓝藻百次生死循环的生化反应的过程中成为 N_2 进入大气。这 3 个因素的共同作用使 TN 持续降低。其中,最后一个原因 N 元素进入大气是现阶段 TN 持续降低的主要因素。

六、加速治理富营养化水质全面达到Ⅲ类

建立全面消除富营养化的目标,采取科学合理的技术措施,包括加快控制外源和内源、调水等措施的进度和加大力度,同时消除蓝藻爆发,就能够全面消除富营养化和达到Ⅲ类水的目标。

1　消除富营养化目标

建议 2030 年前太湖全面消除富营养化。全面达到太湖水环境功能区的目标Ⅲ类水标准,其中东部太湖达到Ⅱ～Ⅲ类。

2　消除富营养化的基本措施是加大控制外源力度

控制外源是治理太湖水环境的最基本措施。削减进入太湖的污染负荷以满足太湖环境容量的要求。其中首要的是污水处理大幅提标,增加污水处理能力,满足减少生活污染和污水厂污染负荷的要求,同时大力削减其他点源和面源的污染负荷。

3　污水处理必须大幅提标

中国存在的水问题主要有水多、水少和水脏等。其中水脏(水污染)就是由于外源内源大量进入水体而造成的。外源主要是污水厂(设施)、生活、工业、畜禽规模集中养殖业四类点源和面广量大的诸多面源。污水厂则是外源中排放大量污染物的主要点源群。中国为满足现代社会的需求建设了众多城镇污水处理厂(简称污水厂),包括许多工业污水处理设施,也包括更多的农村小型污水处理设施。这些污水厂(设施)有多大作用? 它们削减了进入污水厂污水的 30%～75%的污染物。其中太湖流域一级 A 处理标准的污水厂,其污染负荷的削减率能达到 TN 55%～70%、TP 和 NH_3-N 70%～85%。但处理后排放的污染物能满足现代社会河湖的环境容量吗? 需要污水厂提高标准(简称提标)吗? 提标在经济上划得来吗? 提标能达到湖泊Ⅱ～Ⅲ类吗? 提标能在全社会实施吗?

上述一系列问题正是前一阶段直至现在诸多专家和有关人士所关心的问题,也是当下正在进行热烈讨论的问题。本书就提标的必要性、技术可行性和

实施可能性 3 个问题展开讨论。

3.1　提标有必要吗？

回答是污水厂提标完全有必要。只有污水厂实施了提标，与污水厂关联的湖泊水库和河道等水体才能达到水环境功能区的水质目标。

中国城镇化程度不断提高，人口增加，社会经济持续发展，城市污染负荷产生量和入水量不断增加，需持续增加城镇污水处理能力、配套管网的建设及加强管理，更需提高污水处理标准。如污水厂的一级 A 排放标准与地表水环境质量（湖泊）Ⅲ类水标准，TN 分别为 15 mg/L、1 mg/L，前者是后者的 15 倍；TP 分别为 0.5 mg/L、0.05 mg/L，前者是后者的 10 倍。目前，城镇污水处理最高标准是一级 A，其排放污染负荷大幅超出人口稠密和社会经济发达区域水体的环境容量，污水厂成主要点源群，如"三湖"（太湖、巢湖、滇池）、鄱阳湖、洞庭湖、长江、黄河等大中型湖泊、水库、大江大河流域。中国上述城镇污水厂均应提标。这些人口稠密和社会经济发达区域、流域，若不提标，其所在水体则无法达标。因为与 20 世纪 80 年代前比较，目前全部污水厂所排放进入水体的污染负荷是增加的。至于人口稀少和社会经济欠发达区域，则根据其入水污染负荷及河湖水体的环境容量再确定其是否要提标。

有人认为污水处理的主要问题是管网的渗漏和管理问题，提标不是主要问题。这是个重要问题，需要认真解决。但解决了管网的渗漏和管理问题后，仍不能解决减少污水厂污染负荷的根本问题，只有提标才能解决减少污水厂污染负荷的问题。

3.2　提标的可能性和标准

回答是提标完全可能。此问题包含两项内容：一是提标可能性，二是需要提标到多少？这两个内容相关联。目前根据应用创新的技术工艺进行提标改造或新建的多个高标准污水厂，表明污水处理两大指标 TN TP 均可大幅提标。

3.2.1　概念污水厂提标可达准Ⅳ类

概念污水厂的理念为"水质永续、能量自给、资源循环、环境友好"的"四个追求"。概念污水厂构想是在 2012 年 11 月党的十八大做出"大力推进生态文明建设"的战略决策这一背景下启动的，随着这一伟大事业的发展而深化。从污水厂单纯处理污水，到提标减污、污水资源化、能量自给、低碳发展。随着污染防治攻坚战的初步胜利，概念污水厂的实践和认知对社会具有重要意义。

新建概念污水厂包括睢县概念污水厂（2 万 t/d）、宜兴污水资源概念厂（2 万 t/d），处理标准达到地表水环境质量标准的准Ⅳ类。

社会经济在持续发展,时代在不断前进,技术工艺在不断创新,以后的污水厂在排放标准方面,根据社会经济持续发展的需求,将较睢县新概念污水厂和宜兴污水资源概念厂更高。下面介绍的固载微生物技术 TN 提标改造和高速离子气浮技术 TP 提标改造的 2 类技术、工艺就是污水处理提标创新的代表。

3.2.2　固载微生物技术 TN 提标改造可达Ⅰ～Ⅲ类

TN 是污水厂提标中最突出的问题,目前国内污水处理 TN 一般为一级 A,有个别高标准的也仅能达到 3～5 mg/L。

大部分专家认为大幅提标的技术工艺难度很大,是世界性难题,难以完成。我国科技工作者经过不懈能力,吸取国内外经验,创造出 TN 可以大幅度提标的新工艺、新方法、新技术,颠覆了污水处理专家以往的习惯认知。

固载微生物技术(非有机碳源硫自养反硝化脱氮工艺)突破污水处理 TN 无法大幅提标的世界性难题,处理生活污水一般可达到地表水(湖泊)标准的Ⅰ～Ⅲ类(0.1～1 mg/L),处理多类工业污水一般可达到 2～4 mg/L,这是当代污水处理行业的大革命。这一技术、工艺在诸多污水厂得到应用推广,效果良好。

北京信若华公司、北京禹科环保科技有限公司、中环怡美环境科技有限公司、福建中微普创生物科技有限公司、上海生迈缘生物科技有限公司等企业合作,利用固载微生物技术与非有机碳源硫自养反硝化脱氮新工艺相结合的技术成功解决了 TN 大幅提标的难题。其中固载微生物技术即是把复合高效微生物固定在合适的载体内,当其遇到污水时,就释放出大量微生物,大幅度削减污水中的 N 污染物,为短程厌氧氨氧化污水处理技术;非有机碳源硫自氧反硝化脱氮新工艺是将单质硫氧化成硫酸盐,同时将硝态氮还原,直接使污水中绝大部分 N 物质还原成为 N_2 进入大气。二者结合增强污水处理效力,叠加除 N 效果,TN 可达地表水环境质量湖库标准的Ⅰ～Ⅲ类(≤1 mg/L)(附图6-1、附图 6-2)。

提标改造项目包括滆池第一污水厂(3.3万 t/d)、济宁污水厂(2.5万 t/d),汶上污水厂(1.5万 m^3/d),提标改造后效果良好。

TN 提标小结:

(1)固载微生物技术(非有机碳源硫自养反硝化脱氮工艺)对生活污水处理厂 TN 提标可较一级 A 提高 15～30 倍,突破了污水处理 TN 无法大幅提标的世界性难题。生活污水厂 TN 提标可达地表水环境质量湖库标准Ⅰ～Ⅲ类,生活和工业混合污水处理提标 TN 可达到2.5～4 mg/L。

（2）此技术提标有两种模式。① 外接成套设备模式。如渑池第一污水厂项目,安装方便迅速,管理简单方便,污水厂改造规模较小。设备中固载微生物反应罐容积为污水处理能力的 1/20,罐中污水反应停留时间一般为 45~60 min,改造项目投资为 600 万~800 万元/万 t,占地小于 20 m²/(万 t·d)。运行成本较低,运行电费0.06元/t 水;若污水厂建在坡地,则可省去水泵电费。② 原设备工艺改造模式。如济宁污水厂和汶上污水厂项目,此模式更为方便快捷,投资少,不新增占地面积,运行费用少。

（3）此两种 TN 提标改造模式在运行期间均不需外加碳源,只需加适量硫源。

（4）固载微生物使用周期:8~10 年,其间只需要稍加维护。

3.2.3 高速离子气浮技术 TP 提标改造可达 Ⅰ~Ⅲ 类

目前污水处理 TP 一般为一级 A 标准(0.5 mg/L),个别能达到0.2 mg/L。若想 TP 进一步提标,需大幅增加化学制剂用量,大幅增加处理成本,污水处理最后阶段产生较多的化学污泥,不利于污泥资源化利用或无害化处置。这是突出矛盾。

麦斯特等公司联合攻关,总结国内外经验,创新出高速离子气浮技术,解决了污水处理 TP 大幅提标难题(见附图 6-3)。处理技术为物理型离子气浮方法处理削减 P 元素,可不需添加化学制剂 PAC、PAM;关键技术是高科技气泡发生器产生的微米气泡使水体中污染物、悬浮物浮于水体上层后自动去除;独特的共轨喷射切割技术的高效空气溶解系统和离子气泡发生系统,瞬间能量转换,裂变出 N 次方 3~7 μm 正电荷气泡云团,改变水分子表面张力,吸附能力呈几何级提升,大幅提高除 P 效果,提高 P 排放标准。虽然多年以前就有人发明了气浮技术,但 P 提标效果不佳,而麦斯特创新出的高速离子气浮技术 P 提标效果极佳,此技术已在全国多地成功推广,正在有效推进我国污水处理 TP 提标进程。

提标改造项目包括无锡市城北污水厂(25 万 t/d)、无锡市芦村污水厂(15 万 t/d)、胡埭污水处理厂(3 万 t/d),效果均良好,可达到地表水质量湖泊标准 Ⅰ~Ⅲ 类。

TP 提标小结:

（1）除 P 率高。高速离子气浮技术可使污水处理 TP 达到湖库水质标准 Ⅰ~Ⅲ 类(≤0.05 mg/L)。但建设方或管理方在接收污水处理提标项目后实际操作时一般控制在湖库标准Ⅲ~Ⅳ类或Ⅴ类(0.05~0.2 mg/L),以节省运行费用,并为今后继续提标留有余地。

（2）投资和费用低。成套设备安装方便迅速,管理方便;运行成本低,电费0.06元/t;运行期间不需加药剂 PAC、PAM;10 万 t/d 设备投资小于1 500万元,占地小于600 m²。

（3）适用范围广。高速离子气浮技术除 P 成套设备,适用规模大小均可。规模小的采用钢结构,规模大的采用钢筋混凝土结构。

（4）此技术主要适用于深度处理阶段。此技术亦可用于较高浓度废水的预处理阶段,有较好的削减效果,但若需高标准除 P,则再需进行二次深度除 P 处理。

（5）处理效率高,节约占地。深度处理,气浮池污水停留时间仅需 2～4 min,普通污水厂需数小时,效率提高几十倍。气浮池处理后水面的浮渣自动快速排出。

上述概念污水厂提标、固载微生物技术 TN 提标、高速离子气浮技术 TP 提标的应用实践说明,污水厂的 N P 指标均能够达到Ⅰ～Ⅲ类(可根据实际需要而定)。同时说明社会在发展,污水处理技术、工艺在进步,只要解决了思想认识问题,紧跟社会前进的脚步,不仅污水处理标准达到准Ⅳ类没有问题,达到地表水环境质量湖泊标准的Ⅲ类也没有问题,更可推进污水资源化的进程。

3.2.4　污水厂提标的标准问题

全国大部分区域污水厂均应提标,但不同区域需根据不同情况进行不同程度的提标。总的原则是污水厂的排放标准与当地水域的水功能区水质目标相适应,就高不就低,这样才能确保当地水域的水功能区水质达标。其中人口稠密、社会经济发达区域的流域如"三湖"、珠江、长江、海河流域等应提高至地表水Ⅲ类或更高,其中湖泊流域应提标至地表水湖泊标准Ⅲ类 TP 0.05 mg/L、TN 1 mg/L 或更高,等于或优于各水体的水功能区目标。

由于河道标准相对于湖泊较低,且无 TN 要求,所以只需要 TP 提标,TN 仅需满足 NH_3-N 的要求。

人口稀少、社会经济欠发达区域的污水厂,根据其环境容量的要求,可以由低于一级 A、一级 B 的处理标准,根据其发展的需求提高为一级 A 或一级 B 标准,或均提高为一级 A 标准,应考虑区域社会经济发展的要求。

3.3　污水厂提标能否实施

回答是完全可以。只要克服思想认识上的障碍就完全可实施、大规模推广。思想认识上的障碍主要是指固有旧意识阻滞污水处理提标的思想和认识问题,有以下一些问题。

3.3.1　有人认为污水厂提标难度大、不可行

污水处理提标在以往确有一定技术难度,但目前污水厂提标完全可行,因已创新出污水处理新技术、新工艺,TP TN 一般能达到地表水环境质量(湖库)标准 I ~ III 类。专家和决策者不能再故步自封,要学习并接受新技术、新工艺,以开放、创新的态度迎接未来,使污水处理的标准与新时代的要求相适应。

3.3.2　污水厂提标影响有关污水处理者的利益链

利益链包括设计者、施工者、运行者。因为这些单位、企业对原有的处理技术已有成熟的经验,可以凭借固有的经验资本顺利地对中标或接收的污水厂项目进行设计、施工、运行,付出的代价小、成本低。采用高标准的新技术、新工艺,这需要重新认识、学习,增加难度和成本,也使有些关系需要重新组合,同时增加了项目中标的难度。

为改善城镇人居环境、改善水环境,政府出钱为加大污水处理能力和提高处理标准奠定了基础;对于加大污水处理力度和提高污水处理标准,各相关利益者应紧紧跟上,为政府解难,为百姓解忧。所以,对于污水处理提标改造工程或新建工程,各路英雄应各显神通,谁跟上时代,谁就是胜利者,否则就会被淘汰;随时代潮流前进的创新者是时代的先锋,不随时代潮流前进的就是落伍者。

3.3.3　有人认为提标增加很多投资及运行费用,不合算

的确,提标需要增加一定的投资及运行费用,但根据上述多个案例,增加的提标改造投资及运行费用并不多,而对于新建高标准污水厂的投资可能少于原老标准的污水厂,因为工艺简单,且其运行费用也比原老标准的低,这些要根据以后大规模推广后再确定。

3.3.4　有人说上级没有要求,等等再说

下级根据上级的指示办事,天经地义。所以,污水厂提标的关键是上级政府应该根据区域的实际情况制订提标的计划和目标要求,地方政府应对污水处理提标进行立法,并加大污水厂提标改造和新建高标准污水厂的投入,以满足区域社会经济的发展需求。

希望有关污水处理决策机构和专家把 TN TP 二类实用的高标准的污水处理技术、工艺、设备融合在一起,组成一个全新的高标准污水处理系统,使二者能各自用于提标改造,或能同时用于污水处理,以更节约土地、减少投资、降低运行费用、便于管理和推广,更符合我国现阶段的需要。特别是人口稠密和社会经济持续发展地区,应大幅提标达到与地区水功能区水质目标相适应的

标准,并且略有超前。地方政府应对污水处理提标进行立法,加大污水处理能力及提标改造的投入。

4 2020—2030年太湖流域和环太湖 5 城市污水处理能力和入湖污染负荷

4.1 2020年太湖流域和环太湖 5 城市应有污水处理能力

4.1.1 以用水量确定太湖流域应有污水处理能力

流域2020年常住人口3 426万人,人均生活用水量:城镇 152 L/d、农村 115 L/d;万元工业用水量为 59 m^3。

2020年太湖流域生活用水36.1亿 m^3,工业用水 34 亿 m^3(不含火电用水、建筑用水),第三产业20.4亿 m^3,合计用水90.5亿 m^3。

以污水排放率0.9计,污水排放量为81.5亿 m^3;污水处理系数以1.2计,包括部分地面径流进入,流域需要污水处理能力 = 81.5 亿 m^3 × 1.2/365 = 2 678万 m^3/d。

4.1.2 环太湖 5 城市应有污水处理能力

环太湖 5 城市人口和 GDP 占流域的比例分别为 56.6%、50.6%。5 城市和流域的社会经济水平相仿,所以污水处理水平也以相仿计算,5 城市污水处理能力为人口和 GDP 比例的加权平均值54%计。5 城市应有污水处理能力 = 2 678万 m^3/d×54% = 1 446万 m^3/d。

4.1.3 2030年太湖流域和环太湖 5 城市应有污水处理能力

由于太湖流域的人口在增加,社会经济在发展,2030年的污水处理能力增加比例以 10%计。

太湖流域应有污水处理能力 = 2 678万 m^3/d×1.1 = 2 946万 m^3/d;环太湖 5 城市应有污水处理能力 = 1 446万 m^3/d×1.1 = 1 591万 m^3/d。

环太湖 5 城市污水厂尾水进入太湖的污水处理能力比例以 35%计,估计分别为:2020年,1 446万 m^3/d×35% = 506.1万 m^3/d;2030年,1 591万 m^3/d×35% = 556.9万 m^3/d。

4.2 估算环太湖 5 城市污水处理排放入湖的污染负荷

以 5 城市应建的全部污水处理能力排放污染负荷的 35% 可能进入太湖计,2020年入湖污水处理能力为506.1万 m^3/d,2030年入湖污水处理能力为556.9万 m^3/d(见表 6-6-1)。现有污水处理能力尚有 15% 的不足,需加快建设。污水处理标准全面达到一级 A,并经多年提标努力,目前绝大多数城市污水处理标准已提标 1 倍左右,其中 TP、TN 排放标准分别已达到

0.2 mg/L、8 mg/L。

表 6-6-1　环太湖 5 城市污水处理尾水进入太湖的能力

年份	计算入湖水量/亿 m³	环湖河道入湖/TP/万 t	环湖河道入湖/TN/万 t	滞留率TP/%	滞留率TN/%	5 城市污水处理能力/万 m³	占入湖比例/%	入湖污水处理能力/(万 m³/d)
2020	115	0.209	4.502	75.7	64.2	1 446	0.35	506.1
2030	120	0.209	4.502	75.7	64.2	1 591	0.35	556.9

排放标准为一级 A（TP、TN 提标分别达到0.2 mg/L、8 mg/L）时，5 城市污水处理2020年时排放入湖 TP、TN 负荷分别为 924（370）t、27 709（14 778）t；2030年时 TP TN 分别为1 016（406）t、31 591（16 849）t（见表 6-6-2）。

表 6-6-2　5 城市污水处理不同标准与地表水Ⅲ类入湖污染负荷比较

项目	年份	污水处理能力/(万 m³/d)	TP 排放标准/(mg/L)	TP 排放负荷/t	TN 排放标准/(mg/L)	TN 排放负荷/t
污水处理	2020	506	0.5	924	15	27 709
			0.2	370	8	14 778
	2030	557	0.5	1 016	15	31 591
			0.2	406	8	16 849
地表水Ⅲ类（湖库）	2020	506	0.05	92.4	1	1 847
	2030	557	0.05	101.7	1	2033

4.3　污水处理标准达到地表水Ⅲ类时能满足2030年环境容量

4.3.1　2020年状况

按目前污水排放已提标的情况计算，2020年的污水处理能力建设全部达到要求，且 TP、TN 提标至地表水（湖库）Ⅲ类标准时，其中 TP 直接可满足2020年状况环境容量的要求；TN 必须在2007—2020年河道平均入湖负荷量削减 21%的基础上才可满足2020年状况环境容量的要求（见表 6-6-3），此计算是未考虑太湖蓝藻持续爆发对削减 TN 有相当大影响的情况。

4.3.2　2030年状况

经计算，2030年的污水处理能力建设全部达到要求，并且提标至地表水

表 6-6-3 污水处理提标至地表水Ⅲ类时可满足2020年环境容量计算 单位：t

项目	排放标准	排放污染物	地表Ⅲ类排放污染物	二者差	2007—2020年河道年入湖负荷	剩余入湖负荷	增15%污水处理能力削减负荷	河道入湖负荷削减21%	剩余河道入湖负荷	入湖水量115亿m³时环境容量	入湖负荷满足环境容量要求
序号		①	②	③=①-②	④	⑤=④-③	⑥	⑦=④×0.21	⑧=⑤-⑥-⑦	⑨	⑩
TP	0.5	924	92	831	2 090	1 260	775	0	485	1 190	均⑧<⑨,满足要求
TP	0.2	370	92	278	2 090	1 812	859	0	953	1 190	
TN	15	27 709	1 847	25 862	45 020	19 158	4 876	0	14 282	16 100	
TN	8	14 778	1 847	12 931	45 020	32 089	6 815	9 454	15 820	16 100	

注：1.⑥TP(0.5)= 2020年污水处理能力 506 万 m³/d×15%×(3.3-0.5) mg/L×365 d=775 t。其中 15%是需要增加的污水处理能力，3.3 mg/L 是目前污水厂平均进水水质，0.5 mg/L 是目前平均出水标准。

2.其他的⑥TP(0.2)、⑥TN(15)、⑥TN(8)均与注 1 类似。其中目前污水厂进水水质 TN 平均为32.6 mg/L。

3.上述计算中均未计入蓝藻持续爆发对于升降太湖 TP TN 的影响情况。

（湖库）Ⅲ类标准时，保持面源 TP TN 分别在2007—2020年河道平均入湖负荷量的成果，即可满足2030年状况环境容量的要求（见表 6-6-4）。

表 6-6-4 污水处理提标至地表水Ⅲ类时可满足2030年环境容量计算 单位：t

项目	排放标准	排放污染物	地表Ⅲ类排放污染物	二者差	2007—2020年河道年入湖负荷	剩余入湖负荷	增15%污水处理能力削减负荷	河道入湖负荷削减14%	剩余河道入湖负荷	入湖水量120亿m³时环境容量	入湖负荷满足环境容量要求
序号		①	②	③=①-②	④	⑤=④-③	⑥	⑦=④×0.14	⑧=⑤-⑥-⑦	⑨	⑩
TP	0.5	1 017	102	915	2 090	1 175	854	0	321	1 240	均⑧<⑨,满足要求
TP	0.2	407	102	305	2 090	1 785	945	0	840	1 240	
TN	15	31 591	2 106	29 485	45 020	15 535	5 367	0	10 168	16 800	
TN	8	16 849	2 106	14 703	45 020	30 317	7 502	6 303	16 512	16 800	

注：1.⑥TP(0.5)= 2020年污水处理能力 557 万 m³/d×15%×(3.3-0.5) mg/L×365 d=854 t。其中 15%是需要增加的污水处理能力，3.3 mg/L 是目前污水厂平均进水水质，0.5 mg/L 是目前平均出水标准。

2.其他的⑥TP(0.2)、⑥TN(15)、⑥TN(8)均与注 1 类似。其中目前污水厂进水水质 TN 平均为32.6 mg/L。

3.上述计算中均未计入蓝藻持续爆发对于升降太湖 TP TN 的影响情况。

表6-6-3、表6-6-4说明：

（1）此二表为简单估算公式的计算结果表，其间或省略了内源和水生动植物等影响因素。若入湖负荷TP TN能够满足环境容量要求，太湖宜兴沿岸水质可达到地表水Ⅲ类，东太湖可达Ⅱ类。

（2）TN负荷进入太湖后，由于湖中蓝藻持续爆发能够继续削减TN。但目前对此尚无任何可用的计算公式。所以，在建设足够处理能力后排放标准提高至Ⅲ类，太湖水质TN达标，实际需要削减外源会小于表中的14%～21%，估计削减5%～10%即可满足要求。具体削减各类面源的数量比例根据具体情况确定。

（3）太湖流域应进一步建设、扩大污水处理能力，污水处理排放标准全部提标达到地表水Ⅲ类。

（4）2020(2030)年污水厂入湖污染负荷TN，若以目前提标后的8 mg/L计，则排放TN 1.48（1.685）万t，已接近或超过相应年份环境容量1.61（1.68）万t；TP若以目前提标后的0.2 mg/L计，则排放TP 370（407）t相当于环境容量1 190（1 240）t的34（33）%。所以，污水厂的入湖污染负荷TN是太湖外源的最主要部分。其中污水厂排放的TN TP在入湖前能得到部分净化。

（5）若以一级A标准排放计算，污水厂入湖污染负荷TN TP较相应年份环境容量的比例更大。所以，无论是以2020年或2030年计，污水厂均必须要提标，才是满足太湖环境容量的最有效、最简单快捷的途径。

（6）污水处理标准提高至地表水Ⅲ类，新技术完全可行，且污水厂提标改造资金不多，就是建设新技术工艺污水厂的投资也较原技术工艺的低，运行费用也较原技术工艺的低，所以很合算，应该提标。特别是TP使用MST高速气浮技术提标，TP达到Ⅱ类或Ⅲ类的运行费用相差无几，TP更应提标，确保太湖水质达到Ⅲ类。

（7）上述两表充分说明污水厂提标对于太湖水功能区水质达标的重要性。

5 加大污水处理力度

各区域需要适度超前考虑我国社会经济持续发展的实际情况，进一步新建高标准污水厂加大污水处理能力，满足污水处理的需求。流域在提高污水处理标准的同时，应提升污水处理能力，以满足对全部污水进行处理的需求。根据目前情况太湖上游区域的污水处理能力尚不足，需要适度超前考虑，一次规划分期实施，以满足2030—2049年各时期的污水处理能力。

6　要建设全覆盖的配套管网和加强管理

建设全覆盖的配套管网和加强污水处理系统的运行管理,如对管网全面普查,纠正管网的错接、混接、漏接,封堵排污口,全部污水均接入处理厂处理,农村全面建设小型污水处理设施,以满足太湖流域人口不断增加和社会经济持续发展的需求。

7　加大其他点源和面源治理力度

(1)加大其他点源治理力度。全面有效地控制其他点源:生活污水全部进入污水厂处理,全部生活垃圾进行无害化处置和资源化利用;工业企业继续关停并转重污染企业,进入工业园区,推行无污染或少污染的工艺,污水进行高标准分类处理或进行资源化循环利用、零排放,废弃物进行无害化处置和资源化利用;规模畜禽养殖污染(污水和废弃物)进行高标准集中处理,政府给予一定补贴。

(2)加大面源治理力度。积极有效地治理面广量大的面源:加大治理种植业、农村生活污水和垃圾、水产养殖、航行等各类污染的力度,如建设美丽乡村、农田测土配方,大量削减化肥、农药用量,推广使用有机肥,节水灌溉,减少农田径流污染;严格控制洞庭东山、西山由于乡村旅游业迅速发展而引起的生活污水、垃圾污染入湖,减少太湖东部水域的污染;面广量大的河道可广泛采用直接净化河道水体和底泥的治理技术,减少河道的污染负荷入湖。

8　创新技术加大控制以蓝藻为主内源的力度

(1)除藻,深入削减蓝藻数量是目前控制内源的主要措施,同时清除底泥有机污染和水体污染(具体在第七篇论述),大幅减少内源污染负荷,使外源和内源的总负荷小于太湖环境容量。

(2)用常规清淤方法清除、疏浚通航河道入湖河口的污染底泥。

(3)其余太湖大部分水域的有机底泥污染可用创新方法如微粒子(电子)技术清除湖底有机底泥污染和死亡蓝藻污染的综合技术进行清除,可免除或减少使用太湖常规清淤技术进行施工,也不需要或减少堆泥场。

9　科学调度增加调水能力

调水能够增加环境容量和水体自净能力,带走一定数量的蓝藻和污染物,在一定范围内治理水体富营养化。科学调水、统一调度,增加调水能力,继续实施望虞河"引江济太",改善贡湖及相关水域水质和降低蓝藻密度;坚持梅梁湖泵站调水出太湖,继续改善梅梁湖水质和降低藻密度;新沟河"引江济太"开始投入使用,加快改善竺山湖及相关水域水质和降低蓝藻密度;加快新孟河建设,进一步改善太湖西部水域的富营养化和降低蓝藻密度,增加环境容量。

10 恢复湿地加大净化水体能力

太湖湿地具有净化水体、固定底泥、减少营养盐释放和抑藻除藻的作用。恢复植被覆盖率至20世纪50—70年代25%~30%的规模。具体在第八篇论述。

11 水土共治技术

水土共治技术是同时能够治理水体污染和底泥污染二合一的治理技术,可以是二合一的一项专用治理技术或是组合型治理技术。专用治理技术如微粒子(电子)治理技术一类的技术,采用此类技术同时能够治理水体和底泥的污染,成本较省,施工和管理均较方便;组合型治理技术则是由2种或更多种技术组合而成的能够治理水体污染和底泥污染的技术。采用何类技术合适根据具体情况而定。

七、直接净化河道提升水质

太湖要深入治理、全面消除富营养化,水质全面达到Ⅲ类,但太湖上游相当多的河道PN不达标,污染严重,其表现为黑臭、水质劣Ⅴ类、透明度低、水生植物稀少。所以,必须进一步控制外源,其中直接净化河道水体、削减河道入湖污染负荷是有效途径之一。

1 河道及其特点

1.1 河道

太湖流域为典型的低洼平原区域,河网纵横交织、湖泊星罗棋布,河道总长约12万km,河网密度3.3 km/km²,0.5 km²以上的大小湖泊189个,水面面积在40 km²以上的有6个,小微型河道有上万条,骨干河道大中型河道有百余条,其中主要入湖河道有22条。太湖是其中最大的湖泊。河网与太湖、诸多湖泊和湖荡相互连接,并与北部的长江、南部的钱塘江相互沟通,共同起着泄洪排涝、蓄洪储水、调水供水、航运和改善水环境的作用。

1.2　河道特点

太湖流域千百年来是人口稠密、社会经济发达区域,为保持社会经济持续发展,人工开挖了众多的重要河道和小微型河道,以利于发展水运,便利生活用水、灌溉和发展城镇建设。

(1)小微型河道特点。水流缓慢,流量小,入河污染负荷多;土地资源紧缺,河道两侧护岸大多为直立式硬质护岸(坡);降雨初期地面径流污染物大量入河;底泥释放 N P 和黑臭物质多等。

(2)入湖河道特点。太湖水量主要来自于环太湖的入湖河道;太湖污染负荷量的85%来自于入湖河道;相对于小微型河道水流较快、流量较大,河道两侧护岸大多为直立式硬质护岸(坡);底泥释放 N P 物质较多。

2　河道水质现状

2.1　环太湖河道水质

入湖河道近几年均消除劣 V 类,但其 V 类标准的 TP 浓度为0.4 mg/L,且无 TN 要求;湖泊 V 类标准 TP 浓度为0.2 mg/L,TN 为 2 mg/L,二者相差甚多。如按湖泊标准评价,环太湖河道入湖水质,多年平均值 TP 0.189 mg/L、V 类,TN 大部分为劣 V 类。其中湖西区 TP 0.226 mg/L、TN 3～5 mg/L,均为劣 V 类。另外,骨干河道如京杭运河(苏南运河)水质一般均能够达到Ⅳ类。

2.2　小微型河道水质

流域众多的小微型河道有相当多治理效果良好,但仍有相当多河道治理效果不佳,甚至尚存黑臭现象,至于各城区的暗河,几乎全是黑臭水体,所以下大雨后暗河下游的河道几乎均是劣于 V 类或成为临时性的黑臭河道。

3　直接净化河湖水体的必要性

太湖流域的河道大部分得到较好的治理,但有相当部分尚未能达到Ⅲ～Ⅳ的水质目标要求。总体是控源截污措施尚不能完全满足要求:

(1)城市村镇的生活污水、工业污水等不能全部接入管网进污水厂(设施)进行处理,污水处理标准尚不能够满足流域社会经济发展的需求。

(2)排污口难以全部封闭,特别是城市有相当多的暗河(涵管)难以全部封闭排污口,污水厂的排污口不能封闭。

(3)老城区污水管与雨水管错接。

(4)有些厨房生活污水或洗衣机污水排入了雨水管道。

（5）进入雨水管的初期雨水是污水，大中城市此现象十分严重，一般大雨暴雨初期0.5~1 h，从雨水管里排出的水是黑的，其污染来源：一是雨水中的污染物；二是雨水管（包括窨井）中相当长时间沉积的污染物；三是强降雨时，易造成生活污水管被雨水倒灌而形成污水外溢造成河水污染严重。这些情况难以使河湖水体尽快变清，如上海在大暴雨后的1~2 h，苏州河两岸排污口排放的水均是黑臭水，以致苏州河在大暴雨后的数天都难以变清。

由于流域上游的入湖河道及其支流的水质尚不尽如人意，所以很有必要对入湖河道进行从源头至入湖河口的全河段的治理，需要采用直接净化河湖水体的技术，逐步使全部河道水质达到水功能区的要求。

4　直接净化河道水体技术总体要求

总体要求：效果相对较好；效率相对较高；成本相对较低；实施管理相对较方便；安全性相对较好；有利于生态修复；有利于长期有效改善水质；能与其他治理河湖的技术相融合；百姓能够接受、决策专家不反对，或通过宣传、思想工作使专家表示同意。

5　河道净化水体生态修复五步骤

5.1　总体步骤

河道特别是中小河道净化水体生态修复五步骤：

（1）实施控源截污。

（2）消除底泥污染。

（3）在此基础上实施净化河道水体、消除黑臭、提高透明度。

（4）生境合适的实行生态修复。

（5）长效管护。若未及时控源截污、消除底泥污染，就实施净化河道水体、生态修复，则治理效果普遍不佳。

5.2　严格控制外源入水

（1）增加污水处理能力和提标。① 增加足够的污水处理能力，处理能力与人口、社会经济发展规模相当，生活和工业全部污水进污水厂（设施）处理；② 根据环境容量提高污水厂处理标准，主要指标达到当地及太湖的水功能区标准，有人认为提标过高，分析其原因主要是认为提标投入过高，实际上现在创新的提标技术投入相对不多，且现在不是提标过高，而是普遍提标不够；③ 建设完善的污水收集管网和加强管理维护；④ 加强污水厂达标排放的监督检查。

（2）大幅度减少4类点源污染负荷。包括大幅度减少污水厂、工业、生活和畜禽规模养殖业4类点源的入水污染负荷；封闭全部排污口（污水厂排污口除外），其中雨污合流管道及三产污水进入雨水管道的排水口应同时封闭；严格控制畜禽养殖污染、资源化利用。

（3）严格控制面源。控制以农业为主的包括种植业、水产养殖业、分散畜禽养殖及垃圾污染在内的各类面源污染。

（4）控制地面径流污染。太湖流域是社会经济发达的区域，地面径流成为主要的面源污染之一。要控制雨水管道污染；建设海绵城市，增加绿面面积、减小地面径流、蓄存雨水，综合利用，净化初期雨水径流；采用雨污合流分流（溢流）技术，将不下雨或下雨初期合流系统中的污水和雨水进行处理，加强对大暴雨初期地面径流污染的控制，注意大暴雨地面径流污染对河流生态系统的冲击过程，采取必要措施削减或滞缓入河污染负荷量，尽快消除短时间污染负荷冲击和恢复水质。在进行河道治理和生态修复的设计时要考虑此因素。

（5）节水减排。在第一、二、三产业的各行各业全面推行节约用水，节水就是减少污染物排放。

5.3　采用新技术清淤减少内源

采用环保型机械实施清淤，或采用微粒子技术或高效复合微生物等直接降解有机淤泥、消除黑臭；若底泥污染不严重则可不必清淤。若治理河道仅注重改善河道水质而不注重清除底泥污染，底泥持续释放污染物则使河道治理达标后不能长期保持良好效果。通航河道主要控制船舶的生活和石油污染，适度控制船行波起浮底泥。同时全面整治河道岸坡和沿岸的景观环境。

5.4　直接净化河道水体

（1）高效复合微生物制剂特别是固载微生物（见附图6-1）和微粒子技术净化水体为首选。

（2）物理或理化技术，如采用混凝过滤、磁分离、造流曝气和增氧（特别是利用纯氧曝气增氧）等技术净化水体和除藻，利用光催化（光触媒）、紫外线、臭氧、超声波、改性黏土等技术净化水体。

（3）采用生物技术净化水体，如利用轮虫等低等原生动物；种植水葫芦，放养菱，种植芦苇、荷花等挺水植物。

（4）采用上述技术搭配实施。

5.5 生态修复

生态修复是在水质得到较好改善的基础上,在河底、边坡、水体种植适当密度的植物,并结合修复适宜的动物、微生物。全国在社会经济发达的平原河网区实施生态修复控制严重污染河道已取得广泛成功的经验。相当多实施人工生态修复河道的植物多年均保持良好的生长状态。人工修复与自然修复相结合,人工修复促进自然修复。

(1)治理河道生境合适的均应生态修复。除非河道不能种植植物(如非土质的河底或边坡),或建设单位由于某种原因只要求水体变清而不要求修复植物的。

(2)一河一策修复生态。如根据河道的水深、流速、航行、底质、防洪等情况要求进行生态修复设计。水深的河道只能进行边坡修复,建设生态边坡,但要确保防洪排涝和航行安全,满足防冲刷和稳定性要求,通航河道要考虑船行波对护坡及植物的影响;水浅的可在河底修复植物等;河底为非土质,若有必要和可能情况下,可在河底填土种植植物;为满足景观和除污要求可设置浮床。

(3)以种植本地常见品种为主。外地品种经试验驯化后适量种植。修复成功后可适量养殖小型非底栖鱼类、观赏鱼类等。硬质护底(坡)、流速较快河道可不种植沉水植物,主要消除黑臭和保持河水清洁,同时满足观景要求。

(4)尽量创造较平静的水面。底坡略陡或有特殊情况的河道可设置滚水坝、溢流坝、水闸等,进行分段治理;较大水面河湖分片建设挡风浪设施;有行洪排涝和航行要求的不应妨碍其功能。

(5)较深水体可采用立体多层浮床(浮岛)种植。多层浮床(浮岛)可为固定式或可移动式,顶层为挺水植物,中下层为沉水植物,上中层同时可挂人工生态纤维草,立体多元净化水体。

(6)根据生境变化适时调整生物结构。随着生态修复时间的推进,河道的水质状况得到一定程度的改进,此时需要适时调整生物结构,有些耐污的动植物应该逐步调整为不耐污的动植物。

(7)农村河道生态修复。乡村土地资源相对较宽裕,可用土质护坡或各类边坡较缓的生态程度较高的护坡,利于植物、微生物、动物的生长和栖息。

5.6 长效管理

任何一项工程技术措施实施完成后,均要进行长期有效的管理,才能见到河道水体清澈、水质良好、水生植物生长茂盛和鱼翔浅底的美丽的自然景色。必须制订管理方案,要有管理机构、管理队伍、管理资金,要建立管理责任制。

这些长效管理的责任就落实于河长制。同时为便于长效管理,在实施河道治理的时候就应该选择适合于长效治理的治理措施,否则只有几个月水体就浑浊甚至发生黑臭现象,或植物死了、鱼活不了,河道又要重新治理,这是治理者的责任,所以在实施河道治理的时候就要考虑采用长效治理的技术和达到长效的结果,并且考虑结合长效管理,使其持久成为水草旺盛、游鱼可数、生物多样的水清岸绿景美的河道。

6 河道净化区域平面布局

相当多常规治理净化河道是采用净化池(或称氧化沟)、前置库的治理方式。将河道水质不合格的水体流经净化池、前置库治理合格或减轻污染后进入下游。

6.1 前置库净化池的概念

(1)前置库,就是在大型河湖、水库等水域的入水口处设置规模相对较小的水域,将河道来水先蓄在其内,此水域实施一系列水的净化措施,同时发挥其沉淀等自我净化能力,削减一大部分污染负荷,再使水流入其下游大型河湖、水库等水域。

(2)净化池,与前置库相仿,亦即使上游水体中含较多污染物的水流经过一个水域,提高自然净化能力及采取人工净化措施使水体减少污染负荷,得到净化,随后流入下游。净化池也称氧化沟。

6.2 净化池前置库的土地占用

设置净化池、前置库的原则,在土地资源紧缺的太湖流域总的原则是不占用或尽量少占用土地。一般是利用现有的坑塘洼地、河道河段、湖泊湖湾等,必要时也可少量占用土地设置。

6.3 净化池前置库的分类

(1)部分河段作为净化池,一般是底坡较缓、水流较缓慢的河段可以直接作为净化池,其下游端应设置控制水流的各类坝等。

(2)河道两侧的坑塘洼地作为净化池。对于流量较大和流速较快的河道,可在河道外侧设置一个或多个旁侧净化池,其中多个旁侧净化池之间可直接连通或不直接连通,引导河水自流或水泵抽引进入河道旁侧每一个净化池,经净化处理后的水进入河道下游。河道旁侧净化池系统相当于与河道平行的汊河。净化池的总容积和个数根据需要净化的水量、时间和力度,以及土地和其他条件的可能性决定。

(3)把整条河道作为净化池。由于流域土地紧张、相当多河道水质较差或达不到水质目标,急需要净化水质达到考核目标,而河道周围无可利用的净化池。所以,可直接把整条中小河道作为净化池对待。若不通航的河道流速较快且水深很浅,则可设置一级或多级坝体(可为橡胶坝、溢流坝或临时坝)适当抬高水位、增加水深,又可正常泄水。

(4)河道组合净化池。河道本身可以作为净化池,同时可在河道一侧或两侧均设置净化池,河侧的净化池可以是1个或多个成串排列。

(5)在河道入湖口设置入湖前置库。在河道入湖口周围一定范围内设置围隔或坝体形成相对封闭的水域作为前置库。如湖西区宜兴、常州相当多进入太湖的河道水质均较差,均可在入湖前先进入前置库处理改善水质后再进入太湖。或可将太湖沿岸水域已被围垦的大量湖滩地作为大面积的前置库,对河水进行必要的处理。

(6)污水厂尾水排放口设置入水前置库。若污水厂的尾水水质满足不了受水区的水质要求,可利用其下游的坑塘洼地、湖泊湖湾作为前置库。如太湖西部区域有西氿、团氿、东氿、漕湖等中小型湖泊及众多湖湾、芦苇湿地,有些污水厂可将湖湾和芦苇湿地作为前置库,其尾水排入其中得到较大程度的净化后,再排入河道及太湖。

7 净化河湖水体技术及种类

7.1 净化河湖技术种类

常用分类:物理、理化(电子、量子、曝气)、化学(混凝气浮或沉淀)、微生物、生物(植物、动物)生态修复等;以治理效果长短分类:短效治理技术和长效治理技术。河湖水体本身也有一定或相当强的自我净化能力,如沉淀、水体流动增氧等。

河湖治理基本要求是控制点源、面源和内源的污染负荷,以及采取调水和生态修复等措施。但有时候仅依靠上述措施不能在较短或相对较短的时间内使水体变清,改善水质,此时就需要采用直接净化河湖水体技术。

7.2 微生物治理技术

世界上有千万种微生物,其中有益微生物有上万种。使用单一微生物净化水体的效果一般不尽如人意,应将高效复合微生物作为治理水环境的首选技术,潜力巨大。

7.2.1 治理水污染微生物种类

微生物种类:好氧菌、厌氧菌、兼氧菌、制氧菌,其中包括亚硝酸氧化细菌、反硝化细菌等有益菌,其主要有光合菌、乳酸菌、酵母菌、放线菌、益生菌、硫还原菌、各类杆菌(芽孢、产气、乙酸、产碱等杆菌)等。人工投入微生物后,相当多可同时激活、催化土著微生物。其中制氧菌在治理黑臭水体中有特殊的用途,可减少曝气增氧量甚至可不需曝气增氧。

7.2.2　微生物作用

微生物在水环境治理中的总体作用是净化水体、底泥。一般治理水体的微生物菌群中有十多种甚至几十种有益菌,共同发挥作用。

微生物通过其好氧、厌氧反应,分解、降解或转化水体或底泥中的脂肪、有机物、碳水化合物、植物纤维素等污染物,将污染物转化成 CO_2 和水,使 N 元素成为 N_2 进入大气,其中通过硝化(氨氧化、亚硝酸氧化)作用和反硝化细菌作用能较快降解 NH_3-N,而降解 TN 较慢较难;此反应过程中也使 P 元素沉入水底成为不溶性 P;吸收 N、P、C 等物质成为微生物机体组成的一部分。微生物净化水体的同时一般可提高透明度,高效复合微生物一般可同时消除黑臭、清除底泥污染。微生物治理河湖水体,与其他有关措施合理配合使用则能起到更好作用。

7.2.3　微生物载体

微生物具有合适的载体才能发挥高效和持久作用。载体一般分为 2 类:

(1)自然载体。如河底和边坡的构造物质、植物水中部分、悬浮物质和水生动物等。

(2)人工载体。包括人工生成或放置的各种形状的物质,一般采用具有巨大表面积或多孔物质。① 巨大表面积载体如碳素纤维或塑料纤维等,其作用主要是使土著微生物或人工投入微生物能够在其表面形成生物膜,成为微生物栖息场所,利于微生物繁殖和固定。② 多孔物质如固载(固化)微生物,即固定在载体内的微生物。把微生物固定在载体内后成为微生物的母体、繁殖微生物的机器,固载微生物设备能抵御较强水流的干扰、冲击,使微生物能持久繁殖、存在,解决了水流冲走微生物的难题。

7.2.4　固载微生物具有稳定持久性

(1)人工加入固定化载体的微生物。优良复合微生物菌,能显著激活、催化土著微生物,若微生物有合适的生境(包括水体、底泥、水动力、其他生物、种间竞争等),在一般情况下可长期有效地发挥作用。一般撒布的微生物若遇水流冲击或菌群衰退,则需再次撒布、补充微生物,而固载微生物则无此遗憾,不怕水流冲击。微生物治理河道均需要解决在冬季低温状态下提高其活性的问题。

(2)自然进入固定化载体的微生物。由于固定化载体具有良好的栖息和营养生境,所以当载体放入水中之后,土著微生物就被逐步吸引进入固定化载体,经过一段时间的生长繁殖,就能发挥微生物有效治理水体的作用。其后可以起到与人工加入微生物的固载微生物同样的功能。固载土著微生物如TWC生物蜡等技术就是一类很有治理污染潜力的技术。

7.2.5　消除对微生物的误解

微生物对于环境、人类有好有坏,相当多微生物是有益的。实际上人们正在广泛利用微生物,如污水厂采用生化工艺(微生物)处理污水,利用微生物除藻、消除水体黑臭和有机污泥、净化水体,正在得到越来越广泛的应用。使用微生物要确保其安全性。但有些专家对使用微生物存在误解和偏见:

(1)有些湖泊不允许使用微生物。现在的潜规则是微生物不能在"三湖"使用,但一般无明文规定。在水源地禁止使用微生物可以理解,但非水源地的湖泊或水域应该可以使用。

(2)河道治理禁止撒布微生物。使用微生物要确保其安全性。有些专家对使用微生物存在误解和偏见,原因是使用微生物有一定副作用,如在水流较急河道使用撒布方式投放微生物则容易被冲走,或有可能需要降雨一次就撒一次微生物,这样成本太高。但这样笼统的规定不符合实际,也不科学。因为,其一,微生物在全国广泛使用是不争的事实;其二,平原水流静止或缓流的河道应该可以使用;其三,平原河道作为应急措施使用或一次性(或一轮)使用,如作为消除黑臭的先行技术,或作为净化水体和修复生态系统的先行技术,使水体清洁和提高透明度后可以种植沉水植物等,均是经过长期实践认为是可行的。

7.2.6　采用高效复合固载微生物为首选

采用微生物的种类和数量需要根据河道水体和底泥的污染种类与程度、进入的污染负荷决定。污染严重和进入污染负荷量较多的河道应采用多种好氧菌、厌氧菌、兼氧菌和制氧菌,合理配置成为高效复合微生物菌群,可直接分解、降解或转化水体或底泥中的脂肪、有机物、碳水化合物、植物纤维素等。

其特点如下:

(1)能快速净化水体。

(2)净化水体效果好。

(3)适用范围较广,一般水体均可使用,可削减水体中TN TP和有机质等污染物,也可处理底泥。

(4)只要微生物选择和搭配的好,可长时间保持水体清洁。

(5)固载微生物为使用微生物长期有效治理河道的首选,因为固载微生物能在流动水体中使用,载体内的微生物母体不会被水流冲走。而非固载微生物在汛期流量较大情况下,虽在河道撒布、生存的微生物已与一定合适的载体(包括河底、边坡、植物、人工载体等)形成一定规模的生物膜,微生物具有一定丰度,具有一定的抵御水流冲刷能力,但此类情况很少,大部分均经不起水流的冲刷,所以固载微生物就是最佳的选择。

7.2.7　TWC 生物蜡净水清淤技术

此技术为利用 TWC 生物蜡作为固定化载体的土著微生物消除水体、底泥污染的专用技术,此技术治理期间不需要外加能源,同时可以治理黑臭暗河(渠、沟),冬天也有效。治理河湖水体效果良好。

7.3　微粒子(电子)技术

7.3.1　金刚石碳纳米电子净化水体技术

该技术为物理技术,其装置在通电后释放电子,在阳光下产生光电效应、光催化作用,较快消除水体中的 P N、悬浮物,起到净化水体和底泥的作用,比较适合大中型水体使用。该技术实施和管理比较方便、简单,用电很省,基本不受温度限制,在冰层以下同样可发挥作用。与此类似的还有复合式区域活水提质技术。

7.3.2　光量子载体净化水体技术

该技术为光量子波物理技术,是将光量子的能量植入载体,放入水体后的载体释放能量、产生氧气,经数天就能消除水体的 P N、悬浮物,起到净化水体和底泥的作用。比较适合中小水体使用。治理过程不需要用电,基本不受阳光和温度限制,在黑臭暗河(渠、沟)可发挥作用,在冰层以下同样可发挥作用,施工、管理方便,

7.3.3　光催化净化水体技术

石墨烯光催化生态板网技术是利用石墨烯的光催化作用,消除水体污染。作用过程为:太阳光照—产生电能—生产氧气—净化水体。效果:有效提高透明度和消除 NH_3-N 等污染物;光照 2 周内,可明显改善水质,使污水变清。适宜在静水或慢流速小的水体中使用。

7.4　其他物理技术

7.4.1　物理过滤

如动力抽水通过滤网或滤床净化水体。又如磁分离技术等。

7.4.2　曝气技术净化水体

曝气技术是将空气中的氧气(或直接用纯氧)强制向水体中转移,使水和空气(氧气)充分接触以去除水体中的 P N、有机物、有毒有害污染物质的技术。曝气技术一般需要曝气装置和配套管路系统,也可配以喷泉、多阶跌水等曝气设施。使用的气体分为 2 类:天然空气和纯氧气(一般用工业制氧法从

空气中制取氧气),采用纯氧曝气较单纯空气曝气的作用强,因正常情况下空气中氧气的比例仅为21%。也可采用臭氧。尽量采用清洁能源的太阳能大流量曝气设备。曝气设备通过造流可增加水体垂直和水平方向的流动性,起到增氧、降解污染物、降温和除藻等作用。曝气技术一般在河道治理特别是黑臭河道的后续治理中得到广泛和长期的应用。

7.4.3 砾石间隙处理技术

在山区小河道可采用砾石间隙处理技术(简称砾间技术),即让河水通过一定体积的砾石间隙,由于其间自然存在的微生物的作用而得到净化,若污染较重,应增加曝气过程,包括梯级曝气或机械曝气,必要时可人工添加微生物,则效果更好。

7.5 混凝气浮技术

混凝技术即使用混凝剂(絮凝剂)使水体中的悬浮物依附于其表面,使其上浮或沉淀,达到清除悬浮物的目的;气浮技术(麦斯特)是利用气浮设备产生微纳米气泡使水体和水底的悬浮物悬浮于水面再去除。气流喷射技术是喷射气流使各类悬浮物悬浮于水面再去除,采用雷克公司的底泥洗脱船可使水底的有机悬浮物质和蓝藻上浮、去除,或通过动力抽水进入容器后再用混凝气浮方法净化水体。

7.6 添加剂技术

添加剂技术是在治理水体的过程中添加一种物质,以达到消除或削减某一种或多种污染物的技术。该技术可消除或削减的污染物质包括PN、有机质、有毒有害物质及蓝藻、藻类等。选用的添加剂必须是符合安全标准的物质。

添加剂可以是粉剂、颗粒状或水剂。如可利用某类食品级的添加剂净化水体;利用向水体喷洒锁磷剂,使水体中P颗粒沉入水底,降低P浓度,净化水体;天然矿物质净水剂可以使水体中的悬浮物沉于水底等。

7.7 常规净化水体技术

7.7.1 控源截污

控源截污是净化水体的基本技术,包括采用各类技术控制和削减点源和面源产生的污染负荷和阻止其进入水体,或减缓其进入水体的速度,包括控制初期雨水污染的合流溢流制技术和建设海绵城市。

7.7.2 调水

采用调好水或相对较好的水进入受水区域,或调差水出水域外,起到增加环境容量和自净能力,带走蓝藻和污染物质,改善水质等作用。

7.7.3　清除内源

清除内源包括清除污染的底泥和有毒有害物质及蓝藻等,也可起到净化水体的作用。

7.7.4　生态修复和生物技术

在基本能满足生境条件的水域中,修复、恢复或重建与之相适应的生态系统。生态系统包括各类植物、动物和微生物等生物,其中湿地包括芦苇、沉水植物湿地和混合类植物湿地,可净化水体和底泥;鲢鳙鱼、贝类、浮游动物通过滤食水体中微生物、有机物碎屑等而达到清洁水体的目的等;轮虫、食藻虫等低等原生动物,只要生境合适,生长繁殖速度很快,能有效净化水体;种植紫根水葫芦在 1~3 个月内净化水体,可使水体清澈见底,但需适时去除其植株和残体并资源化利用或无害化处置。种植普通水葫芦(凤眼莲)也有一定的净化水体作用,但副作用较多。菱也是传统的净化水体植物。

8　分类治理净化河道提升水质

8.1　净化小微河道

上述7.1~7.7节的各类技术可根据各条河道的具体情况选择适合的技术。在基本控制污染源和合理选用净化池方案的基础上,在选择能够达到治理目标、效果的技术的同时,特别要分类比较选择投资少和运行费用低的专用技术或组合技术。其中的专用技术或组合技术必须是能够同时治理水体和底泥污染的二合一技术,即水土共治技术。这样才能避免产生河道水质反复或黑臭反复的不良现象。

8.2　净化入湖河道

入湖河道水质的达标是关系到太湖能否达标的关键一环。入湖河道的入湖水量及污染物量均较大,近年入湖水量一般在 100 亿~150 亿 m^3,入湖 TP TN 分别为0.2万 t、4 万 t,大幅度超出太湖的环境容量。所以,应该采取多种治理技术组成的综合治理措施,尽快削减污染负荷:

(1)加大控制各类外源的力度。特别是加大污水处理能力,提高污水处理标准至地表水湖泊标准Ⅲ类,同时封闭全部排污口(不含污水厂),以满足太湖达到Ⅲ类水的基本要求。

(2)若努力控制外源但河道仍达不到Ⅲ类水,就应该选择设置前置库、净化池,使水体的污染物得到一定程度的沉淀、自我净化,必要时采取上述七类措施中的一类或多类技术加速治理污染,使前置库、净化池水体达标,再入太湖。如太湖西部区域有东氿、西氿、团氿、漕湖等许多大小湖泊,可利用其湖湾作为河道和污水厂的前置库。

（3）在入湖河道进入太湖前设置入湖前置库，此前置库可改造现有被围垦的湖滩地而成，确保入湖河道水质达标。

（4）湖南区的湖州范围也有类似的小湖泊、洼地作为污水厂和河道前置库或设置河道入太湖前置库。

（5）在前置库、净化池中采取的净化技术应该是有较大净化能力和能够同时治理水体和底泥污染的二合一治理技术。

8.3　净化骨干河道

如江南运河（京杭运河江南部分）是太湖流域最主要的骨干河道，与多条入出太湖河道相交，对太湖的污染负荷有相当大的影响，又是中国主要的文化遗产之一。所以，应尽快治理好江南运河。

（1）提高其两侧每日上百万立方米处理能力污水厂的排放标准至Ⅲ类水，同时控制其他各类点源和面源的污染。

（2）治理进入江南运河的数十条支流，使水质达到Ⅲ类。

（3）根据必要性和实际情况对运河采取分段治理，每一段运河采取上述七类直接净化水体技术中的一类或数类有关技术治理、净化水体，达到水功能区标准和提高透明度。

8.4　河道黑臭治理

8.4.1　河道黑臭原理

控源截污不到位，使污染物入水量大幅度超过环境容量，水体及底泥中存在较多的有机质和一定数量的 N、S、Fe、Mn 等污染物，在缺氧条件下发生厌氧反应而产生黑臭现象。其中黑臭河道或污染较严重河道的底泥在治理过程中，有专家估计要消耗掉治理过程中所需氧气超过 60%。

8.4.2　河道黑臭主要原因

（1）封闭排污口和控源工作未到位，排入大量污染物。

（2）污水厂排放标准较低或不能满足环境容量要求。

（3）城镇建设时把明河改为箱涵式的暗河，难以清淤、难以治理，污染物入河积聚后产生黑臭，这是社会经济发达、缺少土地资源的城市普遍存在的问题。

（4）人口稠密的老住宅区的断头浜（支浜）尚有一定数量较隐蔽排污口未封闭。

（5）老居民区计划拆迁而尚未拆迁区域，未及时完成污水接管。

（6）雨污合流排污口未进行处置或三产等污水混入雨水管道排入河道。

（7）污水收集管道有破损或渗漏而进入河水。

（8）垃圾入河多或水草腐烂造成二次污染。

（9）河道内施工，较长时间筑坝断流影响水质，造成黑臭等。

8.4.3　小微型河道黑臭治理

太湖流域的骨干河道和大中型河道已完全消除黑臭，主要是小微型河道在温度较高的季节还存在黑臭现象。根据河道黑臭的成因，对症下药采取以下措施：

（1）彻底查明排污口达不到封闭的原因，全部封闭应该封闭的排污口，同时清除垃圾、漂浮物、死亡水草。

（2）认真检查维修污水收集管道，确保管道完整、不破损和不渗漏。

（3）控制初期雨水污染。加快建设海绵城市，采取相应控污措施，如采取雨污合流分流制，大幅度减少或消除初期雨水污染。

（4）将黑臭小河道内的污水直接接入污水收集管网。其中下大雨的 30 min 或更长时间后，河道污水得到大幅度稀释，可直接排入河道。其间应有一个人工或自动的转换措施或设施。

（5）简易分离法治理黑臭。利用磁分离或过滤等技术直接净化黑臭水体。

（6）调水和清淤。这是综合治理黑臭河道的措施之一，能在较大程度上消除河道黑臭现象，所以凡有条件的应尽量采用调水和清淤措施。

（7）采用直接或间接的曝气增氧技术，其中直接增氧可以提纯空气中氧气作为原料，纯氧曝气可加快水体 NH_3-N 的治理速度和底泥有机质的消除。

（8）充分发挥微生物在黑臭河道治理中的作用。污水处理厂广泛使用生化工艺微生物处理污水。所以，可把黑臭小河道或其某一段的黑臭水体如污水厂一样处理，或采用小型污水生化（或物理）处理设施进行处理，也可采用高效复合微生物加上合适的载体进行处理。特别是采用固载微生物或 TWC 生物蜡土著微生物治理，有更好效果。

（9）河道内施工结束后应尽快拆除所筑坝埂，恢复水体流通。黑臭河道治理应组织科研攻关，研究出效率高、成本低、管理简便和不反弹的成套集成技术。

8.4.4　黑臭暗河治理的先进技术

封闭的箱涵式暗河（沟、渠）可进行源头调水结合干式清淤或水力清淤后再采用其他技术治理。但这些措施的治理效果不太理想。最有效的技术是采用光亮子载体技术、TWC 生物蜡土著微生物技术，其是水土二合一共治一类的技术,即可同时治理水污染和底泥黑臭污染的一类专用技术。其在没有阳光和地面温度 0 ℃以下的情况下也能发挥治理作用,具有自身产生氧气和治理污染的功能。

9 技术综合集成

多项治理技术综合集成即把前述的控制外污染源、削减内污染源、直接净化水体和生态修复的技术进行综合集成,以得到长期良好的治理效果。

9.1 净化水体措施的搭配

可将净化水体的一项或多项技术用于以下水域:在河道上设置一级或多级河段净化池,在大水体中设置一片或多片水域,在河道旁设置一个或多个旁侧净化池、氧化沟,在河道流入湖泊时设置入湖的前置库、净化池等,根据具体情况确定。

9.2 水土二合一共治技术

水土二合一共治技术即是能够同时消除水体和底泥污染的二合一治理技术。如相当多的技术消除水污染主要是直接或间接使用氧气降解、分解、消除污染物。其中,增氧、曝气等技术是直接使用氧气治理污染,而微粒子(电子)技术是间接产生氧气。而专家普遍认为在治理河湖污染所消耗的大量氧气中,治理底泥污染所消耗氧气一般明显多于治理水体污染的氧气。所以,若在未清除底泥污染前,治理河道使水质达标就认为万事大吉,那水质很可能反复,原因是底泥能够长期释放污染,使水质又受到污染。所以,只有同时净化水体和消除底泥污染才能确保河湖净化后水体的持久稳定。水土共治技术有微粒子(电子)技术和固载微生物技术等专一技术或数种技术的组合技术。

9.3 净化底泥初期水质的反复是正常现象

在采用水土二合一共治技术或水土蓝藻三合一共治技术净化底泥过程的初期,可能存在一种现象,即在削减、净化底泥时可能使已变清的水体又变混,水质略微变差;但过一段时间底泥表面的有机质得到削减净化后,水体即可恢复清澈,水质好转,这是正常的过程。若底泥已基本得到消除,又基本无外源(不含降雨降尘)进入,则水体可以保持持久清澈与水质良好。一般消除有机底泥的时间,3 个月至半年可消除 10~20 cm,0.5~1 年或更长时间能消除 20~50 cm,若使用的技术好或底泥的污染比较轻,则可能消除更多有机底泥。

10　长效治理和长效管理

10.1　长效治理

长效治理技术,即是能长期有效治理河湖使水体长期保持清洁的技术。长效治理技术应包括两部分:在控制外源的基础上,长效治理河湖水体及长效治理其底泥。只有把此两部分同时长期治理好,才能称之为长效治理技术。若一项治理技术使河道水质达标的有效期只有数天,则这项技术就不能称为长效治理。如撒布的微生物,若数天后就降大雨,其有效期很短。有效期至少要半年或数年,如固载微生物、TWC生物蜡土著微生物技术治理水体的有效期就能够达到半年,甚至1~2年。长效治理技术可以是单独一项技术,也可是数项技术的集成技术。

10.2　长效管理

长效管理就是有一系列的保障措施,确保长效治理技术长期有效。保障措施主要有:

(1)加强和完善河(湖)长制,对河湖治理达标加强长期的监督管理。

(2)河湖治理要建立适当先进的目标,但不应采取不实际的措施去满足表面的达标要求,如在水质考核前进行突击治理,采取灌自来水达标等措施仅能使水质在短期内达标。

(3)建立和完善一系列的治理水污染和水环境的政策法规。加大执法力度,使违法成本高于守法成本。

(4)根据具体情况采用一河(湖)一策的治理方案,治理措施不能生搬硬套。

(5)水质资料公开和共享,才能提高目标责任人的积极性和广大群众的监督力度。

10.3　长效治理和长效管理相结合才能使河湖长年持续达标

应该在总结经验、研究选择长效治理技术的基础上对河湖水体进行长效治理,并且采取一系列的保障措施进行长效管理,才能真正使河湖长期水质达标、生态修复、环境改善。这就不会出现河湖水质反复,甚至有些河道返黑臭、沉水植物大量死亡等怪现象。把全部河湖建设成为良性循环的健康生态系统的任务很艰巨,需要全国人民、各级政府和众多专家学者共同努力,群策群力,想方设法,发挥我国社会主义体制能够集中力量办大事的体制优越性,持之以恒,必然能够达到目的。

以下为污水处理新技术及其案例。

八、概念污水厂提标可达准Ⅳ类

1 新概念污水厂的概念

概念污水厂的理念为"水质永续、能量自给、资源循环、环境友好"的"四个追求"。概念污水厂构想是在2012年11月党的十八大做出"大力推进生态文明建设"的战略决策这一背景下启动的,随着这一伟大事业的发展而深化。从污水厂单纯处理污水,到提标减污、污水资源化、能量自给、低碳发展。随着污染防治攻坚战的初步胜利,概念污水厂的实践和认知对社会具有重要意义。

2 新概念污水厂案例

2.1 睢县新概念污水厂

睢县新概念污水厂(第三污水厂)位于河南省商丘市,是全国首座新概念污水厂。污水厂是河南水利投资集团和中持水务公司在河南睢县进行的一次有益的尝试,以概念厂探讨过程中的早期方案为蓝本,创造性建设了睢县第三污水厂,打造出一个部分能量自给、功能和形态令人耳目一新的新型环境基础设施。污水厂处理能力一期为2万t/d,处理标准为地表水环境质量标准的准Ⅳ类,其中TN<3 mg/L,TP<0.1 mg/L,2018年底竣工验收,2019年投运,采用多级AO+反硝化滤池+臭氧消毒的工艺。

2.2 宜兴污水资源概念厂

宜兴污水资源概念厂位于江苏无锡宜兴市,是首座全国最高标准的污水概念厂,具有全国领先示范效应。该厂在2021年10月宜兴建成投运,一期工程处理能力2万t/d,推进了太湖流域及全国污水高标准处理和资源化利用的前进步伐。该污水厂在2015年10月决定落户宜兴,当时设计标准为TN 3 mg/L、TP 0.1 mg/L、NH_3-N 1 mg/L,并于2018年4月奠基,但由于多种原因,在奠基2年后的2020年4月开工,历时18个月建成。

九、麦斯特高速离子气浮技术 TP 提标可至Ⅰ~Ⅲ类*

生活污水处理 TP 大幅提标、降费是重大难题。污水厂一般采用微生物与化学制剂联合作用除 P,污水厂最高处理标准 TP 以往一般能达到0.2 mg/L(为一级 A 标准0.5 mg/L 的 40%)。在"三湖"及鄱阳湖、洞庭湖等大中型湖库及水源地、人口稠密和社会经济发达地区的水质均应该达到地表水环境质量(湖库)标准Ⅲ类(0.05 mg/L),污水厂的处理标准应该与此相适应。但污水处理若想进一步提标达到湖库Ⅲ类标准,以以往的技术、工艺则需大幅增加化学制剂用量,增加处理成本,污水处理最后阶段将产生较多的化学污泥,不利于污泥资源化利用或无害化处置。这是突出矛盾。恰好麦斯特高速离子气浮技术解决了此矛盾,经初步调研,介绍如下,请广大人士共同探讨和推进我国污水处理 TP 提标进程。

1　高速离子气浮技术 TP 提标

麦斯特等公司联合攻关,解决了污水处理 TP 大幅提标难题。技术为物理型离子气浮方法处理减 P,不需要或基本不需要添加化学制剂 PAC、PAM;关键技术是高科技气泡发生器产生的微米气泡使水体中污染物、悬浮物浮于水体上层后去除;采用独特的共轨喷射切割技术、高效的空气溶解系统和离子气泡发生系统,产生瞬间能量转换,裂变出 N 次方 3~7 μm 正电荷气泡云团,改变水分子表面张力,吸附能力几何级提升,大幅提高除 P 效果,提高 P 排放标准(见附图 6-3)。

2　麦斯特技术提标案例

2.1　城北污水厂 TP 提标改造项目

概况:污水厂位于无锡梁溪区东北部,规模 25 万 t/d,为生活污水厂,有少量工业污水。原为氧化沟工艺、滤池出水。2020年进行 TP 提标改造(为该工厂建设的第 4、5 期),离子气浮技术用于深度处理阶段。其中第 4 期规模为12 万 t/d,进水为氧化沟出水,气浮池高标准除 P;第 5 期规模为 13 万 t/d,进

---

*　此节根据沪东麦斯特环境科技股份有限公司的技术总结报告编写。

水为反硝化滤池出水,气浮池高标准除 P。气浮池为方形钢筋混凝土池。

效果:TP,进水≤1.5 mg/L,出水0.1~0.001 mg/L;SS,进水小于 50 mg/L,出水≤5 mg/L;COD 削减 30%~50%。

2.2 芦村污水厂 TP 提标改造项目

概况:污水厂位于无锡梁溪区,总规模 30 万 t/d,为生活污水厂,有少量工业污水。原处理工艺为氧化沟、A²/O 工艺等。2020年进行 TP 提标改造,离子气浮技术用于深度处理阶段,改造规模为 15 万 t/d,采用气浮和反硝化深床滤池工艺。建有 4 个圆形钢结构气浮池,进水为二沉池出水,气浮池高标准除 P,后自流进入反硝化深床滤池。

效果:TP,进水≤1.3 mg/L,出水0.1~0.001 mg/L;SS,进水≤100 mg/L,出水≤5 mg/L;COD 削减 30%~50%。

2.3 胡埭污水处理厂 TP 高标准新建项目

概况:污水厂位于无锡滨湖区,规模 3 万 t/d,生活污水厂,有少量工业污水,2020年建设。气浮技术用于深度处理阶段,进水为反硝化滤池出水,气浮池高标准除 P。

效果:TP,进水 0.3 mg/L,出水 0.05 mg/L。离子气浮阶段运行电费0.06元/t 水。

3 初步结论和希望

3.1 初步结论

麦斯特高速离子气浮技术污水处理高标准除 P 工程已建十多个,初步总结分析如下:

(1)除 P 率高。此技术一般可较污水处理一级 A 标准提高 5~50 倍,可使污水处理 TP 达到湖库水质标准Ⅰ~Ⅲ类(≤0.05 mg/L,最高为0.003 mg/L)。建设方或污水厂管理方在接收后实际操作时一般控制在湖库标准Ⅲ~Ⅳ类或Ⅴ类(0.05~0.2 mg/L),以节省运行费用并为今后继续提标留有余地。

(2)投资和费用低。成套设备安装方便迅速,管理方便;运行成本低,电费0.06元/t;运行期间不需加药剂 PAC、PAM(特殊情况例外);10 万 t/d 设备投资以往小于1 500万元,占地小于 600 m²。

(3)适用范围广。离子气浮除 P 成套设备,适用规模0.1万~25 万 t/d 或更大。1 万~2.5万 t/d 单体规模一般采用钢结构形式,大于 5 万 t/d 规模一般采用钢筋混凝土形式。此技术已在全国多地成功推广7~8 年。

（4）该技术比较适用于深度处理阶段，如无锡市城北、芦村等污水厂，一般出水 TP 能达到≤0.05 mg/L。该技术亦可用于较高浓度废水的预处理阶段，对进水 COD、TP 和 SS 等均有较好的削减效果，但若需高标准除 P，则再需进行深度处理。

（5）处理效率高，节约占地。深度处理，气浮池污水停留时间仅需 2～4 min，普通污水厂需数小时，效率提高几十倍。气浮池处理后水面的浮渣自动快速排出，进入污泥处理系统进行污泥干化处理。

（6）此技术用途较广。可直接用于藻水分离，设备改造后可用于清洁河湖水体、清除蓝藻和有机底泥污染。

3.2　希望

为满足国家大量湖泊、水库和人口稠密社会经济发达地区河湖水质需达到Ⅲ类的要求，希望如下：

（1）研究对原有污水厂 TN TP 综合提标改造的构造、工艺、材料。尽快推进污水处理提标事业，把此 2 类创新的应用型污水处理技术、工艺、设备融合在一起，将原污水厂改造成一个高标准的污水处理系统。

（2）尽快研究设计、新建高标准的 TN TP 综合污水处理厂，其建设投资和运行费用将大幅低于原工艺结构的污水厂。

十、固载微生物技术 TN 提标可至Ⅰ～Ⅲ类*

目前"三湖"流域等湖泊水库及诸多水源地均要求水质达到地表水环境质量标准（湖库）的Ⅲ类、TN 1 mg/L，污水厂原则上同样应该达到湖库标准的Ⅲ类，但以往绝大部分污水处理一般仅达到一级 A、TN15 mg/L，二者相差 15 倍。这些区域特别是人口稠密、社会经济发达城市地区的污水厂已成为主要点源群，急需提高污水处理标准，以大幅度削减污水处理尾水对河湖水体的污染。大幅度提高污水处理 TN 标准是世界性难题，国内一般最高标准 TN 仅能达到 3～5 mg/L，而且成本比较高。这是一个突出的矛盾。恰好固载微生物技术解决了此矛盾。经初步调研介绍如下，请广大污水处理专业人士及关心水环境治理人士参考，共同交流探讨我国污水处理 TN 提标技术，推进 TN 提标

＊　本部分根据北京信若华公司等公司的技术总结报告编写。

进程。

1 固载微生物技术 TN 提标

北京信若华公司和其他有关企业联合攻关,利用固载微生物技术成功解决了 TN 大幅提标的难题。固载微生物技术即是把复合高效微生物固定在合适的载体内,当其遇到污水时,就释放出大量微生物,大幅度削减污水中的 N 污染物,总体称为短程厌氧氨氧化污水处理技术。现采用固化硫自氧反硝化工艺,或称非有机碳源硫自养反硝化工艺,是将单质硫氧化成硫酸盐,同时将硝态氮还原成 N_2,直接使污水中绝大部分 N 物质生成为 N_2 进入大气。此技术对多个生活污水处理厂进行成功提标改造,排放 TN 可达地表水湖库标准的 Ⅰ~Ⅲ 类($\leqslant 1$ mg/L)。此技术提标改造有 2 个模式:一是外接成套设备;二是改造原有设备工艺。有以下案例。

2 固载微生物技术 TN 提标案例

2.1 河南渑池第一污水处理厂提标改造项目

(1)概况。该厂规模为3.3万 t/d,原排放标准一级 A。其有生活污水及生活工业混合污水 2 个处理系统。实施 TN 提标改造项目。项目安装外接成套设备,其主体为直立式圆柱形反应罐,内置固载高效复合微生物,其进水为原污水厂二沉池上清液,在反应罐内停留时间为 1~1.5 h,后缩减为 1 h。此项目2018年 2 月开始实施,进行设备安装及调试运行。由甲方(污水厂)利用自有计量装置在 2018 年 7 月自行进行测试。

(2)提标效果。项目在 7 月进行 31 d 测试,结果良好:① 生活污水处理系统,TN 进水平均为17.2 mg/L,出水 TN 很低(计量装置已显示不出),估计削减率超过 99%。② 生活工业混合污水处理系统,进水 TN 平均为 17.43 mg/L,出水平均为3.32 mg/L,平均削减率为81%。

2.2 济宁污水处理厂

(1)概况。项目位于山东济宁市,为生活污水厂,规模2.5万 t/d,原排放标准为一级 A,实施 TN 提标改造。项目没有采用外接成套设备,而是改造原有设备工艺材料,将污水厂原有反硝化滤池更换成固化硫自氧反硝化滤料,加载固定化载体微生物,进行厌氧氨氧化反应,污水从下面进入、上面排出,直接完成脱氮作业。污水厂的其他工艺流程均不变。监测设施为污水厂原有设施。

(2)提标效果。经测试,提标改造效果良好。2020 年 12 月 27 日 10:00

监测,硝态氮:进水为11.93 mg/L(水温14.9 ℃),出水为0.3 mg/L,削减率97.5%。(注:其监测装置不能直接监测 TN。硝态氮一般占 TN 的绝大部分。)

2.3　汶上污水处理厂

(1)概况。项目位于山东省济宁市汶上县,设计规模4 万 t/d,主体工艺 A²/O,2005年6月投产,排放标准为一级 A。南水北调东线输水工程要求水质 TN 达到Ⅳ类标准(≤1.5 mg/L)。用固载微生物技术对 TN 提标改造,采用非有机碳源硫自养反硝化高效提标工艺。提标改造项目规模为1.5万 m³/d,系利用原闲置 BAF 滤池改造而成,总池容为 675 m³,停留时间为1.08 h。其预处理工艺为污水厂混凝沉淀池及纤维滤池,纤维滤池出水通过中间的提升泵进入非有机碳源硫自养反硝化池进行处理,降解 N 污染物;调试分 2 个阶段:非有机碳源反硝化菌种培育(2020 年 11 月 28 日至 12 月 11 日)、连续进水调试(2020 年 12 月 12 日至 2021 年 1 月 12 日)。

(2)提标效果。由甲乙双方共同监测。硝态 N 进水浓度4.5~11.5 mg/L,出水浓度一般在0.2~0.5 mg/L,去除率80%~95%,出水以硝态 N 形式为主,氨态 N 浓度很低。满足 TN≤1.5 mg/L 的要求。

2.4　其他项目

北京信若华公司和其他有关企业共同合作进行了 10 余个固载微生物技术提标改造(试验)项目,如呼和浩特混合污水厂 TN 达到 3 mg/L(2019 年 2 月),郑州市生活污水厂 TN 达到 1 mg/L(2018 年 5—9 月),杭州余杭混合污水厂 TN 达到2.7 mg/L(2018 年 9—12 月)、石家庄工业污水厂 TN 达到2.5 mg/L(2018 年 11 月)、邯郸东生活污水厂 TN 达到0.4 mg/L(2020 年 1—8 月)、佛山污水厂中试硝态氮达到0.1~0.29 mg/L(2021 年 3 月)等,均取得良好效果,大幅提高了 TN 排放标准。

3　固载微生物技术污水厂 TN 提标改造结论

此技术、工艺和设备有良好效果、特点:

(1)固载微生物技术对生活污水处理厂 TN 提标可较一级 A 提高 15~30倍,突破了无法大幅提高污水处理 TN 标准的世界性难题。生活污水厂 TN 提标改造一般可达地表水环境质量湖库标准Ⅰ~Ⅱ类(0.5 mg/L),或达到Ⅲ类(1 mg/L);混合污水处理提标 N 可达到2.5~4 mg/L。提标的具体标准由甲方根据需要确定。

(2)此技术提标一般有两种模式。① 外接成套设备模式。如滇池第一污水厂项目,安装方便迅速、管理简单方便,适用污水厂改造规模为0.1万~10万t/d。设备中固载微生物反应罐容积一般为污水处理能力的1/20,罐中污水反应停留时间为45~60 min,项目投资小于650万元/万t水,占地小于20 m²/（万t·d）。运行成本较低,运行电费0.06元/t水,主要为水泵、固载微生物设备用电;若污水厂建在坡地,巧妙利用,则可省去水泵电费。② 原设备工艺改造模式。如济宁污水厂和汶上污水厂项目,此模式更为方便快捷、投资更少,不新增占地面积,运行费用更小,其经验有待进一步总结。

（3）上述两种污水厂TN提标改造模式在运行期间均不需外加碳源。

（4）固载微生物使用周期:8~10年,运行期间只需要稍加维护及适量补充硫源。

（5）此技术也可用于清洁河湖水体,同时清洁有机底泥。

4 需要研究解决的问题

固载微生物技术用于生活污水厂TN提标改造,究竟采取上述何种形式,需进一步通过实践研究,应根据污水厂来采用的活性污泥、氧化沟、A²/O、SBR、A/O和曝气、生物滤池(BAF)等不同工艺、建筑结构类型的实际情况采取不同的改造方式,经一个阶段推广再作定论。

十一、污泥(藻泥)热水碳化减量节能技术*

引言

根据住建部统计资料,截至2020年,全国各省城市和县城共有各类不同标准的市政污水处理厂4 326座,城市污水处理率达97.53%,污水处理能力为每日23 037万 m³。污泥的含水率一般为80%。由于社会生活、进水、处理工艺等条件的不同,污泥产出率差距较大,每1万 m³污水产出5~20 t污泥不等,苏南地区一般为6.3 t/万 m³污水。这些污泥的堆放、运输、无害化处置是个极大的问题,污泥要占用大量土地、费用,若不实施资源化利用则有许多害处。而资源化利用则需要大幅降低污泥含水率。于是各企业均想方

---

* 本部分根据文献[74]编写。

设法创造污泥减量的新技术。一般的减量技术均成本较高、能量消耗较大、效益较低。江苏中星环保设备有限公司与有关企业合作研发创新的热水碳化技术则使污泥减量成效显著,可使污泥的含水率大幅度降低,且成本低、能耗小、效益较高。此技术也能用于藻泥的减量化。以下主要论述污水处理厂污泥的减量节能技术。

1 热水碳化技术

1.1 热水碳化原理

热水碳化工艺主要利用蒸汽的高温高压对污水处理厂的产物有机污泥中的有机成分进行破壁、部分碳化,碳化后的污泥再通过机械脱水可将含水率降低至 30% 左右(见图 6-11-1)。

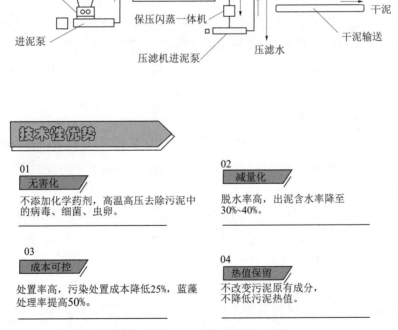

图 6-11-1 热水碳化技术简图

1.2　中星热水碳化工艺与传统热水碳化的区别

（1）中星环保热水碳化工艺在设备上突破了以往规模化生产中热水碳化压力和温度的制约，提高了热水碳化压力和温度（压力越高，污泥的碳化效果越好，减量程度越明显）。

（2）将常用的罐式间隙性运行，变成管式连续性运行，简化了设备，同时将设备的安全系数提升了一个级别。

1.3　热水碳化在有机污泥处置上的优势

（1）热水碳化过程不需要添加任何药剂，无须添加石灰等干物质，基本不损失污泥原有热值，不增加原污泥的污染物量。

（2）按照目前最先进的机械脱水方式，同时添加处理药剂，有机污泥最小含水率仅能达到60%~70%；热水碳化工艺可以使污泥含水率降低至30%左右。如含水80%左右的100 t污泥，经热水碳化后，其中大量有机物中的氢氧分子变成水，再经机械脱水后，可减少至含水率为30%的污泥28.57 t，减量化优于除焚烧外的任何其他方法。

（3）热水碳化过程中温度达到180~220 ℃，可完全去除污泥中的细菌、病毒、虫卵等。

（4）有机物含量越高、越难脱水的，越适用于热水碳化工艺。

（5）同等处置规模，相比直接堆肥、热干化、低温干化等工艺，热水碳化工艺的占地面积较小，以日处置污泥100 t项目布置，占地面积为2 000 m²。

（6）整个工艺都在管道及密封空间内完成，仅少量不可水解气体挥发，经收集后处理，对周边环境不会产生不良影响。

1.4　与其他几种工艺对比

（1）板框脱水工艺。其原理是靠机械挤压方式来去除污泥中的水分，同时需要添加药剂，不利于后端的资源化利用，且对高有机物的污泥脱水效果不明显。

（2）热干化、低温干化工艺。这些工艺都是利用热量来做功，将污泥中的水分汽化，对于高含水率的污泥成本过高，占地面积较大，同时在干化过程中会产生大量的、难处理的挥发臭气，对环境影响较大。

（3）热水碳化工艺。其是污泥减量的整个热处理过程中的一个环节，在此过程中不添加任何药剂和其他物质，同时通过高温环境去除污泥中的细菌、病毒及虫卵等，对后端资源化利用没有任何副作用（见表6-11-1）。

表6-11-1　市政污水厂污泥现有处理方法比较

处理方法	厌氧发酵	好氧堆肥	干化		焚烧		热水解碳化
	水解,发酵,产甲烷	加干料,补充氧气	机械脱干	间接烘干	电厂掺烧	水泥窑协同	水解+碳化+脱水
处理污泥类型	市政污水厂污泥						
实际应用现状	一半以上停用	有应用	普通应用	新兴应用	较多应用		新兴应用
处理过程添加物	发酵菌	秸秆,木屑等	酸,石灰等		无		
固形物去向	脱水后焚烧,堆肥	营养土	焚烧	焚烧等	建材,路基	水泥	土壤,有机肥,饲料
灭菌灭虫卵	部分	较彻底	部分	少部分	彻底		彻底
气味		轻微			无		焦香味
含水率	85%	40%	60%	30~40%			30~40%
废水	需处理	水变气排放	处理	冷凝后处理	无		液态有机肥原料
废气	沼气(利用+焚烧)	臭气处理后排放	无	去焚烧	焚烧气体处理后排放		无
主要优点	固形物灭菌 固形物杀菌除臭 产沼气	固形物灭菌	工艺设备简单	设备可靠,适应性强 臭气浓度高,易焚烧	有害物彻底去除		无添加,干泥水分低,应用范围广
主要缺点	沼气难于利用 安全要求高 臭气易外泄 重金属不能去毒	添加大量干料 臭气不能彻底处理,环境影响大 重金属不能彻底去毒	干基污泥增量 加化学添加剂 污泥热值大减 重金属不能去毒	能耗高,适于余热(如焚烧余热)	工艺设备复杂 自动化要求高 有二噁英产生可能 部分重金属不能去毒	有些重金属不允许 需改变水泥生产部分工艺设备 氯影响水泥生产	原有不能分解,挥发成分继续存在 重金属不能去毒

1.5 污泥热水碳化后资源化利用方向

（1）因为没有添加药剂、干物质等，热水碳化后的污泥热值并没有发生改变，可以作为很好的生物质燃料，符合国家目前节能减排的政策。

（2）如果污泥本身有机物含量高，在热水碳化后可以作为营养土、绿化用土，以及盐化土地的改良。

（3）从长远来看，如果在前端水处理过程中添加的都是有机药剂，同时污泥中重金属等指标不超标，这样的干污泥可以作为有机肥的原料，用来"还田"。

2 无锡硕放污水厂污泥减量节能案例及效益分析

2.1 硕放污水厂污泥减量节能案例

热水碳化技术因为具有以上优点，可以广泛应用于市政污泥和蓝藻藻泥的处理。无锡市硕放污水处理厂的污泥减量节能工程是一个成功的案例。

硕放污水处理厂位于无锡市新吴区，污水处理能力为6.5万 t/d，污水的处理标准为一级 A，每日排放含水率为80%的污泥 25～40 t（3.8～6.1 t 污泥/万 m³处理能力）。

无锡市硕放污水处理厂与江苏中星环保设备有限公司合作实施了污泥减量节能工程项目，减量成效显著，节能效果明显。

项目最主要的工程是在硕放污水处理厂旁边就近建设污泥处理站，设计处理规模为日处理污泥 50 t/d，于2020年 12月建成投产。

此污泥减量处理项目，硕放污水厂每日为污泥处理站输入含水率80%的污泥平均为 29 t，处理后降低为含水率30%，总重减轻71.47%，污泥实际重量减少为8.3 t。以往硕放污水厂的污泥需要运输到其他污泥处理中心处理，运输费用高，现在就地处理后，运输费用下降了70%左右。

2.2 硕放污水厂污泥减量节能技术效益分析

（1）节能减排。

热水碳化技术与热干化技术比较，每吨污泥降低含水率至30%，减少天然气用量 50 m³，减少标准煤 60 kg，减少碳排放142.5 kg。以硕放污水厂全年产污泥1.06万 t 计，相当于减少标准煤 636 t，减少碳排放1 510 t。

（2）节约费用。

① 热水碳化技术在能耗费用方面，相较于热干化技术和低温干化技术具有显著优势：热水碳化技术每处理 1 t 污泥分别为热干化技术、低温干化技术费用的42.4%、73.5%（见表6-11-2），二者平均为 54%，相当于节省96.45元/t。

表 6-11-2　每吨污泥降低含水率处理技术能耗费用比较

项目	热水碳化技术	热干化技术	低温干化技术
耗自来水/(m³/t)	0.50	—	—
耗电/(kW·h/t)	20.00	20.00	187.00
耗天然气/(m³/t)	30.00	80.00	—
折算费用/(元/t)	112.75	266.00	153.34

注:按照无锡当地水电气单价进行费用折算,水价为5.5元/m³,电价为0.82元/(kW·h),天然气为3.12元/m³。

② 节约运费。节约污泥运费:1 t污泥从含水率80%降低至30%,节约运费30%左右。

③ 相当于全年节约费用。节省污泥减量工艺费用:96.45元/t×污水厂全年产出污泥1.06万 t=102.2万元(全年产污泥量均以 29 t/d 计,减少费用96.45元/t,以热水碳化技术相较于热干化和低温干化二者节省费用的平均值计)。

④ 环境效益方面。若污泥进堆场,硕放污水厂 1 年可减少7 580 t 污泥,减少污泥堆放场地 505 m²(以每平方米堆放 15 t 污泥计)。

降低污泥含水率后有利于污泥的资源化利用。

3　污泥减量节能热水碳化技术的推广前景良好和效益巨大

3.1　推广前景良好

污泥减量节能的热水碳化技术在全国处于先进水平。全国年产污泥=处理能力23 037万 m³/d×处理率80%×5 t×350 d=3 230万 t(污泥产生量以 1 万 m³/d 污水产生 80%含水率的污泥 5 t 计)。所以,污泥减量节能的热水碳化技术市场量巨大,在全国推广的前景良好。

3.2　效益巨大

全国如长三角、珠三角和环渤海等区域均是人口稠密和社会经济发达的区域,污水处理能力强,急需污泥减重技术,以减少污泥堆放场地,有利于污泥资源化利用及无害化处置。若以全国年产污泥3 230万 t 的 20%推广污泥减量节能热水碳化技术计,则相当于节省费用 6 亿多元,减少消耗标准煤 39 万 t,减少碳排放 92 万 t。

4　藻泥减量化处理方面推广潜力相当大

在蓝藻藻泥减量化处理方面,中星环保与无锡市藻水分离站合作开发了日处理 5 t 藻泥的中试项目,并取得成功。在不添加任何药剂的情况下,含水率 90% 的藻泥经过热水碳化技术处理后,变成含水率不超过 35% 的藻泥泥饼,经过检测,处理后的藻泥干基热值达到 4 500 kcal/kg,可以作为很好的生物质燃料。整个中试项目再次突出体现了热水碳化技术的无害化、减量化和资源化方面的优点。

以太湖近 3 年平均年生产藻泥 9 万 t 计,含水率由 85% 降低为 50%,可减轻重量 70%,减少运费 630 万元(以每吨运费 100 元计),更有利于资源化利用,如降低含水率后的藻泥更适宜用于燃烧发电,减少燃烧后污水排出。

目前,江苏中星环保设备有限公司正在积极推进无锡市蓝藻泥减量化工作,将对无锡市蓝藻处理工作在减量化、无害化、资源化方面起到积极的推动作用。

5 小结

(1)污水厂污泥和蓝藻藻泥的运输与堆放需要耗费大量的费用和土地,江苏中星环保设备有限公司创新的污泥减量节能技术在此方面有一个良好的开端。中星公司在研究污泥减量化过程中,认为除减少污泥的含水率外,同时还可以减少一定的污泥干物质的质量。

(2)中星环保设备有限公司创新的污泥(蓝藻泥)减量节能技术可节省大量能源及费用,可以大量减少碳排放,且此技术非常有利于空气、水、土壤的环境保护,推广前景巨大。

(3)希望此技术能够在蓝藻泥的减量节能方面尽快得到全面推广。

(4)可考虑在污泥(蓝藻泥)减量节能技术的末端结合低含水率的泥饼直接进行生物质热能的资源化利用,以直接推进热水碳化技术运行过程中的节能工作。

第七篇　深入治理太湖全面消除蓝藻爆发

序

　　治理太湖前后已有 30 年,需认真总结经验教训,建立信心,创新治理技术措施及其集成,进入深入治理太湖的第五阶段:消除太湖蓝藻爆发。这同时是全面消除太湖富营养化、达到Ⅲ类水的关键之处。

　　目前,太湖 P N 均未达到国家规定的水功能区目标Ⅲ类(TP 0.05 mg/L、TN 1 mg/L)。国家生态环境部提出的中东部湖区营养盐基准为 TP 0.029 mg/L、TN 0.58 mg/L、叶绿素 a 3.4μg/L,藻类生长才不会危及水体功能,即可理解为达到此标准才不会持续发生蓝藻规模爆发及不影响太湖水体功能。目前,太湖水质同时达到这 3 项指标距离很大,目前的治理措施难以达到此 3 项指标,故太湖控制 P N 和蓝藻爆发的任务非常艰巨,必须改变策略。

　　蓝藻爆发究竟有无必要消除? 能否有技术措施消除蓝藻爆发? 这是决策者十分关注的问题,而老百姓最为关注的是太湖蓝藻爆发在什么时候能够消除。美国环保署将有毒藻类爆发视作全美的"主要环境问题"。太湖流域要乘"十四五"的东风,建立深入治理太湖、全面消除富营养化和蓝藻爆发的目标和政策体系、技术体系,把解决蓝藻爆发这一太湖的主要环境问题正式立入议题,建立良好开端。

　　治理太湖全面消除蓝藻爆发,研究分析查明蓝藻多年持续爆发原因是"三高":蓝藻密度高、营养程度高、水温高(自然因素的代表)。在此基础上,提出消除或控制"三高"的具体技术措施,其中以水温高为代表的自然现象是客观存在的,最多仅能用人工手段如遮阳、增加水深等措施在局部范围予以控制,不可能在太湖整体范围内予以改变;藻密度、富营养化这两个原因相互关联、相互影响,富营养化升高藻密度、产生蓝藻爆发,使藻密度一直维持在高位波动运行,使蓝藻持续爆发。若藻密度长期保持在较高的水平,则可能会导致太湖水质 TP 下降迟缓或升高、持续降低 TN;富营养化可用人工手段控制、消除,但仅能够达到中营养,无法达到能消除蓝藻爆发的贫营养。所以,只有在适当改善营养程度的情况下,大量削减蓝藻密度至蓝藻不爆发的较低或很低的程度,才能彻底消除蓝藻爆发。

必须建立信心,建立全面消除蓝藻爆发的目标,建立一系列政策法规和公众参与的平台(如治理太湖平台、监测资料共享平台等),建立一整套消除蓝藻爆发的治理措施,充分依靠我国能够集中力量办大事的社会主义体制优势,充分发挥我国的人才优势、技术优势、资金优势,加大"治太"力度,人工治理(修复)与自然修复密切结合,必定能够在2030—2049年新中国成立100年之前分水域全面消除太湖蓝藻爆发,把太湖建成为一个良性的生态系统,建成为没有蓝藻爆发的四季美丽的太湖!

本篇后有微粒子(电子)类及微生物类等8类除藻除污技术及水土蓝藻三合一专项治理或组合治理技术的介绍,供参考。

一、深入治理太湖全面消除蓝藻爆发总体思路

深入治理太湖的总体原则是"生态优先、绿色发展,系统治理、协同推进,突出重点、分类治理,改革引领、创新集成";深入治理太湖的总体思路是"外源减量、削减蓝藻、内源减负、生态修复、科学综合",只要采取科学治理的态度和策略,在不久的将来必能达到全面消除蓝藻爆发的目标。

1 坚持消除蓝藻爆发的四个导向

1.1 坚持问题导向

面对当前太湖连续多年蓝藻爆发的局面,国内外诸多学者头疼不已,一致认为这是太湖最大生态问题。消除大中型浅水湖泊蓝藻爆发也是最难的世界性课题,必须正视这个世界性课题,必须集中全社会的力量,想方设法,才能解决太湖蓝藻持续爆发的问题;需要整合社会各类研究力量集中攻关,才能突破消除蓝藻爆发的实用性技术难关,为太湖深入治理提供科学指导与技术支撑,解决蓝藻爆发的问题。

1.2 坚持创新导向

以往原有的一套治理太湖的思路、方法和措施,仅能够减轻太湖的富营养化程度,难以达到全面彻底消除富营养化的目的,更不能全面消除蓝藻爆发。所以,要以科技创新为引领,通过思路创新、路径创新、模式创新、技术创新、工

艺创新、装备创新等,致力于找准并突破核心技术和关键环节,加强消除蓝藻爆发的新技术及其集成的推广和运用。

1.3　坚持应用导向

现在研究太湖蓝藻的单位和机构很多,但绝大部分是进行蓝藻的基础理论研究,很少进行治理蓝藻和消除蓝藻爆发的应用性技术及其理论的研究。所以,要坚持应用导向,研究科学治理、系统治理、精准治理,归根结底要注重削减蓝藻密度、消除蓝藻爆发的应用性研究。进一步强化政学研企协作,加强研究成果转化,以创新技术设备的应用示范促进太湖治理能力水平全面提升。

1.4　坚持效果导向

坚持研究与应用并重,既有高质量的科研成果和专利发明,更有高效的科研成果转化率与应用效果,一切技术设备创新和相应的政策措施创新均要落实到治理、消除富营养化和蓝藻爆发的效果上来,为太湖治理提供有力、有效、可行的政策、技术措施和可复制的科技保障。

2　建立全面消除蓝藻爆发的决心与信心

以往治理太湖的国家级总体方案及有关省、市各级政府的有关文件中,虽有控制外源、清淤、打捞蓝藻等分项目标或要求,但均无消除蓝藻爆发的总体目标决策者和有关部门、人员对消除蓝藻爆发缺乏积极性、主动性和责任心。所以,要建立全面消除蓝藻爆发的目标(包括近期阶段目标和远期最终消除蓝藻爆发的目标),以提高积极性、主动性和责任心。

3　明确治理太湖消除蓝藻爆发的四个关键观点

3.1　明确蓝藻已成为太湖的主要内源

30 年来太湖蓝藻年年持续爆发、生死循环,各水域藻密度普遍升高多倍,同时使底泥中原本存在的不溶性 P 转化为可溶性 P,所以蓝藻每年许多次死亡产生的 P 负荷及导致底泥增加的 P 释放量已超过原底泥的 P 释放量,成为太湖的主要内源。

3.2　明确仅依靠治理富营养化无法全面消除蓝藻爆发

"太湖水污染,根子在岸上,治湖先治岸",此话对治理水污染、富营养化而言完全正确;"治理富营养化就能消除蓝藻爆发"这一传统观点是不全面的、片面的。因蓝藻年年持续规模爆发后根子已延伸到湖泊,导致藻密度持续升高、蓝藻爆发程度难以下降,所以必须同时大幅度削减蓝藻数量、降低藻密度才能消除蓝藻爆发。2007—2020 年,太湖的 TN 降低 37%,但 TP 基本持平或有所升高,其中2015—2019年TP略有增加,此期间蓝藻密度大幅增加,如全太湖增加5.36倍,其他各水域分别增加1.5~18倍不等(其中湖心增加18倍)。这充分说明仅依靠治理富营养化的手段,无法达到大幅度降低藻密度的目的。加之太湖风浪大、底泥易释放污染负荷、入湖污染负荷多等原因,治理大型浅水湖泊困难重重,仅依靠治理富营养化无法消除蓝藻爆发,只有治理富营养与削减蓝藻数量相结合,才能取得同时消除富营养化和蓝藻爆发的良好效果。

3.3 明确打捞蓝藻仅能改善蓝藻爆发的不良感觉,不能消除蓝藻爆发

在蓝藻爆发期打捞水面蓝藻是目前治理蓝藻和防治供水危机最重要的应急措施之一,并能清除一定数量的P、N、有机质。但无论用何类技术,仅依靠打捞水面蓝藻,均无法消除蓝藻爆发。

3.4 明确必须同时消除水面、水体、水底蓝藻才能全面消除蓝藻爆发

改进以往不甚适合当今治理太湖新形势的一套原有的除藻思维、观点和措施,将仅在蓝藻爆发期打捞水面蓝藻的习惯,改为全年想方设法打捞、清除水面、水中和水底蓝藻的策略,才能全面彻底消除太湖蓝藻爆发。

4 消除蓝藻爆发必须有可靠的保障措施

消除太湖蓝藻爆发,除了有决心、信心与责任心,还须有可靠的政策和技术支撑。目前治理富营养化和蓝藻的技术很多,特别是当今社会创新了许多除藻除污技术,只有不断提高科研水平,增强科学鉴别能力,把其中真正有用的新老技术有机地组合成综合性的技术集成,才能同时全面完成消除富营养化和蓝藻爆发的目标。

4.1 编制太湖水环境综合治理消除蓝藻爆发总体方案

在2013年版太湖水环境综合治理总体方案(修编)的基础上,总结近10年治理太湖消除蓝藻爆发的经验教训,编制2021—2049年太湖水环境综合治理总体方案;或单独编制治理太湖消除蓝藻爆发方案及太湖流域各省的分方案,明确各省市级湖长、河长的责任,以加强湖长、河长的责任心、主动性、积极性。

治理太湖全面消除蓝藻爆发方案的内容应包括消除太湖及各水域蓝藻爆发的目标及其时间,消除富营养化的目标及时间,制定生态修复的目标。

制定实现全面消除蓝藻爆发、富营养化和恢复湿地目标的措施。在总结2007年"5·29"供水危机以来,治理太湖消除蓝藻爆发的各项措施的效果和存在问题的基础上,汇总当今创新的治理措施,制定出能够实现消除蓝藻爆

发、消除富营养化和修复生态恢复湿地的综合配套措施。

4.2　政策和法规保障

建立和完善治理太湖法律、法规和制度,加强执法力度,铁腕治污治藻和恢复湿地,严格执法,使违法成本大于守法成本,奖罚分明。

4.3　长效治理和长效管理保障

甲方与施工、管理企业等乙方应签订长效治理、管理的合同(协议),合同期限可为 5~10 年,明确治理和管理责任、奖罚机制,签订合同的双方均应负长期的法律责任,实行按年付款、不达标不予付款制度,以避免有些企业拉关系、投机取巧、短期行为,确保治理和管理质量,达到规定的治理和管理目标。同时如公园草地一样管理水生态修复区、湿地。

4.4　加强监测和资料公开共享

加强各类水体的质量、蓝藻的自动监测,卫星遥感联合监测,建立河湖蓝藻爆发预警管理和决策平台,资料公开共享。实事求是评价水质;河湖和排污口水质、蓝藻指标应与 PM 2.5、天气预报一样正常发布,利于公众知情、参与和提出合理化建议方案。上述短期或长期的资料能让公众公开获得,这是环境决策过程中达到公众满意、公众介入的根本性的一步。

建议建立 1 个或多个太湖流域水环境网站、资料平台,实行监测数据系列资料公开共享,有利于推进治理太湖消除蓝藻爆发。推进公众参与,提高参与程度,提高公众和社会舆论对环境保护的监督力度,保障公众自身的环境权益。

5　经济和科研保障

加大治理太湖的投入才能有效治理太湖。同时,各项决定性治理措施的采纳应从其治理效果及其长效性、投资等方面予以综合评估,评估负责人应该承担相应的法律责任,以大量减少低效、无效投资。

鼓励科研机构、人员在进行基础理论科研的同时,加强对现有适用性科技成果的推广和综合集成。鼓励在研究蓝藻基础理论的同时,加大治理、消除蓝藻爆发的应用性综合技术研究、总结、推广;加大污水处理 NP 综合提标的研究;加大恢复湿地的研究。

6　分水域除藻

太湖为大型浅水湖泊,2008—2020年平均水深仅2.31 m,难以一次性消除蓝藻爆发,分水域治理就是根据实情将太湖分为数平方千米、数十平方千米甚至数百平方千米大小不等的相对封闭水域进行治理,消除蓝藻爆发。其中分水域使用的形式一般可采用以围隔为主的隔断。消除蓝藻爆发后经 2~3 年持续治理,可把多个已消除蓝藻爆发的水域连成一个无蓝藻爆发的大水域。目前贡湖北部已完成 2 km² 的独立全封闭水域的治理工作,水质达到Ⅲ类,长满水草,完全消除蓝藻爆发;蠡湖为可全封闭水域,水质达到Ⅳ类,有相当大一部分水域长有水草,基本消除蓝藻爆发。以后,贡湖、梅梁湖、竺山湖等湖湾可优先考虑进行分水域治理、消除蓝藻爆发,其后再治理其他水域,最后将太湖连成无蓝藻爆发的水域。

二、深入治理太湖建立除藻目标

认真总结以往治理太湖的经验教训,提高认识,与时俱进,使治理太湖的理念观点符合治理太湖富营养化和蓝藻爆发的客观要求。综合治理太湖措施归纳为 6 部分。

以往十多年治理太湖的总体目标是减轻太湖富营养化,没有消除蓝藻爆发的表述。江苏省治理太湖的目标要求主要是两个确保:确保供水安全,确保不发生大面积"湖泛"。应该确立最终全面消除蓝藻爆发的目标。

1 消除蓝藻爆发总体目标

建议在2030—2049年前分水域全面消除蓝藻爆发,作为向新中国成立100年献礼。有此目标和相应的政策措施,才能提高各级湖长和科研人员消除蓝藻爆发的责任心、主动性和积极性,鼓舞人民斗志,提高监督力度。

若在2030年起实施分水域消除蓝藻爆发的计划,必须满足2021年12月确定的6市2区(无锡市、苏州市、常州市、湖州市、嘉兴市、宣城市和上海市2个区)太湖湾科创带国土空间规划一核三湾(梅梁湖湾、贡湖湾、竺山湖湾)的生态环境要求,才有可能在新中国成立100年前实现完全消除蓝藻爆发的目标。

2 一定能够实现全面消除蓝藻爆发目标

虽然世界主流观点认为已发生蓝藻爆发的大型浅水湖泊仅采用治理富营养化措施难以消除蓝藻爆发,但只要决策者有消除蓝藻爆发的决心和信心,建立消除蓝藻爆发的目标,目前中国已创新出能够有效消除大面积蓝藻的综合集成技术,凭借中国能够集中力量办大事的体制优势、资金优势、人才优势、技术优势,完全可解决全面消除太湖蓝藻爆发这个难题,一定能创造出消除太湖蓝藻爆发的奇迹,成为全国、世界大中型浅水湖泊治理消除蓝藻爆发的榜样。

三、消除太湖蓝藻爆发存在的问题和难点

自2007年太湖发生"湖泛"型供水危机以来,经多年治理,太湖富营养化程度有所改善,但蓝藻爆发依旧,各水域藻密度升高数倍至十多倍不等,蓝藻爆发面积一直在高位起伏波动。究竟是什么原因?有无治理蓝藻爆发的技术?能否消除蓝藻爆发?需要决策者和有关研究人员认真总结经验教训。本部分仅讨论消除蓝藻爆发的技术问题。治理太湖是一个庞大的综合性系统工程,应优选采取水土蓝藻三合一治理技术,使消除太湖蓝藻爆发产生良好效果,使消除蓝藻爆发这个世界性难题得以尽快彻底解决。

1　目前治理太湖存在的问题

2007年发生5·29太湖蓝藻爆发"湖泛"型供水危机十几年来,太湖富营养化程度有所改善,但蓝藻爆发依旧,各水域藻密度升高数倍至十多倍不等,蓝藻爆发面积一直在高位起伏波动。

1.1　蓝藻爆发程度依然严重

1.1.1　藻密度持续上升,蓝藻种源大幅增加

全太湖以蓝藻为主的年均藻类密度(简称藻密度),2020年达9 200万个/L,为2009年的6.3倍(缺2007年资料)。其中湖心水域同期为19.18倍,其藻密度升高带动全太湖中下游水域全面升高。原无蓝藻爆发的东太湖、东部沿岸水域均发生小规模蓝藻爆发。

1.1.2　蓝藻爆发面积高位波动

2007年来蓝藻年年持续爆发,年最大爆发面积规模大小不等,如2007年为1 114 km²(调整后的数字),2017年为历年最高峰1 403 km²,2009年低峰为524 km²。每年蓝藻爆发月份不等,开始为每年5~8个月,近年如2015年、2017年是全年11~12个月均发生蓝藻爆发。

1.2 富营养化程度依然严重

1.2.1 太湖水质优劣不等

太湖水质2020年平均为Ⅳ类。其中,竺山湖为劣Ⅴ类,西岸水域为Ⅴ类,其他一般均为Ⅳ类。

1.2.2 太湖水质TP没有达到国家目标

(1)太湖水环境综合治理总体方案中2020年的TP目标为0.05 mg/L,实际2020年仅达到0.073 mg/L,基本与2007年持平,超过预期目标46%。

(2)TP时有升高。2007年以来TP浓度曲折波动,其中2015—2019年较2007年0.074 mg/L升高6.8%~17.6%。原因:虽加大削减外源力度,但力度尚不够,没有超过人口和GDP的增速,环湖河道2020年入湖TP仍超过2007年6%;藻密度持续大幅升高,致使藻源性P增加。

(3)TP升降原因判断不妥。制订综合治理太湖方案的决策者认识有偏差,认为TP升高或下降迟缓的原因仅是控制外源不力,另一个关键因素蓝藻年年持续爆发没有考虑进去(蓝藻年年持续爆发已成为太湖的主要内源)。这两个原因缺一不可,否则将得不出正确结论。

1.2.3 底泥污染严重,清淤速度慢

2007—2020年14年太湖清淤4 200万 m^3,平均每年 $10\sim12$ km^2,若将太湖底部有淤泥面积1 633 km^2 全部清淤一次还需要继续清淤100余年。即现有方式的清淤速度赶不上底泥污染现阶段的增加速度。

1.3 蓝藻爆发型"湖泛"与供水危机再次发生的风险依然存在

"湖泛"发生条件:底泥、水体污染严重,水温较高,严重缺氧,蓝藻爆发或污水大量入湖,水体相对静止、水深较浅等因素依然存在。目前太湖"湖泛"的主要类型是蓝藻爆发型,如今仍年年持续发生蓝藻爆发,所以"湖泛"与供水危机再次发生的风险依然存在。

2 太湖蓝藻年年持续爆发原因

2.1 蓝藻年年持续爆发原因总述

太湖蓝藻年年持续爆发的原因主要是"三高":藻密度高、营养程度高、水温高(自然因素的代表)。此三者中均有人为因素、自然因素或混合因素。其中主要的人为因素分析如下。

2.2 治理P污染速度赶不上污染发展速度

2007年以来,环太湖城市GDP增加2.4倍,人口增加31%。环湖河道入湖P负荷,13年中有10年大于2007年的0.184万 t,其中2011年、2016年达到

0.25万 t,增加 36%。

2.3　蓝藻已成为主要内源,清淤力度明显不足

蓝藻爆发问题严重,蓝藻已成为太湖主要内源,清除以蓝藻为主内源的力度明显不足。太湖 14 年来清淤4 200万 m³,清淤面积仅为太湖有底泥面积的1/10,照此清淤速度,太湖清淤一遍还需超过百年;14 年来清淤减少的 P N 和有机质的作用基本被蓝藻持续爆发所抵消。如今太湖各水域藻密度2020年较2009年增加 3~22 倍,蓝藻每年百次的生死循环使水体和底泥中的 P N 和有机质增多、污染加重,N 进入大气,P 留在水体和底泥,蓝藻持续爆发引起的厌氧反应又增加底泥 P 释放量,升高 P 浓度,很大程度上削弱控源减 P 作用。

2.4　湿地减少

湿地减少降低了太湖水体自净能力和抑制蓝藻生长能力。而目前太湖水域内恢复的少量湿地面积不足以改变现状。

2.5　以往对全面深入削减蓝藻密度的意义认识不足

以往主要注重控制外源、打捞水面蓝藻、治理富营养化,其中有相当多的治理措施是短期行为,长期效果不佳。需全面深入治理蓝藻,降低藻密度,消除蓝藻爆发。

3　治理太湖的难点

治理浅水湖泊的蓝藻爆发是世界学者公认的难题。太湖是水深仅有 2 m 多的浅水湖泊,所以绝大部分中国学者认为消除蓝藻爆发不仅是难点,而且认为是不可能消除蓝藻爆发的。在国内诸多期刊所发表的文章或治理水环境的许多研讨会的顶级专家所作报告中发表的观点,绝大多数认为太湖这样的大型浅水湖泊难以消除蓝藻爆发或不可能消除蓝藻爆发。

3.1　太湖水质无法达到蓝藻不爆发的标准

一般专家认为太湖蓝藻不爆发需要达到 TN 0.1 ~ 0.2 mg/L、TP 0.01 ~ 0.02 mg/L 的标准,最起码要达到生态环境部的基准 TN 0.59 mg/L、TP 0.029 mg/L。

(1)人类不可能大范围高强度改变自然。

人类仅能采用调水、深井高压降温、遮阳、人工降雨等措施在局部水域或小幅改变自然环境。但水温高、水浅、换水次数少不可能大幅度改变,其中特别是水温高是蓝藻爆发最主要的用人工手段无法大幅度改变的自然因素,除非遇到特殊情况造成地球水环境的较大幅度改变。

(2)太湖已回不到贫-中营养状态。

　　由于人口持续增加和社会经济持续发展,加大治污力度仅能在一定程度上改善P N浓度,最终改善太湖水质至Ⅲ类,但难以达到生态环境部的国家生态环境基准TP 0.029 mg/L、TN 0.59 mg/L、叶绿素a 3.4 μg/L,更不能达到国内外专家一般认为的仅依靠治理富营养化消除蓝藻爆发需达到TP 0.01~0.02 mg/L、TN 0.1~0.2 mg/L的标准。

　　(3)太湖水污染根子已从陆上同时延伸到水中。

　　数十年来陆上水污染的根子已延伸到太湖,蓝藻年年持续爆发已成为太湖水污染的又一根子,且成为主要内源。所以,只有水陆并举,挖根去源,控制水陆两个污染源,才能最终消除蓝藻爆发。

3.2　消除蓝藻爆发关键是削减蓝藻种源、降低藻密度

　　综上所述,人类难以大范围高强度改变自然,仅依靠治理富营养化又无法消除蓝藻爆发,故当前只有在削减P N、改善富营养化基础上削减蓝藻种源,降低藻密度至较低或很低的程度,才能使蓝藻不爆发。

4　目前治理太湖蓝藻爆发采用的主要措施

4.1　消除蓝藻爆发的基本措施

　　根据目前的社会经济和科技状况,治理太湖蓝藻爆发的主要措施是要建立消除蓝藻爆发的目标,实施消除富营养化(包括控制外源、削减内源)、清除蓝藻降低藻密度、恢复湿地三大措施。

4.2　以往采取措施及效果简述

　　(1)加大削减外源力度。包括建设污水厂、提高污水处理标准,加大治理生活、工业和规模畜禽养殖业等点源及农业等诸多面源的力度。这是治理富营养化和蓝藻爆发的基本措施。

　　(2)实施大规模清淤。2007—2020年清淤4 200万 m^3。

　　(3)打捞蓝藻。2007—2020年打捞蓝藻2 000万 m^3。

　　(4)调水。2007—2020年调水进湖106亿 m^3、出湖109亿 m^3。

　　(5)修复生态恢复湿地。太湖进行了数十次生态修复试验示范和恢复湿地工作。

　　(6)上述措施的效果。减轻了富营养化程度和保证了供水安全、改善了蓝藻爆发引起的不良视觉效果,但基本没有减小藻密度和降低蓝藻爆发程度。

4.3　已创新出除藻新技术

　　以往采取的治理太湖蓝藻的措施有一些效果,但不尽如人意。目前我国已创新出相当多的除藻技术,如微粒子(电子)除藻技术、安全添加剂除藻技术、混凝气

浮除藻技术、微生物除藻技术、改变生境除藻技术等,填补了以往治理蓝藻的技术不完善的空缺。除藻技术中有相当多能大面积有效治理蓝藻的技术,其中以微粒子(电子)除藻技术一类为优,使消除蓝藻爆发有了可靠的技术支撑。

四、削减藻密度消除蓝藻爆发技术

治理太湖、消除蓝藻爆发是在尊重自然、顺应自然的基础上,人工治理(修复)与自然修复相结合,人工治理促进自然修复。其措施包括消除水污染、修复水体和底泥,消除蓝藻爆发、修复藻类和生物多样性,恢复植被覆盖率、修复植物湿地,建设健康的良性的生态系统。消除太湖蓝藻爆发的总体策略是在控源基础上,削减蓝藻、降低藻密度至较低或很低程度,以达到消除蓝藻爆发的目标;须采用除藻除污新技术综合集成,当今最好的一类技术就是在全面深入除藻的同时能消除水体和底泥污染,消除富营养化,减慢蓝藻生长繁殖速度。

1　消除蓝藻技术分类

所有消除蓝藻的技术均以降低水体和底泥中蓝藻密度,减轻蓝藻爆发程度,达到最终消除蓝藻爆发为目的。

(1)主要技术总体分为3大类:直接杀死蓝藻,创造不利于蓝藻的生境抑藻除藻,生物种间竞争抑藻除藻。

(2)根据理化性质分类,主要分为物理、化学、理化、生物(微生物)、生化等类及其若干组合。

(3)根据除藻的直接、间接作用分类:① 直接除藻,是通过干扰(破坏)蓝藻细胞壁及其内部物质的合成、光合作用和酶的活性等,直接抑制蓝藻生长或杀灭蓝藻;② 间接除藻,通过改变蓝藻生境而控制其生长。

(4)以处理蓝藻最终效果分类,将蓝藻移出水面,直接杀死并消解蓝藻,蓝藻下沉水底,蓝藻下沉水底后被消除分解。

2　主要除藻技术

经对全国数十种除藻技术调研、分类汇总,根据技术原理分为8类。其对蓝藻治理的作用大小不等,适用水域大小不等,可推广程度不等。但大部分的除藻除污技术均能同时应用于全国河湖污染及蓝藻的治理。

2.1　微粒子(电子)除藻技术

(1)金刚石碳纳米电子除藻技术。此技术的电极装置在加电压后释放电子,在阳光下产生光电效应、光解及光催化氧化反应,破坏蓝藻的细胞壁和细胞内部物质,消除蓝藻,使蓝藻死亡且予以分解。此技术为适用于大中小型水体的长效治理技术,为水土蓝藻三合一治理专用技术。

(2)复合式区域活水提质除藻技术。此技术是应用活水循环、能量释放、固载土著微生物、碳纳米核磁和高级氧化等综合性技术制造的成套设备,可直接消除蓝藻,使蓝藻死亡且予以分解。此技术为适用于大中小型水体的长效治理技术,为水土蓝藻三合一治理专用技术。

(3)超声波除藻技术。此技术是利用适当频率的声波在水体中产生一系列强烈的冲击波和射流,破坏、杀死蓝藻,使其沉入水底,或抑制蓝藻的生长。此技术适用于小微水体。还有利用电磁电场影响细胞的活性,或利用放射线杀灭蓝藻细胞。

(4)电催化高级氧化除藻技术。此技术是利用高性能催化材料在强大低压电流电场作用下,电击催化贵金属,与水体中物质反应,生成多类强氧化剂,有效杀死蓝藻及将其分解。此技术适用于小微水体。

(5)光催化除藻技术。如石墨烯光催化生态网,利用石墨烯的光催化作用,可在一定范围内控制蓝藻的生长速度、抑藻除藻。此类技术为水土蓝藻共治技术,除藻、处理污染的速度较慢。此技术适用于小微水体。

(6)光量子载体除藻技术。此技术是把光量子的能量加载于载体,载体置于水体中,能较长效地发挥除藻除污作用。此技术适用于中小微水体,为水土蓝藻三合一治理专用技术,施工管理方便、快捷。

2.2　安全添加剂除藻技术

添加剂除藻一般分为氧化型和非氧化型两类,氧化型主要有过酸碳钠、液氯、次氯酸纳等,非氧化型主要有无机(有机)金属化合物等。

(1)"湖卫氧"除藻技术。"湖卫氧"的主要成分,其入水后产生过氧化氢杀死蓝藻,成本低,根据蓝藻爆发严重程度费用为 20 万~150 万元/km^2。

(2)改性黏土除藻技术。喷洒改性黏土水溶液,使水面、水体蓝藻快速沉于水底,继而实施生态修复,如种植沉水植物,以固定底泥和吸收蓝藻所含的营养物质,消除蓝藻;或用覆盖法,如泥土覆盖蓝藻,使其与上覆水体隔开;或再种植沉水植物吸收营养物质并且抑制蓝藻。

(3)此类技术还有天然矿物质净水剂除藻、食品级添加剂除藻、植物(中草药)化感物质制剂除藻、蓝藻抑制剂等技术抑藻除藻。

（4）有持久毒害作用的添加剂技术仅能作为应急除藻措施。相当多的化学物质可以直接杀死蓝藻,如硫酸铜、敌草隆和其他除藻剂。其具有环境持久性,对其他水生生物具有毒害作用,因此非紧急情况不宜使用。

2.3　混凝气浮过滤除藻技术

混凝气浮法除藻。用混凝气浮法使蓝藻、悬浮物、底泥有机质等物质气浮至水面,再打捞并移出水面。或制造具有混凝气浮、打捞、分离一体化处置功能的移动设备。此类技术同时具有增氧消除污染的作用。麦斯特高速离子气浮水上移动式成套设备具有此功效。

2.4　蓝藻底泥协同清除技术

在清除底泥时同时清除蓝藻,即将蓝藻随底泥一起移出水体。此类设备较好的有雷克底泥洗脱船、气动泵吸泥除藻设备、环保型绞吸式设备等,一般的清淤机械设备也有此功能,但要加重水污染或其他的副作用比较多。

2.5　安全高效微生物及制剂抑藻杀藻技术

目前能抑制蓝藻生长繁殖或直接杀死蓝藻的微生物很多。相当多的高效复合微生物组合而成的生物技术均能杀死蓝藻和同时消解蓝藻、净化水体、消除底泥有机污染,即为微生物的水土蓝藻共治技术。此类微生物以有无载体可分为固定化载体微生物和普通微生物两类;以微生物来源可分为土著微生物与外来微生物两类。微生物除藻技术在水源地使用的关键是选择安全的和专家评审时能通过的微生物。

（1）鄂正农微生物。

此类微生物为普通型高效复合微生物,主要用于人工喷洒微生物消除蓝藻作业,在武汉等地多个湖泊、水体使用过,效果良好。此技术为水土蓝藻共治技术。

（2）TWC 生物蜡固载土著微生物。

此类微生物为固载土著微生物,其载体名为 TWC 生物蜡,载体充满空隙,载体间配置的材料具有适宜微生物生长繁殖的生境。此载体能将水体中原有的土著有益微生物吸引进载体并快速繁殖,具有除藻作用。TWC 生物蜡载体为制造微生物的机器,不怕水流冲刷,治理有效期为 1~2 年。此技术为水土蓝藻三合一治理专用技术。

（3）固载微生物。

固载微生物为多孔隙的固定化载体,具有适宜微生物生长繁殖的生境,同时事先已人工配置有益微生物,其间也同时吸引土著微生物进入,快速生长繁殖,起到除藻作用。载体为制造微生物的机器,不怕水流冲刷。此技术为水土蓝藻共治技术。

(4)普通微生物。

普通微生物技术中,只要采用高效复合微生物的组合技术,其整体功能基本与固载微生物相似。二者差异主要是有无固定的载体。普通微生物主要适合在基本静止的水中使用,若使用于流水,则需要多次抛洒、喷洒微生物制剂或其溶液;固载微生物则无此类副作用。如大连正好微生物治理技术是普通微生物中的代表之一。

2.6 改变生境除藻技术

(1)高压除藻技术。改变蓝藻原来在浅水中自然生长的压力、温度等生境,将蓝藻进行短时间的高压处理,使蓝藻在很大程度上失去生长繁殖能力甚至死亡。包括深井固定式除藻和水上移动设备除藻两类。固定式高压除藻设备日均处理蓝藻水 9 万~10 万 m^3,水上移动设备日均处理蓝藻水2.5万~5 万 m^3。此技术是蓝藻死亡后沉入水底,最好与其他能消解蓝藻的技术搭配应用。

(2)推流曝气增氧除藻技术。推流(射流)可使水体上下循环流动,使蓝藻有一定时间滞留在水较深、水温较低的水体中,减慢其生长繁殖速度;曝气同时具有使水体增氧(包括普通、纯氧、臭氧等种类)和消除污染的能力,降低 PN,减慢蓝藻生长繁殖速度,死亡的蓝藻一般沉入水底。

(3)遮阳除藻。在水面上覆盖遮阳物质,减轻光照强度,减慢蓝藻生长繁殖速度或可致其死亡,死亡蓝藻沉入水底。除藻效果较慢,同时改变其他生物的光照生境。一般遮光物质的覆盖率要达到水面面积 50%~60% 才有较好的除藻效果。

(4)降温除藻。藻类进入深水区可减慢生长繁殖速度甚至难以繁殖,水深达到 10 m 多、水温降至 9~12 ℃以下,蓝藻就难以繁殖或甚至死亡,死亡蓝藻一般沉入水底。此技术一般需要在湖区人工开挖一定容积的深坑,以控制水深和温度,并使用水泵或空压机促进水体上下循环流动。

2.7 生物种间竞争除藻技术

生物种间竞争除藻可以调节水生态系统的结构,削减蓝藻,增加其他有益藻类。

(1)植物除藻。如采用芦苇湿地、紫根水葫芦、大瓢、岸伞草、沉水植物、挺水植物芦苇等除藻。很多植物在吸取水体和底泥 NP 的同时可产生化感物质抑藻除藻,蓝藻死亡后产生的 PN 一般为植物所吸收。如紫根水葫芦除藻在滇池和太湖试验均很成功,其关键问题是冬季打捞、处置较麻烦。

（2）以藻克藻。调整蓝藻、藻类的种群结构,如添加一种纳米级产品微营养素,培养出硅藻,硅藻在繁殖过程中大量吸收水体中的 N P,使微囊藻在竞争中处于劣势,蓝藻就能得到控制。此类生物除藻实施难度较大。

（3）大型藻抑藻。如水网藻对蓝藻的抑制有三种作用:与蓝藻竞争营养盐抑制蓝藻生长,在水体表面遮光抑制蓝藻生长,分泌或释放化感物质抑制蓝藻生长。

（4）水生动物除藻。包括鲢鳙鱼、银鱼、鲫鱼、尼罗罗非鱼(非洲鲫鱼)、贝类、浮游动物贝克蚤、轮虫或其他动物滤食蓝藻。如鲢鳙鱼每增加 1 kg 重量可滤食 30 kg 蓝藻,武汉东湖高密度放养鳙鱼(密度达到 40 g/m³ 水体)后于1985年就基本消除蓝藻爆发,但在相对封闭的富营养化水域的生态修复区其饵料可能较丰富,所以鱼类的生长速度很快,数年后鱼的单体重和密度均较大,产生的排泄物多,会污染水体,又很容易扰动底泥起浮释放污染物质。如梅梁湖小湾里水源地2005年的生态修复试验区就曾发生此现象,武汉东湖通过非经典生物操纵法除藻也存在此现象。

（5）禁渔行动。2021年开始的太湖禁渔行动有助于大幅度增加滤食蓝藻的鲢鳙鱼、银鱼等鱼类的数量,减轻蓝藻爆发程度,局部具有高密度鱼类的相对封闭水域有望能基本消除蓝藻爆发。但若鱼群过密或单体鱼重过大,则可能由于鱼类排泄物和扰动底泥增加水体污染,使水质难以得到有效提升,以往武汉东湖鲢鳙鱼除藻的经验教训可作为此次太湖禁渔行动的借鉴。

2.8　治理富营养化抑制蓝藻

相当多专家认为改善富营养化至一定程度如达到Ⅲ类水就可以减慢蓝藻生长繁殖速度,或达到生态环境部提出的国家生态环境基准 TN 0.59 mg/L、TP 0.029mg/L、叶绿素 a 3.4 μg/L,就可有效减慢蓝藻生长繁殖速度和很大程度减轻蓝藻爆发,为加快消除蓝藻爆发的进程创造条件。此类治理富营养化的技术包括控源截污、调水、常规清淤、锁磷剂、常规打捞水面蓝藻、恢复湿地等。如在洱海等深水湖泊,若水质提升至Ⅰ～Ⅱ类,可直接消除蓝藻爆发。但在太湖这样的大型浅水湖泊,治理、消除富营养化至一定程度仅能减慢和抑制蓝藻生长繁殖速度、减轻蓝藻爆发程度,仍无法将藻密度降至蓝藻不爆发的程度,不能消除蓝藻爆发。

五、综合除藻集成技术

治理太湖是一个庞大的综合性系统工程,仅依靠某项单一功能的技术无法全面治理好太湖,特别是消除蓝藻爆发这个世界性难题,须采取多技术综合集成治理,才能彻底消除太湖蓝藻爆发和富营养化。

上述提到的多种除藻技术在目前或今后均具有一定的作用,但在消除蓝藻爆发的效果、速度、彻底性、适应条件、成熟程度、费用和可推广性等方面有相当大的差异,应在总结全国大中小型湖泊治理蓝藻爆发经验教训的基础上,根据实际情况进行试验后择优选取综合集成使用。

1 选择综合除藻技术十原则

(1)治理效果好。能够消除高密度蓝藻,除藻比例高。

(2)治理效率高。同时间内消除的蓝藻多。

(3)治理有效时间长。治理效果一般应持续 1~2 年或更长。

(4)治理功能广。能够同时消除蓝藻、水体和底泥的污染。

(5)技术设备安全可靠。

(6)节能减排。

(7)实施操作简单容易。

(8)适应性强。如在低温、冰冻水面下,少氧,缺光照,风浪、流速较大等多种条件下均能实施或实施的可能性最大。

(9)治理费用低。达到同等治理效果时费用较低。

(10)技术设备容易管理、维护、保养。

2 消除水体底泥蓝藻污染

2.1 消除蓝藻污染技术

蓝藻的种源自然存在,在富营养化、高水温等人为和自然因素的作用下快速生长增殖,藻密度达到相当高程度而形成蓝藻爆发。消除蓝藻污染就是要在大力降低营养程度的基础上,实施全年彻底打捞清除水面水体和水底的蓝藻。

2.2 消除水体污染技术

水体污染物的来源是外源、底泥释放和蓝藻等生物死亡。消除水体污染就是消除进入水体中的 P N、蓝藻等各类污染物。

2.3　消除底泥污染技术

底泥污染物来源是外源和蓝藻等生物死亡残体。消除底泥污染就是消除存在底泥中的 P N 和有机质、蓝藻等各类污染物(主要是表层污染物)。

3　水土蓝藻三合一治理技术

综合除藻技术中的首选类技术是水土蓝藻三合一治理技术(简称水土蓝藻共治技术或三合一治理技术)。即能够一次性同时治理水体、底泥和蓝藻污染的技术,不需要再另外进行清淤和净化水体,是很有潜力和值得推广的技术。水土蓝藻三合一治理技术分为专用技术与集成技术两类。

3.1　三合一专用技术

一种技术、设备能够同时治理水土蓝藻污染的三合一专用技术。其一,如微粒子(电子)类除藻技术中的 4 种技术均为三合一专用技术,其中,以金刚石碳纳米电子水土蓝藻共治技术、复合式区域活水提质水土蓝藻共治技术为好;其二,安全高效微生物及制剂除藻技术的 4 类均是微生物类三合一专用技术。但在有水源地功能的大型浅水湖泊中需要经过专家的安全审查。

3.2　三合一组合技术

有几种技术、设备集成后能够同时进行水土蓝藻污染的三合一治理技术。除上述三合一治理的专用技术外,其他技术相当多,均可组合成为三合一组合技术。

4　开拓三合一治理技术是新时期治理太湖及蓝藻爆发的需要

治理太湖及蓝藻爆发,若采取的技术同时能降低藻密度、消除底泥污染和净化水体,则这类治理技术是最佳的治理技术,其能一步到位,治理效果好、效果快,治理效果能保持长期,治理成本低、能源少,可不占用土地资源。

5　太湖综合治理集成技术

在太湖治理蓝藻中,应根据各水域具体的自然地理、水文水动力、水污染、蓝藻的密度及爆发情况选择三合一专用技术或组合技术。首先可采用微粒子(电子)类三合一专用技术设备进行治理;其次选择三合一组合技术治理,或可考虑采用综合除藻集成技术治理,如采用"湖卫氧"等安全添加剂除藻技术与微粒子(电子)类水土蓝藻三合一专用治理技术结合,治理蓝藻效果更好、更快,费用更省。

六、优选水土蓝藻三合一治理技术

1 主要的水土蓝藻三合一治理技术

1.1 微粒子(电子)类三合一治理专用技术

1.1.1 金刚石碳纳米电子三合一治理技术

此技术已在全国河湖水体治理中多次应用,能提高水质1~2个类别,47 d可以削减高密度蓝藻93%。此技术设备不受水温影响,一年四季能正常运行,能耗极少,适合大中小湖库、水体使用。

1.1.2 复合式区域活水提质三合一治理技术

此技术已在全国河湖水体治理中多次应用,能提高水质1~2个类别,使水面看不见蓝藻。此技术不受水温影响,需能源较少,适合大中小湖库、水体使用。

1.1.3 光量子载体除藻净水清淤技术

此技术为三合一专用治理技术,已在全国河湖水体治理中多次应用,20 d可削减蓝藻59%,其中高密度微囊藻73%。此技术不受水温和光照影响,治理期间不需能源,适合中小微型的相对静止水体使用。

1.1.4 光催化生态板网除藻净水清淤技术

此技术为三合一专用治理技术,已在全国河湖水体多次应用。光催化技术设备包括板和网的两种形式。此技术不受水温影响,治理期间不需要能源,适合小微型的相对静止水体使用。

1.2 微生物三合一治理专用技术

1.2.1 TWC生物蜡净水清淤除藻技术

此技术为利用TWC生物蜡作为固定化载体的土著微生物消除水体、底泥和蓝藻污染的三合一专用技术,治理期间能耗极少,小范围试验阶段3个月可削减蓝藻密度95%以上,20 d去除池塘蓝绿藻,适合中小微型水体使用。

1.2.2 固化微生物三合一治理技术

此技术为利用固定化载体的高效复合微生物消除水体底泥和蓝藻污染,需要能源少,适合小微型水体使用。

1.3 其他的三合一治理组合类技术

此类技术为由若干类技术组合成的能同时治理水体、底泥、蓝藻三类污染的三合一治理组合技术。

(1)德林海高压除藻技术为改变生境的除藻技术,有良好的效益,但其无消除底泥污染、消除死亡蓝藻污染和净化水体的作用,其可与相关的河湖水体和底泥的净化技术等结合,起到消除水体、底泥污染的作用,成为三合一治理组合技术。

（2）"湖卫氧"过酸碳钠除藻技术、改性黏土除藻技术、天然矿物质净水剂除藻技术、食品级杀藻剂技术、植物除藻和中草药化感物质制剂除藻等各类安全添加剂除藻技术,其中大部分均不能同时消除水体和底泥污染,也可与相关的河湖水体与底泥的净化技术等结合,成为三合一治理组合技术。

2　三合一治理技术优势

三合一治理技术的优势,以下主要以微粒子(电子)类的金刚石碳纳米电子水土蓝藻三合一治理专用技术(以下简称碳纳米电子技术)为例,在净化水体、清淤、打捞消除蓝藻三方面分别与曝气技术、绞吸式挖泥船、泥浆泵打捞蓝藻及气浮技术藻水分离进行有关方面的比较。

2.1　节能减少碳排放优势

以碳纳米电子技术1套普通设备为计算基础,设备运行过程中能耗低,功率30 W,完全有效治理水面积40万 m^2、水体82万 m^3(以太湖水深2.05 m计),实际运行中1套设备能对2 km^2以上的水域起到一定作用。1套设备1年用电0.03 $kW×24$ h×360 d=259 kW·h。1 kW·h电耗标准煤0.4 kg,产生二氧化碳0.997 kg。

（1）与净化水体节能减排方面比较,净化水体与曝气技术比较。1台传统曝气设备功率1 500 W,1年用电1.5 kW×24 h×360 d=12 960 kW·h(其有效治理面积尚达不到40万 m^2)。耗电量超过碳纳米电子技术的50倍。与之比较,碳纳米电子技术1年至少相应节电12 701 kW·h、节煤5 080 kg、减排12 663 kg。

（2）与清淤节能减排方面比较,清淤与绞吸式挖泥船比较,挖泥速度1 500 m^3/h,N=160 kW。挖泥面积40万 m^2,实际挖深25 cm,系数0.8,需挖8万 m^3,用电=8万 m^3/1 500×160=8 533 kW·h。与之比较,碳纳米电子技术节电8 533−259=8 274(kW·h)、节煤3 310 kg、减排8 249 kg。

（3）与打捞蓝藻节能减排方面比较,打捞蓝藻与泥浆泵打捞水面蓝藻比较。泥浆泵抽水量76 m^3/h,N=22 kW。82万 m^3水体中含藻泥164 t,按一般打捞藻水的浓度0.2%计,折合用电8 092 kW·h。与之比较,碳纳米电子技术节电8 092−259=7 833(kW·h),相应节煤3 133 kg、减排7 810 kg。

（4）与藻水分离节能减排方面比较,打捞藻水后须进行藻水分离,否则要污染土地或水体,且要占用大量土地。根据以往统计分析,使用气浮法进行藻水分离,生产1 t藻泥用电20 kW·h,生产藻泥164 t折合用电=164×20=3 280(kW·h)。

（5）除藻方面合计,包括打捞蓝藻+藻水分离的用电=7 810+3 280=11 090(kW·h)。碳纳米电子技术设备在运行治理过程中,同时消除蓝藻,不需再用电,所以等于节约11 090 kW·h,相应节煤4 436 kg、减排11 057 kg。

（6）小结碳纳米电子技术设备 1 套,有效治理面积 40 万 m² 计,若用于太湖、巢湖、滇池等浅水湖泊的净化水体、清淤和除藻三方面,可同时发挥作用,合计节电332 088 kW·h,相应节煤12 835 kg、减排31 992 kg(见表7-6-1)。

表 7-6-1　碳纳米电子技术与其他技术节能减排优势比较

项目	纳米电子技术三合一治理	曝气治理水体污染	绞吸式挖泥船清淤	泥浆泵打捞蓝藻	气浮藻水分离	节电	相当于节煤/kg	相当于减排/kg
	①	②	③	④	⑤	⑥=-①+②+⑤	相当⑥	相当⑥
面积/万 m²	40	40	40	40	40			
用电/(kW·h)	259	12 960				12 701	5 080	12 663
			8 533			8 274	3 310	8 249
				8 092		7 833	3 133	7 810
					3 280	3 280	1 312	3 270
合计						32 088	12 835	31 992

注:有效治理面积以 40 万 m² 计。

2.2　经济上节约费用优势

碳纳米电子技术设备在大中型浅水湖泊中消除蓝藻、净化水体和清除底泥污染这 3 项的单位面积总投资为2 000 万元/km²。与其他治理技术的这三项总费用比较,该技术费用低,关键是其他技术达不到水土蓝藻共治的要求,达不到消除蓝藻爆发的良好效果。以 20 年为比较周期。

（1）太湖清淤,以清淤 1 km² 计,其清淤深度=实际清淤深度 25 cm+计费超深 10 cm=35 cm,清淤体积为 35 万 m³,清淤单位投资(含清淤和底泥干化两部分)合价 105 元/m³ 计,需要投入3 675万元,太湖有底泥面积1 633 km²,需要投入 600 亿元。同时,清淤需要较大面积的堆泥场,但在土地资源紧缺的太湖周围还没有如此大的堆泥场可用,且仅依靠清淤解决不了底泥释放污染的问题,如2007—2020年的 14 年间,共清淤4 200 万 m³,清淤深度 25 cm 计,相当于清淤面积 168 km²,即 12 km²/a,以此速度太湖有底泥面积清淤一遍还需要 122 年,大幅度超过 20~30 年的清淤周期。现有清淤方式赶不上淤泥的淤积、污染速度。

（2）清除蓝藻,2007年以后,主要采取打捞水面蓝藻等各类技术,每年投入 12 亿元(含基本建设投资和运行费用),20 年需要 240 亿元。

（3）治理水体污染,以各水域治理 1 次及维持养护保持水质达到Ⅲ~Ⅳ类 5 年计,以低标准治理费 50 元/m²、5 年养护费=5 元/m²/年×5=25 元/m² 计,二者合计 75 元/m²,即7 500万元/km²,太湖2 340 km² 治理费+维护费=1 755

亿元(一般企业每年养护费为 10 元/m²)。

(4)估算比较。① 其他技术以上(1)至(3)三项 20 年合计花费2 595亿元,若20年平均分摊为每年129.75亿元。② 碳纳米电子技术分水域的治理费 = 2 340 km²×0.2亿元/km² = 468 亿元,养护费 = 25 元/m²×2 340 km² = 58.5亿元,二者合计526.5亿元,若20年平均分摊折合每年26.4亿元。碳纳米电子技术较其他技术每年节省129.75亿元–26.4亿元 = 103.35亿元,节省79.6%(见表7-6-2)。

表 7-6-2　碳纳米电子技术与其他技术节省费用优势比较

项目	纳米电子技术三合一治理 ①	绞吸式挖泥船清淤+淤泥干化 ②	清除蓝藻 ③	治理水污染 ④	合计 ⑤=②+③+④	年省费用 ⑥=⑤−①	年节省比例/% ⑦
单位治理面积/km²	1	1	不足 1	1			
时间/年	20	20	20	20			
合价/(元/m³)	20	105		75			
费用/万元	2 000	3 675		7 500			
总面积/km²	2 340	1 633		2 340			
年费用/亿元			12				
总费用/亿元	526.5	600	240	1 755	2 595		
年均费用/亿元	26.3				129.75	103.45	79.7

(5)小结。三合一治理技术在经济上节约投资和运行费用的优势明显,同时充分说明太湖治理应优先采用三合一治理技术,才能在同时治理水体、底泥和蓝藻污染方面取得全面良好的效果,有利于推进和加快我国治理河湖水环境和治理蓝藻爆发的进程。

(6)说明。2007—2020年太湖全力实施清淤、打捞水面蓝藻和治理水污染,在治理富营养化方面有很好效果,太湖由中–重富营养降为轻度富营养;但在消除蓝藻爆发方面基本无效,太湖各水域蓝藻密度普遍升高多倍,如湖心水域升高 18 倍,有人称蓝藻越打捞越多;通过 14 年治理,2015—2019年的 5 年中太湖 TP 浓度不降反升,主要是蓝藻爆发引起 TP 升高。

2.3　资源能源利用和减排优势

(1)节约资源能源消耗。碳纳米电子技术与传统水体治理的曝气技术比较,其设备单台设备功率 30 W,传统曝气设备功率1 500 W,能耗仅为传统曝气技术的 2%,而且治理效果前者还优于后者。

(2)在应用环节,碳纳米电子技术无污染物排放,同时可提高地表水、地下水环境质量(如 DO、透明度、N、P、COD、COD_{Mn} 等)。其中,水质指标可提升 1~2 个类别,蓝藻去除率 90% 以上。

(3)在生产及应用环节,碳纳米电子技术均无固体废弃物产生,无废水排放,不造成噪声、振动、电磁辐射、光污染等影响。

2.4 技术适用性优势

碳纳米电子技术对于水体底泥和蓝藻污染可同时高效治理,能应用于大中小型湖库、水源保护地、自然保护区、湿地,能应用于不同污染程度的水体和底泥,能应用于蓝藻不同爆发程度的水体。

此技术能够全天候 24 h 正常运行,可在原位建立良好的水体和底泥的生态环境,实现净化水体和动物、植物及土著微生物等水生生物的自然培养、生长,可高效清除蓝藻,提高生物多样性。与传统治理技术对比具有以下明显优势:

(1)设备具有立体持久的工作模式,只要在半径 300~500 m 的完全有效范围内,水体可以不用连通,对于坑塘、断头浜、封闭水塘、流动河流等工况,即可实现既定的治理目标。在半径 1~1.5 km 内有一定的治理效果。

(2)通过多组设备的协同系统作用,可实现大水体水环境整治,面积 1~1 000 km^2 均可。

(3)设备不需大型土建构筑物,设备系统安装维护简便。

(4)治理过程无须添加药剂或菌种,无二次污染,实现原位清洁修复。

(5)可实现水体、底泥、蓝藻和重金属的同时治理,实现无毒化。不需再单独实施治理水体污染、清淤和打捞消除蓝藻。

(6)设备能快速提升水体溶解氧,工作初期水体中 DO 一般能达到超饱和状态。

(7)对农业面源中的农药、化肥残留同样具有降解作用,可从源头上根治污染。

(8)对于不同污染程度水体(高浓度污水、生活污水、重度黑臭、劣V类等),在满足停留时间和一定光照的前提下,均可实现污染物大幅消除,还原生态。

(9)设备可适应一年四季温度,就是在冰层以下水体中也能正常运行,设备可在不超过 1 m/s 流速的水体中正常工作。

(10)小结。碳纳米电子技术能够有效消除相对封闭的大小不等水域的蓝藻爆发,并可以同时消除水体和底泥的污染。世界上大部分专家认为"三湖"(太湖、巢湖、滇池)这样的大中型浅水湖泊是难以消除蓝藻爆发的。所以,三合一治理技术是世界领先的技术,是一个创新、突破性革命,可为治理 30 年而未能消除蓝藻爆发问题的"三湖"提出可行的解决方案,可促进、加快"三湖"消除蓝藻爆发的进程。

太湖除藻除污技术汇总见表 7-6-3~表 7-6-10。

表 7-6-3　微粒子（电子）除藻除污技术

序号	名称	治理类型	主要原理	治理效果蓝藻去向	生物安全性	副作用局限性	技术说明	技术装备特点	适宜水域	可推广性
1	金刚石碳纳米电子技术	水土蓝藻共治专用	释放电子，阳光下光电效应、光解、光催化作用，增氧，除污除藻	除藻除污效果好；蓝藻杀死后被分解消除	良好	尚未发现	2020年太湖十八湾1 km²相对封闭水域试验；1台设备治理1 km²水域，藻密度削减93%；叶绿素 a 削减75%；设备可运行数年	除藻彻底，效率高，施工管理简单，方便，省电，一年四季可有效运行，可防"湖泛"；移动或固定式	大中小水域	治理水体、底泥、蓝藻三者均可大规模推广
2	复合式区域活水提质技术	水土蓝藻共治专用	活水循环，能量释放、固载生物、碳纳米核磁、高级氧化等技术除污除藻	除污除藻效果好；蓝藻杀死后被分解消除	良好	尚未发现	2019—2021 年太湖竺山湖 17 万 m² 相对封闭水域试验；1 套设备治理 0.5~1 km² 水域，除藻效果好；缺数据；设备可持续运行数年	基本同上	大中小水域	基本同上
3	超声波技术	除藻	发射超声波抑藻除藻	有相当效果；蓝藻杀死后下沉	良好	尚未发现	要配套消除死亡蓝藻污染的设备；设备可持续运行	移动式，少量用电	小微水域	可在一定范围推广

续表 7-6-3

序号	名称	治理类型	主要原理	治理效果蓝藻去向	生物安全性	副作用局限性	技术说明	技术装备特点	适宜水域	可推广性
4	电催化高级氧化技术	除藻	强电场电击催化贵金属，生成强氧化剂杀死蓝藻	有相当效果；蓝藻杀死后被分解	良好	尚未发现	2011 年在太湖贡湖北部试验过；移动式杀藻；可持续运行	移动式；用电较多	小微水域	可在一定范围推广
5	光催化技术	水土蓝藻共治专用	发射电子、光照光催化增氧，除污除藻	效果较好；蓝藻杀死后被分解消除	良好	尚未发现	2019—2021年在竺山湖进行过试验；固定式生态网；可持续运行	治理时不用电；管理方便，适宜静止水体，效果显现慢	小微水域	可在一定范围推广
6	光量子载体技术	水土蓝藻共治专用	发射电子、光照光催化增氧，除污除藻	除藻效果较好；除污效率高，效果较好：蓝藻杀死后被分解消除	良好	尚未发现	2021—2022年在河道进行除藻试验；效果好，35 d 除藻率 50%～75%；载体设置于水底或水中；可持续运行 0.5～1 年	施工管理简单方便，治理时不用电；一年四季有效运行；可用于无光照水体治理黑臭	中小微水域	治理水体、底泥污染可推广；性大；除藻适当推广

注：1.表中水土蓝藻共治专用是指能同时治理水体、底泥、蓝藻污染的专门治理技术；

2.表中除污表示治理水体和底泥污染；以下同。

3.除藻表示治理蓝藻为主的藻类。

表 7-6-4　安全添加剂除藻技术

序号	名称	治理类型	主要原理	治理效果蓝藻去向	生物安全性	副作用局限性	技术说明	技术装备特点	适宜水域	可推广性
1	湖卫氧除藻技术	除藻和水体污染共治	成分过碳酸钠,入水则释放过氧化氢低浓度除藻	除藻效果良好,蓝藻下沉;有利于提升水质,提高透明度	较好	副作用尚未发现	为一次或多次喷洒除藻,效果良好	大水面用大型设备喷洒,要用电;小水面手工操作,可不用电	大中小水域	除藻方面可推广性强,除水污染在一定范围推广
2	改性黏土除藻技术	蓝藻和水体污染共治	改性黏土吸附蓝藻后下沉	除藻效果良好;可提升水质,提高透明度;蓝藻下沉	较好	副作用尚未发现;增加部分底泥	2009 年太湖十八湾除藻试验,一次或多次喷洒,效果良好	同上	中小微水域	同上
3	天然矿物质净水剂除藻	蓝藻和水体污染共治	矿物质净水剂吸符蓝藻后下沉	除藻效果良好;可提升水质,提高透明度;蓝藻下沉	较好	副作用尚未发现;增加部分底泥	一次或多次喷洒,效果良好;在多水域试验过	同上	中小微水域	同上

续表 7-6-4

序号	名称	治理类型	主要原理	治理效果蓝藻去向	生物安全性	副作用局限性	技术说明	技术装备特点	适宜水域	可推广性
4	食品级杀藻剂	蓝藻和水体污染共治	破坏藻细胞功能除藻	除藻效果良好；有消除水污染作用；蓝藻下沉	较好	副作用尚未发现；水体增加少量物质	一次或多次喷洒，试验效果良好	同上	中小微水域	同上
5	中草药物化制剂除藻	蓝藻和水体污染共治	破坏藻细胞功能除藻	除藻效果良好；有消除水污染作用；蓝藻下沉或分解（根据配方）	较好	同上	同上	同上	中小微水域	同上
6	锁磷剂	除磷、削减悬浮物	直接降低 P 浓度可至很低，使蓝藻难以增殖	除磷效果好；有利氮，提高水质，提高透明度；有抑藻除藻作用	较好	副作用尚未发现；增加底泥中不可溶性磷	一次或多次喷洒，除磷效果好	应适量使用，超量使用影响水质；增加底泥	小微水域	局部水域可推广
7	硫酸铜敌草隆	除磷	直接杀死蓝藻	治理效果好；蓝藻下沉	不好	对环境具有持久毒性	一次或多次喷洒	非特殊应急情况，则不宜使用		太湖不能使用

表 7-6-5　混凝气浮除藻除污技术

序号	名称	治理类型	主要原理	治理效果 蓝藻去向	生物安全性	副作用局限性	技术说明	技术装备特点	适宜水域	可推广性
1	混凝气浮技术	水体底泥和蓝藻三者局部共治技术	蓝藻、悬浮物混凝后浮于水面,需另行移出水体	总体效果良好;可净水和提高透明度;蓝藻上浮水面	较好	治理水体、底泥,蓝藻不能一次性完成;部分混凝剂残留水体	混凝剂添加适量;设备可持续运行;需要配套清除水面悬浮物的设备	移动式;需用电;需添加混凝剂	小微水域	尚有可推广性
2	麦斯特高速离子气浮技术	水体底泥污染和蓝藻三者局部共治技术	蓝藻、悬浮物气浮后浮于水面,需另行移出水体	总体效果良好;可净水和提高透明度;蓝藻上浮水面	很好	治理水体、底泥,蓝藻不能一次性完成;削减含氮物质效率较低	应试验气浮除藻与打捞一体化设备;设备可持续运行	移动式;需用电;不需添加混凝剂;	小微水域	用于污水处理时提高P排放标可全面推广;若用于河湖除气浮除藻污,需改造设备
3	磁分离技术	藻水分离技术	混凝后用磁分离技术分离藻与水	分离藻水效果好,速度快;同时提升水质,去除悬浮物,提高透明度	较好	分离后的废弃物需运走;水体尚存微量铁	单独用于藻水分离;设备可持续运行	一般为固定式,也有移动式;需用电	—	可推广性强

续表 7-6-5

序号	名称	治理类型	主要原理	治理效果蓝藻去向	生物安全性	副作用局限性	技术说明	技术装备特点	适宜水域	可推广性
4	混凝离心分离技术	藻水分离技术	混凝后用离心分离技术分离藻与水	分离藻水效果好,速度快;同时提升水质,去除悬浮物,提高透明度	较好	分离后的废弃物需要运走;水体需增加少量混凝物质	单独用于藻水分离;设备可持续运行	一般为固定式,也有移动式;需用电	—	可推广性强
5	曝气造流技术	治理水体和底泥污染	使水体流通,增加氧气,净化水体和底泥	效果较好,为小河道治理常用技术	好	净化水体和底泥的速度根据其曝气成分快慢不等	曝气可分空气、纯氧和臭氧3类;分单点、串连多点及水上、水下曝气	空气曝气效果一般、纯氧、臭氧曝气效果好、速度快;需用电	小微水域	可推广性强
6	混凝过滤磁分离	治理水体污染	异位处理,抽水过滤磁分离,净化水体	治理水体,提高透明度效果较好;有治理悬浮物,蓝藻作用;蓝藻为剩余废弃物	较好	治理氨氮欠好;若增加硝化反硝化效果就好	抽水,混凝过滤后净水返回河道,过滤剩余废弃物运走	一般在河岸设置固定设备;需用电	小微水域	可推广性较强

表 7-6-6 蓝藻底泥协同清除技术

序号	名称	治理类型	主要原理蓝藻去向	治理效果	生物安全性	副作用局限性	技术说明	技术装备特点	适宜水域	可推广性
1	气动泵吸泥技术	清淤,清除底泥及其中蓝藻	清淤时蓝藻随底泥同时移出,进行资源化利用	清除底泥污染效果好,除藻有一定效果,有间接提升水质效果	较好	带走底栖动物、植物	需配套输送淤泥及资源化利用装备	移动式;需用电;不扰动底泥上覆水体	小微水域	有可推广性
2	雷克底泥脱洗式船技术	同上	同上	同上	较好	同上	同上	同上	同上	同上
3	环保型绞吸式清淤技术	同上	同上	同上	较好	同上	同上。在太湖较大范围使用过	为移动式;需用电;基本不扰动上覆水体	中小水域	可推广性较强
4	普通清淤设备清淤技术	同上	同上	同上	一般	带走底栖动物、植物,搅浑水	如普通绞吸式、抓斗式、链斗式等在河道大量使用	移动式;需配套输送淤泥设备;严重扰动上覆水体	小微水域	太湖不宜使用;普通河道通有可推广性

表 7-6-7 微生物除藻除污技术

序号	名称	治理类型	技术原理	治理效果 蓝藻去向	生物安全性	副作用局限性	技术说明	技术装备特点	适宜水域	可推广性
1	固载微生物技术	水土蓝藻三合一治理技术	固定在载体内的微生物快速生长繁殖,治理水体和底泥污染,清除蓝藻	治理效果良好;其中蓝藻被分解消除	较好	副作用尚未发现	设备放进水体即行,持续运行	固定载体,固定设备,少量用电;微生物使用周期很长	中小微水域	可推广性较强,太湖使用有限制
2	鄂正衣微生物除藻技术	水土蓝藻三合一治理技术	高效复合微生物,治理水体和底泥污染,清除蓝藻	治理效果良好;其中蓝藻被分解消除	较好	副作用尚未发现;适宜流动性小水体	大水面用机械一次或多次喷洒;小水面用手工一次或多次喷洒	微生物有效周期较短	中小微水域	可推广性较强,太湖使用有限制
3	TWC生物蜡土著微生物技术	水土蓝藻三合一治理技术	载体充满营养物质的空隙将水中土著有益微生物吸进,快速生长繁殖,治理水体,底泥污染,清除蓝藻	治理效果良好;其中蓝藻被分解消除	好	副作用尚未发现;可在相当流动水体内使用	设备放进水体即行,持续运行1~2年	载体为微生物母体,制造微生物机器,不怕水流冲,可用于无光照水体治理黑臭	中小微水域	可推广性强

续表 7-6-7

序号	名称	治理类型	技术原理	治理效果蓝藻去向	生物安全性	副作用局限性	技术说明	技术装备特点	适宜水域	可推广性
4	大连正好微生物									
5	开朗生态微生物	水土蓝藻三合一治理技术	高效复合微生物,治理水体和底泥污染,清除蓝藻	治理效果良好;其中蓝藻被分解消除	较好	副作用尚未发现;适宜流动性较小水体	大水面用机械一次或多次喷洒;小水面用手工一次或多次喷洒	微生物有效周期较短;下大雨后微生物会被冲走	中小微水域	可推广性强,太湖使用有限制
6	杭州捷快微生物									
7	碳素纤维生态草	治理水体和底泥污染	碳素纤维的比表面积极大,作为载体,微生物在其外部生长繁殖,净化水体底泥	治理效果良好;其中蓝藻被分解消除	好	副作用尚未发现;适宜流动性小的水体	碳素纤维生态草按一定形式和结构放置于水体中	使用周期较长	小微水域	可推广性较强

注:1.微生物有成千上万种,关键是选择高效复合微生物种群,使其具有高效污除藻能力。

2.全国有许多家生产和使用微生物的企业,根据各水域的具体情况选择微生物企业,上表中仅为微生物企业中的一小部分。

3.应大力培养能有效消除蓝藻的土著微生物,附体的异体,推进微生物除藻的进程。

表 7-6-8 改变生境除藻技术

序号	名称	治理类型	主要原理	治理效果 蓝藻去向	生物安全性	副作用 局限性	技术说明	技术装备特点	适宜水域	可推广性
1	高压除藻技术	单一除藻	加压降温使蓝藻失去活力致死	除藻效果良好；蓝藻下沉	较好	蓝藻下沉增加底泥有机质，下沉蓝藻应除去	有深井高压固定式和高压除藻船2种设备；可全天候运行	深井式用电省	中小水域	可推广性较好，需选择分解蓝藻的配套技术
2	推流(射流)曝气增氧技术	藻水泥三者部分共治	曝气、增氧，水体流动；抑藻	有一定治理效果，减慢蓝藻生长繁殖速度	好	尚未发现	设备小巧玲珑，可成批设置	主要用于维持有藻小水体的清洁稳定	小微水域	在局部水域配合其他技术使用
3	遮阳除藻技术	单一除藻	减少光照抑制蓝藻生长	抑藻效果较好；蓝藻生长明显减慢	较好	水体缺少光照，影响其他生物生长	遮阳材料有多样	遮阳材料具有半透光性	局部小微水域	可推广面窄
4	降温除藻技术	单一除藻	使水流通过深水处降温抑藻	同上	好	必须具有水深条件才能有效降温	设置围隔水体，使水流从围隔下部通过	适用天然深水体或人工挖深水域	局部水域	深水水域的可推广性较强

表 7-6-9 生物种间竞争除藻除污技术

序号	名称	治理类型	主要原理	治理效果	生物安全性	副作用局限性	技术说明	技术装备特点	适宜水域	可推广性
1	紫根水葫芦大飘除藻	水土蓝藻共治	植物吸收水体氮磷等物质,化感物质抑藻除藻	除藻效果好;直接分解消除蓝藻,消除污染;有净化水体和消除底泥污染的功能	很好	冬季需移出水体;需堆场,资源化利用,比较麻烦	需每年种一次	技术要求低,管理方便	局部水域	准备好资源化利用的系列措施后可大面积推广,否则推广以推广
2	其他水生植物除藻	藻水泥共治	植物吸收水体或底泥氮磷,化感物质抑藻除藻	治理水体,底泥污染效果好,减慢蓝藻生长繁殖速度,抑藻除藻;生长于底泥中植物可固定底泥	很好	芦苇,菹草等植物需要收获	治理速度较慢,但长期有效;种植前需要改善生境	管理方便,大部分为多年生;漂浮植物为1年生	浅水水域	应该大面积推广
3	水生动物除藻	除藻,丰富生物多样性	滤食蓝藻	效果较好;蓝藻大部分被消化吸收;有一定净化水体功能	很好	排泄物污染污染水体,有些动物在浅水域要扰动底泥	鲢鳙鱼,底栖动物等治理蓝藻,污染长期有效	养鱼不宜过密,鱼的个体不宜过大	大中小水域	大水面生态放养;适当规模推广不投饵围网养殖

续表 7-6-9

序号	名称	治理类型	主要原理	治理效果	生物安全性	副作用局限性	技术说明	技术装备特点	适宜水域	可推广性
3-1	太湖禁渔	除藻	滤食藻类	只要鱼密度达到要求,则除藻效果好	很好	鱼类排泄物污染水体;浅水水域扰动底泥,增加污染物释放	控制鱼类密度和单体重量	大中小水域	全面推广
4	其他藻类和微生物等生物	除藻,丰富生物多样性	发展其他藻类和微生物抑制蓝藻生长或消除蓝藻	理论上应有相当好的效果;正在研究中,有可能取得突破性进展	很好	尚不明确	最有希望的是发展其他藻类与蓝藻竞争;发挥蓝藻的异体或附体微生物的竞争作用,消除蓝藻	大中小水域	研究出成果后推广

表 7-6-10　常规治理富营养化抑制蓝藻和除污技术

序号	名称	治理类型	主要原理	治理效果	综合治理	副作用局限性	技术说明	技术装备特点	适宜水域	可推广性
1	控制外源	控制水体污染，减轻污染，治理富营养化	减少污染物进入水体，减轻营养程度，利于水质提升，抑藻除藻	治理水体富营养化的基本措施	这些技术综合实施，可有效改善富营养至一定程度，提升水质，减慢蓝藻生长繁殖速度，可在相当程度上减轻底泥污染	成本高，任务重，但必须要做	控制污染源应采用综合性的新老结合技术	各类点源面源采用相应措施，特别要提高污水处理标准和处理能力	一	全面推广，全面加大控制外源（点源面源）力度
2	调好水入湖	物理除藻，治理富营养化	通过水体流动，增加氧气，提升水质，带走蓝藻和各污染物	有相当的治理效果，若水换水达到相当次数，治理水污染和除蓝藻效果很好		耗电多；超过警戒水位或高水位时不能使用	可以增加环境容量；增加净化水体的能力	科学调度，适时适量调水	需要的大中小水域	引江济太持续调水；加快新沟河新孟河调水通道建设；凡必须调水的均应调水，缺少条件的要创造条件调水
3	调差水出湖		带走蓝藻和污染物	有相当的提升水质和带走蓝藻的效果		耗电多；枯水位时不宜使用	增加净化水体能力；直接带走部分蓝藻，污染物；改善水质		需要的水域	梅梁湖泵站调水持续进行；凡条件类似的水域均可实施
4	常规环保清淤	物理技术治理底泥污染和除藻	清淤，减少底泥污染，带走泥中含的蓝藻	降低底泥营养物质释放速度；清淤水域在一定时间段内有相当好的效果		减少底栖生物，需要大量堆泥场或淤泥进行资源化利用	清淤设备种类多，选环保型效率高，速度快和不搅浑水的设备；用电较多		需要的中小水域	宜在污染严重的水体使用；大湖逐步改用微粒子蓝藻清土技术清除底泥污染

续表 7-6-10

序号	名称	治理类型	主要原理	治理效果	综合治理	副作用局限性	技术说明	技术装备特点	适宜水域	可推广性
5	修复生态恢复湿地	生物、物理技术，水土蓝藻共治	吸收水和底泥中 P N，固定底泥，提升水质；化感物质抑藻除藻；丰富生物多样性	只要管理好，总体治理效果普遍良好		有些沉水植物需要收割	需要改善生境后才能大规模修复湿地	人工修复与自然修复相结合；大多是多年生植物	需要的全部水域	大规模修复生态恢复湿地；大湖恢复复至蓝藻爆发以前规模
6	常规打捞蓝藻	物理技术除藻	打捞蓝藻并移出水面	消除水面蓝藻有一定效果，消除"湖泛"型供水危机的主要应急措施之一		工作量大，除藻率低	预防大湖 2007 年 5·29 "湖泛"型供水危机的一种应急措施；减少蓝藻堆积，改善蓝藻爆发的不良感觉，逐步改用水土蓝藻共治技术		蓝藻堆积水域	目前可推广性较强，以后应改用能够消除水面和水底蓝藻污染的水土蓝藻三合一共治技术

注：各技术的生物安全性均为良好。

七、金刚石薄膜纳米电子治理河湖技术及案例*

引言

为什么"三湖"(太湖、巢湖、滇池)30多年来富营养化程度有相当程度减轻而仍连年持续发生蓝藻爆发并高位运行？其原因之一是决策者认为没有好的技术能够适用于大面积消除"三湖"蓝藻爆发。金刚石薄膜纳米电子治理河湖技术就是可以大面积消除"三湖"蓝藻爆发的最新技术。

为什么有许多黑臭河道在消除黑臭以后不久又返回黑臭,其主要原因之一是仅消除了水体的黑臭,而没有彻底消除底泥的严重污染,导致底泥释放的污染负荷使水体又重返黑臭;同样也有许多河道湖泊在治理污染、消除劣Ⅴ类、提升水质至Ⅲ~Ⅳ类,不久水质又有反复,重返劣Ⅴ类,其主要原因之一是仅消除了水体的污染,而没有消除底泥的严重污染。金刚石薄膜纳米电子治理河湖技术就是可以长期彻底消除河湖污染和黑臭的长效治理技术。

金刚石薄膜纳米电子治理河湖技术是水土蓝藻三合一治理技术,可以同时治理和消除水体污染、底泥有机污染、蓝藻爆发的污染,所以称之为水土蓝藻三合一治理专用技术,也称为水土蓝藻共治技术。其是开创长效治理河湖水体、底泥和蓝藻污染,具有很大潜力的最新的治理河湖技术,将有效推进全国大中小水体水土蓝藻污染的治理进程。

1　金刚石薄膜纳米电子技术

1.1　技术概述

该技术也称金刚石薄膜碳纳米协同超净化水土蓝藻共治技术,是由上海金铎禹辰水环境工程有限公司创造(下称金刚石碳纳米技术)。技术核心装置是金刚石薄膜碳纳米材料电极系统,其中纳米金刚石材料是公司拥有自主知识产权的创新成果。技术具有负电子亲和势,以大地为正极、装置核心模块为负极,实现水中低电压弱电场下集群发射大量电子,形成大量的以碳为主骨

---

　　*　本节编写人员:张习武 18611989075、黄玉峰 13564810887,上海金铎禹辰水环境工程有限公司。

架的离散结构,与水中有机络合物发生微观光电感应,释放出高能电子;同时在光照下,发生高效光子吸收和相互作用,发生光解及光催化氧化反应,快速提高活性溶解氧浓度,逐渐离散、分解、氧化还原污染物,抑制蓝藻生长繁殖,消除蓝藻爆发。其中一部分成为微生物饵料,促进有益生物生长,另一部分降解为 H_2O、CO_2,还有一部分生成 N_2 进入大气等。

金刚石碳纳米技术装置可同时消除蓝藻爆发、净化水体、消除底泥污染,是水土蓝藻三合一治理专用技术,其是各类河湖水污染、富营养化、黑臭河道和蓝藻治理的创新技术,处于国内领先和国际先进水平;特别适合大中型湖泊水库河道等大水体的治理,可一次性解决水体和底泥污染问题,可直接消除大水体的有机底泥污染,不需要再采用常规设备进行清淤;可解决国内外大部分专家认为的大中型浅水湖泊"三湖"持续蓝藻爆发难以解决的问题,为"三湖"消除蓝藻爆发提供技术支撑。

该技术的原理是以纳米金刚石材料为核心,利用材料的负电子亲和势性能,在弱电场的驱动下向水中释放大量低能电子,使水中络合物离散,形成碳纳米点,高效吸收巨大的太阳光清洁能源,利用光催化作用,降解水体中各类污染物,杀死蓝藻、分解蓝藻、消除污染,有效修复水体生态系统。

该技术资源耗费少、功率小而效率高,消耗能源少,可大量减少碳排放,对生态环境无任何负面作用,且有益于生态环境的恢复。该技术推广前景很好,适宜治理各类水体,治理速度快,效果良好,成本低(附图7-7-1)。

1.2 基本原理

金刚石碳纳米技术为大面积区域性整体环境提升技术,可以快速提升水体溶解氧,激活水体活性,消解水体中各类污染物和蓝藻,恢复水体自净功能,消除底泥中各类污染物,改善大流域生态环境,真正意义上实现"绿水青山"的宏伟蓝图。

纳米结构金刚石薄膜电极构架放入水中,在低压电场驱动下,释放出的电子动能低,能够有效作用于水中络合吸附在一起的各种基团,使水体中的络合物(有机物簇合而成)成分离散,形成大量的以碳为主要骨架的离散结构(简称纳米点)。纳米点内具有吸收光子产生激发态电子和空穴的性能,能够有效吸收阳光而发生光催化效应。一些纳米点内掺杂原子如金属原子、N 和 P 原子等,能够使纳米点的光学能隙减小,以至于具有吸收可见光进行光催化作用的性能,使自然光进行光催化的利用率更高。

纳米点的光催化效应释放出高能电子,能够实现水分子变为活性氧和氢气,氢气离开水面,活性氧溶解在水体中,提高活性氧浓度。有机物中的键态断裂降解,进一步与活性氧作用,转化为 CO_2 和 H_2O。有机物降解的同时又会形成新的不同的纳米点,新的纳米点能够同样具有光催化功能,通过链式反应和水体的流动,可以快速传播到较远的区域,并形成更多的纳米点,产生大量活性氧,降解更多污染物。同时,淤泥中的各种络合物也会逐渐分散消解,形成气体通道,释放出厌氧菌产生的臭气,并且水中的活性氧能够逐渐渗透到淤泥内部,氧化脱毒和降解其中的污染物。如此,通过金刚石薄膜电极构架装备产生的高浓度低能电子与阳光协同作用,最终使整个区域水体和淤泥环境得到根本净化,经过脱毒的有机基团能够成为水生物的饵料,使受损的水生态系统快速恢复为良性的水生态系统。

金刚石碳纳米技术的超净化作用在于协同高效利用了巨大的太阳光辐射能量(标准照射下每平方米1.33 kW),如果以半径500 m计算,标准阳光照射下的总辐照强度为100万kW,相当于一个大型水电站的装机容量,如此大功率能量作用于水体的有效净化,所以水质净化见效快,而系统运行耗电仅需十几伏安全电压和很小能耗(附图7-7-2、附图7-7-3)。

技术原理归纳为通过装置发射电子,在光照条件下,水体中发生高效光催化氧化还原反应,消除污染物质。

1.3　作用过程

金刚石碳纳米技术的作用在于以纳米金刚石薄膜材料架构的特殊电极系统,能够对水体、水体底泥和蓝藻施加协同作用,对水体中的有机聚合体、络合基团、黏结基团、细菌分泌基团、金属离子络合体和蓝藻等进行分解和氧化。同时在太阳光的复合作用下,水分子被分解,产生活性氧。

水分子通常会分解为带正电荷的 H^+ 离子和带负荷的 OH^- 离子:

$$H_2O \rightarrow H^+ + OH^- \tag{7-7-1}$$

水分子会和高能态的空穴产生氧气:

$$H_2O + 2h^+ \rightarrow 1/2 O_2 + 2H^+ \tag{7-7-2}$$

氧气又会被光生电子还原为超氧阴离子自由基 O_2^-:

$$O_2 + e^- \rightarrow O_2^- (超氧阴离子自由基) \tag{7-7-3}$$

水中的带负电荷的 OH^- 离子和带正电荷的空穴反应生成氢氧自由基 $\cdot OH$(羟基),在低能处附近发生如下反应:

$$OH^- + h^+ \rightarrow \cdot OH(氢氧自由基,即羟基) \tag{7-7-4}$$

水中带正电荷的氢离子也会和带负电氢氧自由基荷的电子结合,生成氢气:

$$2H^+ + 2e^- \rightarrow H_2 \tag{7-7-5}$$

最后,水中就会有 O_2、H_2、超氧阴离子自由基 O_2^- 和羟基自由基·OH 等。水中络合物、有机物被单质氧、氧气及少量超氧阴离子自由基、羟基自由基氧化为纳米点,纳米点在光催化作用下继续对水体进行链式氧化还原反应,产生单质氢、单质氧、氢气、氧气等。

羟基自由基(·OH)是一种重要的活性氧,是由氢氧根(OH⁻)失去一个电子形成的。羟基自由基具有极强的得电子能力,氧化电位2.8 V,产生极强的氧化能力,羟基自由基可与大多数有机污染物发生无选择性的快速链式反应,氧化生成 CO_2、H_2O,无二次污染。超氧阴离子自由基和氢氧自由基具有超强的活性,与水中的污染物发生反应将污水净化,主要是超氧阴离子自由基 O_2^- 和污水中细菌、霉藻、有机化合物等氧化为水和二氧化碳:

$$O_2^- + 细菌、霉藻、有机化合物 \rightarrow mH_2O + nCO_2 \qquad (7\text{-}7\text{-}6)$$

氢氧自由基·OH 和甲醛、苯等 TVOC(总挥发性有机化合物)有害物质反应,生成无毒的水,其中部分营养元素被微生物和动植物吸收或成为鱼类饵料,尚有部分物质在反应后生成少量 CO_2 溢出:

$$·OH + 甲醛、苯等 TVOC 有害物质 \rightarrow mH_2O + nCO_2 \qquad (7\text{-}7\text{-}7)$$

由于超氧阴离子自由基和氢氧自由基具有超强的活性,所以污水会向净化后的方向移动,很快也会被净化,并有气泡产生(O_2 等);新的污水又会流到已净化的区域被净化,很快将出现净化污水的链式反应。此外,流动的水又会将纳米点带到其他的流域,并产生一系列的氧化基团,进一步对水体产生净化作用。

1.4 污染物去除机制

装置发射电子后将水分子分解为 H_2 和 O_2,H_2 离开水面,水中的活性氧浓度快速增加达到 15~20 mg/L 的超饱和状态,增加水体溶解氧及光催化作用,消除黑臭及消除水体中污染物、蓝藻等。

1.4.1 COD 去除机制

水体中发生高效的光催化氧化还原反应,氧化基团迅速增加,可以将有机物氧化为 H_2O 和 CO_2,对于化肥、农药残留或者抗生素等有机物质,也可以实现彻底降解。

1.4.2 NH_3-N 去除机制

NH_3-N 是还原态物质,在氧化基团存在的情况下,可以迅速氧化,同时水体中也有还原反应,在常温条件下,通过电子的得失,NH_3-N 最终被氧化还原为 N_2。

1.4.3 TN 去除机制

部分 TN 被直接氧化还原为一系列中间产物及 N_2 等,氮气溢出进入大气,部分 N 元素在生态修复过程中,被水生动植物、微生物吸收利用。

1.4.4　TP 去除机制

环境中的有机磷,特别是有机农药中的 P—O 和 P—S 键的键能较低,容易被断裂发生光解,偏磷酸盐在氧化基团存在的条件下,也很容易被氧化为正磷酸盐等形式,最终形成不可溶性的磷酸盐或多聚磷酸盐沉淀产物,或通过沉淀分离的途径从水体中得到去除;也有部分被水生动植物和微生物吸收、利用。

1.4.5　削减蓝藻原理

主要是由于光催化氧化还原反应,破坏蓝藻细胞外壁、氧化细胞内质,导致其部分生理功能丧失,细胞失活或被分解,藻毒素被降解为无毒的酸或者醛类氧化物;其次是削减营养盐,减慢蓝藻生长繁殖速度。

1.4.6　重金属去除机制

重金属以可交换态存在的情况下,危害严重,当水体中发生氧化还原反应后,离子态的重金属会转化为氧化态存在形式,或者被还原为单质,彻底无毒化。

1.4.7　削减淤泥机制

金刚石电极释放出的电子能够有效作用于底泥中络合吸附在一起的各种基团,使络合物(有机物簇合而成)成分离散,形成大量的以碳为主要骨架的离散结构扩散于水中,水体中的活性氧等氧化基团,遇到电极释放出的电子后,会诱发氧化还原反应和化合反应,解构其分子链,同时氧化产生 H_2O 和少量 CO_2。其中有些营养物质被水生动植物、微生物吸收、利用,达到治理净化水体、去除有机淤泥的目的。其原理基本与削减水体中的有机物、TP TN 相似。

1.5　设备安装和智慧水质监测平台

本技术具有一整套的设备,可采用有线控制和无线远程控制两种运行模式。安装方法也分为在水体内直接安装、浮游方式、锚墩、固定链等 4 种。

安装智慧水质监测平台可实时监测水位、水质温度、水质 pH 值、电导率、水质溶氧量含量、COD、水质氨氮、浊度等要素参数;现场安装全不锈钢、金属喷漆支架和野外防护箱,外形美观、耐腐蚀、抗干扰。

目前,金刚石碳纳米技术现已被水利部列入《2020 年度水利先进实用技术重点推广指导目录》,也被生态环境部列为生态环境创新技术产品。中科院科技查新报告指出,该技术具有新颖性和良好的市场应用价值,达到了国内领先、国际先进水平(附图 7-7-4)。

1.6　技术特点

(1)具有立体作用,治理河湖水体有效半径为 300~500 m,影响半径可达到 1 000 m;对此范围内不连通的水域也能得到一定程度的治理;多组装置协同配合可治理数百平方千米的大面积水体。

（2）对温度无要求，0 ℃以下也能工作。

（3）可同时治理水体、底泥、蓝藻、重金属污染，可省去清除污染底泥的费用，治理费用低，较单一常规技术治理费用低 10%~30%，较水土蓝藻三者同时治理费用低 100%~150%或更多。

（4）可治理生活污水、黑臭水体、劣Ⅴ类水体、微污染水和部分高浓度的污水。

（5）对于水生动植物无害，在恢复环境自净能力的同时，有利于激活水体和底泥中的土著微生物恢复生长、植物生长、生物链重建，恢复良性生态系统。

（6）该设备能于一定流速的水体正常工作运行，无须添加任何药剂或菌种，装置的安装、维护非常简便。

（7）若遇连续阴雨、台风等天气，治理水体的水质有一定波动。

1.7　技术创新性及先进性

1.7.1　创新点以及先进性

本技术可对水体、底泥和蓝藻进行高效治理，若应用于大水体的水环境治理，治理水域越大，优势越明显。不用加添加剂，能够长期有效治理水体，特别是能够彻底高效削减蓝藻，降低藻密度，可消除大中型浅水湖泊蓝藻持续爆发，可以解决国内外大多数专家认为的太湖等湖泊的蓝藻爆发难以解决的问题。

本技术中，发生光催化氧化还原的纳米点，来自水体中有机物结构的自身转化，太阳能利用载体的形成，无须高额的生产成本。同时，装置的影响范围是立体的，在水、土、气等周边环境中，有水分子存在和太阳光照射的情况下，均可实现有机物的降解。

本设备系统只需在可见光范围内，均可实现太阳能的充分利用。理论上太阳的能量巨大，太阳光能取之不尽，真正实现了以大自然的力量解决大自然污染、恢复自然生态的目标。

1.7.2　与其他治理技术对比

如治理水污染方面与喷撒微生物比，微生物喷洒一次，下大雨后要冲走，需要再一次喷洒，而本技术在 3 年内持续有效；在清除底泥污染方面，与挖泥船比，挖泥船可能搅浑水，使污染扩散，破坏底栖水生动物生态，还需大面积堆泥场，而本技术没有这些不足，可直接消除底泥污染；在除藻方面，大部分技术在杀死蓝藻后蓝藻的残体沉在水底，腐烂发臭，造成"湖泛"、供水危机，如打捞水面蓝藻则无法彻底除藻，太湖打捞了十多年蓝藻，各水域的藻密度反而升高 3~18 倍，此技术装备在水域基本封闭的情况下，可以非常有效除藻，降低藻密度,直至消除蓝藻爆发。

1.8　三合一治理技术优势

金刚石碳纳米技术是微粒子(电子)类技术的代表,在净化水体、清淤、打捞蓝藻方面分别与曝气技术、绞吸式挖泥船、泥浆泵打捞蓝藻及气浮技术藻水分离进行比较,有着巨大的优势。

1.8.1　节能减少碳排放优势

金刚石碳纳米电子技术设备 1 套,若用于"三湖"等浅水湖泊的净化水体、清淤和除藻 3 方面可同时发挥作用,以 1 套设备可以治理 40 万 m^2 计算,相对可合计节电332 088 kW·h,相应节煤12 835 kg、减排31 992 kg。

1.8.2　经济上节约费用优势

金刚石碳纳米技术的设备主件平均使用寿命 3 年,在大中型浅水湖泊中消除蓝藻、净化水体和清除底泥污染这 3 项的单位面积总投资为2 000 万元/km^2。若大面积实施可降低投资。

与其他治理技术的这三项总费用比较,该技术费用低,金刚石碳纳米技术较其他技术每年节省费用103.35亿元、节省79.6%。关键是其他技术达不到水土蓝藻共治的要求,达不到消除蓝藻爆发的良好效果。

1.8.3　资源能源利用和减排污染物优势

金刚石碳纳米技术与传统水体治理的曝气技术比较,能耗仅为传统曝气技术的2%,且治理效果还优于后者。

1.8.4　技术适用性优势

金刚石碳纳米技术可原位高效建立良好的水体和底泥的生态环境系统,实现净化水体和有益自生水生物底泥培养,可高效清除蓝藻。特别是能够解决世界上普遍认为大中型浅水湖泊"三湖"难以消除蓝藻爆发的难题。本技术能够有效消除相对封闭的大小不等水域内的蓝藻爆发,其他治理蓝藻技术(如打捞水面蓝藻技术)不能有效消除蓝藻爆发,而世界上大部分专家认为"三湖"等浅水大中型湖泊是难以消除蓝藻爆发的。本技术的创造是一个突破性革命,可以解决世界上的这一难题,为治理了 30 年而未能够消除"三湖"蓝藻爆发的难题提出了解决方案,可促进"三湖"消除蓝藻爆发的进程。

1.8.5　有利于丰富生物多样性

本装备发射的电子类似于手机接收的电波,对人体没有危害,对环境没有任何污染,并且可增加微生物的营养来源,有利于水体和底泥中的土著微生物逐渐恢复,生物链重新构建,并可增加装备周边环境负离子数量,有益于水生态系统的良性循环。

该技术装备对蓝藻规模性、持续性爆发有明显控制、削减、消除效果,可在治理1~2个月可使基本封闭水域内的藻密度削减90%以上,叶绿素a能随藻密度的下降而得到大幅度削减,这样,由于蓝藻密度大幅度降低,给其他藻类的生长繁殖提供了空间和机遇,就可增加藻类生物的多样性。

死亡后的蓝藻沉积于水底,逐年积累,释放大量污染物,在太湖可能造成"湖泛"型供水危机。该水土蓝藻共治装备常年运行,可持续分解削减死亡蓝藻的污染和底泥中的有机污染物,可大幅度减少底泥和蓝藻释放污染物,消除黑水臭气,消除"湖泛"型供水危机。

2 金刚石薄膜纳米电子技术案例

2.1 大明湖水污染藻类第一期治理项目

2.1.1 项目概况

大明湖位于大庆市西南郊边缘地带,水面积212万 m^2,水量200万 m^3,平均水深0.95 m,为不规则的长方形。大明湖为大庆炼化公司专用的封闭纳污水体,四周大部分筑有高于地面2 m的围堤。于1988年建成投入使用,接收污水处理场经处理合格后无法回用的工业废水。2017年7月1日,炼化公司停止向大明湖排污。

2.1.2 水质污染情况

大明湖为全封闭水体,无入湖河道,现无点源污染;面源污染,主要为湖区降水降尘,以及有部分农田径流污染汇入;底泥为主要污染源:近30年大庆炼化公司处理后的污水排入,相当大一部分污染物沉积于水底,底泥较厚,向水体不断释放污染物。水质为严重污染、劣Ⅴ类,春夏季节有藻类爆发。

2.1.3 治理目标

第一期水质达到地表Ⅴ类水(湖库标准),第二、三期水质分别达到Ⅳ、Ⅲ类;底泥污染有所减轻;水生态环境有所改善;消除藻类爆发。

2.1.4 治理时间

第一期治理:2020年5月底至2021年7月。

2.1.5 治理措施

针对严重污染水体,选择金刚石碳纳米 JDYC-1000型水土蓝藻共治装备,在湖内布置8组,每套设备覆盖范围半径为500~1 000 m,治理范围覆盖所有水域。每组装置中的金刚石核心材料面积为1.5 m^2。自供电,主要为太阳能电池,功率100~195 W,其次为风电,铅蓄电池。

2.1.6 治理效果

金刚石碳纳米设备,通过释放电子,吸收太阳光子能量,通过光解及光催化氧化还原反应,消除污染,提升水质,降低富营养化程度;破坏藻类细胞壁,氧化细胞质,藻类细胞失活,消除藻毒素;降解底泥污染;激活土著菌群,修复生态系统。

2020年5月底至6月初,因水体富营养化,温度升高,藻类爆发,水体发臭,透明度降低;7月,气温最高,藻类发黄死亡,藻类逐步消失,水质逐渐变清;8月,藻类完全消失;9月,水生动植物多样性增加,出现红虫爆发等良好生态现象;10—11月,天气转冷,水体透明度高,碧波荡漾;2020年12月至2021年4月,进入冬季,最低温度零下十几摄氏度,湖水结冰,持续4个多月,至4月18日冰雪完全消融。2021年7月验收,未见藻类爆发;水体清澈;水质提升至Ⅴ类;底泥污染减轻,污染物削减9%~88%不等;全部项目达到治理目标(见表7-7-1、表7-7-2)。

表 7-7-1 大明湖治理前后水质比较　　　　　　　　　　　单位:mg/L

指标	pH	NH_3-N	TN	氟化物	TP	COD	COD_{Mn}	BOD_5
治理后	8.68	1.08	1.4	0.6	0.16	33.5	10.1	9.25
治理前	—	5.64	13.8	1.21	2.3	127	20.86	29
降幅/%	—	80.9	89.9	50.4	93	73.6	51.6	68.1
治理目标	6~9	2.0	2.0	1.5	0.2	40	15	10

表 7-7-2 大明湖底泥改善情况

项目	pH (无量纲)	挥发酚/ (mg/kg)	硫化物/ (mg/kg)	锌/ (mg/kg)	砷/ (mg/kg)
治理前	9.6	0.059 3	555	39.4	3.93
治理后	8.9	0.3L	290.9	31.5	0.483
降幅/%	—	—	48	20	88
项目	硒/ (mg/kg)	总铬/ (mg/kg)	总磷/ (mg/kg)	苯并[a]芘/ (mg/kg)	苯/ (Hg/kg)
治理前	0.006L	61	237	$4×10^{-4}$L	4.2
治理后	0.01L	52.5	210.3	$4×10^{-4}$L	1.9L
降幅/%	—	14	11	—	—

续表 7-7-2

项目	镉/ (mg/kg)	六价铬/ (mg/kg)	铜/ (mg/kg)	铅/ (mg/kg)	汞/ (mg/kg)	镍/ (mg/kg)
治理前	0.113	2L	27.3	15.4	0.026	28.3
治理后	0.068	2L	23.2	10.05	0.018 5	18.89
降幅/%	40	—	15	35	29	33

项目	甲苯/ (Hg/kg)	乙苯/ (Hg/kg)	间二甲苯+对二甲苯+ 邻二甲苯(Hg/kg)	总有机碳/ %	氟化物/ (mg/kg)
治理前	4	2	2.8	0.59	328
治理后	1.3L	1.2L	1.2L	0.478	299.6
降幅/%	—	—	—	19	9

注:当指标值低于方法检出下限时,报所用方法的检出限值,并加标志 L。

2.2 安徽省淮北市李大桥闸国控断面达标项目

2.2.1 项目概况

李大桥闸国控断面位于安徽淮北市濉河。濉河源出安徽省濉溪县潘大庄,自西北向东南流,于九湾注入浍河,全长97.5 km,流域面积2 564 km²。李大桥闸国控断面上下游治理区段总有效长度为2 500 m,河宽 30 m,水深2.5 m。

2.2.2 水质污染情况

水质为地表水Ⅳ类。

2.2.3 治理目标

确保李大桥闸国控断面 COD_{Mn}、NH_3-N、TP 等指标年均值达到地表Ⅲ类水标准。

2.2.4 治理时间

2020年9月21日至 2020年12月21日,后续治理运维时间至 2021年4月20日。

2.2.5 治理措施

在该断面上游,每间隔 1 km 安装 1 套 JD-R400×4-1 河道型协同超净化水土共治装备,安装 3 套;在该断面下游,间隔 500 m 安装 1 套 JD-R400×4-1 河道型装备,共安装 4 套,对李大桥闸段进行治理。

2.2.6　治理效果

国控断面在2020年10月底就达到地表Ⅲ类水标准,完成目标任务;11月起水质达到地表Ⅱ类水标准,直至运维期结束的2021年4月仍保持Ⅱ类水标准。其中2021年1月透明度由原10 cm升高到1.6 m(见表7-7-3、附图7-7-5)。

表7-7-3　淮北市李大桥闸国控断面水质由Ⅳ类提升至Ⅱ类

单位:mg/L

日期(年-月)	DO	COD_{Mn}	NH_3-N	TP	TN	类别
2020-09	4.0	4.4	0.11	0.214	0.5	Ⅳ类
2020-12	11.1	2.6	0.05	0.023	0.36	Ⅱ类
2021-04	14.1	3.4	0.08	0.034	0.39	Ⅱ类

2.3　安徽马鞍山市和县得胜河水质提升治理项目

2.3.1　项目概况

得胜河全长约50 km,由西向东经金河口流入长江。和县境内全长约25 km。河宽20~35 m,河深5~6 m。为防止江水倒灌,在距离长江口不到1 km处建有金河口水闸,距闸口东侧100 m处为国家水质自动监测站(得胜河入江口站)。枯水期金河口闸关闭,水流较为平缓。

2.3.2　水质污染情况

河道两岸多为农田,植被条件较差,水土流失比较严重;区域内污水处理能力不足,河道主要污染源为农业、地表径流、污水厂尾水。治理前水质为地表水劣Ⅴ类。

2.3.3　治理目标

(1)2021年2月,得胜河入江口国控断面 COD_{Mn}、NH_3-N、TP 等指标月均值达到地表水标准。

(2)2021年3月,得胜河入江口国控断面 COD_{Mn}、NH_3-N、TP 等指标月均值达到地表Ⅲ水标准,并且保持至5月。

2.3.4　治理时间

2021年2月初至5月31日的4个月。

2.3.5　治理措施

在距离金河口闸上游1 km、2.5 km 处以及闸口下游距离自动监测站250 m 处分别放置1套 JD-R400×4-1,共放置3套河道型超净化水土共治装备。

2.3.6　治理效果

2021年2月,水质达到Ⅳ类标准,3月起水质达到Ⅲ类标准并且保持至5

月,达到目标要求(见表 7-7-4、附图7-7-6)。

表 7-7-4　马鞍山市和县得胜河水质提升治理项目　　单位:mg/L

日期	COD$_{Mn}$	NH$_3$-N	TP	TN	类别
2021 年 1 月 24 日	8.37	2.38	0.24	5.05	劣 V
2 月平均	—	0.93	0.12	—	IV
3 月平均	2.77	0.66	0.09	—	III
4 月平均	2.8	0.55	0.08	—	III
5 月平均	2.46	0.15	0.06	—	III
III 类标准	≤6	≤1	≤0.2		
削减比例 (5 月平均/1 月 24 日)/%	70.6	93.7	75		

2.4　大庆肇源皮革城污水厂纳污塘水质提升项目

2.4.1　项目概况

该纳污坑塘面积约 70 万 m^2,水深 1～2 m。多年来承载皮革园区污水厂尾水排放,水质日益恶化。截至2021年,皮革园区停止向纳污坑塘的排污,纳污坑塘为封闭水体。日常补水主要来源于地下水、大气降水等。

2.4.2　水质污染情况

污染源主要是纳污塘水体和底泥原存留的污染物,周边 1 000 m 范围内有农田污染源等。水质为重度黑臭、劣 V 类。

2.4.3　治理目标

消除重度黑臭,优于轻度黑臭标准,具体指标为:透明度>25 cm,DO>2 mg/L,NH$_3$-N<8 mg/L。

2.4.4　治理时间

2021年8月15日至9月15日,共30 d。

2.4.5　治理措施

在该纳污坑塘安装 2 套 JD-R400×4-1 湖泊型协同超净化水土共治装备,并对其调试运维。

2.4.6　治理效果

2021年9月16日对纳污塘 9 个点位进行检测。纳污塘水质治理提升项目的透明度、DO、NH$_3$-N 均达到目标。其中 DO 的结果大幅度优于目标(见表

7-7-5、附图7-7-7)。若增长治理时间,削减底泥污染更多,提升水质效果更好。

表7-7-5　治理后纳污塘水质情况

监测点	透明度/cm	NH₃-N/(mg/L)	COD/(mg/L)	DO/(mg/L)
龙革1#	27.2	7.163	98	5.6
龙革2#	26.4	7.877	96	6.2
龙革3#	26.2	7.62	94	7.6
龙革4#	25.8	7.691	100	6.5
龙革5#	25.6	7.92	98	7.9
龙革6#	26.3	8.106	97	5.2
龙革7#	27.1	7.934	103	7.1
龙革8#	26.2	7.277	96	7.3
龙革9#	26.7	7.863	99	7

2.5　梅梁湖北部除藻试验项目

2.5.1　项目概况

项目位于太湖北部湖湾梅梁湖北部十八湾沿岸水域。太湖自1990年起年年发生蓝藻爆发,蓝藻爆发问题一直得不到解决。为此,无锡市蓝藻治理办公室与上海金铎禹辰水环境工程有限公司合作进行除藻试验。由于蓝藻爆发期间主要是偏南风,把大量蓝藻吹向试验水域。梅梁湖向来是太湖蓝藻爆发严重水域。在除藻试验项目的南侧设置了一条围隔,可以阻挡部分蓝藻。

2.5.2　污染源

(1)外源。项目水域附近虽有梁溪河、直湖港、武进港3条入湖河道,但一般均实行关闸控制,河道污水均不能进入湖内;其余方向湖岸有堤坝,地面径流基本不能进入湖内;有降雨降尘污染。

(2)内源。主要是蓝藻污染,由于蓝藻爆发期盛吹偏南风,外太湖及梅梁湖湾的大量蓝藻吹进试验水域,故在试验水域南部设置了一条东西向的围隔(留有通航口门),阻挡了大部分蓝藻,使之不能进入试验水域;尚有一定的底泥释放污染负荷。由于试验期间正值蓝藻爆发期,水体内蓝藻含量比较多。

2.5.3　试验目标

主要是在试验水域鉴定该装置对于治理蓝藻、消除蓝藻爆发的效果,为太湖及国内大中型湖泊的蓝藻爆发治理提供可行的借鉴。

2.5.4　试验过程

项目自2020年5月22日开始安装除藻设备,5月23日安装完毕。监测点位,以除藻设备为中心的半径400 m、800 m的圆弧上各设2个、3个测点。主要监测指标:藻细胞密度、叶绿素 a、TN、TP。每个星期或半个月监测1次。

项目装备和检测点位置:以装备为圆心,在半径400 m、800 m、1 500 m圆弧处,各取2~3个采样点,共设11个点(见附图7-7-8)。

2.5.5　试验结果评价

(1)试验效果良好,藻细胞密度削减率为93.8%;叶绿素 a 总体降幅75.3%;其间试验水域原存在的蓝藻密度已削减至很低,无蓝藻爆发;原来蓝藻爆发期间,臭气严重,治理后再未闻到水体发出的臭气。改善了生态环境,附近经过的市民均高度称赞。为治理太湖消除蓝藻爆发树立了典范,为治理太湖消除蓝藻爆发的决策人员建立了信心,为太湖全面生态改善奠定了技术基础(见表7-7-6、附图7-7-9)。

(2)试验结果评价说明。

① 该设备除藻47 d试验效果良好、作用显著。藻细胞密度总体呈降低趋势,降幅很大,7月9日较治理前削减93.8%,说明抑制、消除蓝藻有相当好的效果;叶绿素 a 总体呈降低趋势,降幅较大,7月9日较治理前削减75.3%,说明抑制、消除蓝藻有较好效果。

② 由于试验期太短,所以削减 TN TP 的效果还未能够及时显示出来。

2.5.6　设备除藻试验效果的展望

(1)若试验水域以后无蓝藻进入,则设备削减藻密度的效果可以达到95%以上;而且,叶绿素 a 也能随着藻密减小度得到大幅度削减,但削减速度略慢一步。

(2)若试验水域基本消除了蓝藻和底泥污染,水域的水质可达到Ⅲ类(湖泊标准)。

(3)今后继续在太湖进行试验时或大范围实施时,应提高水域周边阻挡蓝藻和风浪的能力,将能取得更好效果。

(4)今后试验实施时间不应少于1年,可得出更科学的结论。此将有利于全面推进"三湖"消除蓝藻爆发工作。

表 7-7-6　2020年梅梁湖十八湾除藻试验项目水质

日期 (月-日)	藻细胞密度		叶绿素 a	
	数值/(万个/L)	削减率/%	数值/(mg/L)	削减率/%
05-23	1 380	—	0.025 0	—
06-02	966	30.0	0.023 3	6.9
06-09	339	75.4	0.023 4	6.6
06-24	283	79.5	0.027 8	−11
07-09	85	93.8	0.006 2	75.3

注：1.指标值均为 5 个测点的平均值；

　　2.削减率均为与 5 月 23 日比较。

2.6　河北衡水湖大湖心水质提升项目

2.6.1　项目概况

衡水湖位于衡水市境内，是南水北调中线工程的必经之路，也是华北平原唯一保持沼泽、水域、滩涂、草甸及森林等完整湿地生态系统的自然保护区。湖面面积 75 km^2，水深 3~4 m。本项目治理范围，以大湖心为中心，周边 3 km^2水域。

2.6.2　污染源

由于水流速度缓慢，水体更新历时长，水体富营养化及污染问题严重。水质整体较好，但随着大量面源污染和冬季补水排入，水体存在一定的污染问题。衡水湖大湖心断面的 COD_{Mn}（7.8 mg/L）、TP（0.06 mg/L）指标超标。原水质为Ⅳ类。

2.6.3　治理目标

TP、COD_{Mn} 均达到地表水Ⅲ类标准，即分别达到0.05 mg/L、6 mg/L。

2.6.4　治理措施

治理时间为2019年12月15日至2020年3月15日，共 3 个月。安装装置 2 台。

2.6.5　效果

治理效果良好。2020年3月16日水质指标 COD_{Mn}、TP 均达到地表水Ⅲ类（湖、库）标准，分别达到4.5 mg/L、0.044 mg/L（见图 7-7-1）。

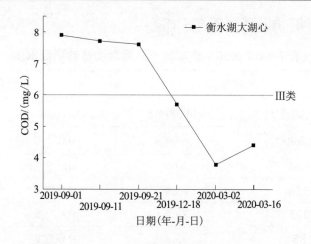

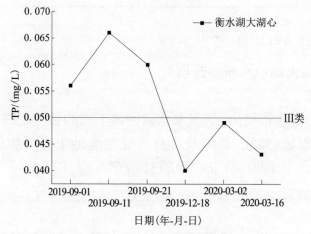

图 7-7-1   水质指标曲线

2.7   上海—灶港河道项目

2.7.1   项目概况

河道位于上海浦东区惠南镇,治理河段长800 m、宽20~30 m,水深1.5 m,为潮汐河道。

2.7.2   污染源

2017年实施过底泥清淤,大雨或暴雨天有大量初期地面径流污染进入河道。水体水质透明度15 cm,水体浑浊,河岸边有异味。晴天时水质尚可,雨天受地面径流污染、溢流污水排入,以及河道潮汐、闸门控制等影响,水体水质相当差。河岸为刚性护坡,时有黑臭现象发生。

2.7.3   治理目标

消除黑臭,达到Ⅴ类水。

2.7.4   治理措施

治理时间为2019年5月28日至7月13日,共45 d。安装装置1台。

2.7.5　效果

水质明显改善,消除黑臭,达到 V 类水。其中,NH_3-N 由5.7 mg/L降至 1.5 mg/L,去除率 73%;TP 由0.628 mg/L降至0.32 mg/L,去除率 49%(见表7-7-7)。

表 7-7-7　一灶港河道治理水质　　　　　　　　单位:mg/L

项目	COD	NH_3-N	TP	DO
2019年5月28日	32.5	5.7	0.628	0.2
2019年6月14日	12	1.5	0.32	2.1
削减率/%	63	73	49	提高10倍

2.8　上海园西小河项目

2.8.1　项目概况

项目位于上海浦东区惠南镇,河长1 000 m,宽30 m,水深1~2 m。为半封闭河道。

2.8.2　污染源

河道西侧为农田,有农田径流污染;东侧和南侧为居民生活区,生活污水和餐饮污水通过排污管道直排河道;河道前期未进行清淤,底泥释放大量污染物。河道为黑臭水体,颜色发黄,透明度 10 cm,岸边臭味明显。

2.8.3　治理目标

消除黑臭。

2.8.4　治理措施

治理时间从2019年5月30日起,共1.5个月,安装 1 台装置。

2.8.5　治理效果

完全消除水体黑臭,水体透明度提高。水质:DO 由0.11 mg/L提升至5.7 mg/L,COD 由172.9 mg/L降低至 15 mg/L,NH_3-N 由25.77 mg/L降低至6.21 mg/L,TP 由1.5 mg/L降低至0.66 mg/L,TN 由27.70 mg/L降低至8.48 mg/L,水质改善后河道植物自然修复、生长良好(见图 7-7-2)。

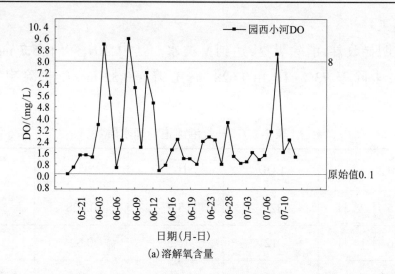

(a)溶解氧含量

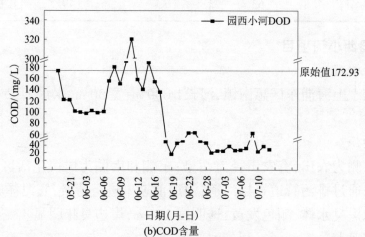

(b)COD含量

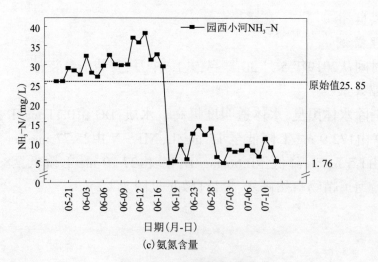

图 7-7-2　水质指标曲线

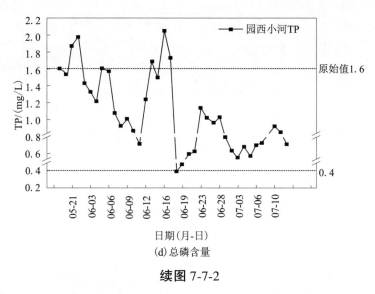

(d)总磷含量

续图 7-7-2

2.9　首届国际进口博览会河道项目

2.9.1　项目概况

河道位于上海青浦区徐泾镇,河长 3 000 m,宽 50~60 m,水深 1.5 m。因 2018 年 11 月中国国际进口博览会于上海国家会展中心举办,所以需提升河道水质。

2.9.2　污染源

由于城市快速发展,老城区改造困难,上海部分城区环境基础设施不到位,导致污水未经处理直排河中,也存在垃圾入河现象。水体表面有大量漂浮物,伴有鱼类死亡,导致河道底泥、水体污染严重,水体有臭味。治理前水质为劣 V 类,COD 58 mg/L,TP 0.233 mg/L,NH_3-N 1.243 mg/L,TN 4.74 mg/L。

2.9.3　治理目标

消除臭味,水质达到 IV 类。

2.9.4　治理措施

治理时间从 2018 年 10 月 14 日开始,共 1 个月。安装装置 2 台。

2.9.5　效果

水体消除臭味,水质达到 IV 类,透明度提高,完成目标任务。其中,COD 12 mg/L,TP 0.04 mg/L,NH_3-N 0.8 mg/L,TN 2.0 mg/L(河道评价一般不含 TN),见图 7-7-3。

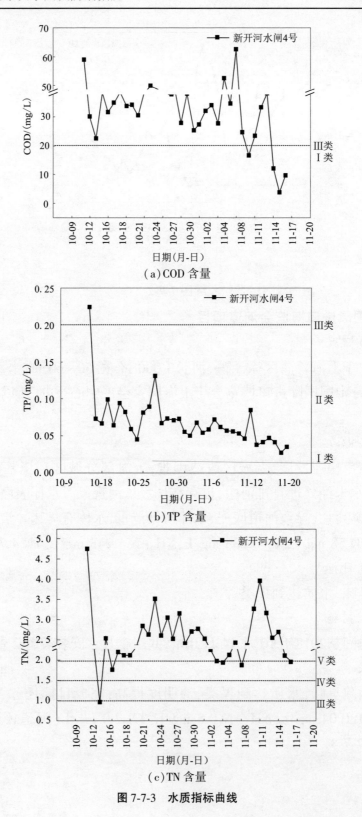

（a）COD 含量

（b）TP 含量

（c）TN 含量

图 7-7-3　水质指标曲线

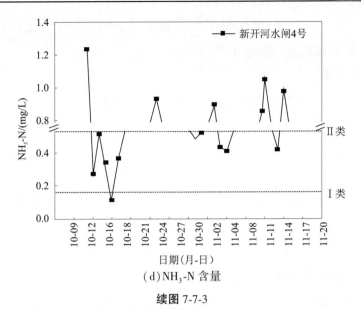

（d）NH$_3$-N 含量

续图 7-7-3

2.10 深圳双界河污水厂尾水治理项目

2.10.1 项目概况

双界河位于深圳市境内。项目治理河道长度 5 km，宽 30～35 m，水深1～2 m。

2.10.2 污染源

该河道由城市污水厂补水，其污染源主要是污水厂尾水，污水厂排放标准为一级 A。

2.10.3 治理目标

达到地表水Ⅲ类。

2.10.4 治理措施

治理时间为2018年 10 月 11 日至 11 月 11 日，共 1 个月。安装装置 1 台，最远监测点距离装置 750 m。

2.10.5 效果

治理 1 个月后河道水质达到Ⅱ类，超额完成Ⅲ类的目标：COD 由 32～40 mg/L（Ⅳ类）下降至 10 mg/L（Ⅱ类）；NH$_3$-N 从1.4 mg/L（Ⅳ类）下降至0.1 mg/L（Ⅰ类）；TP 从0.52～0.87 mg/L（劣Ⅴ类）下降至 0.05～0.1 mg/L（11 类）。

2.11 云南滇池除藻试验项目

2.11.1 概况

滇池是国家级风景名胜区，是昆明生产、生活用水的重要水源，是昆明市城市备用饮用水水源。由于近年水污染较严重,水体富营养化日趋严重,生物种群结构产生不良演变,蓝藻年年爆发。

2.11.2 治理位置

滇池下风口马村湾蓝藻富集区,治理面积 3~5 km²。

2.11.3 治理目标

消除蓝藻爆发。

2.11.4 治理措施

治理时间从2018年7月28日至9月28日,共2个月。放置设备1台。

2.11.5 效果

消除蓝藻爆发,水面上看不到蓝藻(见附图7-7-10)。

2.12 雄安新区大清河尾水渠项目

2.12.1 项目概况

大清河为进入白洋淀河道,白洋淀水系由坑、塘、淀和河等结合而成,其中治理河道为大清河尾水渠,长3 000 m,宽20~30 m,水深3~5 m。

2.12.2 污染源

主要污染源是工业、农业及城镇居民生活污水垃圾污染;水质为劣Ⅴ类:DO 2.8 mg/L,COD 74 mg/L,NH_3-N 14.1 mg/L,TP 1.43 mg/L,TN 19.2 mg/L。为黑臭河道。

2.12.3 治理目标

消除黑臭,水质达到Ⅲ类。

2.12.4 治理措施

治理时间为2018年9月3日至2018年10月13日,共40 d。安装装置5台。

2.12.5 效果

装置半径1 km范围内的水体,均由劣Ⅴ类提升至Ⅲ类,消除黑臭,达到目标。水质:COD 平均达到16.3 mg/L,去除率78%;NH_3-N 平均达到0.05 mg/L,去除率99.6%;TN 平均达到0.65 mg/L,去除率96.6%;TP 平均达到0.05 mg/L,去除率96.5%。最远的监测点距离装置2.2 km,一般能够达到要求(见图7-7-4)。

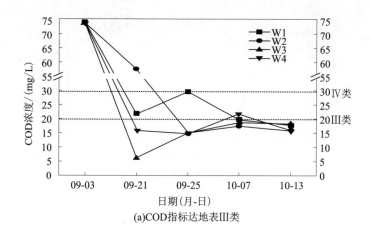

(a)COD指标达地表Ⅲ类

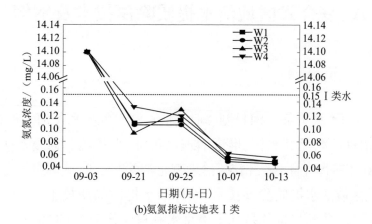

(b)氨氮指标达地表Ⅰ类

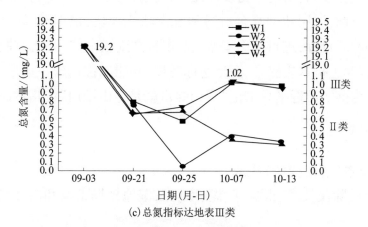

(c)总氮指标达地表Ⅲ类

图 7-7-4　水质指标曲线

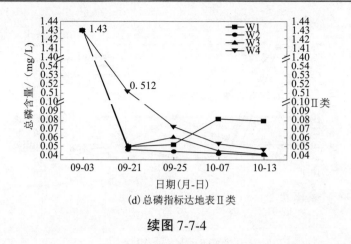

(d)总磷指标达地表Ⅱ类

续图 7-7-4

八、复合式区域活水提质除藻技术及案例*

引言

国家推出了"水十条"、河长制、湖长制、长江大保护和黄河大保护等一系列政策,推进治理河湖黑臭水体,推进治理水污染、水环境和修复水生态;同时根据"三湖"30 年蓝藻年年爆发情况,治理直至消除"三湖"蓝藻爆发尤为急迫。

复合式区域活水提质除藻技术,简称活水提质除藻技术,为水土蓝藻三合一治理技术。此技术与装备是基于南京水利科学研究院的"活水是灵魂"系统治水理念为核心导向,构建生物多样性、恢复水体自我修复能力、促进绿色持续发展为基本目标,运用新型复合材料和五大功能模块,根据河、湖、库以及湿地现场工况和治理目标,进行复合叠加,能够解决流域水体污染,控制水华、消除蓝藻爆发,快速进行水质提升,满足达标考核,并能原位构建草型生境的系统技术与装备。为落实习近平总书记"青山绿水就是金山银山"的指示而努力。

1 技术概况

1.1 主要技术(功能模块)组成

活水提质除藻技术,根据河、湖、库以及湿地现场工况和治理目标,由以下

---

* 此节根据孙爱权 13901806166"水利部交通运输部国家能源局南京水利科学研究院、南京瑞迪建设科技有限公司的工程项目技术总结报告"编写。

诸多技术(功能模块)复合叠加、组成装备(见附图7-8-1)。

1.1.1　活水循环装置设备功能

(1)液压马达驱动大型组合叶轮实现低能耗、大流量提升底层水,其逆向涡流通过负压核心区的碳纳米核磁、能量释放等功能模块反应区。

(2)在造浪叶轮及分水盘的作用下,提升到水面的底层水以浪高约4 cm均质扩散至约150 m工作半径外,形成高溶氧的表面流,在水体自重作用下,立体交换物理活水。

1.1.2　能量释放模块设备功能

(1)藉由超导材料SP3结构及压电水晶的特性,可从环境中吸收高能射线、可见光等能量,同时在电磁频率的控制下,源源不断、周而复始为原土著微生物、水生动植物赋能。

(2)就地把污染物转化为微生物及其他生物的"食物",由传统的"转移对抗"变成"和谐利用",通过微生物、浮游动物、植物、藻类的快速繁殖来加速"食物链"的重新构建。

1.1.3　载体固化微生物设备功能

(1)柱状复合型生物载体特点:解决传统投洒微生物菌剂容易流失的问题,抗冲击能力强,一旦遇到有毒有害物质,载体能够有效保护精心筛选的微生物,功能丰富、能力强、能耗低及持久长效,能反复使用数年,大幅降低维护成本。

(2)球状复合型生物载体特点:内由两种载体复合而成,用于整合不同溶氧体系下各种菌群协同合作,并发挥最大功效,应用于同步自养硝化、好氧反硝化菌群的固定化。

1.1.4　碳纳米核磁模块设备功能

(1)通过电场极化、声波空化、波频共振作用,破解流经水体的缔合水分子结构,使水小分子化、深度活化水体、裂解污染物,提高生化比,同时杀灭单细胞藻类,抑制水华产生。

(2)有机络合物分解,生成大量碳点高效利用光能立体化作用于治理水域,对水体、底泥中的污染物进行光降解,持续提高治理区域水体的垂直溶解氧和生化比,实现光电化学活水;有效将有机的农药残留、抗生素、激素矿化为二氧化碳和水;重金属离子钝化、富集。

1.1.5　高级氧化发生器设备功能

(1)通过太阳能供电的碳纳米复合材料活水协同装置对水中的有机络合

物分解离散并生成大量碳点。碳点高效利用了光的巨大辐射能量(标准照射下产生 1 kW·h/m²)与高级氧化模块持续链式循环共同作用于治理水体。如此大功率能量作用下,水分子被持续分解,产生氧气、氢气、超氧阴离子自由基·O_2^- 和羟基自由基·OH 等活性氧。

(2)生成大量碳点链式反应,高效利用光能,并立体化作用于治理水域,在大工作半径内通过光电化学作用净化水体。

1.2 核心原理

复合式活水提质除藻技术装备是遵循"区域灭藻增氧释氢+催化激活原土著微生物+营造草型生境+自然生态修复"的技术路线,从而达到构建流域生态系统、泥水共治、快速提升水质的目的。其技术关键是采用多种复合碳纳米材料集成的多功能生态修复模块,在太阳能微电场的作用下,实现电子跃迁,立体作用于工作半径水体,其中,完全有效半径为 400 m,最大工作半径为 2 000 m,促使水体底泥中蓝藻细胞壁发生破坏、老化、死亡、上浮或氧化、下沉,使其被微生物、浮游水生动物削减。同时将辐射半径内水体中的有机络合物氧化还原、离散并生成大量碳点,碳点能高效利用可见光的能量,立体链式光催化,循环解构水分子,产生 H、O、羟基自由基、超氧阴离子自由基等活性氧,持续为垂直生态的自我构建提供充分且必要的生境条件。

1.3 技术特点优势

(1)该技术是组合式技术,由多种技术、功能模块组合而成的装备。

(2)适合于大水体范围治理,一般 1 套装备的有效治理半径为 500 m,影响半径可达2 500 m,多套装备配合使用可适合进行大中型湖泊、水库的治理。

(3)可同时治理蓝藻、水体、底泥污染,可治理黑臭水体、微污染水体。

(4)其间的固定化载体微生物不需人工外加,可引诱土著微生物直接进入固定化载体、快速生长繁殖。

(5)大水体治理蓝藻需分水域进行才能确保全面消除蓝藻爆发;小水体则可以一次性消除蓝藻爆发。

(6)采用此技术可省去清除污染底泥费用。

(7)能治理有一定流速的水体。

(8)此技术装备不受天气影响,在任何天气均能够工作。

(9)经此技术装备治理后的水体能够自然生长水草,逐步恢复健康的生态系统。

(10)装备的安装、维护简便、快捷,使用时间长,此技术治理费用低于传统技术 30%~50%。

1.4　工艺路线

活水提质除藻技术工艺路线见图 7-8-1。

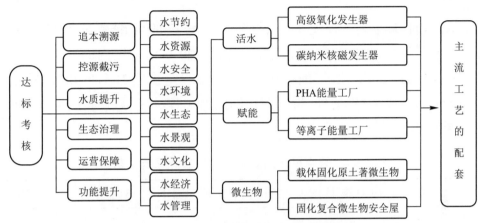

图 7-8-1　活水提质除藻技术工艺路线

2　活水提质除藻技术案例

2.1　云南星云湖除藻试验项目

2.1.1　项目概况

星云湖位于云南玉溪市江川区,为高原断陷构造湖泊,位于抚仙湖以南,容积1.84亿 m³,面积34.71 km²,平均水深5.3 m,南北长10.5 km、东西宽5.8 km;除藻试验项目位于星云湖西南方向的沿岸水域,面积1.59 km²。其中工程试验核心区展示水域面积4万 m²。

2.1.2　污染源及水质

有多条河道流入星云湖,水质为劣Ⅴ类。治理前蓝藻年年爆发,蓝藻黏稠,呈油漆状,蓝藻爆发期间的透明度为 2 cm,看不到水面。

2.1.3　治理目标

试验水域消除蓝藻爆发,生长出植物群落。

2.1.4　治理措施

除藻工程试验治理从2019年1月16日起,共2个月。采用一套活水循环、能量释放、碳纳米核磁、高级氧化发生器的技术(模块)组合的主设备及8台辅助设备。另外,与光催化网除藻工程治理进行对比。工程试验水域周围均用围隔圈住。

2.1.5 治理效果

治理后:25 d 蓝藻消失(见附图7-8-2),44 d 清晰看到新长的水草,水体中出现大量食藻虫,60 d 透明度提升至1.5 m,红嘴鸥觅食,水草复苏生长,生态逐渐恢复。

蓝藻治理 2 个月,治理工程试验区 2 号点的叶绿素 a 从治理前的 0.557 μg/L下降至0.062 μg/L,削减88.9%;3月 20 日治理区内的0.177 μg/L与治理区外的0.062 μg/L 比较,削减65%;2月 12 日至 3月21 日的 4 次平均削减率为61.4%(见表7-8-1)。另外,与光催化网除藻工程的 3 号点对比,光催化网除藻的效果很小。

表 7-8-1　云南星云湖除藻试验项目叶绿素 a 变化

项目	1月21日	1月24日	2月12日	2月27日	3月11日	3月21日	削减率/%
叶绿素 a 治理区/(μg/L)	0.557	0.252	0.110	0.052	0.019	0.062	88.9
叶绿素 a 对比区/(μg/L)			0.133	0.149	1.093	0.177	−24.9
叶绿素 a 削减率/%			17.3	65.1	98.3	65.0	平均61.4
透明度/m	2					140	70 倍

2.2 雄安白洋淀提升水质项目

2.2.1 项目概况

项目位于雄安白洋淀,总面积25.78 km²,平均水深 4 m;治理水域在白洋淀中间位置的圈头、光淀张庄、采蒲台的 3 个监测点附近,水深 3~4 m。

2.2.2 污染源及水质

有河道入湖污染,有水生植物腐烂、底泥释放污染。但 TP、NH_3-N 等水质指标均较好,DO 较差,有死鱼现象,透明度较低。测点光淀张庄的 DO 指标呈现轻度黑臭,测点采蒲台的 DO 指标呈现重度黑臭。

2.2.3 治理目标

提升 DO 指标,消除黑臭现象。

2.2.4 治理措施

治理时间从2019年 9 月 11 日起。治理措施:在河道入湖口采用能量释放和载体固化土著微生物 2 种设备各 1 组;在湖中心水域设置 2 套由高级氧化发生器、碳纳米核磁、能量释放、载体固化土著微生物组成的复合式活水提质装备,同时设置相应的漂浮式复合分解繁殖平台、潜水式复合分解繁殖平台和景观式复合分解繁殖平台,以在有效治理污染后构建生物多样性,促进绿色发展,符合长效治理维护需求,同时可以满足应急达标考核。工程治理水域周围不设置围隔,为敞开水域。

2.2.5　治理效果

从开始至 9 月 28 日共 17 d 的治理,提升了 DO,消除了黑臭,指标均达到 Ⅰ～Ⅳ类,满足目标要求(见表 7-8-2);安装设备的治理水域 500 m 半径范围内的水质均得到较好改善;底泥污染物也得到较好的削减,底泥的颜色已经由原来的富含有机质的黑色改善为基本无有机质的黄色;同时,至 2020 年 5 月,已经自然生长出茂盛的沉水植物(见附图7-8-3)。另外,NH_3-N 效果较好,也削减了一定比例,TP 也削减了一定比例。

表 7-8-2　2019年白洋淀提升水质比较

位置	日期（月-日）	DO		NH_3-N		TP	
		指标值/（mg/L）	比例/%	指标值/（mg/L）	比例/%	指标值/（mg/L）	比例/%
圈头	09-11	3.01		0.063		0.056	
	09-28	10.58	+2.51倍	0.025	−60.3	0.056	0
光淀张庄	09-11	0.79		0.059		0.051	
	09-28	6.19	+6.84倍	0.025	−57.6	0.045	−11.8
采蒲台	09-11	0.11		0.18		0.088	
	09-28	3.91	+34.54倍	0.029	−838.8	0.081	−7.9
平均			+14.64倍		−318.9		−6.6

2.3　福建山美水库降低藻密度和提升透明度项目

2.3.1　项目概况

项目位于福建南安市,山美水库总面积20.29 km^2,容积6.56亿 m^3,平均水深32.3 m,为重要水源地,有坝后电站。试验项目在水库大坝附近水域,平均水深 20 m。

2.3.2　污染源及水质

有河道入湖污染,有底泥释放污染;藻类密度较高,但并未发生藻类爆发现象;藻类以蓝藻、硅甲藻、绿藻为主;水质一般为Ⅴ类。

2.3.3　治理目标

治理范围内较大幅度降低藻类密度。

2.3.4　治理措施

在发电站出水处及大坝附近的湾内,放置高级氧化等模块组合的2套装备,2套装备间距离1.389 km,使其间水域均能得到有效治理。

2.3.5　治理效果

经过1个月治理,水库大坝附近测点,叶绿素 a 削减94.04%,藻密度削减97.66%;全水库藻密度平均削减64.0%(见表7-8-3)。

表7-8-3　福建山美水库水质改善比较

日期 (年-月-日)	透明度/m	叶绿素 a/(μg/L)	藻密度/(cells/L)	
		水库大坝附近		全库平均
2019-04-24	1.5	662	1 665万	1 665万
2019-05-23	2.8	39.4	38.9万	600 万
削减比例/%	增加86.7	94.04	97.66	64.0

2.4　竺山湖除藻试验项目

2.4.1　项目概况

竺山湖,水域面积56.7 km²,为太湖西北部的湖湾,除藻试验项目位于竺山湖西部沿岸的周铁镇附近水域,试验水域面积 15 万 m²,水深 2 m。

2.4.2　污染源及水质

竺山湖有污染比较严重的河道入湖,该水域藻密度较高,年年在夏秋季节发生蓝藻爆发现象;藻类以蓝藻为主;除藻试验水域无河道入湖,底泥污染比较严重。

2.4.3　治理目标

试验水域内降低藻密度、消除蓝藻爆发。

2.4.4　治理措施

在工程试验水域中间放置活水循环、能量释放、碳纳米核磁等技术组成的组合装备 2 套;同时放置光催化生态网进行对比;工程测试水域的四周设置了木桩、围隔等 2~4 道隔断,阻止外部蓝藻进入;在工程试验水域南北两端各设置 1 个对比水域。工程试验从2019年11月正式启动,工程准备 2 年。

2.4.5　治理效果

启动能量释放模块45 d,水体透明度大幅度增加,出现水绵、刚毛藻、沉水植物,生态有很大程度恢复;后启动全部装备,治理效果更好,特别是在2020年5月26日竺山湖出现大规模蓝藻爆发时,工程试验区域的水面看不见蓝藻的影子,而工程试验区域外部的对比区则布满蓝藻(见附图7-8-4)。

九、光量子载体技术及案例*

1　光量子载体技术

1.1　技术研发简介

光量子,简称光子(photon),是传递电磁相互作用的基本粒子。光量子载体技术是利用光量子同频共振作用的技术。

光量子治理河湖水体技术是苏州光谷子量子科技有限公司等企业合作研究创造的,技术是以量子力学、量子材料学、生物电磁学、电化学、微生物学、卫星通信工程学、计算科学等学科顶级专家为核心骨干,通过逾18年高效协同、联合攻关,多学科跨界融合取得重大突破,在黑臭水体治理、蓝藻爆发水域、生态修复领域,以高效、速效、长效及低成本而著名。

1.2　能量加载技术

光量子能量波载体技术(简称光量子载体技术)是依据能量守恒原理,将特定的光波能量以极速放射方式植入环保物质载体内,使载体内部的分子与宽频光波产生持续共振作用,从而使载体内部的分子瞬间运动而吸收光波能量,使能量凝聚在介质载体中。其载体由多孔的矿物质组成(见附图7-9-1)。这项技术获得了专利(见附图7-9-2)。

光量子载体能量释放。当把能量加载过的光量子载体投入水体,载体即会激发发射能量,产生 H、O、OH 等活性自由基,达到治理水污染净化水体的作用。

---

* 本节编写人员:杨俊 19962935233、王喜华 15162620116,苏州光谷子量子科技有限公司。

1.3 技术净化水体反应过程

（1）水分子通常会电离为 H^+ 和 OH^-：

$$H_2O \rightarrow H^+ + OH^- \tag{7-9-1}$$

（2）水分子在电子–空穴对作用下发生电离，生成 O_2 和 H_2：

$$H_2O + 2h^+ \rightarrow O_2 + H_2 \tag{7-9-2}$$

（3）氧气又会被光生电子还原为超氧阴离子自由基 $\cdot O_2^-$：

$$O_2 + e^- \rightarrow \cdot O_2^- \tag{7-9-3}$$

（4）水中的 OH^- 和电子–空穴对反应生成 $\cdot OH$：

$$OH^- + H^+ \rightarrow \cdot OH \tag{7-9-4}$$

（5）水中 H^+ 同时会和电子结合，生成 H_2：

$$2H^+ + 2e^- \rightarrow H_2 \tag{7-9-5}$$

（6）水分子相互联系运动，因此经光量子能量波"改造"后的水分子会在一定范围内持续同化相邻水分子，使区域内水体均得到"改造"。尤其是流动水体，光量子能量波会随着缓慢流水向更远距离传播，形成链式作用，扩大作用范围。

1.4 技术净化水体改善生态作用机制

光量子能量波是依据能量守恒原理，将特定的光波能量加载到所选定的环保材料载体，使载体内部的分子与宽频光波产生概率性的持续共振作用，使能量凝聚在介质载体中。当把光量子载体投入到水中后，载体持续释放光量子能量波，与水的波频产生共振，改变水分子理化特性。一方面降低水分子键角，造成氢键弯曲甚至断链，使大的水分子团变成小的水分子团，同时单个水分子数量增多，提高水体的溶解度；另一方面激活水分子，生成氧离子、氢离子、羟基自由基产生强氧化能力，氧化分解水中大分子污染物。与此同时，水中溶解氧迅速升高，强化本土好氧微生物活性，促进水生植物生长及根系吸收，从而实现水生态系统的自然修复。

1.5 技术净化水体机制

（1）载体投放入水，本身的缓释光波群及水体内自然存在波群之间实现概率性共振，从而剥离水分子，持续不断地释放氢离子、氧离子、羟自由基，提高水体自净能力。

（2）氧离子、羟基自由基为好氧代谢过程提供源动力，促进原生好氧有益菌生长，快速提高水体溶氧量；抑制、杀灭水体内厌氧有害菌，加速降解、削减水体内有机污染物。

（3）光量子载体能够干扰、抑制单细胞藻类生长。

（4）氢自由基为植物光合过程提供源动力，促进好氧菌的生长，促进水生植物、动物健康生长；辅以人工修复植物、动物等，建成良性循环的水生态系统。

1.6 作用

光量子载体是水土蓝藻三合一治理专用技术，经过一定的时间能够同时治理水体、底泥和蓝藻的污染。

1.6.1 提升溶解氧

将光量子载体投放到治理水域中，释放光量子振动波，激发水体振动，水体吸收氧气，从而达到提升水体溶解氧的目的。光量子能量波从光量子及原子、分子层面与水体产生共振，激发水体活性，提升水体溶解氧，且通过光量子能量波的波动性，能够全方位传送水中的氧气分子，包括底泥。而溶解氧是维持水生微生物、动植物生存和水体净化能力的基本条件。

1.6.2 促进微生物生长繁殖

水体中的生物种类和数量与水体自净能力关系密切，尤其是有益微生物的种类、数量及活跃程度是水体自净的基础要素。溶解氧提升后，充足的氧气促进有益微生物生长繁殖，使水体有了净化的基础要素。

1.6.3 污染物分解

（1）O、H、·OH 强氧化能力对污染物的分解。光量子载体投放到水体后激活水分子，生成 O、H、·OH，产生强氧化能力，氧化分解水中大多数污染物。同时，光量子波与水分子产生的共振打断大分子化学键，使其转化为小分子。

（2）微生物对大分子有机污染物的分解。大分子的有机污染物通过微生物的吸附、吸收及分解，变成小分子的有机物，其中氮可变成氮气从水体中溢出，有效降低 TN。部分 NO_2^-、NO_3^- 和 P 及有机酸等作为营养物质被水生动植物吸收。同时，水体中悬浮物（SS）减少，水体透明度提升。

（3）微生物对无机污染物的分解。以无机磷化合物为例，在微生物作用下，无机磷被转化为 ATP 和 ADP 进入生物体，ATP 和 ADP 是生物体中生物化学反应的能源，可促进水生动植物的繁殖与成长（见图 7-9-1）。

1.7 光量子载体技术特点优势

（1）纯物理方法环保安全。其载体为天然材料，无二次污染，无须任何化学与生物药剂；

（2）见效快。黑臭水体或污染水体一般在 7 d 后感官可得到明显有效改善，7~15 d 能消除水体黑臭，有效提高透明度，有关污染指标明显下降，溶解氧显著提升。

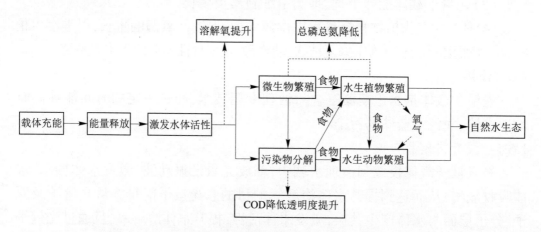

图 7-9-1　光量子技术净化水体和修复水生态技术路线

（3）性价比高。治理污染水体新模式，一次施工长期有效，管理维护成本低，在治理水体的同时可消除底泥污染，省去清淤费用，无其他能源消耗，有效降低治理水体总成本。

（4）施工简单快速方便。可以直接原位治理，不需抽换水，不需清理水底淤泥，无须外接电源，采用网格化均匀布置，根据污染情况每 $20 \sim 100$ m² 投放一个载体即可，治理污染无死角。

（5）能同时有效清除底泥有机污染。在净化水体的同时，根据底泥污染程度的轻重可在 $2 \sim 6$ 个月内清除 $10 \sim 20$ cm 底泥的有机污染，以后相当长时间不需进行人工清淤，实现水体和底泥共治。

（6）环境适应性好。光量子技术广泛适用于河湖水污染治理、黑臭水体治理、蓝藻治理、水源地水质保护等，不受地域的影响。

（7）管理养护方便。施工后基本不需日常人工维护。

（8）有效期较长。一次施工的有效期为 $0.5 \sim 1$ 年，载体入水后的后半年能量有一个衰减过程，若水体基本无外源进入和无内源释放，有效使用时间还可长一点。

（9）外部影响限制因素少。基本不受阳光、温度、氧气等的限制，在低温、缺氧和缺阳光条件下也能发挥作用。

（10）有利于自然修复生态系统。经光量载体子技术治理的浅水河湖，一般 1 个月内水体可变清，其后促进沉水植物、鱼类和底栖生物自然生长，有利于抑制蓝藻生长，使水生态系统逐步进入良性循环。

2　光量子载体技术案例

2.1　杭州钱江新区东沙湖蓝藻治理项目

2.1.1　项目概况

东沙湖位于杭州市钱塘新区,东沙湖会议中心及钱塘区招商服务中心坐落于湖北岸。治理区位于湖西南,面积 5 000 m^2,水深1~2 m。治理前蓝藻爆发,湖水发绿,表面有大量蓝藻漂浮。

2.1.2　蓝藻爆发主要原因

湖水相对封闭,水体流动性差,底泥发黑,还有大量营养物质,加之7月、8月高温,导致蓝藻爆发。

2.1.3　治理目标

水面无明显蓝藻漂浮。

2.1.4　治理措施

采用光量子技术治理,放置光量子载体同频共振仪 50 个;治理时间从2021年8月19日开始,共20 d。

2.1.5　治理效果良好

2021年9月8日,光量子技术治理20 d后,水面上无明显蓝藻漂浮。根据水质检测报告,主要指标 TP 削减59%,NH_3-N 削减43.7%;蓝藻总数削减57.05%,其中,引起蓝藻爆发的微囊藻总数削减73.07%。

2.2　吴江同里湖大饭店景观池蓝藻治理项目

2.2.1　项目概况

项目位于苏州市吴江区同里湖大饭店内的景观湖,面积5 000 m^2,水深1~2 m。治理前蓝藻泛滥,劣Ⅴ类水体。

2.2.2　水质污染

内源污染主要为底泥污染;封闭水体,流动性差。原蓝藻爆发,有刺鼻气味。

2.2.3　治理目标

达到地面水Ⅴ类标准,水面见不到蓝藻聚集。

2.2.4　治理措施

采用光量子技术治理,放置光量子载体 50 个;治理时间从 2021年9月21日开始,共治理 20 d(见表7-9-1)。

2.2.5　治理效果

治理 20 d,主要指标 NH_3-N、TN、TP、COD 分别削减 60%、63.8%、60.1%、66.2%,达到Ⅳ类水标准;水面上已见不到蓝藻聚集、爆发现象(见附

图7-9-3）。

表 7-9-1　同里湖大饭店景观池蓝藻项目治理情况

项目	单位	DO	NH$_3$-N	TN	TP	COD
治理前	mg/L	2.14	2.35	3.13	0.41	68
治理 20 d	mg/L	5.13	0.931	1.133	0.162	23
削减比例	%	—	60	63.8	60.1	66.2

2.3　苏州吴江区林港村河道治理项目

2.3.1　项目概况

项目位于苏州市吴江区震泽镇林港村,面积 6 000 m^2,水深1~2 m。

2.3.2　水质污染

生活污水直排,主要为底泥污染;断头浜,水体流动性差;蓝藻爆发,有刺鼻气味,劣 V 类水体。

2.3.3　治理目标

达到地面水Ⅳ类标准,水面见不到蓝藻聚集。

2.3.4　治理措施

采用光量子技术治理,放置光量子载体 50 个;治理时间从 2021年6月21日开始。

2.3.5　治理效果

治理 40 d,主要指标 NH$_3$-N、TN、TP 分别削减74.2%、72.6%、78.5%,达到Ⅳ类水标准;水面上已见不到蓝藻聚集、爆发现象(见表 7-9-2、附图7-9-4)。

表 7-9-2　吴江区林港村河道项目治理情况

项目	单位	DO	NH$_3$-N	TN	TP
治理前	mg/L	1.12	3.35	4.55	1.22
治理后	mg/L	4.56	0.865	1.245	0.262
削减比例	%	—	74.2	72.6	78.5

2.4　吴江同里古镇黑臭河道治理项目

2.4.1　项目概况

项目位于苏州市吴江区同里古镇,面积 8 000 m^2,水深 1~2 m。

2.4.2　水质污染

污水管道爆裂,大量污水进入。底泥黑臭,水体黑臭,劣 V 类水体。

2.4.3　治理目标

达到地表水Ⅴ类标准,消除黑臭。

2.4.4　治理措施

采用光量子技术治理,放置光量子载体 80 个;治理时间从 2021 年 8 月 17 日开始,治理时间 1 个月。

2.4.5　治理效果

9 月 19 日检测,COD 27 mg/L,削减59.7%;TN 1.67 mg/L,削减70.2%;TP 0.32 mg/L,削减73.7%;水质已达到Ⅴ类标准。到 11 月 11 日,治理 3 个月,底泥变黄,水质清澈(见表 7-9-3)。

表 7-9-3　吴江区同里古镇河道治理项目情况

项目	单位	DO	TN	TP	COD
治理前	mg/L	0.92	4.95	1.22	67
治理后	mg/L	5.58	1.67	0.32	27
削减比例	%	—	70.2	73.7	59.7

2.5　武汉墨水湖蓝藻治理项目

2.5.1　项目概况

墨水湖位于武汉市归元寺以西、汉阳大道以南,治理区域面积 7 000 m², 水深 2~3 m。治理前蓝藻泛滥,为劣Ⅴ类水体。

2.5.2　污染源

主要是地面径流、污水直排、垃圾等外源污染,主要内源是污染严重的淤泥。

2.5.3　治理目标

达到地表水河道Ⅳ类标准,水面上见不到蓝藻聚集。

2.5.4　治理

从 2019 年 9 月 20 日开始,采用光量子技术治理,放置光量子载体 70 个, 并进行生态修复。光量子技术治理范围为墨水湖的一半。

2.5.5　治理效果

经 40 d 治理,主要指标 NH_3-N、TN、TP、COD 分别削减72.1%、71.2%、 80.9%、60.5%,指标均达到河道标准的Ⅳ类水(见表 7-9-4);水面已见不到蓝藻聚集、爆发现象。截至2020年5月再也未发生蓝藻爆发现象(见附图7-9-5)。

2.5.6　分析

此项目由于底泥较深、污染较重,又有蓝藻爆发,TP 削减速度比较慢,所以在治理 40 d 后监测的 TP 下降速度不够理想,估计需要0.5~1 年的时间才能把底泥的污染消解完和消除蓝藻所含的 TP,或增加光量子载体的放置量也可加快提升水质的效果。

表 7-9-4　武汉墨水湖水质变化

项目	单位	DO	NH_3-N	TN	TP	COD
治理前	mg/L	2.14	3.35	3.83	1.11	38
治理 40 d 后	mg/L	8.13	0.935	1.103	0.212	15
削减比例	%	−279.9	72.1	71.2	80.9	60.5

2.6　苏州园林畅园池塘治理试验项目

2.6.1　项目概况

畅园位于苏州市城西庙堂巷,治理面积 100 m^2,水深 1~1.5 m。

2.6.2　污染源

污染主要是地面径流、居民生活污水直排、生活垃圾等外源污染,主要内源为污染比较重的淤泥。治理前水体浑浊,有刺鼻气味,透明度 10 cm,为黑臭水体。

2.6.3　治理目标

达到地表水Ⅳ类标准,消除黑臭现象。

2.6.4　治理措施

从2019年 9 月 11 日开始,采用光量子技术治理,放置光量子载体 2 个。

2.6.5　治理效果

经 30 d 治理,主要指标 NH_3-N、TN、TP、COD 分别削减42.1%、59.3%、70.8%、55.3%,达到Ⅳ类水标准(见表7-9-5);已消除臭味。

2.6.6　分析

该试验项目由于淤泥较深、污染较重,放置光量子载体 2 个比较少,估计需要更长一点时间或增加光量子载体的放置量才能把底泥污染比较快地消解完,使 TP 达到比较理想的效果。

表 7-9-5　苏州畅园水质变化

项目	单位	DO	NH_3-N	TN	TP	COD
治理前	mg/L	2.52	1.903	2.53	0.89	38
治理 35 d 后	mg/L	6.89	1.03	1.101	0.26	17
削减比例	%	−173.4	42.1	59.3	70.8	55.3

2.7　大连深矿坑黑臭水体治理项目

2.7.1　项目概况

项目位于大连某郊区。水体面积 15 000 m^2,矿坑水深超过 13 m,最深达 17.2 m,水底淤泥深度超过 3 m,水体浑浊,透明度几乎为 0,水质恶臭,各项污染物指标严重超标。

2.7.2　污染源

该矿坑之前为一猪场的粪便、尿液收集池,加之周边居民的生活污水进入,使氮、磷指标严重超标,TN 达到 643 mg/L,TP 达到 6.22 mg/L。属重度黑臭水体。

2.7.3　治理目标

消除恶臭,大幅度降低 TN、TP、COD 指标。

2.7.4　治理措施

2019 年 12 月 10 日开始,采用光量子载体治理,共配置光量子载体 300 块。因水深超过 10 m,所以载体分 2 层布置,其中 150 块放置在水底,另外 150 块采用浮球悬挂,放置在水深 7~8 m 处。

2.7.5　治理效果

通过 15 d 治理,效果良好,消除水体重度黑臭,指标削减率为:TN 96.9%, TP 53.7%,NH_3-N 96.5%,COD 28.7%(见表 7-9-6)。

2.7.6　分析

此深矿坑为特别严重的黑臭水体,内有长期累积的深度超过 3 m 的重污染底泥。所以其治理速度比较慢,通过 15 d 治理已大幅度削减污染物,已满足甲方的目标要求。治理继续则可进一步削减水体和底泥的污染物,达到更好的治理效果。

表 7-9-6　大连污水治理项目水质

项目	单位	TN	TP	NH_3-N	COD
治理前	mg/L	643.0	6.22	418.0	188.0
治理后	mg/L	19.8	2.88	14.7	134.0
削减比例	%	96.9	53.7	96.5	28.7

2.8　六盘水卡达凯斯人工湖黑臭水体治理项目

2.8.1　项目概况

卡达凯斯人工湖位于六盘水市水城县,治理区域面积 16 000 m^2,水深 1~

1.5 m。

2.8.2 污染源

污染源主要是地面径流、居民生活污水直排,内源主要是污染严重的淤泥。治理前水体浑浊,有轻微刺鼻气味,透明度 20 cm,属黑臭水体。

2.8.3 治理目标

达到地表水湖泊标准Ⅴ类,消除黑臭现象。

2.8.4 治理措施

2020 年 1 月 24 日开始,采用光量子技术治理,放置光量子载体 160 个。

2.8.5 治理效果

经 50 d 治理,水清澈见底,无刺鼻气味,水质达到Ⅴ类。水底淤泥从黑色变为黄色,且有大量水生植物自然生长(见表 7-9-7)。

2.8.6 分析

此项目由于底泥污染比较重,所以治理 50 d 水质达到Ⅴ类。若继续治理数月,消除更多的底泥污染,水质可以达到Ⅲ~Ⅳ类。

表 7-9-7 六盘水卡达凯斯人工湖治理水质变化

项目	单位	NH_3-N	TN	TP	COD
治理前	mg/L	5.64	7.14	0.227	19
治理 50 d	mg/L	0.982	1.333	0.153	8.7
削减比例	%	82.6	81.3	32.6	54.2

十、鄂正农微生物治理湖泊消除蓝藻爆发案例*

1 鄂正农微生物功能

1.1 功能特点

鄂正农微生物为武汉市鄂正农科技发展有限公司发明并自行生产的高效复合微生物菌剂,专门用于湖泊、河道的水体和黑臭治理,底泥污染和蓝藻爆

---

* 本节根据王红兵 18986244638"武汉市鄂正农科技发展有限公司微生物治理河湖技术总结"编写。

发治理。具有治理河湖水体的四大特点：

（1）快速消除水体污染、恶臭和异味。

（2）较快消除水底的淤泥和有机杂物，彻底清除内污染源。

（3）微生物具有溶藻和破坏微囊藻蓝藻气囊的功能，对鱼腥藻、拟柱孢藻和微囊藻等蓝藻水华具有良好的清除效果，可以抑制和杀灭水面、水体和水底的蓝藻。

（4）含有大量聚磷菌，配合生物膜可以有效削减水体 TP。

1.2　技术分析

（1）鄂正农微生物，在静水或流速缓慢的河湖中，效果良好，但在流速比较快的河湖中效果相对较差。

（2）在静水或流速缓慢的河湖中，相对而言为长效治理微生物。因为其在消除水体污染、净化水体的时候，可以同时清除底泥的有机污染，在基本清除底泥的污染后，可以长期保持水体的清洁，一般不会反复。

（3）在此类微生物清除污染底泥的时候，水质一般均会有一定的反复、波动，此为治理过程的正常现象。原因是污染底泥在微生物的作用下，有相当长的一段时间底泥处于释放污染负荷状态，若其释放污染负荷量大，微生物来不及消化、削减，水质就要产生波动。此波动的时间长短，根据底泥的污染程度、深度来确定，少则 2~6 个月，多则 0.5~1 年的时间，若同时存在排污口污染，则可能需要更长时间（见图 7-10-1）。

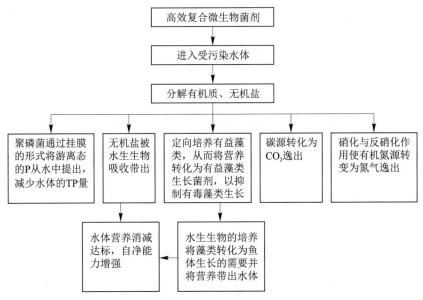

图 7-10-1　微生物治理河湖污染和蓝藻的路径

2 案例

2.1 武汉江岸区鲩子湖蓝藻爆发治理

2.1.1 概况

鲩子湖水面积 150 亩(10 万 m^2),平均水深 1.3 m。2013 年 2 月,鲩子湖全面蓝藻爆发,鉴定为新亚种,蓝藻属的低温束丝藻,爆发时湖面发黄,伴有一定的恶臭味。

2.1.2 治理目标

消除蓝藻爆发。

2.1.3 治理措施和效果

武汉鄂正农科技发展有限公司接受此湖泊的治理任务。经实地考察后,确定采用喷撒鄂正农高效复合微生物的治理方案,治理自 2013 年 3 月 2 日开始,经 4 d 时间治理,彻底消除蓝藻爆发,其后无复发,水质改善。

2.2 武汉武昌区紫阳湖治理

2.2.1 概况

紫阳湖湖面 220 亩(14.67 万 m^2),平均水深 2 m。2013 年水体发黑,透明度 30 cm,P 严重超标,环保局检测为劣 V 类。

2.2.2 治理目标

消除黑臭,水质达到 V 类。

2.2.3 治理措施

采用喷撒鄂正农高效复合微生物菌剂进行治理,2013 年 3 月开始治理,至 2013 年 10 月结束。

2.2.4 治理效果显著

水质改善,透明度提高,底泥得到净化。其中透明度达到 80 cm 以上,TP 达到 IV ~ V 类,其他指标都达到 IV 类或优于 IV 类,底泥有机污染基本得到消除。

2.3 武汉江汉区菱角湖蓝藻治理

2.3.1 概况

菱角湖水面积 137 亩(9.1 万 m^2),水深 1.5 m。2015 年 5 月初,菱角湖蓝藻爆发,鉴定为鱼腥藻爆发。

2.3.2 治理目标

消除蓝藻爆发。

2.3.3　治理措施

采用喷撒鄂正农高效复合微生物菌剂进行治理,2013 年 5 月 29 日开始治理,至 2013 年 6 月 5 日结束。

2.3.4　治理效果良好

治理 1 周后即杀灭了鱼腥藻,后经 1 个多月观察,再未看见蓝藻爆发。

2.4　武汉武昌区晒湖蓝藻治理

2.4.1　概况

晒湖水面积 190 亩(12.7 万 m^2),平均水深 2 m。2015 年 5 月 15 日,晒湖蓝藻爆发,鉴定为鱼腥藻爆发。

2.4.2　治理目标

消除蓝藻爆发。

2.4.3　治理措施

采用喷撒鄂正农高效复合微生物菌剂进行治理,2015 年 5 月 16 日开始治理,治理时间为 3 d。

2.4.4　治理效果良好

治理 3 d 后杀灭水体中蓝藻,以后再未看见蓝藻爆发。

2.5　武汉武昌区都司湖蓝藻治理

2.5.1　概况

都司湖水面积 10.5 亩(0.7 万 m^2),平均水深 2 m。2015 年 6 月 6 日都司湖蓝藻爆发,鉴定为铜绿微囊藻爆发;水质为严重劣 V 类,水体发出阵阵臭味。其中,TN 为 8.2 mg/L,TP 1.45 mg/L,相当于黑臭水体。

2.5.2　治理目标

消除蓝藻爆发,消除水体黑臭。

2.5.3　治理措施

采用喷撒鄂正农高效复合微生物菌剂进行治理,共进行 40 d 治理。

2.5.4　治理效果良好

一是彻底消除了水体中的铜绿微囊藻,再未发现蓝藻爆发;二是水质从原来的劣 V 类改善为 V 类,清澈透明。其中 TP 从 1.45 mg/L 改善为 0.098 mg/L(IV 类),削减 93.2%;TN 从 8.2 mg/L 改善为 1.87 mg/L(V 类),削减 77.2%(见图 7-10-2)。

2.6　武汉汉阳莲花湖蓝藻爆发治理

2.6.1　概况

莲花湖水面积 184 亩(12.3 万 m^2),平均水深 2 m。2016 年 6 月 25 日蓝

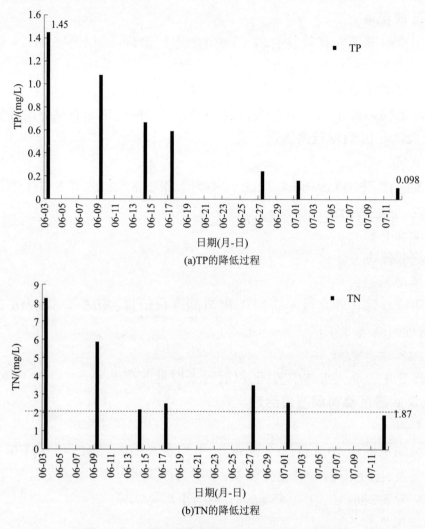

图 7-10-2　都司湖治理前后水质 TP TN 变化

藻爆发严重,水质为劣V类,治理前水质 TN、TP 分别为 3.46 mg/L、0.181 mg/L,叶绿素 a 为 202.5 μg/L。莲花湖岸边有 2 个排污口持续向湖中排放,主要污染物为周边居民的生活污水通过暗管排入;同时由于地处城市,地面径流污染严重。经数年观测统计,每天平均有 200~350 m³ 的地面径流和污水经管道入湖,多次检测 P 浓度一般为 0.5~0.7 mg/L,个别时候超过 1.0 mg/L;特别是每次大暴雨期间有 4 000~5 000 m³ 的雨水和污水的混合污水进入,造成湖中水污染和富营养严重;湖中底泥淤积比较深,有机污染严重。2016 年 8 月 6 日检测,2 个排污口的 TN 分别为 3.09 mg/L、2.67 mg/L,TP 分别为 0.32 mg/L、1.75 mg/L。

2.6.2 治理目标

第一期为消除蓝藻爆发,初步改善水质;第二期在不清淤的情况下改善水质至Ⅳ类。

2.6.3 治理措施和效果

武汉市鄂正农科技发展有限公司接受了此颇具难度的治理项目。采用喷撒鄂正农高效复合微生物菌剂进行治理。

(1)第一期治理。从2016年6月26日开始,9月25日治理基本结束。治理效果:经3个月数次喷撒微生物菌剂的治理,效果良好。其中叶绿素a由202 μg/L降低为87.6 μg/L,削减56.7%,消除了蓝藻爆发,达到目标;TN由3.46 mg/L(劣Ⅴ类)改善为1.48 mg/L(Ⅳ类),削减57.2%,但TP有明显波动,不理想,达到了水质初步改善的目标。

(2)第二期第一阶段治理。吸取第一期治理的经验教训,研究了如何进一步在未封闭排污口和污染底泥比较多的情况下继续进行治理,以进一步提升水质。改变操作方法,除了喷撒微生物菌剂,增加了聚磷菌挂膜的形式,将游离态的磷从水中提出,减少水体中的TP。治理的第一阶段从2018年6月20日至年底。提升水质的效果得到进一步显现:经6个多月治理,其中TN由2.38 mg/L(劣Ⅴ类)改善为1.34 mg/L(Ⅳ类),削减43.7%;TP由0.5 mg/L(劣Ⅴ类)改善为0.16 mg/L(Ⅴ类),削减69.2%。

(3)第二期第二阶段治理。在2018年治理的基础上继续进行治理,采用与2018年同样的治理措施。经过1年努力,终于取得比较满意的效果。由2019年1月至2020年1月,TN由1.93 mg/L(Ⅴ类)改善为1.29 mg/L(Ⅳ类),削减33.2%;TP由0.11 mg/L(Ⅴ类)改善为0.04 mg/L(Ⅲ类),削减63.6%。水质改善达到Ⅳ类的目标(见表7-10-1)。

表7-10-1 2016年6月至2020年1月莲花湖水质检测结果

日期(年-月-日)	TN/ (mg/L)	TP/ (mg/L)	NH_3-N/ (mg/L)	NO_3-N/ (mg/L)	叶绿素 a/ (μg/L)
2016-06-15	3.458	0.181	0.722	0.472	202.5
2016-07-10	1.641	0.029	0.014	1.131	71.5
2016-07-31	2.003	0.237	0.091	0.249	188.1
2016-08-12	1.513	0.089	0.211	0.609	118.7
2016-08-28	1.706	0.148	0.125	0.397	85.7
2016-09-29	1.481	0.231	0.397	0.241	87.6

续表 7-10-1

日期(年-月-日)	TN/ (mg/L)	TP/ (mg/L)	NH₃−N/ (mg/L)	NO₃−N/ (mg/L)	叶绿素 a/ (μg/L)
2016 年削减比例/%	57.2	−27.6	45	48.9	56.7
2018-06-20	2.38	0.52	0.77		
2018-07-03	2.73	0.71	0.82		
8 月平均	1.95	0.44	0.63		
10 月平均	1.52	0.23	0.10		
12 月 4 日	1.34	0.16	0.29		
2018 年削减比例/%	43.7	69.2	62.3		
2019-01-04	1.93	0.11	0.47		
2 月平均	1.57	0.05	0.10		
4 月平均	1.27	0.20	0.24		
6 月平均	1.40	0.21	0.25		
8 月平均	1.25	0.20	0.08		
11 月 13 日	1.03	0.13	0.03		
12 月平均	1.23	0.11	0.19		
2020-01-07	1.05	0.03	0.26		
2019 年削减比例/%	45.6	72.7	44.7		
3 年半削减比例/%	94.7	83.4	64		

2.6.4 经验教训

（1）河湖治理污染应首先控制外源，封闭排污口。莲花湖由于排污口未封闭，排放污水比较多，又加上城市区域降暴雨时地面径流多，污染负荷入湖量大，底泥污染严重，所以水质反复较大，治理时间较长。虽第一年治理就消除了蓝藻爆发，但经 3 年治理，改善水质才取得明显效果，基本稳定在Ⅳ类。

（2）若不封闭排污口，外源大量进入，又要增加底泥污染，所以治理很困难，需要较长时间。若遇到此类暂时无法封闭排污口的情况，只能采用相当于处理污水的方法进行处理。

（3）城市初期地面径流是目前主要污染源，需要通过海绵城市建设或雨水和污水合流溢流制的处理技术进行处理。

（4）清除河湖底泥有机污染是治理河湖最主要的组成部分之一，不清除污染严重的有机底泥就无法真正治理好水体,使水体变清。只有同时清除了水体和底泥的污染才能达到长期治理好河湖的目的。如 2016 年治理的第一年,由于底泥污染严重和污水大量进入,致使 TP 得不到削减,反而升高。

（5）鄂正农微生物是高效复合微生物,是治理水体底泥和蓝藻污染的三合一专用治理技术,治理后不再需要进行河湖底泥的清淤工作。

（6）治理河湖,只有同时控制外源进入、封闭排污口、消除水体和底泥的污染,才能长久保持水体良好的水质和健康生态状态系统。

2.7 武汉梁子湖蓝藻水华爆发试验示范治理

2.7.1 概况

梁子湖,水面积 304 km²,平均水深 2.7 m。梁子湖存在大量蓝藻,2019 年 9 月测定为拟柱胞藻、固 N 型蓝藻,细胞密度超过 9 亿 cells/L,出现蓝藻水华爆发现象。由武汉市鄂正农科技发展有限公司负责进行试验示范治理。

2.7.2 治理目标

消除蓝藻爆发,藻细胞密度低于 1 亿 cells/L,水体清澈透明。

2.7.3 治理措施

由于梁子湖比较大,治理试验示范区选择 700 亩（46.7 万 m²）。在治理前,先用围隔把需要治理水域从梁子湖中隔离出来,围隔内水深 2 m,其水质为Ⅳ～Ⅴ类;采用高效复合微生物等综合措施治理。治理时间为 10 月 12—28 日。

2.7.4 治理效果良好

经 16 d 治理,消除了蓝藻爆发,藻细胞密度削减 98.9%,叶绿素 a 削减 99.8%。3 个监测点均达到削减蓝藻细胞密度低于 1 亿 cells/L 的目标。1～3 号的 3 个监测点,藻密度由 6 亿～8.5 亿 cells/L 削减至 0.05 亿～0.18 亿 cells/L,平均减少 98.9%;叶绿素 a 也平均削减 99.8%（见表 7-10-2）。水质也有较大幅度的提高,达到了清澈透明的目标要求。

表 7-10-2　武汉梁子湖消除蓝藻水华爆发试验

监测点	藻细胞密度/（万 cells/L）			叶绿素 a/（μg/L）		
	治理前	治理后	削减/%	治理前	治理后	削减/%
1 号点	84 700	50	99.9	66.8	0.055	99.9
2 号点	81 100	219	99.7	72.1	0.033	99.99
3 号点	61 100	1 760	97.1	68.1	0.31	99.5
平均削减			98.9			99.8

注:均由中国科学院水生生物研究所藻类生物学与应用研究中心检测,审核人为李仁辉。

十一、"TWC生物蜡"治理河湖水环境技术及案例*

序

治理污染的技术有千百种,但大多数是单一的治理技术,如治理水体污染的、治理底泥有机污染的、治理蓝藻污染的。"TWC生物蜡"技术是水土蓝藻三合一治理专用技术,可同时实现水污染治理、底泥修复和蓝藻控制与治理。水土蓝藻三合一治理技术主要有两类:微粒子(电子)技术和微生物技术,"TWC生物蜡"是微生物技术之一。微生物技术有分普通技术,要撒一次,冲一次,再撒一次,是短效微生物;另一种是固定化载体微生物(简称固载微生物),是长效微生物。固载微生物也有两种:固载外加微生物、固载土著微生物。"TWC生物蜡"就是固载土著微生物。黑臭暗河(暗渠)是最难治理的黑臭河道,但"TWC生物蜡"技术使暗河得到有效治理。

1　TWC生物蜡技术

1.1　技术概念

TWC生物蜡技术(简称生物蜡)是一项高效刺激土著微生物繁殖且固定在载体内部的治理水污染的长效技术,是水土蓝藻三合一治理技术。TWC生物蜡技术为引进澳大利亚技术。

该技术是利用特效营养载体在原位刺激促进土著有益微生物菌生长的技术。生物蜡载体中有缓释生物促进因子促进有益微生物生长繁殖,提高其活性;具有修复和维护水生态系统的良性平衡、丰富生物多样性、提高水体自净能力的作用。

1.2　TWC生物蜡构建

该技术的关键是生物蜡,它是一块长方体的黑色软固体物质。其主成分为石蜡、微晶蜡、多种碳源、多种微量元素、矿物等,生物蜡不会在水体中释放碳氢化合物。

---

*　本节编写人员:刘丽香,TWC生物蜡中国总部广东鑫国环保科技有限公司。

TWC生物蜡在常温下为软固体,在水中具有缓释营养物质的作用,2年左右的时间内随着其营养物质的缓释而逐步消耗,直至最后全部分解于水,可以不回收。

TWC生物蜡具有千百万微毛细管结构,非常适合水体微生物附着栖息与繁殖,作为有益菌的固定化载体;在TWC生物蜡中已注入上百种微量元素和具有至关重要的多种碳源,作为特定有益菌群的食物、养分,此配方是生物蜡成功的关键。

TWC生物蜡给污染水体中特定的有益菌提供了一个有吃有住(有栖息地和食物)的理想生境条件的"居所"。即生物蜡中的毛细管作为有益细菌的载体,微量元素和碳则是有益微生物生长的催化剂和合理搭配的营养物质,使有益微生物快速生长繁殖,消除各类污染,并通过种间竞争抑制有害微生物。

TWC生物蜡特别善于刺激培养芽孢杆菌生长,它们会在生物蜡表面和内部着床繁殖,形成生物膜。其表面形成微生物的数量是普通填料介质的8.53倍。更多的有益菌产生更多的生物酶,参与消除水体污染的作用,同时减少治理污染和维护水体清洁的成本,缩短周期,稳定治理效果。

1.3　TWC生物蜡作用原理

1.3.1　总体作用

生物蜡可以提高微生物繁殖速度,丰富水中微生物多样性,在去除油脂、蓝绿藻,降低TP、NH_3-N、COD、碳氢化合物,除臭,提高水体透明度方面具有良好的效果。应用范围包含河道、湖泊、水库、水源地、生活污水、工业废水、水产养殖、景观水、蓝绿藻治理及暗河治理等。

1.3.2　作用原理

生物蜡投放到河湖水体中后,土著有益菌就逐步聚集在载体中大量生长繁殖,产生更多生物酶,分解消除污染物,将大分子污染物分解成N循环细菌能消化的小分子,同时微生物将含P污染物转化为生物硝酸盐,抑制消除蓝藻等有害生物,恢复水体自净能力。

1.4　TWC生物蜡消除污染物质原理

1.4.1　除P

生物蜡促进有益菌群落将含P有机物转化成可溶性磷酸盐,可溶性磷酸盐同时可作为营养盐被微生物利用;微生物促进可溶性磷酸盐转化成多磷酸盐,多磷酸盐吸附并螯合金属离子沉降悬浮物,部分含P物质为水生物利用,同时提高水体透明度。

1.4.2 脱 N

生物蜡刺激水中芽孢杆菌等硝化反硝化细菌大量繁殖,将大分子含 N 有机物转化成小分子 NH_3-N,硝化细菌将 NH_3-N 转化成亚硝酸盐和硝酸盐,反硝化细菌再将亚硝酸盐和硝酸盐转化为 N_2 回到大气中。部分硝酸盐作为营养盐被水生物利用。

1.4.3 降 COD

生物蜡刺激水中的芽孢杆菌繁殖,其产生的酶催化大颗粒有机污染物分解,小分子有机物利于反硝化细菌吸收,减少 O_2 消耗,提高水体 DO,增加表层沉积物 DO,加速有机物分解消耗。

1.4.4 除蓝藻

(1)生物蜡通过微生物脱 N 固 P 降低水体 N P 营养盐浓度、减慢蓝藻生长繁殖速度,同时可以破坏蓝藻细胞壁及其内部物质的一种或多种功能,使其失去活力,抑制蓝藻生长繁殖。

(2)生物蜡能够激活水体 N 循环细菌,加强硝化作用,将 NH_3-N 转化为硝酸盐,又促进土著微生物、硅藻等其他有益藻类的生长繁殖,长期竞争消耗蓝藻所需的 P N 营养及其生存空间,抑制蓝藻繁殖,且硅藻等藻类能作为天然优质饵料进入食物链进行健康循环,修复水体良性生态。

(3)生物蜡产生大量的有益微生物,促进水生动物的生长,抑制蓝藻生长,实现菌藻共治,两相平衡。

1.4.5 提升透明度

在生物蜡产生的大量高效微生物的共同作用下,产生的多 P 酸盐转化菌具有螯合作用,可以吸附水体的漂浮物,后沉入水底。另外,多磷酸盐能调节浮力,沉降悬浮物,同时低价金属硫化物被氧化后改善色度,大幅提高水体清澈透明度。

1.5 TWC 生物蜡改善水生态

(1)生物蜡可增加水体中多磷酸盐转化菌的数量,能将 P 等营养物质转化为其他有益微生物可利用的形式,同时限制诸如大肠杆菌和蓝细菌等有害物种,使水体成为良性微生物生态系统。

(2)通过生物蜡充足的养分供应机制,降低水体营养程度,提升水质,增加适宜微生物、有益藻类的种群数量,有利于自我修复生态,使水体自然生长沉水植物等群落,恢复和扩大鱼类等水生动物种群,创造、恢复水生系统的良性平衡,恢复健康的水生态系统。

1.6　TWC 生物蜡消除河道底泥污染

生物蜡中的微生物可促进河湖底泥氧化,消除有机质污染。生物蜡虽不能直接向底泥表层充氧,但其通过降低硝化过程中的需氧量并同时提高传递速率,使 O_2 回到自然水体,促使底泥表面氧化,阻止、减少底泥厌氧反应、污染水体,原位修复水生态系统。同时,TWC 生物蜡加快底泥有益菌繁殖,消除底泥有机物。

1.7　TWC 生物蜡的特点和优势

(1)应用范围广。暗渠箱涵、城市内河、自然河湖、水库、坑塘均能使用;生活、工业、水产养殖、农村等污水均能使用;淡水、海水也能使用,海水中使用效果更快、更显著。

(2)生物蜡为水土蓝藻三合一治理专用技术。可同时治理水体、有机底泥和蓝藻污染,有利于河湖生态系统的修复。

(3)性价比高。与传统水治理技术相比,生物蜡三合一技术优势明显,性价比高。若水体未大量进入污染物,一般仅需一次性投放生物蜡,后期无须再投放生物蜡。

(4)绿色安全零毒性。获得 ANZECC(2000)水质指引检测和联合国全球协调系统(GHS)零毒性检测报告、GB/T 27861—2011 鱼类应急毒性试验零毒性报告。

(5)效果良好持久稳定。生物蜡消除污染物及除臭,提升水质的效果可在较长时间保持稳定,属长效治理技术,经得起在线监测及"回头看"。在治理一般污染水体时,生物蜡的自然缓释分解时间长度可达到 2 年。初期半个月为吸引微生物生长期;第 1~9 个月发挥治理能效 100%;第 9~12 个月发挥治理能效 50%;第 13~24 个月发挥治理能效 30%~10%,最终 2 年多到 3 年左右生物蜡块会被自然分解掉,无须回收。

(6)操作简单。安装简便和快速,生物蜡块直接投放入水即可,无须电力,无须养护。安装时基本不受流速影响,不占土地。

(7)适用于水较深的湖泊和流速较快的河道。如 7~20 m 水深,需要多层布置生物蜡;在流速较快的河道有较强的抗冲击能力,但减轻治理效果。

(8)适用水体情况。适用于一般污染水体;适用于严重污染水体、黑臭水体、无阳光照射的暗渠暗河,但需在治理初期,配合使用 TWC 专用高效复合微生物,或同时配合曝气机、一体机、填料等其他技术,则可加快治理水污染速度。

1.8 TWC 生物蜡投放密度方式

1.8.1 生物蜡型号规格

大号生物蜡块规格 53 cm×25 cm×3 cm；标准号生物蜡块规格 29 cm×19 cm×2 cm，水产养殖专用生物蜡规格(15.5 cm+14 cm)×19.6 cm×2 cm。

1.8.2 投放数量

水深 6 m 以内，每 500 m² 水域投放一块大号生物蜡或每 100 m² 投放一块小号生物蜡。如果是水域面积大于 5 万 m²，污染较轻，可降低投放密度；若污染很严重，适当增加投放密度；具体情况具体分析。

1.8.3 生物蜡固定

投放生物蜡时需固定其位置，可采取水面固定、水底固定、水面与水底结合固定的方式；多层设置时，需要多层串联固定(见附图 7-11-1)。

2 TWC 生物蜡技术治理案例

其中，治理蓝藻 6 例，治理河道暗渠和削减底泥污染 6 例，治理水库 3 例。

2.1 澳大利亚阿斯彭公园湖泊蓝藻处理项目

2.1.1 项目概况

湖泊为基本封闭水体，缺乏流动性。

2.1.2 污染情况

周围相当多的污染入湖，水体富营养化，导致蓝绿藻大量繁殖、严重爆发。

2.1.3 治理目标

消除蓝绿藻爆发，湖泊水体恢复正常。

2.1.4 治理时间

2016 年 3 月初，治理时间 20 d，最高温度 30 ℃左右。

2.1.5 治理技术措施

投放生物蜡块治理+少量高效复合微生物。

2.1.6 治理效果

消除蓝绿藻爆发，水体恢复正常(见附图 7-11-2)。

2.2 昆士兰 Kinbombi 水库蓝绿藻整治项目

2.2.1 项目概况

澳大利亚昆士兰州 Kinbombi 水库。

2.2.2 污染情况

大量污染物入湖，水体富营养化，导致蓝绿藻大量繁殖、轻度爆发。

2.2.3　治理目标

消除水库蓝绿藻爆发,水体恢复正常。

2.2.4　治理时间

2020 年 4 月 28 日至 5 月 29 日。

2.2.5　治理技术措施

投放 TWC 生物蜡块。

2.2.6　治理效果

在施用生物蜡处理 1 个月内,蓝藻密度从 43.3 万个/L 削减为小于 0.5 万个/L,满足蓝绿藻不爆发的治理要求;水体透明度同时有明显改善;TWC 技术对同时消除湖库底泥有机污染取得一定成效,并将继续对水库进行超过 6 个月的底泥处理(见表 7-11-1、附图 7-11-3)

表 7-11-1　昆士兰 Kinbombi 水库治理藻细胞密度变化情况

项目	4 月 28 日治理前/(万个/L)	5 月 29 日治理后/(万个/L)	削减率/%
黄球藻	33.3	<0.5	98.5
念珠藻	10	<0.5	95
蓝藻	43.3	<0.5	98.9

2.3　北京通州区某景观鱼塘蓝藻消除项目

2.3.1　项目概况

鱼塘长 50 m,宽 45 m,水深 1.5 m,容积 3 375 m³,专门养殖鲤鱼、锦鱼、鲫鱼、鲢鱼,水中有荷花,供观赏之用。

2.3.2　污染情况

主要污染源:暴雨径流面源污染;池中喂养鱼饲料过剩和鱼的排泄物污染;岸上植物的残枝落叶进入水中污染;底泥污染。水质:蓝绿藻疯长,水色呈现深绿色;透明度低;水体中的 NH_3-N、TP、COD 偏高。

2.3.3　治理目标

消除蓝绿藻爆发、维持稳定;提高鱼塘水透明度,适宜鱼类生存。

2.3.4　治理时间

2019 年 5 月 14 日至 2019 年 10 月。

2.3.5　治理技术措施

投加标准号生物蜡 24 块,配合高效复合菌 3 kg,池塘里自带曝气系统。

2.3.6　治理效果

投放生物蜡 20 d,蓝绿藻水华爆发现象去除,水色由深绿色变为深棕色,无臭味;一个半月,水体清澈透明度明显提高,无蓝藻爆发现象;以后至10月一直保持良好效果(见附图7-11-4)。

2.4　重庆西南大学鱼塘蓝藻治理课题研究项目

2.4.1　项目概况

项目位于重庆市璧山区八塘镇的鹜渝农业鲈鱼塘的水产养殖用药减量示范点青云村,项目选取其中一个4万 m² 的鲈鱼塘 A 做试验池,水深1.2~1.6 m。选另一个同等大小鱼塘 B 做对照池。

2.4.2　污染情况

主要污染源:暴雨径流面源污染;池中喂养鱼饲料过剩和鱼的排泄物污染;岸上植物的残枝落叶进入水中污染;底泥污染。水质:蓝绿藻疯长明显,水池透明度低,水体富营养化。

2.4.3　治理目标

消除蓝绿藻爆发;提高池水透明度,提高鱼类存活率。

2.4.4　治理时间

2020年5月24日至10月底。

2.4.5　治理技术措施

投放 TWC 生物蜡块。

2.4.6　治理效果

消除了蓝藻爆发;水质大幅好转,透明度明显提高;试验池投放生物蜡2个月,蓝藻密度即削减98.5%,至4个月一直保持削减比例98%;对比池,在4个月时,蓝藻密度增加220%,原因是天气热、温度高,为蓝藻爆发期。通过对比明显看出,生物蜡块有明显的除藻作用,且可保持数月不反弹(见表7-11-2、附图7-11-5)。

表7-11-2　重庆西南大学鱼塘 A 蓝藻治理藻密度对比

项目	5月24日	7月25日	5月24日/7月25日削减比例/%	9月24日	5月24日/9月24日削减比例/%
试验鱼池 A 蓝藻密度/(万个/L)	73 542	1 048	98.5	1 418	98
对比鱼池 B 蓝藻密度/(万个/L)	10 715	11 915	−11.2	34 326	−220

2.5　无锡某驾校景观池项目

2.5.1　项目概况

项目位于无锡市某驾校,景观池面积 100 m²,水深 60 cm,原先景观池含有过滤系统,池水抽上假山再呈瀑布状泄下,可增加水体一部分氧气;景观池底是水泥地。

2.5.2　污染情况

主要污染源:暴雨径流面源污染;养鱼饲料污染和鱼排泄物污染;岸上植物的残枝落叶进入水中污染;底泥污染。水质:蓝绿藻疯长明显;水池透明度低;原水质为湖泊标准Ⅳ类,其中 NH_3-N、TP、COD 偏高。

2.5.3　治理目标

达到地表水湖泊标准Ⅲ类,消除蓝藻爆发,稳定并保持水质良好状态。

2.5.4　治理时间

2020 年 4 月 26 日至 8 月。

2.5.5　治理技术措施

投加小号生物蜡 6 块,配合高效复合菌、小充氧泵 3 个;充氧泵在前期治理时使用,水体环境好转后撤除充氧泵。

2.5.6　治理效果

通过 12 d 治理,水质达到Ⅰ类,达到水质目标要求;其中 TN 削减 88%、TP 削减 35%;30 d 消除蓝藻爆发;其后池水数月一直保持良好状态(见表 7-11-3)。

表 7-11-3　无锡驾校景观池治理前后水质对比

项目	单位	COD		TN		TP	
5 月 8 日	mg/L	12	Ⅰ	1.25	Ⅳ	0.046	Ⅲ
5 月 20 日	mg/L	12	Ⅰ	0.15	Ⅰ	0.03	Ⅲ
削减率	%			88		35	

2.6　江苏省农科院对 TWC 生物蜡净化养殖池塘水环境研究项目

2.6.1　项目概况

2021 年 7—10 月在江苏省东台市沿海养殖基地选取 6 个养殖池塘,每个池塘 200 m²,其中 3 个作为 TWC 试验组,其余 3 个作为对照组。每个养殖池塘投加 4 块 TWC 生物蜡,分别在第 0、15、30、45、60、75 天采集水样分析。

2.6.2　污染情况

主要是鱼类排泄物、饲料剩余污染。

2.6.3 研究目标

验证 TWC 生物蜡治理水污染、改善水环境的效果。

2.6.4 研究时间

2021 年 7 月 1 日至 10 月 1 日。

2.6.5 研究技术措施

每个池塘投加养殖专用生物蜡 4 块。

2.6.6 研究效果

澳大利亚 TWC 生物蜡对水产养殖水环境 COD_{Mn}、NH_4^+、TN、TP、碱度、Chla 均有一定程度的削减作用。试验中,澳大利亚 TWC 生物蜡可控制水体总藻密度和生物量,提高藻种群多样性;提高了水体浮游动物生物量和种群多样性;可以改变某些门类微生物的丰度,如对蓝细菌有较好的控制作用,较好刺激了变形菌,绿弯菌生长。其中,蓝藻门的束丝藻由 2 184 万个/L 降低到 1 065 万个/L,削减率 51.24%(见附图 7-11-6)。

2.7 廊坊市永金渠治理项目

2.7.1 项目概况

项目位于河北省廊坊市永清县,永金渠全长 11.3 km,平均水深 1 m。水体平静、不流动。

2.7.2 污染情况

周围有农业、居民生活、工厂等废污水排入河道,当时排污口未封闭;底泥污染较严重。原水质为重度污染、劣 V 类,水面漂浮油脂,水体黑臭,臭气熏天,周围无鸟类活动。

2.7.3 治理目标

水质达到地表水 V 类。

2.7.4 治理时间

2019 年 3 月 12 日起,治理时间 1 个月。

2.7.5 治理施工情况

在渠道底部每 300~500 m² 投放一块大号生物蜡,并固定,污染严重处加密投放。配合撒入 TWC 专用高效复合微生物菌种,以及采用曝气和生物坝、清淤综合方法。

2.7.6 治理效果

(1)水质改善。由重度污染劣 V 类水改善到地表 V 类。

(2)感官改善。治理后无臭味;水体变清澈,水面波光粼粼,水面的油脂已经被微生物分解掉。

（3）周围生态改善。渠道周边出现数十只鸟在上方盘旋（见附图 7-11-7）。

2.8　广西玉林某湍急河道治理项目

2.8.1　项目概况

项目位于广西省玉林市博白县。河道总长为 30 km，河宽 15~25 m，水深 2 m。项目实际治理河长为 4 km。

2.8.2　污染情况

河道周边有居民区以及养猪区，生活污水以及养殖污水直排入河。原水质劣 V 类，水体发黄、浑浊；NH_3-N 3.03 mg/L，TP 0.78 mg/L。

2.8.3　治理目标

水质达到地表水 IV 类。

2.8.4　治理时间

2019 年 1—9 月。其中 6 个月达到 IV 类水。

2.8.5　治理施工

在河道底部均匀投放生物蜡；由于河道水流速度较快，局部水域达到 2 m/s，生物蜡固定在河底。每 450 m² 投放一块大号生物蜡。

2.8.6　治理效果

水质达到 IV 类，维持稳定至治理结束；NH_3-N 治理后为 0.51 mg/L（ II 类），削减率 83%；TP 为 0.29 mg/L（ IV 类），削减率 63%（见表 7-11-4、附图 7-11-8）。

表 7-11-4　玉林某河道治理前后水质对比

项目	1 月 22 日	4 月 30 日	8 月 30 日	削减率/%
NH_3-N/（mg/L）	3.03	1.13	0.51	83
TP/（mg/L）	0.78	0.39	0.29	63
水质类别	劣 V	V	IV	

2.9　宁波陶公河治理项目

2.9.1　项目概况

该河道是景区标志性河道，国控监测点所在。水面面积 53 500 m²，水深 1.8 m，流速较缓。河道周边存在生活污水直排的情况。

2.9.2　污染情况

主要污染源：部分排污口未封闭，排出黑臭水体，特别是夏天黑臭严重。原水质平均为 V 类，局部为劣 V 类，主要是 NH_3-N、TP 超标，排污口附近水质更差;冬季水体颜色有点发绿,夏天蓝绿藻爆发严重,透明度不高。

2.9.3 治理目标

水质达到地表水Ⅲ类,水体清澈,消除蓝绿藻爆发。

2.9.4 治理时间

2018 年 11 月至 2021 年 12 月(3 年)。

2.9.5 治理施工

2018 年 11 月投放第一批生物蜡;2019 年 9 月投放第二批生物蜡;2020 年 11 月投放第三批生物蜡。投放方式:竖直固定于河底,水面上用浮标固定,并作为放置标记;每 500 m² 投放一块大号生物蜡。在排放口增加生物蜡投放密度。

2.9.6 治理效果

消除蓝绿藻爆发现象;水体清澈、透明度较高;排污口附近黑臭状况消除;治理期间水质稳定达到地表水标准Ⅱ~Ⅲ类,其中主要指标 P 稳定达到Ⅱ类,NH_3-N 在 2021 年 1 月达到Ⅰ类(见表 7-11-5、附图 7-11-9)。

2.9.7 说明

生物蜡治理效果好,是长效治理技术,是水体底泥蓝绿藻三合一治理技术。河道周边存在一定量的生活污水直排的情况,生物蜡在治理水体时,无须投入外加菌剂,生物蜡可直接增强水中优势菌种,分解水中有机物,修复水体生态平衡。陶公河项目水质已连续 2 年保持Ⅲ类水。若下大雨引起河道较严重的突发性水污染,生物蜡则能在尽可能短的时间内消除突发性水污染而保持河道水质达到Ⅲ类,减少运维费用。

表 7-11-5 宁波陶公河治理前后水质对比

日期(年-月-日)	NH_3-N/(mg/L)		TP/(mg/L)	
2018-11	估计Ⅳ~Ⅴ类		估计Ⅳ类	
2020-01-30	0.27	Ⅱ类	0.11	Ⅱ类
2021-01-13	0.08	Ⅰ类	0.067	Ⅱ类
2020-01-30/2021-01-13 削减率/%	71		40	

注:治理前水质没有进行监测。

2.10 重庆花石沟鱼塘治理项目

2.10.1 项目概况

项目位于重庆璧山区花石沟,鱼塘水域面积 600 m²,水深 70~100 cm,有少量水产养殖。

2.10.2　污染源

雨量大时,上游水产养殖塘的水可大量流入该山坪池塘,上游来水伴有较多的蓝藻和油脂;池塘养殖剩余鱼饵料污染;鱼类排泄物污染;底泥污染。

2.10.3　水质

劣V类,主要是 TP 大幅度超标。

2.10.4　治理目标

水质达到地表水IV类。

2.10.5　治理时间

2020 年 5—9 月。

2.10.6　治理施工

投放 6 块小号生物蜡,绑在竹子上,固定在底泥上。

2.10.7　治理效果

治理 2 个月,水质达到III类。其中 TP 削减率 99.5%,HN_3-N 削减率 50%(见表 7-11-6)。

2.10.8　治理效果分析

投放生物蜡后,TP 浓度持续呈下降趋势,由劣V类提升到III类水,效果持续稳定。

NH_3-N 第一个月持续下降,达到II类,第二个月有所反弹,但仍保持在III类。这说明水体中藻类的降价和底泥有机污染物的清除需要一定的时间。

表 7-11-6　花石沟鱼塘治理前后水质对比　　　　单位:mg/L

日期(年-月-日)	COD	HN_3-N		TP	
2020-05-09	29	1.54	V	2.10	劣V
2020-05-24	71	1.03	IV	1.43	劣V
2020-06-14	32	0.26	II	0.23	劣V
2020-07-23	20	0.78	III	0.01	I
2020-05-09/2020-07-23 削减率/%	31	50		99.5	

2.11　西安高新区皂河暗渠治理项目

2.11.1　项目概况

皂河高新段南起西沣路(南三环),北至富鱼路,全长约 7.6 km,上游是长安区和雁塔区,下游是雁塔区。西沣路(南三环)至锦业路为明渠,长300 m;锦业路至富鱼路为加盖段(暗渠),长7.3 km;在科技八路及科技四路各有一个清淤口。

2.11.2 污染情况

污染:7.6 km治理断面处有一个污水处理厂的尾水排放口,日排污水16万m^3/d,污水厂排水标准是一级A(COD 50 mg/L,NH_3-N 5 mg/L,TP 0.5 mg/L);水质:暗河中为劣Ⅴ类,黑臭水体。

2.11.3 治理目标

河道(明渠+暗渠)达到地表水标准Ⅳ类。

2.11.4 治理时间

2019年12月至2020年12月。

2.11.5 治理施工

采用投放生物蜡+高效复合菌种的方式治理黑臭暗河;第一批施工为2019年12月23日,第二批施工为2020年3月19日。生物蜡固定在暗河壁上。

2.11.6 治理效果

2020年5月13日水质达到地表水Ⅲ类,主要指标均达到Ⅲ类(见表7-11-7、附图7-11-10)。

2.11.7 治理效果分析

生物蜡可以治理没有光照的暗河,且效果很好。全国相当多大中城市均有暗河存在,且难以治理,这是一个普遍性难题。生物蜡治理无光照暗河的技术是一个创新,大有潜力,值得推广。

表7-11-7　西安皂河治理前后水质比较　　　　　　单位:mg/L

项目	2019年平均(治理前)	2020年3月底(治理后)	5月11日	5月13日	2019年平均/2020年5月1日削减率/%	治理目标
COD	41.17	32	23	20	51.4	30
NH_3-N	3.51	1.625	0.848	0.654	81.4	1.5
TP	0.63	0.396	0.246	0.179	71.6	0.3
类别	劣Ⅴ	Ⅴ	Ⅳ	Ⅲ		Ⅳ

2.12 广州增城某河道治理项目

2.12.1 项目概况

位于广东广州增城区石滩镇,项目总面积约 $500×50＝25\,000\ m^2$。由于先前河道长期存在偷沙现场,河床被严重损坏。

2.12.2 污染源

周边有生活污水排放。水体有轻微臭味,并有油污浮现水面。原水质劣Ⅴ类。

2.12.3 治理目标

水质达到地表水Ⅲ类。

2.12.4 治理时间

2021 年 8 月 15 日至 2022 年。

2.12.5 治理措施

放置曝气机 2 台,TWC 生物蜡 42 块,TWC 专用高效复合菌种 150 kg。

2.12.6 治理效果

(1)提升水质效果良好。2021 年 8 月 15 日投放生物蜡至 12 月 6 日,经过 114 d,1#、2#、3#、4#四个监测点的水质分别达到Ⅳ、Ⅲ、Ⅲ、Ⅱ类,平均为Ⅲ类,达到目标。其中中段监测点 3#与下游监测点 4#,治理 1 个月,即由劣Ⅴ类改善为Ⅲ类。估计生物蜡继续发挥作用,1#监测点以后也可达到Ⅲ类(见表 7-11-8)。

(2)治理河道底泥污染试验有较好成效。在广州增城河道治理的同时,进行了河道底泥污染试验,2021 年 8 月 15 日投放生物蜡,9 月 12 日监测,共 28 d。试验结果如下(见表 7-11-9):

① TWC 生物蜡对消除河道底泥的石油烃类、有机物和大部分重金属污染物有相当的效果,主要污染物的削减率:有机物 26.9%、石油烃类 51.6%、汞 78.7%、砷 50.3%、总铬 39.9%等。

表 7-11-8 广州增城河道治理前后水质　　　　　单位:mg/L

监测点	时间(月-日)	COD	TP	氨氮	TN	水质
上游 1#监测点	治理前	44	0.25	0.063	1.23	劣Ⅴ
	08-24	22.08	0.131	0.586	—	Ⅳ
	09-10	27.9	0.110	1.115	—	Ⅳ
	11-19	10.82	0.057	0.067	—	Ⅲ
	12-06	22	0.11	0.356	—	Ⅳ

续表 7-11-8

监测点	时间(月-日)	COD	TP	氨氮	TN	水质
中间 2# 监测点 （曝气段） 有污水渗漏	治理前	62	0.48	0.488	2.00	劣V
	08-24	4.698	0.187	0.790	—	Ⅲ
	09-10	42.8	0.112	1.227	—	劣V
	11-19	16.66	0.070	1.262	—	Ⅳ
	12-06	16	0.13	0.436		Ⅲ
河段 3# 监测点 （支流排口）	治理前	—	—	—	—	—
	08-24	0	0.096	0.264	—	Ⅲ
	09-10	0.00	0.135	0.702	—	Ⅲ
	11-19	10.18	0.065	0.338	—	Ⅲ
下游 4# 监测点	治理前	37	0.25	0.466	1.323	劣V
	08-24	10.66	0.118	0.633	—	Ⅲ
	09-10	8.14	0.087	0.921	—	Ⅲ
	11-19	6.417	0.022	0.973	—	Ⅲ
	12-06	12	0.10	0.334		Ⅱ
地表水Ⅲ类标准	—	20	0.2	1	1	

② 对镉、镍等的削减率为负数,不尽如人意。要分析其增加的原因:是否2次的监测位置和深度有一定差异;是否有外源污染物进入;是否有其他底泥流入,尚待进一步研究。

③ 对于各类污染物的削减,估计 TWC 生物蜡需经更长时间的作用,削减率会明显增加。特别是因为河道污泥较深、有机污染较重,根据以往经验,消除底泥有机物污染一般要 0.5~1 年,才能消除大部分的有机质。

表 7-11-9　广州增城河道治理底泥削减率　　　　单位:mg/kg

监测点 数值	时间 (月-日)	A1 (113.846614°E, 23.204572°N)	A2 (113.845986°E, 23.205555°N)	A3 (113.845658°E, 23.207356°N)	A4 (113.854769°E, 23.211033°N)	小计	削减 率/%
铅	06-28	86	94	78	68	81.5	20.9
	09-12	60	74	61	63	64.5	

续表 7-11-9

监测点 数值	时间 （月-日）	A1 （113.846614°E， 23.204572°N）	A2 （113.845986°E， 23.205555°N）	A3 （113.845658°E， 23.207356°N）	A4 （113.854769°E， 23.211033°N）	小计	削减 率/%
镉	06-28	0.46	0.78	0.52	0.25	0.503	-4.4
	09-12	0.48	0.56	0.44	0.62	0.525	
砷	06-28	28.4	24.7	28.8	25.3	26.8	50.3
	09-12	10.8	17.7	13.1	11.7	13.33	
汞	06-28	0.259	0.308	0.252	0.197	0.254	78.7
	09-12	0.029	0.054	0.087	0.044	0.054	
铜	06-28	141	160	53	47	100.25	18.2
	09-12	79	81	78	90	82	
镍	06-28	34	45	24	28	32.75	-3
	09-12	29	41	30	35	33.75	
石油烃 （C10-C40）	06-28	34	383	43	ND	153.33	51.6
	09-12	66	77	65	89	74.25	
有机物/ %	06-28	11.5	11.5	10	10.2	10.8	26.9
	09-12	8.65	8.49	7.1	7.37	7.90	
总铬	06-28	101	85	110	62	89.5	40
	09-12	47	71	50	47	53.75	

注：1.监测时间为 2021 年 6 月 28 日（治理前）、2021 年 9 月 12 日（治理后）。

　　2.监测点有 4 个（有经纬度）。

2.13　重庆隆家沟水库治理项目

2.13.1　项目概况

隆家沟水库来水主要为山间汇流，为小（1）型水库，总库容 370 万 m³。年来水量 290 万 m³，最大水深 20 m。

2.13.2　污染情况

水库周边以林地、耕地、农村居民用地为主，主要污染源是地面径流污染；原水质为Ⅳ类。

2.13.3　治理目标

达到地表水（湖泊）标准Ⅲ类。

2.13.4 治理时间

2021 年 2 月 24 日至 4 月下旬。

2.13.5 治理措施

(1)治理水体污染。采用生物蜡,并配套生态隔离带、生态浮岛、挺水植物、微生物滞留区、菌种强化剂。

(2)治理底泥污染。投放生物蜡,配套曝气船、沉水曝气机、菌剂喷注。3 月 1 日和 2 日投放第一批生物蜡,3 月 11 日投放第二批生物蜡。

2.13.6 治理效果

达到Ⅲ类水(见表 7-11-10、附图 7-11-11)。

表 7-11-10　隆家沟水库治理前后水质　　　　　　单位:mg/L

项目	治理前 2021 年 2 月底		治理后 2021 年 4 月下旬		削减率/%
NH₃-N	0.253	Ⅱ	0.245	Ⅱ	3.16
TN	1.29	Ⅳ	0.54	Ⅲ	58.14
TP	0.05	Ⅲ	0.04	Ⅲ	20.00

2.14 重庆人民水库治理项目

2.14.1 项目概况

项目位于重庆丰都县十直镇莲花村 1 组,是一座小(2)型水库,1974 年 5 月建成。正常库容 67.6 万 m³,最大水深 15 m。

2.14.2 污染情况

水库周边以林地、耕地、农村居民用地为主。主要是地面径流污染。原水质为劣Ⅴ类,主要是 COD、TN、TP 超标。

2.14.3 治理目标

达到地表水(湖泊)标准Ⅲ类。

2.14.4 治理时间

2021 年 2 月 24 日至 4 月下旬。

2.14.5 治理措施

(1)治理水体污染。采用固体生物蜡,并配套生态隔离带、生态浮岛、挺水植物、微生物滞留区、菌种强化剂。

(2)治理底泥污染。固体生物蜡投放,配套曝气船+沉水曝气机+菌剂喷注。3 月 9—10 日投放生物蜡块。

2.14.6　治理效果

达到地表水(湖泊)标准Ⅲ类(见表7-11-11、附图7-11-12)。

2.14.7　说明

生物蜡治理底泥有机污染时,需要一定时间才能改善水质,开始时 NH_3-N 有所上升是正常现象,随着时间的推移,底泥有机污染减轻, NH_3-N 即会改善。

表7-11-11　重庆人民水库治理前后水质对比　　　单位:mg/L

项目	治理前 2021 年 2 月底		治理后 2021 年 4 月下旬		削减率/%
COD	58	劣Ⅴ	18	Ⅲ	68.97
NH_3-N	0.342	Ⅱ	0.076	Ⅲ	77.78
TN	1.67	Ⅴ	0.94	Ⅲ	43.71
TP	0.07	Ⅳ	0.04	Ⅲ	42.86

2.15　重庆联合水库治理项目

2.15.1　项目概况

水库位于重庆丰都县兴义镇泥巴溪村,为供水水源地、小(2)型水库,正常库容 70.8 万 m^3,最大水深 28 m。

2.15.2　污染源

水库周边以林地、耕地、农村居民用地为主。主要是地面径流污染。原水质为Ⅳ类。

2.15.3　治理目标

达到地表水(湖泊)标准Ⅲ类。

2.15.4　治理时间

2020 年 12 月至 4 月下旬。

2.15.5　治理措施

(1)治理水体污染。投放生物蜡,配套曝气船+沉水曝气机+菌剂喷注设备。

(2)治理底泥污染。投放生物蜡,配套曝气船、沉水曝气机、菌剂喷注。2021 年 2 月 24 日投放生物蜡。

2.15.6　治理效果

达到地表水Ⅲ类(见表7-11-12)。

表 7-11-12　重庆联合水库水质治理前后对比　单位:mg/L

项目	治理前 2020 年 12 月 25 日		治理后 2021 年 4 月下旬		削减率/%
TN	1.29	Ⅳ	0.82	Ⅲ	36.43
TP	0.09	Ⅳ	0.04	Ⅲ	55.56

十二、湖卫氧除藻技术及案例*

引　言

　　国内外有众多湖库河道已富营养化,其中有大量河湖发生以蓝藻为主藻类的水华爆发现象(简称蓝藻爆发),特别是以太湖为代表的"三湖"(太湖、巢湖、滇池)蓝藻爆发已持续 30 余年,其爆发面积占全国 142 个湖库的 89.2%(2013 年)~62.6%(2018 年)不等。一些研究者认为没有技术可以消除"三湖"蓝藻爆发。事实上,治理蓝藻爆发的技术设备很多,归纳为 8 大类,其中有一类为添加剂技术。湖卫氧除藻技术就是安全添加剂技术之一,其除藻效果好、成本低、施工简单方便,大、中、小水域均适宜。若与水土蓝藻三合一治理技术结合共同治理蓝藻,则效果更好、见效更快,长期治理总体成本低。湖卫氧除藻技术的主要成分为过碳酸钠,入水则释放出过氧化氢。《湖泊蓝藻水华防控方法综述》[《湖泊科学》,2022,34(2)]一文中认为,过氧化氢除藻时间较长、价格较高。但湖卫氧研究者得出的结论认为过氧化氢除藻技术便宜且治理速度较快,能够精准靶向除藻。时代在发展,技术在进步,技术创新层出不穷。请专家们共同研究、试验、分析、总结,努力推进中国大中型浅水型淡水湖泊消除蓝藻爆发的进程。

1　蓝藻与危害

1.1　关于蓝藻

　　蓝藻是一类进化历史悠久、革兰氏染色阴性、无鞭毛、含叶绿素 a,但不含

---

　　*　本节编写人员:卢骏 17715247801,北京蔚绿水科技有限公司。

叶绿体、能进行光合作用的大型单细胞原核生物。大凡含叶绿素 a 和藻蓝素量较大的,细胞大多呈蓝绿色。有少数种类含有较多的藻红素,藻体呈红色。蓝藻虽无叶绿体,但细胞质中有很多光合片层,叫类囊体,各种光合色素均附于其上,是含有色素的膜性结构,大大增加了细胞内膜面积,有利于加强光合作用。

蓝藻细胞壁和细菌的细胞壁化学组成类似,主要成分为肽聚糖(糖和多肽形成的一类化合物);储藏的光合产物主要为蓝藻淀粉和蓝藻颗粒体等。细胞壁分内外两层,内层是纤维素;外层是胶质衣鞘,以果胶质为主,或有少量纤维素。

1.2　蓝藻毒素及危害

很多蓝藻存有藻毒素,藻毒素分为很多种,其危害方式可分为肝毒素和神经毒素,也有些毒素对皮肤有刺激作用。当蓝藻细胞破裂或死亡时,毒素就会释放到水中。接触含一定浓度藻毒素的水,可能对人体产生长期、慢性的不良影响。

藻毒素是水溶性的且耐热,易溶于水、甲醇或丙酮,不挥发,抗 pH 变化。其在水中的溶解性大于 1 g/L,化学性质相当稳定。藻毒素自然降解过程缓慢,当水中的含量为 5 μg/L 时,3 d 后,仅 10% 被水体中微粒吸收,7% 随泥沙沉淀。

藻毒素有很高的耐热性,加热煮沸都不能将毒素破坏、去除;自来水处理工艺的混凝沉淀、过滤、加氯也不能将其去除。有调查研究表明,在某些自来水厂的出水中检出低浓度的藻毒素(0.128～1.4 μg/L),采用常规的饮水消毒处理不能完全消除水体中的藻毒素(注:中国饮用水标准允许藻毒素含量为 ≤1 μg/L)。

对于人类健康,微囊藻毒素具有很大危害性。其中 MC-LR 微囊藻毒素的半致死剂量(LD50)为 50～100 μg/kg。人们在洗澡、游泳及其他水上休闲和运动时,皮肤接触含藻毒素水体可引起敏感部位(如眼睛)和皮肤过敏;少量摄入可引起急性肠胃炎;长期饮用则可能引发肝癌。淡水水体中的蓝藻毒素已成为全球性的环境问题,世界各地经常发生蓝藻毒素中毒事件(吕锡武等,1999)。

蓝藻常于夏秋季大量繁殖,并在水面形成一层蓝绿色而有腥臭味的蓝藻高密度聚集体,即发生以蓝藻为主的藻类"水华"爆发(简称蓝藻爆发)。蓝藻爆发影响着世界各地的社区生活居住环境、旅游环境,引起水质恶化,尤其是蓝藻爆发严重时耗尽水中氧气或致使 pH 值大幅升高而造成鱼类死亡,直接对鱼类、人畜产生毒害,且是肝癌的重要诱因(美国环保署,2015),或产生如 2007 年 5 月底至 6 月初那样的太湖蓝藻爆发"湖泛"型供水危机,影响 300 万人的供水。在蓝藻爆发期间,蓝藻较其他藻类种群更具竞争力,有时可占水中藻类生物总量的 99%(Bullerjahn 等,2016;Cheung 等,2013)。

2　湖卫氧除藻技术

2.1　湖卫氧除藻原理

2.1.1　湖卫氧的有效成分为过碳酸钠

湖卫氧是新型治理蓝藻技术,是引进以色列技术,其有效成分为过氧化物(湖卫氧)的漂浮配方,外层包衣是纳米级别的惰性可生物降解聚合物。其有效成分过碳酸钠是一种强氧化剂,是过氧化氢与碳酸钠的加成化合物。

过碳酸钠俗称固体双氧水,由于过氧化氢为液体,存储和运输均不方便,相对不安全,故使用过碳酸钠作为过氧化氢的载体,使之更安全方便,成本更低。

杀灭蓝藻细胞的活性成分是过碳酸钠遇水后发生化学反应产生的产物为低浓度的过氧化氢,即双氧水。过碳酸钠遇水后,迅速产生双氧水,双氧水不稳定,产生氧气和水。反应的另一最终产物碳酸钠,俗称苏打,对环境、人体均无危害。

2.1.2　湖卫氧能够"精准靶向"治理蓝藻

湖卫氧的过碳酸钠具有特殊配方,可缓慢释放有效成分并漂浮于水面,这种漂浮的特性使产品能够依靠相同的自然力量(风和水流)来模拟水面蓝藻的运动模式:使产品在自然水体中与蓝藻一起漂移,从而确保缓释的活性成分与蓝藻的充分接触而达到治理的目的,而不会像普通杀藻剂大部分浪费在水体中。因此,这是湖卫氧产品的最大特点,也是湖卫氧产品治理蓝藻使用剂量非常低,从而降低应用成本并减少对环境影响的原因。

2.1.3　湖卫氧可以作为一种预防"水华"爆发措施

在蓝藻爆发以前或早期阶段施用湖卫氧,可达到预防蓝藻爆发的目的,一般在冬春季节就能进行预防性治理。预防性治理的施用剂量和成本是有效治理蓝藻的极低纪录。局部施用和低剂量,加上处理间隔的延长,让低成本的预防和治理大型水体蓝藻爆发成为可能。除环境和经济效益外,在蓝藻爆发前进行预防性治理,释放到水中的藻毒素处于极低水平,满足国家对藻毒素最高限值的要求。

2.2　技术特点

(1)湖卫氧"精准靶向"治理,产品及其操作成本很低。

(2)过碳酸钠具有无毒、无味、无污染等优点,安全,无二次污染。

(3)施用简单,无须特殊设备。

(4)施用时间灵活,可随时施用。

(5)大、中、小水域均能施用,小水面可人工施用,大水面可在做好预防或治理方案后用船、飞机等机械设备施用。产品从水体的上风口施用,风和水流将漂浮的产品颗粒推向蓝藻聚集处,同时缓慢释放低浓度的有效成分。

2.3　湖卫氧过碳酸钠杀灭蓝藻作用机制

过氧化氢是细胞代谢的天然副产品,在所有活细胞中都存在的处于低水平的一类物质,由一些细菌分泌,因此生物体自然会受到来自外源和内源性过氧化氢的氧化损伤。为了保护细胞免受内源性过氧化氢的侵害,抗氧化剂保护系统由三种酶组成:超氧化物歧化酶、过氧化氢酶和谷胱甘肽过氧化物酶。此外,维生素 C 和维生素 E 也可作为细胞内抗氧化剂(MDEP,2010)。这些酶与维生素的表达和利用在不同物种之间有所不同,导致一些物种更容易受到氧化损伤。因此,过碳酸钠的强氧化剂会不同程度地杀死蓝藻、细菌等,但对其他相当多的物种没有氧化作用,甚至增强某些物种存活的可能性。

2.4　过碳酸钠对环境的影响

过碳酸钠的分解产物为水、氧气和碳酸钠,这些都是自然界本身存在的物质,它们均不在环境中蓄集,也不会带来环境危害(见图 7-12-1)。

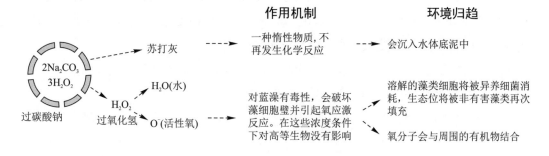

图 7-12-1　湖卫氧过碳酸钠除藻作用机制

2.5　湖卫氧过碳酸钠具有"精准靶向"杀灭蓝藻的优势

湖卫氧的有效成分过碳酸钠与普通过氧化物相比有巨大优势,尤其是在大型水体的应用上。用普通过氧化物产品治理蓝藻必须在短时间内（通常1 d 之内）在全部水面施用才能达到杀灭蓝藻的目的，而大型水体要做到这一点几乎不可能；另外，产品本身成本加上巨大的操作成本进一步限制了普通过氧化物成为治理蓝藻的有效技术。

湖卫氧的核心技术是在过氧化物颗粒外包裹一层惰性的可生物降解的包衣，使其可漂浮于水面，这样产品就会随风和水流漂向蓝藻聚集的地方，与蓝藻的分布高度一致，从而显著降低用量，达到精准杀灭蓝藻的目的。

湖卫氧技术的核心专利于2014年7月起已在美国取得多个专利，在中国的专利处于审查阶段。

精准杀灭蓝藻是利用卫星图像进行叶绿素 a 的分析，然后确定最低限度使用过碳酸钠的数量、施用路线，再行实施。

精准杀藻的另一层意思是湖卫氧技术主要针对蓝藻等有害藻类，而对于蓝藻以外的有益藻类一般不受损害，维护藻类生物的多样性。

2.6 湖卫氧对鱼类种群无不良影响

水产养殖中有毒的蓝藻水华会杀死许多鱼类，并导致鱼类出现"异味"和"变色"的问题。以色列农业和农村发展部渔业和水产养殖业部门与 BlueGreen 公司合作，于2019年5月至6月评估了湖卫氧作为一种新型药剂在水产养殖中防治有毒水华的功效和环境影响。

试验于2019年5月27日至6月15日在以色列农业和农村发展部的 Ginosar渔业中心进行。共占地 40 hm^2。

2.6.1 材料和方法

试验在 6 个池塘中进行，每个池塘水面积 50 m^2，水深 1 m。在处理前 3 d，每个池塘里放了 200 条罗非鱼，每条鱼重 500 g，每个池塘有 100 kg 鱼。此 3 d，没给池塘中鱼投喂食物，鱼靠水中绿藻生存。

2.6.2 试验设计

（1）2 个池塘作为对照，不进行处理。

（2）2 个池塘用湖卫氧处理，剂量 11.25 kg/hm^2（比建议剂量高 2～10 倍）。

（3）2 个池塘用湖卫氧处理，剂量 112.5 kg/hm^2（严重过量剂量，比建议剂量高 20~100 倍）。

2.6.3 结果和结论

试验的目的是确认在过量使用的湖卫氧释放的大量过氧化氢是否影响鱼

类的健康,而杀灭蓝藻的效果并不作为正式评价指标。

试验过程中,对照池塘和处理池塘中的鱼均未发现有任何差异。湖卫氧这种漂浮缓释剂型,即使在极度过量的情况下,也不会对鱼类种群产生不良影响。

极高剂量的湖卫氧对鱼类没有影响的原因,应与我们专利缓释配方有关,缓释技术能控制 H_2O_2 的释放量,在单位时间内只有很小一部分释放到水中,从而在任何给定时间 H_2O_2 的有效浓度保持在低于对鱼产生不良影响的浓度。释放到水面的 H_2O_2 分子会迅速与鱼塘中丰富的有机物相互作用,然后分解,所以不会对鱼类造成危害。

2.7　湖卫氧在大型水体中的除藻作业

2.7.1　大型与小型水体除藻作业的区别

大型水体的除藻作业简单易行,准确方法是利用卫星图像系统对叶绿素 a 数据进行蓝藻发生情况的监测分析,再确定预防或治理的除藻方案。

小型水体施用非常简单,只需将产品投入水体中即可,通常一两个人即可完成,用时短。大型水体则要利用船只或飞机空中施药。

2.7.2　卫星图像数据系统服务与优势

根据卫星图像数据系统可提供大面积水体的蓝藻发生情况,提前预警和采集治理后的效果数据。

（1）及时:每天或一周 4~6 次更新。

（2）准确:每一水体与实测数据进行校准;独有算法获得更准确数据。

（3）不限位置:全球任何水体。

（4）数据:可提供分析结果及高清图像。

（5）水体面积:大于 600 m×600 m。

2.7.3　湖卫氧除藻技术早期"预防性治理"的优势

"预防性治理"比起蓝藻已严重爆发时治理有明显优势:

（1）剂量可以低至数十倍,成本大幅降低。

（2）蓝藻的种群优势还没有形成,治理后由其他藻类、水生种群占据生态位,蓝藻再次发生的时间间隔拉长。

（3）如果可以做到每次施用都是在蓝藻发生初期,那么整个治理季水体可以达到看不到蓝藻发生(叶绿素 a 一般低于 20 μg/L 时肉眼不可见)。

（4）藻毒素量非常小,可忽略不计,因此对其他生物种群的影响可控制在最低水平(见图 7-12-2)。

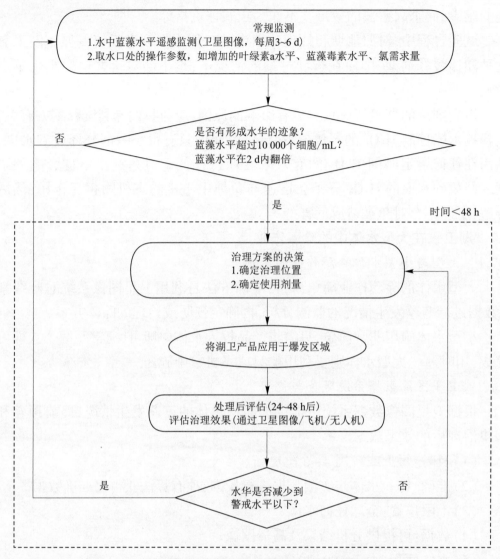

图 7-12-2　大型水体蓝藻爆发预防方案的决策管理流程

2.8　总结

　　湖卫氧是一种环境友好型杀藻剂,不受水体大小和形状的限制,有针对性和选择性杀灭蓝藻。创新的剂型使得产品颗粒能漂浮在水面上并缓释出有效成分,同时,当蓝藻在水中漂移时,产品会随着蓝藻而漂移。产品颗粒持续将有效成分缓释到水中,极低的剂量和持续的刺激会在有毒蓝藻种群中触发一种独特的生物自催化细胞死亡信号,从而导致整个种群的崩溃。有害种群的崩溃会帮助水体重塑一个健康的水生态环境,无毒、有益的浮游藻类得以繁殖生长,进一步成为湖泊抵御蓝藻复苏的"免疫系统"。大型水体的治理不仅成为可能,还可以大幅降低使用剂量,节约成本。尤其是用预防性治理措施可达到全年控制蓝藻,不会产生爆发现象。全球在中国、以色列、美国、南非、俄罗斯等有诸多成功案例。

2019 年引进的治理蓝藻技术为第一代产品,原称湖卫蓝,效果良好,该产品针对所有藻类。后研制了湖卫蓝第二代产品,改名湖卫氧,产品性能效果更好,优点突出,只针对蓝藻。

湖卫氧治理蓝藻技术以高科技为支撑,效果好、成本低、施用管理方便、精准靶向除藻,具有很大的推广潜力。湖卫氧技术正式推出于 2018 年,进入中国时间不久,有待进一步试验示范、宣传推广,以适应中国的国情,满足治理湖泊蓝藻爆发和建设优美生态湖泊的需求。

3　湖卫氧除藻案例

3.1　岳阳南湖蓝藻治理项目

3.1.1　项目概况

项目位于湖南岳阳南湖,治理面积 12 km²,景观湖。

3.1.2　水质

蓝藻爆发严重。

3.1.3　治理目标

消除蓝藻爆发。

3.1.4　治理时间

2020 年 6 月 6 日。

3.1.5　治理技术措施

2020 年 6 月初,在治理前根据卫星云图确定蓝藻爆发情况,并根据风向制定了施工船行驶的路线和湖体中各处施用量。过氧化物的推荐剂量,一是基于其本身杀菌能力,另外还基于它能够在杀灭蓝藻细胞时引致程序性细胞死亡,从而进一步降低施用剂量。程序性细胞死亡也称细胞凋亡,在生物种群中普遍存在,是一个由基因决定的细胞主动有序的死亡方式,指细胞遇到内、外环境因子刺激时,受基因调控启动的自杀性保护措施。

不同的水体使用湖卫氧治理后间隔期是不同的,准确的时间取决于水体本身的富营养化情况、蓝藻和其他藻类种群状况、气温、水体流动方向和速度等因素。在高温天气里,一般施用湖卫氧间隔为 2～3 个星期。以往最长的施用间隔为 12 个星期。整个治理季严密监测,利用预防性治理措施在早期控制蓝藻爆发,越早治理越容易控制,施用湖卫氧间隔越长,用量越少,成本也越低(见表 7-12-1)。

3.1.6 治理效果

施用湖卫氧 3 d 后即消除了蓝藻爆发,此状况保持了相当长时间(见附图 7-12-1)。

表 7-12-1 岳阳南湖蓝藻治理项目湖卫氧推荐剂量成本

湖卫氧		早期发生(预防性治理)	中度发生	严重水华
叶绿素 a/(μg/L)		10~20	30~100	>110
蓝藻细胞数量/(个/L)		>2 000 万	1 亿~5 亿	>10 亿
pH		~7.5	~8.5	>9
治理成本	元/亩	~20	~140	>450
	元/km²	3 万	21 万	67.5 万

3.2 东湖蓝藻治理项目

3.2.1 项目概况

项目位于武汉东湖(位于东湖的南角),治理面积 2 800 m²。

3.2.2 水质

劣Ⅴ类,蓝藻爆发严重。

3.2.3 治理目标

消除蓝藻爆发。

3.2.4 治理时间

2021 年 8 月 23 日。

3.2.5 治理技术措施

施用湖卫氧杀死蓝藻。

3.2.6 治理效果

施用湖卫氧后 1 d 就消除蓝藻爆发(见附图 7-12-2)。

3.3 无锡新吴区内河蓝藻治理项目

3.3.1 项目概况

项目位于无锡新吴区,治理面积 4 万 m²,水深 1.5 m。

3.3.2 水质

Ⅴ~劣Ⅴ类,蓝藻爆发严重。

3.3.3 治理目标

消除蓝藻爆发。

3.3.4　治理时间

2021 年 6 月 16 日。

3.3.5　治理技术措施

施用湖卫氧杀死蓝藻(见表 7-12-2)。

3.3.6　治理效果

施用湖卫氧 1 d 后即看不见蓝藻爆发,但有外来蓝藻持续进入治理水域,以后进行了一段时间的多次及少量产品的维护(见附图 7-12-3)。

表 7-12-2　2021 年新吴区内河蓝藻治理使用湖卫氧除藻剂数量

日期 (月-日)	06-16	06-18	06-23	06-25	06-28	06-29	06-30	07-01	07-02	07-04	07-05
数量/袋	18	2	3	4	2	1	1	2	1	1	1

注:每袋质量为 22.67 kg。

3.4　宜兴池塘蓝藻治理项目

3.4.1　项目概况

项目位于宜兴太湖旁池塘,治理面积 7 000 m²,水深 1~2 m。

3.4.2　水质

水质劣 V 类,蓝藻爆发严重。

3.4.3　治理目标

消除蓝藻爆发。

3.4.4　治理时间

2019 年 6 月 16 日。

3.4.5　治理技术措施

施用湖卫氧杀死蓝藻。

3.4.6　治理效果

施用湖卫氧 12 h 以后即看不见蓝藻。

3.5　佛罗里达州蓝藻治理项目

3.5.1　项目概况

明尼奥拉湖位于美国佛罗里达州,面积 7.7 km²。平均水深 5 m。

3.5.2　水质

为 II 类水,在冬季仍然有少量的蓝藻聚集、轻度爆发,蓝藻爆发超过当地标准。

3.5.3 治理目标

消除蓝藻聚集、轻度爆发。

3.5.4 治理时间

2020年12月16日。

3.5.5 治理技术措施

施用湖卫氧治理蓝藻技术对冬季聚集、轻度爆发的蓝藻进行预防性治理，以消除第二年蓝藻爆发。12月16日在明尼奥拉湖施用湖卫氧。治理范围主要是湖周围的沿岸水域和湖心水域。实施：产品随着行驶的船撒入湖中，开始漂浮在水面上，一段时间后溶解进入水体，第二天早上水体便完全检测不到产品。

3.5.6 治理效果

12月17日水面上就看不见漂浮的蓝藻。至目前该湖一直没有发生蓝藻爆发。产品的使用未对鱼类、野生动植物带来任何不良影响且水质参数持续保持稳定。

十三、德林海除藻技术及案例*

引　言

德林海蓝藻治理技术至今已有25年，从无到有，经历了萌发、诞生、推广应用与快速发展的历程。2008年德林海生物技术有限公司创建，是当时全国第一家治理蓝藻的专业公司，现今已发展成为全国具有代表性的龙头企业，2020年已顺利在科创板上市。德林海蓝藻治理技术的灵感起源于1999年昆明世界园艺博览会期间治理滇池草海蓝藻，2007年太湖"5·29"供水危机期间在无锡得到实质性发展，后十余年迅速发展，涉足全国。

德林海公司逐步发展壮大，现已发展成为集蓝藻治理关键技术开发、解决方案、系统设计、整装集成、运行维护、监测预警于一体的蓝藻治理综合服务公司，形成治理蓝藻的专业化、规模化、工厂化、无害化的治理能力和灾害应急处置能力，在国内蓝藻治理技术上占据优先地位。德林海公司现已牵头组建了

---

* 本节编写人员：潘正国 17768509760，无锡德林海环保科技股份有限公司。

蓝藻治理、藻水打捞和分离的勘测设计、设备设计制造、基建施工企业的联合体。

德林海公司实施蓝藻资源化利用,联合中科院、农科院、科研所、养殖场等企业、科研院所开展了蓝藻资源化利用技术的联合攻关,其中蓝藻制取生物柴油、叶绿素、藻蓝蛋白等,试验制造有机肥、生产沼气、发电等技术都获得成功,只等有机会商业运行。

随着习近平总书记指示的深入人心和坚决执行:"加大力度推进生态文明建设、解决生态环境问题,推动我国生态文明建设迈上新台阶","广大人民群众热切期盼加快提高生态环境质量。我们要积极回应人民群众所想、所盼、所急,大力推进生态文明建设,不断满足人民群众日益增长的优美生态环境需要","绿水青山就是金山银山","山水林田湖草是生命共同体","让自然生态美景永驻人间,还自然以宁静、和谐、美丽"。以"三湖"(太湖、巢湖、滇池)为代表的蓝藻连年持续爆发水域将深入开展治理蓝藻工作,改变以往仅在蓝藻爆发期间打捞水面蓝藻的习惯为全年深入彻底打捞,全年原位防控,消除水面水体和水底蓝藻的策略。在 2049 年以前消除大中型浅水湖泊的蓝藻爆发。德林海公司必将在此期间大展宏图,继续担当蓝藻治理行业领军企业的重任,德林海除藻技术也将全力开拓创新,为消除"三湖"蓝藻爆发做出新贡献。

1 德林海蓝藻治理技术

德林海蓝藻治理技术从打捞蓝藻和藻水分离开始,发展为控制蓝藻爆发、高压除藻、水动力控藻、曝气增氧、蓝藻监测控制预警、资源化利用等技术。

1.1 蓝藻打捞藻水分离技术——蓝藻应急治理技术

为解决蓝藻打捞后占用大量土地、二次污染水体等难题。德林海公司于 2007 年获得"能防治水华爆发及水体富营养化的水-藻自体循环站""囊内脱水技术处理蓝藻浆的工艺""一种蓝藻藻浆脱水处理的方法""气浮除去蓝藻的方法"等多个发明创造专利。2007 年 10 月,德林海公司在滇池建立了全国第一座海埂藻水分离站,运行良好,处理后蓝藻容积可较处理前的原蓝藻水减少 40~60 倍,大量削减藻水存储所需土地,效果显著。2008 年 5 月,无锡市政府引进德林海藻水分离成套技术设备,建成锦园太湖第一座藻水分离站。此后,在无锡市区、宜兴、常州及湖州等太湖沿线城市建设多个藻水分离站,标志着我国蓝藻治理行业的正式诞生。后在巢湖、湖北大清江、洱海、星云湖、洱源西湖等多处建设藻水分离站。自 2007 年至今已建设藻水分离站 59 座(台套),其中固定式 27 座、移动式 32 台套。藻水处理能力达到 20 万 t/d。

1.1.1 蓝藻打捞藻水分离工艺流程

蓝藻打捞藻水分离工艺流程见图7-13-1。

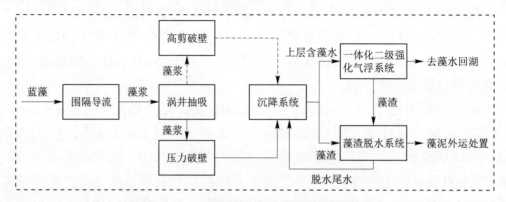

图7-13-1 蓝藻打捞与藻水分离工艺流程

1.1.2 主要技术装备(附图7-13-1)

(1)岸基式藻水分离站。

适用范围:适用于蓝藻水华长期规律性、大范围聚集区域(堆积区超过 2 km²)的应急处置。

浓藻浆处理能力:1 000 m³/d、3 000 m³/d、5 000 m³/d、20 000 m³/d、30 000 m³/d、50 000 m³/d 及以上。

(2)车载式藻水分离装置。

适用范围:适合湖湾、河道、水库及景观水体蓝藻水华小范围堆积(堆积区面积小于 1 km²)的应急治理。

浓藻浆处理能力:1 000 m³/d、1 500 m³/d。

(3)集装式组合藻水分离装置。

适用范围:适合湖湾、河道、水库及景观水体蓝藻水华小范围堆积(堆积区面积 1~2 km²)的应急治理。

浓藻浆处理能力:2 000 m³/d、3 000 m³/d。

(4)船载式藻水分离装置。

适用范围:适合水体深度在 0.7 m 以上的湖湾、河道、水库等道路交通不方便的水体。能够快速方便移动到指定水域进行应急处理。

浓藻浆处理能力:1 500 m³/d、3 000 m³/d。

1.2 加压灭活-原位控藻技术

此技术为通过加压改变蓝藻生境,使蓝藻经7个大气压的处理,失去生存繁殖能力,逐渐死亡。

1.2.1　工艺流程

加压灭活–原位控藻工艺流程见图 7-13-2。

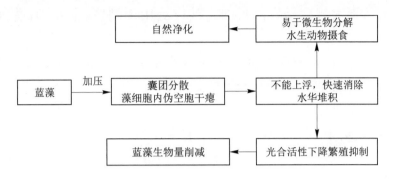

图 7-13-2　加压灭活–原位控藻工艺流程

1.2.2　适用范围

（1）藻密度应用条件：压力对蓝藻的加压没有选择性，既可以减少复苏上浮期蓝藻种源存量，也可以缓解大量繁殖期蓝藻的生长繁殖速度，可以快速清除上浮聚集期水面堆积的蓝藻。

（2）藻种的适用条件：微囊藻属、束丝藻属、鱼腥藻属、颤藻属等藻种。

1.2.3　主要技术装备

（1）深潜式高压控（灭）藻器（又名深井加压控藻平台）。

通过在湖底钻取 70 m 以上深度的深井，借助可调节涡井取藻器，精准吸取表层富藻水进入深井，在泵的拉动下，富藻水先由取藻器进入井底，静水压达到 0.7 MPa，再流至排水口排出。以微囊藻属细胞为主的漂浮蓝藻团，在经过 0.7 MPa 静水压 20 s 以上作用后，细胞内伪空胞被压瘪，藻团内挟带气泡被压除，蓝藻细胞团失去主动上浮能力，细胞活性下降 70% 以上，大部分藻细胞很快沉至水底，逐步死亡分解，实现有效控制表层蓝藻颗粒物的目的。同时，配套水体推流循环、水底底层增氧等系统可大通量、低能耗、高效率地清除水体表层蓝藻水华，达到应急处置和预防控制水华灾害的目的。

藻浆处理能力：8.64 万~86.4 万 m^3/d。全国已配置 27 套设备。

（2）蓝藻打捞加压控藻船。

蓝藻打捞加压控藻船由机动船载体、V 形聚藻的船头、可调富藻水取水涡井、进水总管、加压装置、进出水管道、发电机组、扬水曝气机组成。通过将吸取的富藻水在加压装置中经过 7 个大气压的增压，然后排出，消除表层蓝藻颗粒物。可机动灵活地在蓝藻水华暴发水域实施的应急处置。

藻浆处理能力：1 200~10 000 m^3/d。全国已配置 32 艘。

（3）水动力控藻器。

通过打破水温层和增加水体流动性,改变蓝藻生长所需的环境条件,实现预防和控制蓝藻大规模暴发的目的。其广泛用于湖湾、水库、河道、鱼塘以及景观水体等。

控藻技术参数:垂向流速>0.1 m/s 或水平流速>0.3 m/s。

1.3 蓝藻水华水质监测,海陆空全方位一体

1.3.1 蓝藻卫星鹰眼系统

通过卫星、空中、水体、水下和湖床的多层次监测,气象、水质、底质、水生态等多元监测,将数据进行整理融合,与公司数据库进行对比,为水质向好的方向发展保驾护航。

1.3.2 蓝藻无人机鹰眼系统

为弥补卫星的间隔较长,分辨率较差,且在多云、阴天等天气下无卫星图的缺陷,使用无人机进行航拍,快速制作成图,用于直观展示,并积累数据。其保证了全湖每天的感官情况尽在眼底。

1.3.3 多功能监测预警船

对水下动植物生长情况和湖床的情况进行直观查看,并积累数据。对水下暗管、水下自然生态异常等情况的发生能及时了解。

对水下地形进行测绘,制作水下地形图。对湖床淤泥进行测量,及时对较厚的淤泥进行监测检测,防范淤泥污染水体。

1.3.4 监测预警中心

搭载的国际领先的多光源在线监测系统,对水体进行 TP、TN、COD、水温、电导率、溶解氧、pH、浊度、氨氮、叶绿素多达 10 个水质指标的检测。可以数分钟一次的高频率检测,不消耗药剂,在不产生有毒有害废液的情况下,大量点位的水质以及快速的检测方法,可以提供时效性强、信息全面的图谱。

1.3.5 监测预警应用

主要在太湖卫星遥感监测、星云湖卫星遥感监测、洱海卫星遥感监测等 3 处进行监测预警应用(见附图 7-13-2)。

2 德林海除藻技术湖泊综合治理案例

德林海治理湖泊蓝藻有关案例见附图 7-13-3。

2.1 太湖治理项目

2.1.1 概况

太湖面积 2 338 km²,水深 2.05 m,是大型浅水湖泊。太湖流域始终保持

全国社会经济发达区域的位置。由于水污染、湿地减少、水位升高、水温升高、种间竞争减弱等因素使藻密度持续增加,而导致 1990 年起至今蓝藻持续规模爆发,于 2007 年发生蓝藻爆发"湖泛"型"5·29"供水危机,影响 300 万人的饮用水安全。太湖是苏南人民赖以生存和发展的摇篮,加强太湖水污染防治是转变发展方式、调整经济结构的内在要求,是建设生态文明、实现人与自然和谐的紧迫任务,是提高人民群众生产生活质量、共同建设美好江苏的具体体现。党中央、国务院高度重视太湖治理工作,要求江苏把太湖治理作为建设生态文明的重中之重,下决心根治太湖水污染问题,努力让这颗"江南明珠"重现碧波美景。德林海公司在太湖"5·29"供水危机后,从建设太湖流域第一座藻水分离站即锦园藻水分离站起,就投入太湖蓝藻的持久治理,成为治理太湖水域污染和蓝藻爆发的主要力量。

2.1.2　治理设备配置

德林海公司在太湖共建成 16 座藻水分离站、8 座深井加压控藻平台,配置 11 艘加压控藻船、4 套车载式藻水分离装置以及多艘曝气增氧船。

2.1.3　治理效果

至今,太湖累计打捞蓝藻数 2 000 万 t,其中利用德林海技术占蓝藻打捞处置量的 90% 以上,相当于从水体中清除了大量的氮和磷;在控源截污的基础上,太湖水质从以往的劣 V 类提升为 IV 类,其中主要指标总氮大幅度改善,总磷有所改善;太湖藻情总体稳定,蓝藻爆发程度近年有所减轻;完全清除太湖蓝藻堆积和消除蓝藻恶臭现象,改善了视觉、嗅觉等感觉效果,改善了太湖周边环境。从 2008 年至 2021 年底连续 14 年实现了太湖安全度夏,高水平地完成了国务院提出的"两个确保"目标,保证供水安全。然而太湖蓝藻持续爆发的现象持续存在,治理的任务仍然十分艰巨。

2.2　巢湖治理项目

2.2.1　概况

巢湖是中国五大淡水湖之一,水面面积 780 km²,位于长江下游左岸,流域面积 1.35 万 km²。巢湖为可封闭湖泊。巢湖流域已从欠发达区域提升为较发达区域,其中心位置的合肥市已成为社会经济发达区域。由于污染负荷大量入湖、水系萎缩、长江入湖水量大幅减少、湿地消失、温升等因素,藻密度持续升高,自 20 世纪 80 年代中后期起蓝藻持续爆发,因此被列为中国重点防治的"三湖"之一。德林海公司自 2010 年开始参与巢湖蓝藻爆发的治理,自始至终是治理巢湖水域污染和蓝藻爆发的主要力量。

2.2.2　治理设备配置

德林海公司在巢湖共建成4座藻水分离站、8座深井加压控藻平台,配置3艘加压控藻船、1艘藻水分离船、1套车载式藻水分离装置以及多艘曝气增氧船。

2.2.3　治理效果

巢湖治理取得了阶段性成效,污染浓度明显下降,富营养化水平明显减轻。在控源截污的基础上,巢湖的年均水质由以往的劣Ⅴ类提升为Ⅳ~Ⅴ类。在治理范围内的蓝藻爆发程度明显减轻,个别水域甚至消除蓝藻爆发。完全清除巢湖蓝藻堆积和消除蓝藻恶臭现象,改善了视觉、嗅觉等感觉效果,改善了巢湖周边环境。合肥市环湖办称,与太湖、滇池相比,巢湖治理起步较晚,但在充分吸取国内外大型湖泊治理经验教训的基础上,用较短的时间取得了较好的效果。蓝藻大规模爆发一直是巢湖的顽癣痼疾、治理难点,过去实施"人海战术",每天出动百余只船、千余人打捞蓝藻。通过综合运用科技、生态、工程等措施防治蓝藻,取得了一定的成效,但巢湖蓝藻水华爆发形势仍十分严峻,需要进一步研究建立蓝藻防治、巡查、打捞以及舆情机制。

2.3　滇池治理项目

2.3.1　概况

滇池面积310 km²,蓄水15.6亿m³,构造断陷湖,昆明高原景观湖泊,平均深5 m;湖岸线长163 km。滇池分南、北两部分,中间有海埂大堤(1996年建)相隔。南部为外海,300 km²;北部为草海,10 km²;海口闸以上流域面积2 920 km²。由于入湖污染负荷增加、富营养化、换水次数大幅减少、水温较以往提高2 ℃等因素使20世纪80年代中后期开始蓝藻持续爆发。德林海公司自2007年开始就参与滇池的治理,自始至终是治理滇池水域污染和蓝藻爆发的主要力量。

2.3.2　治理设备配置

德林海公司在滇池共建成2座藻水分离站,配置6套车载式藻水分离装置、多套集装组合式藻水分离装置、2艘船载式藻水分离装置、2艘加压控藻船、多套水动力控藻器。

2.3.3　治理效果

滇池水质由持续了20多年的劣Ⅴ类,在控源截污的基础上,2016年起已改善为年均Ⅴ类,持续保持Ⅴ类至今。蓝藻水华爆发程度有所减轻,其中发生中度以上蓝藻水华爆发由2015年的32 d减少到2020年的5 d,完全清除滇池蓝藻堆积和消除蓝藻恶臭现象,改善了视觉、嗅觉等感觉效果,改善了滇池周边环境。滇池管理局与多家科研单位联合开展了滇池蓝藻生长机制和影响要素、滇池蓝藻水华发生成因及控制策略研究等一批滇池保护治理基础研究和技术攻关。目前已形成"全年控藻"+"日常除藻"+"应急打捞"相结合的蓝藻治理举措,水体及旅游景观得到了明显改善。

2.4　洱海治理项目

2.4.1　概况

洱海面积 257 km^2,水量 28 亿 m^3,平均水深 10 m,形成于冰河时代末期,属高原构造断陷湖,为西南季风气候,注入澜沧江;由于社会经济持续发展致入湖污染负荷增加、营养程度加重,湖水由 Ⅰ~Ⅱ 类退化为 Ⅳ 类、轻富营养,所以曾发生 1996 年和 2003 年二次规模较大的蓝藻爆发和数次小规模蓝藻爆发,蓝藻主要聚集在东北沿岸湖湾,此处湖水透明度从 4 m 下降至 0.5 m。德林海公司在洱海的治理中,自始至终是治理洱海水域污染和蓝藻爆发的重要力量。

2.4.2　治理设备配置

德林海公司在洱海共建成了 4 座藻水分离站、1 套网格化监测预警系统,配置 5 套车载式藻水分离装置、12 套集装组合式藻水分离装置、8 艘加压控藻船、多套藻水分离船、多套水动力控藻器。

2.4.3　治理效果

云南省委、省政府对洱海保护治理提出了"采取断然措施,开启抢救模式"的要求,出台了一系列的政策法规加强洱海的生态保护。为了加快推进实施洱海保护,强力推进"四治一网""七大行动""八大攻坚战",洱海保护治理取得阶段性成效。

洱海水质,在控源截污的基础上,由以往的 Ⅲ 类总体改善为 Ⅱ 类,局部水域为 Ⅲ 类。消除了蓝藻水华规模爆发,完全清除洱海蓝藻堆积和消除蓝藻恶臭现象,改善了视觉、嗅觉等感觉效果,改善了洱海周边环境和旅游环境。

2.5　星云湖治理项目

2.5.1　概况

星云湖为云南省九大高原湖泊之一,水面面积 34.7 km^2,最大水深 10.81 m,平均水深 6 m,属高原断层湖。近年由于富营养化,自 20 世纪 90 年代起,湖水富营养化逐年加重,总磷、pH 值超标,2000 年蓝藻爆发,水质急剧下降,2003 年降至劣 Ⅴ 类,多年持续发生蓝藻爆发,至今蓝藻爆发依然严重。

2.5.2　治理设备配置

德林海公司在星云湖共建设 1 座藻水分离站、4 座大通量水质提升站、5 座深井加压控藻平台、1 套网格化监测预警系统,配置 2 套集装组合式藻水分离系统。

2.5.3　治理效果

"十三五"以来,云南玉溪市江川区把星云湖保护治理作为重大政治任务来抓,围绕 2020 年底实现水质综合脱劣目标,按照"外源与内源治理并举、工程项目与管理措施并重、重点突破与整体推进结合"的思路,下大力气对星云湖进行大治理、大保护。

针对星云湖主要超标因子 TP、pH 值问题,在控源截污的基础上,实施星云湖原位控藻及水质提升工程,5 口加压控藻深井分布于星云湖沿岸,配有 4 套水质生态净化工程,每天对星云湖水进行"透析",每年能处理星云湖水 1.57 亿m³,通过"除藻治水"实现原位水体置换,提高星云湖水质。星云湖脱劣攻坚战成效显著,2020 年实现了脱劣目标,水质由以往的劣 V 类提升为 V 类,TP 浓度低于 0.15 mg/L;大面积蓝藻爆发现象明显减轻,消除蓝藻堆积和消除蓝藻恶臭现象,改善了视觉、嗅觉等感觉效果,改善了星云湖周边环境和旅游环境。

第八篇 生态修复

序

生态修复是修复水生态系统的简称。治理太湖(简称"治太")是指治理水污染、修复太湖水生态系统。太湖生态修复的广义内涵:一是治理水污染、富营养化,修复水体和底质;二是削减蓝藻、降低藻密度和消除蓝藻爆发,修复藻类多样性;三是修复受损的以植物为主的湿地至蓝藻爆发前规模,修复生物多样性。第一和第二部分在前已论述,本篇仅叙述第三部分。

生态修复应人工措施修复(治理)与自然能力修复相结合,人工修复促进自然修复。人工措施可以在一定或相当范围内修复(治理)与太湖生态系统相关的生物种群及其载体或栖息地。自然界或在人工措施的配合下同样具有一定或相当的修复生态系统能力:① 修复水体和底质,如太湖水从西部流向东部,可以削减负荷 TN 64%、TP 75%(见表6-1-1);2007—2020 年,在河道入湖 TN 负荷仅减少 3.1% 的情况下,由于蓝藻持续多年爆发引起的生化效应,致太湖 TN 浓度削减 37%;2019—2020 年,在河道入湖 TP 负荷增加 6.5% 的情况下,由于期间藻密度下降 26.4%,及此阶段藻密度与 TP 浓度存在互为因果的关系,致太湖 TP 浓度下降 16.1%。② 自然界有自行修复沉水植物的能力,如 2013 年监测到太湖植被覆盖总面积达到 685 km^2,为 2007 年以来最大值,原因是太湖水位较低、风浪较小、透明度较高,底泥中原存在的沉水植物种子顺利发芽、生长,自然修复了 300 km^2 多的沉水植物湿地。③ 自然界有自行修复蓝藻和藻类系统、降低藻密度的能力,由于自然界的气候、水文水动力改变了蓝藻生境和种间竞争等因素,及在人工措施的密切配合下,致 2020—2021 年的藻密度、蓝藻爆发程度有一定程度下降。

生态修复是治理太湖的基本和重要措施。太湖的生态系统经历了良好、受损的曲折过程。太湖生态系统的修复即是将太湖当前非良性的生态平衡修复、改善为良性的生态平衡,把太湖建设成为一个良性循环的健康的生态系统。

太湖流域有社会经济发达的城市群,社会经济快速持续发展和人口密度持续增加,人类活动对河湖水资源的不合理开发利用造成水污染、水体黑臭、富营养化、"湖泛"、生态退化、蓝藻爆发等生态问题,而生态修复、恢复湿地对上述诸多生态问题具有良好的修复作用,所以生态修复、恢复河湖湿地刻不容缓。

太湖湿地是否要恢复?能否恢复?如何恢复?值得深思。太湖修复生态、恢复湿地是必要的,是肯定能够恢复的,但恢复河湖湿地的任务艰巨繁重,道路曲折,需加倍努力。应乘长江大保护之东风,克服畏难情绪,不断创新技术,大规模修复生态、恢复河湖湿地,其中恢复太湖应该达到 20 世纪 50—70 年代的规模。

一、太湖生态系统受损与修复过程

1 太湖水生态系统与湿地

太湖水生态系统包括太湖水体、底泥及其生物,太湖水域周围一定范围的陆域、地表和地下水体及其生物。广义上太湖湿地是指太湖 2 338 km² 的全部水体及其周围有关的陆地和河湖。狭义的太湖湿地是指生长有一定密度植物的太湖水域。

2 太湖湿地受损情况

由于水污染、蓝藻爆发、围湖造田、水位提高等因素,太湖湿地面积(以下均指狭义湿地)从超过 650 km² 减少至 300~400 km²。

3 太湖湿地修复成效

太湖进行了恢复湿地的努力,有些效果,但成效不显著。数十年来主要修复了太湖周围地区河湖的生态、湿地,太湖湖体湿地修复数量不多,就是湖体内进行的湿地修复试验示范项目,部分成功、部分失败,所以至今太湖水域的湿地恢复数量非常有限。

4　恢复太湖湖体湿地有限的原因

主要是思想认识问题：一是认为太湖的生境不适合恢复湿地；二是太湖湿地没有必要恢复至以前的规模。因此，至今没有制定恢复湿地的目标。我国修复生态、恢复湿地在技术上是成熟的，是没有问题的，就是在修复恢复湿地生境的技术上同样是成熟的，不存在问题。关键是有无恢复湿地的信心和决心，能否建立恢复湿地的目标：使太湖湿地恢复至 20 世纪 50—70 年代的规模。

二、太湖修复生态、恢复湿地思路

修复生态，太湖湿地能恢复如初吗？此任务虽艰巨，但答案是肯定的。只要建立恢复湿地的明确目标，努力改善生境，就能够实现。改善生境是个复杂的事情，但并非高难度技术，只需努力并想方设法去做就定能如愿，湿地就能恢复如初。

修复太湖生态系统、恢复湿地就是要使受到损毁的生态系统恢复为良性循环的健康的生态系统、恢复生物多样性。恢复生物多样性包括恢复植物、动物、微生物、藻类、蓝藻的多样性，恢复藻类多样性包括消除过高的蓝藻，使藻密度降低至蓝藻不爆发的正常密度，这样就有利于恢复生态系统中其他有益藻类的生态平衡。

1　认识生态修复、恢复湿地的必要性

太湖水域有了良好生态系统和大规模恢复湿地，才能确保太湖健康美丽，才有助于水质持续达标、消除蓝藻爆发和保持蓝藻不爆发，才能"满足千百万人民群众对优美湖泊生态环境的需要"。

2　要有恢复湿地的决心

太湖实施大规模生态修复、恢复湿地，首先是必须解放思想，要有必须恢复湿地至 20 世纪 50—70 年代规模的信心和决心；有了信心和决心，才能制定恢复湿地的目标和科学的实施规划、方案。

3 恢复湿地要有一个好规划

流域必须有一个生态修复恢复湿地的统一规划,有适度超前的目标及能够达到目标的措施。① 水质目标,达到湖泊标准Ⅲ类,其中东部Ⅱ~Ⅲ类,全面消除"湖泛";② 生态目标,植物覆盖率达到 20 世纪 50—70 年代水平的 25%~30%,生物多样性丰富;③ 治理蓝藻目标,2035—2049 年分水域消除蓝藻爆发,首先满足 2021 年 12 月确定的六市二区(无锡市、苏州市、常州市、湖州市、嘉兴市、宣城市和上海市 2 个区)太湖湾科创带国土空间规划一核三湾(梅梁湖湾、贡湖湾、竺山湖湾)的生态环境要求,至新中国成立 100 年之前完全消除蓝藻爆发。

4 恢复湿地关键是改善生境

目前修复生态、恢复湿地的技术众多,关键是生境不尽如人意,太湖面积大、风大浪高、蓝藻爆发、水质差、水较深、透明度小、基底高程不当等因素满足不了恢复湿地的生境,也使决策者下不了决心。所以,必须认真解决这些生境问题,才能也就能有效进行生态修复和恢复湿地。

5 选择能大面积低成本推广的技术和管护方法

只有创新出低成本,能大规模推广的成熟生态修复集成技术,才能大面积恢复湿地。并且要实施科学的长效管护方法,才能保证生态修复区、湿地恢复区能够成为持续良好的生态系统。

6 治理蓝藻爆发必须削减藻密度和治理富营养化两者密切结合

太湖蓝藻年年持续爆发,仅依靠治理富营养化不能消除蓝藻爆发,必须将削减藻密度和治理富营养化二者结合才能消除蓝藻爆发。消除蓝藻爆发才能有利于修复生态和恢复湿地。

7 应分水域实施人工修复与自然修复相结合

太湖水面大,应分水域修复生态和恢复湿地,经一个稳定阶段再连成一片。在人工改善生境、修复湿地时,应同时充分利用自然力逐步改善生境,逐步自然修复湖中水域湿地。

三、修复生态、恢复湿地的目标

太湖生态系统受到严重损毁,应全力修复至蓝藻爆发以前的良好程度。其目标是,太湖植被覆盖率恢复到 20 世纪 50—70 年代的 25%~30%,恢复生物多样性。

四、修复生态、恢复湿地

1　修复生态系统

修复生态就是要使受到损毁的生态系统恢复为良性循环的、健康的生态系统,即同时丰富生物多样性。恢复生物多样性包括恢复植物、动物、微生物、藻类、蓝藻的多样性,恢复藻类多样性包括消除过高的蓝藻密度至蓝藻不爆发的正常密度,而有利于恢复其他有益藻类的生态平衡。

2　恢复湿地

修复太湖生态系统主要内容是恢复植物湿地。修复湿地的一半多要放在太湖西部水域。恢复湿地能够起到净化水体、固定底泥、减少污染物释放和抑制蓝藻的作用,同时也是在太湖基本消除蓝藻爆发后,确保太湖不再发生蓝藻爆发的基本措施之一。

3　人工修复与自然修复湿地结合

在人工改善生境、修复湿地时,应同时充分利用自然力逐步改善生境,湖中的部分水域可逐步自然修复湿地;相当多水域可人工修复与自然修复相结合恢复湿地,人工修复促进自然修复。做到生态修复区建设一块、管好一块、保留好一块,逐步扩大生态修复区范围,将局部零星的生态修复区组合成为有一定规模和具有较强净化水体和抑藻除藻能力的生态修复区域。

4 太湖生态修复分四步走

（1）改善生境,包括控源截污,减轻风浪,消除蓝藻爆发,提升水质和透明度,适当降低水深,改善底质等因素。

（2）因地制宜进行植物、动物、蓝藻及微生物修复,合理搭配(配置),其中修复蓝藻即为清除其过多数量。

（3）优化生物种群结构。

（4）加强长效管理,最终建成健康的、良性平衡的水生态系统。

五、修复生态恢复湿地基本措施

总之,在总结以往 30 多年来太湖生态系统严重受损和努力进行生态修复、恢复湿地的经验教训的基础上,提高思想认识,建立信心,恢复太湖湿地达到以往的规模。总体要求:坚定信念,建立目标;改善水质,提高透明度;控制风浪,改善生境;消除蓝藻爆发和"湖泛";提高植被覆盖率,增加生物多样性;加大投入,长效管护;完善法规,加强执法。恢复太湖湿地措施如下(消除蓝藻爆发和"湖泛"已在前面另文论述)。

1 恢复太湖西部等被围垦的原有湖滩地

太湖周围被围垦的湖滩地超过 100 km^2,应该恢复大部分的原有湖滩地。在确保防洪安全前提下,科学拆除环湖大堤(同时采取其他防洪安全措施),恢复大部分原有湖滩地,主要应恢复太湖西部被围垦的超过 50 km^2 的湖滩地,恢复的湖滩地同时可作为西部入湖河道的前置库、净化池,清洁河水,削减污染物,减少入湖污染负荷。

恢复原湿地的方法:在每 2 条入湖河道之间的湖堤上打开 2 个一定宽度的缺口,上建桥涵,使湖水在大堤两侧流通,同时保持大堤景观的完整性。其他区域被围垦的湖滩地也应以适当方式恢复,如东太湖已通过退鱼还湖方式恢复 37 km^2 湖滩水域。

2 沿岸水域大规模修复湿地

在太湖沿岸(包括岛屿)水域均可以修复以芦苇和沉水植物结合的湿地

（简称芦苇湿地）。修复沿岸湿地宽度的范围可控制在 1~1.5 km；在计划修复湿地的外围先设置宽 100 m 左右的芦苇湿地，可挡风浪，作为保护近岸水域建设沉水植物湿地的保护屏障。在此外围芦苇湿地与湖岸之间修复沉水植物湿地，在沿岸 50~100 m 宽的浅水水域可自然修复芦苇湿地，目前在此水域已经自然存在相当大面积的芦苇湿地。这片沿岸 1~1.5 km 宽的水域湿地同时可作为净化河道水体的入湖前置库，其同时可作为入湖河道的一级（南部沿岸水域）或二级（西部沿岸水域）前置库、净化池，以净化河道水质。其中西部入湖河道的一级入湖前置库可以是恢复原有被围垦的湖滩地。

修复生态恢复湿地的先决条件是改善生境。修复芦苇湿地时需要抬高基地至冬天基本无水的高程，同时在其外围临太湖侧设置能挡风浪的合理形式的、能持久发挥作用的隔断，如钢丝石笼坝、橡胶坝、固定式或能升降的围隔等，以利于芦苇成活生长。

其中，抬高修复芦苇区基底的方法可采用与目前阶段清淤相结合的办法。这样在有利于种植芦苇和提高芦苇萌发率的同时，可以节省投资、减少淤泥堆场。如目前太湖清淤（含淤泥固化）单价是 105 元/m³，而清淤结合抬高基底仅需 40 元/m³，减少一半多；太湖周围均是高地价地区，难以再寻觅清淤固化需要的大规模临时堆泥场。2013 年的《太湖总体方案》中提出利用清出的底泥实施滨水区生态湿地建设工程。

改善沉水植物生境主要是减小风浪，净化水体、清除蓝藻，提高水体透明度，有合适的底质。若在上述沿岸 1~1.5 km 宽水域湿地内恢复沉水植物湿地，则外侧的芦苇带就是其最好的挡风浪屏障；若在其他水域修复沉水植物湿地，则一般需要在其外围设置一定形式和高度的阻隔带。

《太湖总体方案》提出了重点恢复环太湖的湖滨湿地植物带，近年进行了恢复芦苇湿地试验，今后应大面积增加芦苇湿地面积。同时，修复芦苇湿地需要加强长期管理，人工修复湿地需 3~4 年保护期，当芦苇和沉水植物根深叶茂不怕风吹浪打后缩减挡风浪设施。

3　适当降低水位

全太湖统一调度，适当降低水位。在不影响用水和航行的情况下，适当降低太湖冬末春初水位 50 cm，有利于沿岸原有芦苇春天的萌发，利于春天种植芦苇，利于扩大沿岸水域湖滩芦苇地 14 km²；夏秋季节适当降低水位，有利于自然修复湖中心沉水植物湿地。如 2013 年监测到太湖植被覆盖总面积达到 685 km²，为 2007 年以来最大值。主要原因是该年前后数年太湖水位均较低、风浪较小、透明度较高,底泥中原存在的沉水植物种子由于生境合适而得以顺利发芽、生长、自然修复。但以后几年水位升高,使已恢复的沉水植物又大量减少。

如2010—2014年5年间太湖最高水位仅在3.34~3.86 m,其中3年均低于太湖警戒水位3.8 m。2015年和2016年最高水位分别达到4.19 m、4.87 m,风浪大、透明度降低,使沉水植物不能正常生长,致使原来已大量自然生长、恢复的沉水植物又大量减少。

应该充分总结此经验,采取适当措施降低水位和设置挡风浪设施,以改善沉水植物生境,增加自然修复湿地的能力。

4　充分发挥禁渔的作用

修复生态系统的同时要发挥鱼类等水生动物滤食蓝藻(称为非经典生物操纵)的作用和改善其生物多样性。太湖2021年开始实施禁渔,有助于发展滤食蓝藻的鱼类和动物,提高其种群密度和数量,有利于抑藻除藻。同时,要科学控制鱼类密度过大和鱼体量过大的问题,以免造成其排泄物及扰动浅水湖泊底泥的污染。太湖禁渔需设置适当期限,或在一定时间段内捕捞大规格鱼类及控制种群密度的制度。

5　加快削减蓝藻密度的进程

现在太湖生物量最多和种群结构最为庞大的是蓝藻。要建设太湖良性循环健康的生态系统,削减蓝藻密度是一个不可避免的问题。正由于现阶段蓝藻持续爆发,太湖藻类中大部分时段以蓝藻为主,有时为绝对优势,大为削弱藻类的多样性,同时大幅挤占其他有益藻类的空间。所以,应该加大消除水面水体和水底蓝藻的力度,尽快减小藻密度和加快消除太湖蓝藻爆发的进程。

第九篇　分水域分阶段消除太湖蓝藻爆发

序

太湖自 1990 年起持续年年蓝藻爆发且越来越严重,直至 2007 年发生"5·29"太湖"湖泛型"供水危机,流域积极治理太湖取得较大成效,水质明显改善,水生态环境得到一定程度修复。但蓝藻爆发仍然严重、处于高位波动运行,藻密度居高不下、高位运行。

太湖治理多年实践的经验教训表明,太湖蓝藻多年持续爆发的主要原因是营养程度高、藻密度高、水温高的"三高"原因,其中水温高是自然因素的主要代表。要消除大型浅水湖泊太湖的蓝藻爆发,必须在建立消除太湖蓝藻爆发目标的基础上,实施三大措施:一是消除富营养化,太湖水质达到已确定的水功能区目标Ⅲ类,其中东部太湖达到Ⅱ~Ⅲ类;二是削减蓝藻数量、降低藻密度、消除各水域蓝藻爆发;三是生长有一定密度植物的湿地面积恢复至 20 世纪 50—70 年代规模,覆盖率达到太湖水面积的 25%~30%。目前太湖治理的主要工作就是在治理富营养化的基础上消除蓝藻爆发,这是一个艰巨的长期任务。从"十四五"规划起,就开始了一个治理太湖、分水域消除蓝藻爆发的新阶段。

一、太湖分水域治理全面消除蓝藻爆发思路

1　总体思路

太湖应确立分水域分阶段治理、全面消除蓝藻爆发的新思路。太湖面积大,达 2 338 km²,一次性统一治理、同时达到目标的可能性不大。应根据各水

域的地理环境、水文气象、生态、污染源等不同情况和要求,分若干水域、分阶段进行治理较合理。各水域根据实际情况采取适合自身的措施进行治理,分阶段消除富营养化、水质达标、消除蓝藻爆发。太湖流域管理局将太湖总体划分为 9 个水域:梅梁湖、贡湖、竺山湖、西部沿岸水域、五里湖、南部沿岸水域、东部沿岸水域、东太湖、湖心水域(见附图 9-1)。

2 梅梁湖

2.1 概况

梅梁湖是太湖北部的一个大型湖湾,面积 124 km²,南北长 16~18 km,东西宽 7~10 km,平均深 2 m,西部有武进港、直湖港入湖,北部由梁溪河连接京杭运河和无锡城区河网,南部为太湖湖心。梅梁湖是全国著名风景区。梅梁湖以往是太湖中污染和蓝藻爆发最严重的水域之一,年年蓝藻严重爆发,水质为劣 V 类,其中的梅园水厂、小湾里水厂、马山水厂均由于污染和蓝藻爆发严重而被迫关闭。已建设梁溪河、直湖港、武进港三个控制水闸,控制 3 条河道污染河水入湖;已建设梅梁湖泵站和大渲泵站调水出太湖,带走大量污染物和蓝藻。

2.2 现状水环境

梅梁湖自 2007 年供水危机后实施了控源截污、生态调水、生态清淤、打捞蓝藻、生态修复五大治理措施,水环境有很大改善,也存在相当大的问题。

2.2.1 污染源

梁溪河、直湖港、武进港 3 条入湖河道均已建闸控制,基本无河道污染负荷入湖;有少量地面径流和降雨降尘入湖;包括底泥和蓝藻在内的内源污染严重。

2.2.2 水质

经多年治理,梅梁湖已由以往的劣 V 类改善为 2020 年的 IV 类(TP TN 均 IV 类),为中度富营养化,是太湖中水质改善幅度最大的水域。

2.2.3 蓝藻爆发

虽经治理,梅梁湖蓝藻爆发程度仍然严重。年均藻密度从 2009 年的 3 955 万个/L 上升至 2020 年的 14 000 万个/L,为 3.54 倍。梅梁湖是太湖四大高藻密度水域(从高至低依次为竺山湖 16 700 万个/L、湖心水域 15 500 万个/L、西部沿岸水域 14 000 万个/L、梅梁湖 14 000 万个/L)的并列第三位。蓝藻的来源主要是自身产生的蓝藻和吹偏南风时由湖心水域水面漂入的蓝藻。

2.2.4　湿地

以往梅梁湖有较好的植物覆盖的湿地(以下简称湿地),占水面面积的15%~20%。后来由于水污染、蓝藻爆发、围垦湿地、提高水位等因素使湿地面积大幅减少。近年经多次修复生态,湿地恢复面积很有限。现在估计尚不足2%的植被覆盖率。

2.2.5　旅游景观

现沿岸陆地和水域已建成为风景旅游景观带。

2.3　治理措施

2.3.1　控制富营养化

梅梁湖有良好的治理基础条件,已建梅梁湖泵站(50 m³/s)和大渲河泵站(30 m³/s)轮流调水出湖,减轻水污染和带走大量蓝藻;梁溪河、武进港、直湖港3个控制水闸常年关闸挡污,阻止河道污水入湖,使陆域污染源进入水体很少,效果良好。同时可实施一系列治理措施:控制严重的内源污染,实施清淤、清除蓝藻污染,局部水域采取常规措施清淤,大部分水域可采取水土蓝藻三合一治理专用技术进行除藻、清淤和改善水质,如用金刚石碳纳米电子技术、复合式区域活水提质技术等除藻、清淤和改善水质,以及采用其他水土蓝藻三合一组合治理技术除藻、清淤和改善水质(此部分以下大多水域基本相同),使水质达到Ⅲ类。

2.3.2　治理消除蓝藻爆发措施

(1)建成相对可封闭水域。

梅梁湖与太湖湖心水域连接处口门较狭,宽9 km,可在此口门处设置双围隔等隔断(可不到底),可留通航口门。其作用是:① 挡藻,主要阻挡太湖湖心的水面蓝藻漂进梅梁湖;② 挡风浪,允许隔断两侧水体进行一定程度的交换。

(2)清除蓝藻。

在最近一段时间内继续利用沿岸水域原有打捞蓝藻和藻水分离设备治理蓝藻,在此基础上,做好充分准备,可统一采取水土蓝藻三合一技术(包括专用技术和组合技术)或采用综合治理集成治理技术消除水面水体和水底的蓝藻。若有必要,可把水域再划分为若干块后实施除藻。在2~3年内全面消除蓝藻爆发。

2.3.3　修复生态

沿岸建设湿地消除蓝藻爆发。沿岸水域建设湿地的作用是:净化水体、抑藻除藻、丰富生物多样性,恢复湿地达到蓝藻爆发以前的规模,植被覆盖率达到15%~20%。有利于消除蓝藻爆发,其后有利于保持蓝藻不爆发。

(1)建设湿地范围为沿岸1~1.5 km宽的水域,外侧种植芦苇带,内侧种植沉水植物等植物。

(2)湿地外侧种植的100~200 m宽的芦苇带,具有阻挡风浪、作为内侧沉水植物湿地的保护屏障的作用,同时可净化水体和抑藻除藻。在此芦苇带外围设置能挡风浪的合理形式的长久性的隔断,如钢丝石笼坝、橡胶坝、固定式或可升降的围隔、隔断等,以阻挡风浪和蓝藻漂进湿地范围,在梅梁湖东岸可利用2005年实施"863"水专项生态修复试验时设置的长度2 km挡风浪钢筋混凝土排桩,不需再设置隔断。芦苇湿地的基底应抬高至冬季基本无水(相当于潜坝),以冬季能基本消除残存的蓝藻和使芦苇在春季能顺利种植或发芽生长。其中,抬高芦苇湿地基底的部分回填土可利用太湖清淤土方,并采取有关技术减小清淤回填土的含水率。

(3)湿地的芦苇带与湖岸之间800~1 300 m宽的范围种植以沉水植物为主的植物,净化水体并在一定程度抑制蓝藻生长。种植沉水植物首先要提高水体透明度,可采用天然矿物质净水剂、改性黏土、食品级杀藻剂、"湖卫氧过酸碳钠"除藻剂、锁磷剂等除藻,或采用金刚石碳纳米电子除藻、TWC生物蜡除藻、光量子载体除藻,提高透明度后种植沉水植物。

(4)创造有利生境,自然修复湖湾中间水域沉水植物。在梅梁湖的中间水域,在消除富营养化、提升水质的基础上,同时适当降低水位和设置挡风浪或阻滞风浪的设施,使大部分水域满足沉水植物生境,使水域能够进行自然修复生态,生长出成片的沉水植物。(梅梁湖以外各湖湾的中间水域、湖心水域及其他各水域除沿岸水域外的水域基本均与此相同。)

3 贡湖

3.1 概况

贡湖是太湖北部偏东的一个大型湖湾,面积164 km²。以往是太湖中污染和蓝藻爆发较严重的水域之一,年年蓝藻爆发、水质为劣V类。入湖河道有无锡的大溪港、小溪港等14条河道和苏州的金墅港等河道,均已建设控制水闸,平时均关闭闸门挡住河道污水入湖。另外,有骨干河道望虞河"引江济太"直接引长江水进入贡湖。贡湖为无锡与苏州共有。贡湖的湖心原有数十平方千米的沉水植物湿地,后消失了。据《太湖健康状况报告2008》,贡湖水域有两市的 3 个水源地,无锡的贡湖水厂水源地(100 万 m^3/d)、锡东水厂水源地(30 万 m^3/d)和苏州金墅港水源地(60 万 m^3/d)。2007 年太湖供水危机发生在贡湖水厂水源地附近。所以,必须优先确保水源地全年全面达到Ⅲ类水,降低藻密度,消除蓝藻爆发,消除"湖泛",保证供水安全。

3.2　水环境现状

3.2.1　污染源

由于大溪港、小溪港、金墅港等 10 余条入湖河道全部实施关闸挡污措施,除主汛期遇特大洪水时需向湖泊泄洪外,一般均无河道污染负荷入湖;有少量地面径流和降雨降尘污染负荷入湖;底泥污染较严重;蓝藻污染严重。

3.2.2　水质

经多年治理,贡湖已由以往的劣Ⅴ类改善为 2020 年的Ⅳ类(TP TN 均为Ⅳ类),为轻度富营养化。

3.2.3　蓝藻爆发

虽经治理,贡湖蓝藻爆发程度仍然严重。年均藻密度从 2009 年的 825 万个/L 上升至 2020 年的 8 900 万个/L,为 10.79 倍。蓝藻的来源主要是自身产生的蓝藻和在偏南风时由湖心水域水面漂入的蓝藻。

3.2.4　湿地

贡湖以往有较好的湿地,占水面面积的 25%~30%。后由于水污染、蓝藻爆发、围垦湿地、提高水位等原因使湿地面积大幅减少,现植被覆盖率估计为不足 5%。

3.2.5　旅游景观

贡湖有 40 km 长的湖岸线,沿岸陆地和水域均已全部建成或将建成风景旅游景观带。

3.3　治理措施

3.3.1　控制富营养化

贡湖有良好的治理基础条件,关闭闸门控制河道污染入湖、效果良好,陆域污染源进入水体很少;望虞河"引江济太"可在一定程度上改善贡湖水质(汛期水位超标准时,不调水入湖),不会升高 TP;贡湖主要是必须控制内源污染,实施清淤,清除蓝藻污染,局部水域采取常规措施清淤,大部分水域可采取水土蓝藻三合一治理专用或组合技术进行清淤除藻。使水质达到Ⅲ类。

3.3.2　治理蓝藻

(1)建成相对可封闭水域。

贡湖与湖心水域连接的口门较宽,宽度为 11 km。可在此口门处设置双围隔等隔断(可不到底),可留通航口门,不影响防洪排涝。

(2)清除水域蓝藻。

可在一段时间内继续利用沿岸水域原有打捞蓝藻和藻水分离设备治理蓝藻,在此基础上,其后统一采取水土蓝藻三合一专用或组合治理技术或采用综合治理集成技术进行除藻,消除水面水体和水底的蓝藻。若有必要,可把水域再分小一点后实施除藻。在 2~3 年内全面消除蓝藻爆发。

3.3.3 修复生态

贡湖沿岸建设湿地消除蓝藻爆发。恢复湿地达到蓝藻爆发以前规模,植被覆盖率达到 25%~30%。

(1)建设湿地范围为沿岸 1~1.5 km 宽的水域,外侧种植芦苇带,内侧种植沉水植物等植物,沿岸自然生长有 30~50 m 宽的芦苇带,其布置基本与梅梁湖相同。

(2)设置挡风浪设施等,创造合适的生境,有利于自然修复湖湾中间水域的沉水植物。

4 竺山湖

4.1 概况

竺山湖为太湖西北部的湖湾,面积 63 km²,为无锡与常州共有。入湖河道有太隔运河、殷村港等大小 10 余条。现年年蓝藻严重爆发,藻密度很高,水质为劣 V 类,常发生小规模"湖泛"。有利条件为新沟河"引江济太"工程已完成,可以通过直湖港、武进港直接引长江水进入竺山湖。

4.2 现状水环境

4.2.1 污染源

入湖河道均无控制水闸。每年都有大量的污染负荷入湖;有少量地面径流和降雨降尘入湖;底泥污染严重,蓝藻污染严重。

4.2.2 水质

竺山湖经多年治理,水质已大幅改善,但 2020 年仍为劣 V 类,其中 TN 为劣 V 类,是太湖九大水域中唯一的劣 V 类水域,为中度富营养化。

4.2.3 蓝藻爆发

竺山湖蓝藻爆发程度仍然严重。年均藻密度从 2009 年的 3 050 万个/L上升至 2020 年的 16 700 万个/L,为 5.48 倍。竺山湖是太湖 2020 年四大高藻密度水域之首。蓝藻的来源主要是自身产生的蓝藻和在南风或东南风时由湖心水域水面漂入的蓝藻。

4.2.4　湿地

竺山湖以往有较好的湿地,占水面面积的60%以上。后来由于水污染、蓝藻爆发、围垦湿地、提高水位,湿地面积减少20~30 km²。

4.2.5　旅游景观

现在沿岸陆地和水域已建设为风景旅游景观带。

4.3　治理措施

4.3.1　控制富营养化

采取各种有效措施严格控制入湖河道污染;控制底泥的严重污染,实施清淤,同时清除蓝藻污染;局部水域采取常规措施清淤,大部分水域可采取水土蓝藻三合一专用技术进行清淤除藻;利用新沟河"引江济太"调水,增加换水次数,使水质达到Ⅲ~Ⅳ类。

4.3.2　治理蓝藻

(1)建成相对可封闭水域。

竺山湖与太湖湖心水域连接的边界口门有8~9 km宽,湖湾最窄处只有6.5 km宽;可在此口门处设置双围隔等隔断(可不到底),可留通航口门。同时不妨碍汛期行洪。

(2)清除水域蓝藻。

可统一采取水土蓝藻三合一专用或组合治理技术或采用综合治理集成技术进行除藻,消除水面水体和水底的蓝藻。若有必要,可把水域再分小一点后实施除藻。在2~3年内全面消除蓝藻爆发。

4.3.3　调水

加大新沟河、"引江济太"调水通道的调水量,加快新孟河"引江济太"调水通道的建设,二者均建成后持续年调水入湖10亿~15亿 m³,竺山湖换水将超过15次/a,调水线路的主水流经过大部分水域,能基本消除蓝藻爆发,有效配合水土蓝藻三合一专用治理技术进行除藻,可以彻底消除蓝藻爆发。

4.3.4　修复生态

沿岸建设湿地消除蓝藻爆发。修复占竺山湖面积60%的沿岸芦苇和沉水植物结合的湿地,恢复湿地达到蓝藻爆发以前规模。

4.3.5　消除"湖泛"

采取上述消除富营养化、治理蓝藻、调水、修复生态等综合措施,水质达到Ⅲ类,彻底消除"湖泛"和蓝藻爆发。

5 西部沿岸水域

5.1 概况

太湖西部沿岸水域即为宜兴沿岸水域,面积 198 km²。有城东港、大浦河、湛渎港等大小 20 余条入湖河道,无水闸控制,很大部分是通航河道。此水域以往年年蓝藻持续爆发,藻密度高,水质为 V ~ 劣 V 类。

5.2 现状水环境

5.2.1 污染源

由于入湖河道无控制水闸,入湖河道有大量污染负荷入湖。2020 年湖西区(含竺山湖)河道入湖污染负荷 TP、TN 分别占河道入湖总量的 74%、69%;有少量地面径流和降雨降尘入湖;底泥污染严重,蓝藻污染严重。

5.2.2 水质

西部沿岸水域,经多年治理,已由以往的劣 V 类改善为 2020 年的 V 类(TP TN 均为 V 类),是太湖中唯一的 V 类水域,为中度富营养化。

5.2.3 蓝藻爆发

西部沿岸水域蓝藻爆发程度仍然严重。年均藻密度从 2009 年的 4 561 万个/L 上升至 2020 年的 14 000 万个/L,为 3.07 倍。此水域是 2020 年太湖四大高藻密度水域的并列第三位。蓝藻的来源主要是自身产生的蓝藻和在东南风时由湖心水域水面漂入的蓝藻。

5.2.4 生态

以往有较好的湿地,后主要由于围垦湿地、提高水位等原因使湿地面积大幅减少,减少 35 ~ 45 km²。围垦后主要作为农田,以及用于建筑用地、景观绿化等。近年已进行多次恢复芦苇湿地试验,取得良好效果。

5.2.5 风景旅游

现在大部分沿岸水域和陆域已建成为风景旅游区域。

5.3 治理措施

5.3.1 控制富营养化

太湖西部上游入湖河道的污染负荷进入此区域,入湖污染负荷占全太湖污染负荷的 60% ~ 70%。须全面严格控制各类点源及面源的污染,特别是加大污水处理力度和提高污水处理标准,提标至太湖水功能区水质标准的 Ⅲ 类,以大幅度减少污水处理厂污染负荷;同时全面控制生活、工业、规模畜禽养殖等各类点源及种植业、农林、地面径流、水产养殖和垃圾等面源的污染;采取各种有效措施严格控制入湖河道的污染,净化河道水体和控制河道底泥污染,控制底泥污染主要是实施清淤及清除蓝藻污染;局部水域采取常规措施清淤,大部分水域可采取水土蓝藻三合一专用治理技术进行清淤除藻,使水质达到Ⅲ~Ⅳ类。

5.3.2　治理蓝藻

(1)建成可相对封闭水域。

将西部沿岸水域与湖心的交界处设置双围隔,可留通航口门。

(2)清除水域蓝藻。

近期一段时间内继续利用沿岸水域原有打捞蓝藻和藻水分离设备治理蓝藻,在此基础上,可统一采取水土蓝藻三合一专用或组合治理技术或采用综合治理集成技术进行除藻,消除水面水体和水底的蓝藻。若有必要,也可将水域再划分后实施除藻,全面消除蓝藻爆发。

5.3.3　修复生态、恢复湿地

(1)拆除部分环湖大堤或在大堤上打开若干个出口,以恢复原来的芦苇湿地,并可将此湿地作为净化河道水体的入湖前置库。

(2)修复沿岸 1~1.5 km 宽的芦苇和沉水植物结合的湿地,外侧种植芦苇带,内侧种植沉水植物等植物。这片沿岸水域湿地同时可作为净化河道水体的二次入湖前置库。

6　五里湖(蠡湖)

6.1　概况

五里湖是太湖北部的一个小型湖湾,面积 7.5 km²。以往是太湖中污染最严重和蓝藻爆发较严重的水域之一,常年水质为劣Ⅴ类。周围 11 条入湖小河道均已建设控制水闸,平时均关闭闸门挡住污水入湖。2002—2005 年实施建闸控污、清淤、生态修复、建设生态护岸、调水等措施的全面整治行动,使水质提升为Ⅳ类并一直保持至今。

6.2　现状水环境

6.2.1　污染源

由于周围 12 条入湖小河道全部实施关闸门挡污措施,基本无河道污染负荷入湖;有少量地面径流和降雨降尘入湖;底泥污染仍较严重,蓝藻(非微囊藻)污染较严重。

6.2.2　水质

五里湖经多年治理,已由以往的劣Ⅴ类改善为 2020 年的Ⅳ类,基本保持至今,为中度富营养化。

6.2.3 蓝藻爆发

五里湖蓝藻爆发程度仍然严重,主要为非微囊藻的蓝藻和其他藻类。年均藻密度从 2009 年的 1 584 万个/L 上升至 2020 年的 4 100 万个/L,为 2.59 倍。蓝藻的来源是自身产生。

6.2.4 湿地

五里湖以往有较好的以沉水植物为主的湿地,占水面面积的 70%~80%。后来由于水污染、蓝藻爆发、围垦湿地、提高水位,湿地面积大幅减少。经过生态修复后,湿地得到一定程度的改善,但改善效果不太理想,目前植被覆盖率估计为 15%。

6.2.5 旅游景观

现在沿岸陆地和水域已经全部建设成为风景旅游景观带。五里湖已成为全国治理小型湖泊的样板。

6.3 治理措施

6.3.1 控制富营养化

继续控制沿湖水闸,阻止与外界连通的 12 条河道污染物入湖,并治理 10 余条断头浜达到Ⅲ类水;主要是控制五里湖底泥污染,实施清淤,同时清除蓝藻污染;全部水域可采取水土蓝藻三合一技术进行清淤除藻和提升水质至Ⅲ类。

6.3.2 治理蓝藻

五里湖是可封闭水域,风浪不大,且有一套完整的治理管理体系。可一次性统一采取水土蓝藻三合一专用或组合技术进行除藻,消除水面水体和水底的蓝藻与其他藻类,使之不爆发。

6.3.3 修复生态

全面恢复以沉水植物为主的湿地,使植被覆盖率达到 70%~80%。主要是改善湿地生境:消除蓝藻、消除过多鱼类的排泄物和扰动底泥的污染,适当降低水位 0.5~0.8 m,提高水体透明度和提高水底的可见光度;可以采用撒布沉水植物种子这种低成本的方法来恢复沉水植物湿地。

7 南部沿岸水域

7.1 概况

南部沿岸水域即湖州等沿岸水域,面积 363 km²。有东苕溪、西苕溪等主要入湖河道进入太湖,无水闸控制,大部分是通航河道。此水域以往年年蓝藻爆发,藻密度较高,水质为Ⅴ~劣Ⅴ类。

7.2 现状水环境

7.2.1 污染源

由于入湖河道无控制水闸,河道有大量污染负荷入湖。2020 年浙西区河道入湖污染负荷 TP、TN 分别占全太湖河道入湖总量的 20%、26%;有一定量地面径流和降雨降尘入湖;底泥污染较严重,蓝藻污染较严重。

7.2.2 水质

南部沿岸水域,经多年治理,水质已由以往的劣 V 类改善为 2020 年的 IV 类(TP TN 均 IV 类),为中度富营养化。

7.2.3 蓝藻爆发

南部沿岸水域蓝藻爆发程度仍然严重。藻密度较高,年均藻密度从 2009 年的 1 609 万个/L 上升至 2020 年的 9 100 万个/L,为 5.66 倍。蓝藻的来源主要是自身产生的蓝藻和由湖心水域在偏北风时漂入的水面蓝藻。

7.2.4 生态

以往在沿岸有一些较好的湿地,后湿地面积有所减小。

7.2.5 风景旅游

现在相当一部分沿岸水域和陆域已建成为风景旅游区域。

7.3 治理措施

7.3.1 控制富营养化

因为湖州位于太湖南部的上游,大部分河道均进入此水域,所以须全面严格控制各类点源、面源的污染,特别是加大污水处理力度和提高污水处理标准,提标至太湖水功能区的水质目标 III 类,以大幅度减少污水厂污染负荷;同时,全面控制污水厂以外的生活、工业、规模畜禽养殖业等点源和种植业、农林、地面径流、垃圾等面源的污染;采取各种有效措施,严格控制入湖河道的污染,净化河道水体和控制河道底泥污染;湖底底泥污染较严重的实施清淤,同时清除蓝藻污染,局部水域采取常规措施清淤、除藻,大部分水域可采取水土蓝藻三合一专用技术进行清淤、除藻,使水质达到 III 类。

7.3.2 治理蓝藻

(1)建成可相对封闭水域。

在南部沿岸水域外围设置双围隔,可留通航口门,不影响排泄洪涝。

(2)清除水域蓝藻。

可一次性统一采取水土蓝藻三合一专用或组合治理技术,或采用综合治理集成技术进行除藻,消除水面水体和水底的蓝藻。若有必要,可把水域再分小一点后实施除藻。在 2~3 年内全面消除蓝藻爆发。

7.3.3 修复生态、恢复湿地

（1）建设湿地范围为沿岸 1~1.5 km 宽的水域，外侧种植芦苇带，内侧种植沉水植物等植物，布置基本与梅梁湖相同。

（2）控制、削减风浪，创造有利生境，以自然修复湖湾中间水域沉水植物，修复 25%~30% 的湿地面积。

（3）将这类湿地作为湖州入湖河道的入湖前置库。

8 东部沿岸水域

8.1 概况

东部沿岸水域，即为苏州胥湖沿岸水域，面积 268 km²。有数条中小河道进入太湖，均有水闸控制入湖。以往蓝藻一般不爆发，藻密度低，水质为Ⅳ~Ⅴ类。水域内有渔洋山（45 万 t/d）和浦庄寺前（80 万 t/d）2 个水源地。所以，东部沿岸水域必须优先确保水源地全年全面达到Ⅲ类水，降低藻密度，消除蓝藻爆发，保证供水安全。

8.2 现状水环境

8.2.1 污染源

东部沿岸水域基本无河道污染负荷入湖；有少量地面径流和降雨降尘入湖；有一定的底泥污染和蓝藻污染。近几年中蓝藻污染有所加重。

8.2.2 水质

此水域经多年治理，已由以往的Ⅴ类改善为 2020 年的Ⅳ类（TP TN 均为Ⅳ类），为轻度富营养化。

8.2.3 蓝藻爆发

此水域有轻度蓝藻爆发现象。年均藻密度大幅度增加，从 2009 年的 184 万个/L 上升至 2020 年的 4 200 万个/L，为 22.83 倍。蓝藻的来源主要是：一是自身产生的蓝藻；二是由湖心水域在偏南风时漂入的水面蓝藻；三是太湖的自然水流将水下蓝藻带入。

8.2.4 生态

此水域以往有较好的湿地，后来主要由于围垦、提高水位，湿地面积大幅度减少。经过人工修复后、自然修复后，现沿岸湿地又有一定程度的恢复。

8.2.5 风景旅游

现在全部沿岸的水域和陆域已建成为风景旅游景观区域。

8.3　治理措施

8.3.1　控制富营养化

由于入湖河道有控制水闸,污染负荷入湖很少,仍要严格控制外源污染入湖;要控制湖底淤泥污染,实施清淤,同时清除蓝藻污染,局部水域采取常规措施清淤,大部分水域可采取水土蓝藻三合一治理专用技术进行清淤、除藻。使水质达到Ⅱ~Ⅲ类。

8.3.2　治理蓝藻

(1)建成基本可相对封闭水域。

可在该水域外侧设置双围隔等形式的隔断,可留通航口门,不影响太湖排泄洪涝。

(2)清除水域蓝藻。

可一次性统一采取水体蓝藻三合一专用或组合治理技术,或采用综合治理集成技术进行除藻,消除水面水体和水底的蓝藻。若有必要,可把水域再分小一点后实施除藻。在2~3年内全面消除蓝藻爆发。

8.3.3　修复生态、恢复湿地

在现有一定宽度的沿岸芦苇湿地的基础上,继续修复沿岸1~1.5 km宽的芦苇等挺水植物和沉水植物结合的湿地;在计划新建的湿地外围水域设置100~200 m宽的芦苇湿地,作为保护近岸水域扩建沉水植物湿地的屏障。

9　东太湖

9.1　概况

东太湖为太湖东部的湖湾,现面积172 km²,其中原有50 km²被围垦成为鱼池,后又退鱼还湖。以往基本无蓝藻爆发,藻密度较低,水质为Ⅴ~劣Ⅴ类。基本无河道污染负荷入湖。原有相当多的鱼池,水产养殖兴旺,后清除了全部水产养殖的鱼池、围隔,恢复了湿地或湖面,又实施了清淤,使水质保持在Ⅲ~Ⅳ类。水域内有吴江水厂(50万t/d)水源地。所以,东部沿岸水域必须优先确保水源地全年全面达到Ⅲ类水,降低藻密度,消除蓝藻爆发,保证供水安全。

9.2　水环境现状

9.2.1　污染源

有极少的河道入湖污染;有少量地面径流和降雨降尘入湖;底泥污染较严重,蓝藻污染较严重。

9.2.2　水质

东太湖经多年治理,水质保持在 2020 年的Ⅳ类,其中 TP 为Ⅲ类,是太湖中唯一 TP 为Ⅲ类的水域,为轻度富营养化。

9.2.3　蓝藻爆发

东太湖蓝藻有轻度爆发。年均藻密度从 2009 年的 1 216 万个/L 上升至 2020 年的 3 800 万个/L,为 3.13 倍。蓝藻的来源主要是:① 自身产生的蓝藻;② 由湖心水域在偏南风时漂入的水面蓝藻;③ 太湖的自然水流带入的水面以下的蓝藻。

9.2.4　生态

以往有较好的湿地,后主要由于围垦湿地成为鱼池、发展水产养殖,以及由于提高水位,湿地面积大幅减少。后来实施退鱼还湖恢复 37.3 km² 湿地,目前水面面积恢复至 172 km²。

9.2.5　风景旅游

现在全部沿岸的水域和陆域已建成为风景旅游区域。

9.3　治理措施

9.3.1　控制富营养化

基本无入湖河道污染;主要控制底泥的严重污染,实施清淤,同时清除蓝藻污染;局部水域采取常规措施清淤、除藻,大部分水域可采取水土蓝藻三合一专用治理技术进行清淤、除藻,使水质达到Ⅱ~Ⅲ类。

9.3.2　治理蓝藻

(1)建成基本可相对封闭水域。

在东太湖口门处设置长度 4.5 km 的双围隔等形式的隔断(可不到底),可留通航口门,同时保证正常泄洪。

(2)清除水域蓝藻。

可一次性统一采取水体蓝藻三合一专用或组合治理技术进行除藻,消除水面水体和水底的蓝藻。若有必要,可将该水域再划分为若干水域实施除藻,消除蓝藻爆发。

9.3.3　修复生态、恢复湿地

大幅度恢复以芦苇为主的挺水植物与沉水植物结合的湿地;部分水域已有的植物密度不够,要加密,使泄洪通道和航道以外的水域全部长满植物,使植被覆盖率达到 70%~80%。

10　湖心水域

10.1　概况

太湖湖心水域,面积 975 km²,以往大部分水域年年蓝藻持续爆发、藻密度较高,该水域西部的藻密度和蓝藻爆发程度高于东部区域,以往水质一般为 Ⅴ~劣Ⅴ类。没有直接入湖河道。湖心水域风浪大,所以不容易恢复沉水植物群落。

10.2　水环境现状

10.2.1　污染源

主要是西部和南部上游来水的污染;局部水域底泥污染严重,蓝藻污染严重。

10.2.2　水质

湖心水域经多年治理,已由以往的Ⅴ~劣Ⅴ类改善为 2020 年的Ⅳ类(TP TN 均为Ⅳ类),为中度富营养化。

10.2.3　蓝藻爆发

湖心水域目前蓝藻爆发程度较以往严重。年均藻密度从 2009 年的 808 万个/L 上升至 2020 年的 15 500 万个/L,为 19.18 倍。湖心水域的藻密度居 2020 年太湖四大高藻密度水域的第二位。蓝藻的来源为本水域自己生成及太湖的自然水流将水下蓝藻带入,其大部分的水面蓝藻则由偏南风、偏东风吹向北部湖湾或西部沿岸水域。

10.2.4　生态

因为湖心水域风浪较大,基底高程普遍较低,较大部分为硬底,所以几乎不生长芦苇湿地,一般年份不会生长大片的沉水植物湿地,仅有一些零星沉水植物湿地。但在 2013 年监测到太湖植被覆盖总面积达到 685 km²,为 2007 年以来最大值,较平常年份增加面积超过 200 km²,其中增加部分主要在湖心水域。主要原因是该年及其前后数年太湖水位较低、风浪较小、透明度较高,底泥中原存的沉水植物种子由于生境合适而得以顺利发芽、生长,得到自然修复。如 2010—2014 年 5 年间太湖最高水位在 3.34~3.86 m 波动,其中有 3 年均低于太湖警戒水位 3.8 m。其中 2015 年和 2016 年最高水位分别达到 4.19 m、4.87 m,风浪大、透明度降低,使沉水植物不能正常生长,致使原已大量自然生长、恢复的沉水植物又大量减少。应以此为鉴,总结经验教训、科学研究,太湖的湖心水域和梅梁湖、贡湖的湖心部分均可适当降低水位和设置一定数量的挡风浪、阻滞风浪的设施,改善沉水植物生境,增加自然修复沉水植物湿地的能力,以达到事半功倍的效果。

10.3 治理措施

10.3.1 控制富营养化

采取各种有效措施严格控制西部和南部上游入湖河道污染,全面控制湖底较严重的底泥污染,实施清淤,同时清除严重蓝藻污染,局部水域采取常规措施清淤、除藻,大部分水域可采取水土蓝藻三合一专用或组合治理技术进行清淤、除藻,使水质达到Ⅲ类。

10.3.2 治理蓝藻

大量蓝藻的来源主要是上游水域的高密度蓝藻经自然水流带入及自身生长。治理蓝藻、降低藻密度主要可分水域采取水土蓝藻三合一专用或组合治理技术,或采用综合治理集成技术进行除藻,消除水面水体和水底的蓝藻。若有必要,可在此期间将水域再细分后实施除藻,全面消除蓝藻爆发。

10.3.3 修复生态、自然修复湿地

主要是在消除富营养化、提升水质和提高透明度的基础上,适当降低水位和设置一定密度的挡风浪或阻滞风浪的设施,使大部分水域能够满足沉水植物的生境,使太湖自然修复生态,生长出成片的沉水植物。

二、太湖分阶段治理全面消除蓝藻爆发思路

太湖治理、消除蓝藻爆发宜分阶段实施。

1 方案一

1.1 分阶段除藻

(1)先试验。对主要的除藻技术在梅梁湖或贡湖进行试验,试验面积5~10 km²,然后确定采纳最优技术及以若干种技术的组合为配套。此阶段同时治理五里湖,达到Ⅲ类水,大幅度减低藻密度,完全消除蓝藻爆发。

(2)三个湖湾实施除藻。可分三个分方案:其一,梅梁湖、贡湖、竺山湖三个湖湾先后分别实施除藻;其二,梅梁湖、贡湖、竺山湖三个湖湾分别同时实施除藻;其三,可把梅梁湖、贡湖二个湖湾连成为一个水域同时实施除藻,二者面积约为 350 km²,二个湖湾口门处总宽度为 21 km,而梅梁湖、贡湖的入太湖口

门处就不需要单独设置挡藻隔断。竺山湖作为一个单独水域实施除藻或同时实施除藻(见附图9-2-1)。

(3)太湖西部宜兴水域实施除藻。

(4)对其他水域,根据紧迫性先后实施除藻或同时实施除藻。其中作为上游水域的南部沿岸水域可优先实施。若其他水域同时实施除藻,则不需要在各个水域边界处单独设置隔断。

1.2 主要除藻设备

(1)除藻设备。主要采用可同时治理水体、底泥和蓝藻污染的三合一治理的专用技术设备(简称水土蓝藻三合一治理技术),或以水土蓝藻三合一治理的组合技术设备配合。

(2)布置设备数量。水土蓝藻三合一专用治理设备,以采用金刚石碳纳米电子水土蓝藻共治专用设备为例,每台设备可治理控制的面积根据水域蓝藻爆发、水污染、底泥污染等情况的严重程度确定:① 上述三者或其中之一污染程度严重的水域为$0.4 \sim 1 \text{ km}^2/$台;② 三者或其中之一污染程度较严重的水域为$>1 \sim 2 \text{ km}^2/$台;③ 三者污染程度均较轻的水域为$>2 \sim 6 \text{ km}^2/$台;④ 三者污染均轻的水域,每台设备的治理面积可更大一点。在大水面布置数十台水土蓝藻三合一治理的专用在大水面布置数十台水土蓝藻三合一治理的专用设备,其影响作用范围可相互叠加,所以大水域每台可控制、治理的面积就加大。同时考虑太湖水流的流速和方向,若位于太湖主水流的流动方向,设备需要适当加密。至于其他的水土蓝藻三合一治理的组合设备,根据每个水域的特点进行合理布置。

1.3 消除底泥污染

因为计划采取的是水土蓝藻三合一治理设备,在除藻过程中同时可以清除底泥的污染:底泥污染轻、底泥深度小的在1年内就可消除底泥污染,底泥污染重、污染底泥深度较大的在1~2年内可消除底泥污染。

1.4 控制外源

必须抓紧持续控制外源,包括污水厂、生活、工业和集中规模养殖业等四类点源和种植业、农林、地面径流、水产养殖等各类面源,直至完成太湖的治理目标。其中污水处理厂是主要点源群,是太湖的主要污染来源,所以要加大污水处理力度,必须提高污水处理标准至与太湖的水功能区水质目标相符。

1.5 提升水质

在控制外源、各水域消除底泥污染和消除蓝藻爆发的基础上,一般水质均能够达到Ⅲ类;其中基本没有底泥污染和蓝藻爆发较轻的水域,1年以内就可以达到Ⅲ~Ⅳ类;再经过数年,太湖均可达到并且稳定保持在Ⅲ类;底泥污染严重的水域水体达标时间可能要相对长一点。

1.6 生态修复恢复湿地

在各水域实施除藻和清除底泥污染的同时,应该开始生态修复恢复湿地,因为生态修复恢复湿地这项任务,虽然技术不难,但工程量较大、任务艰巨,需要时间较长,所以其完成时间可以略晚于各水域消除蓝藻爆发时间。在全面治理太湖、完成消除蓝藻爆发任务的同时,在2035—2049年期间应该生态修复、恢复植物覆盖的湿地面积达到太湖水面面积的25%~30%。以下均是大面积恢复湿地的必要措施和注意点:

(1)西部沿岸被围垦湿地的退地还湖工作,既可恢复湿地,又可作为上游污染河水的第一前置库,此方面无技术难题,但需要解决相当多的人不愿意退地还湖的思想工作。

(2)西部沿岸水域、南部沿岸水域是上游污染源的直接接受水域,对改善太湖水质的重要性仅次于控制污染。此水域湿地修复好后可作为上游污染河水的前置库,其中西部沿岸水域可作为上游污染河水的第二前置库。

(3)要研究、设置挡风浪设施,以减小风浪、阻滞风浪,有利于较大规模修复湖内沉水植物湿地。

(4)要研究如何适当降低全年大部分月份的水位,特别是降低冬春季水位0.5~0.8 m,有利于芦苇湿地的萌发、生长和种植,有利于沉水植物群落的恢复和稳定。

2 方案二

2.1 分阶段除藻

(1)同方案一。

(2)太湖西北部水域同时实施除藻。除藻水域包括梅梁湖、贡湖、竺山湖三个湖湾,太湖西部宜兴水域,湖心水域西半部的一部分。具体位置为贡湖东南部半岛顶端至湖州市与宜兴市太湖岸线的交界处连线的西北部水域的全部,面积为850 km²。此处连线长度为38 km,连线处应设置较牢固的隔断。太湖西半部水域若同时实施一次性除藻,则就不需要在梅梁湖、贡湖、竺山湖的入湖口门处设置挡藻隔断。

(3)其他水域除藻。其他水域根据紧迫性和可能性先后实施除藻或同时实施除藻,其中作为太湖上游的南部沿岸水域优先实施。

2.2　主要除藻设备

同方案一。

2.3　其他

其他包括消除底泥污染、控制外源、生态修复恢复湿地等，均同方案一。

3　分阶段治理说明

（1）在实施各除藻方案时，须首先做好有关水域的控制外污染源工作。

（2）水土蓝藻的三合一除藻设备在除藻的同时，可以消解蓝藻、净化水体和腐泥。所以，随着设备的持续运行，水体的质量会随之逐步改善，达到水质的目标要求。可不再需要另外实施底泥清淤工程。

（3）水土蓝藻的三合一除藻设备从杀死蓝藻至消解蓝藻、净化水体，同时清除底泥有机污染需要较长时间。若底泥污染很轻、污染底泥厚度较浅，完成消除蓝藻、净化水体和消除底泥污染的三个要求，需 0.5～1 年时间；若底泥污染较重、厚度较深，则需 1～2 年时间；此后还需用一定时间来维护水体的良好稳定。

（4）各水域在消除蓝藻爆发后须有一个稳定巩固期。这个巩固期的时间一般要 2～3 年，在此期间，各项治理工作仍要坚持，以确保水体污染、蓝藻爆发不反弹。

（5）估计"十五五"开始将进入全面治理太湖、彻底消除蓝藻爆发的阶段。"十四五"将是过渡期，从治理、消除水面蓝藻过渡至治理、消除水面水体水底蓝藻的阶段，其中包括不可缺少的试验、推广水土蓝藻的三合一治理技术的过程。遵照习近平总书记的指示精神，以对人民高度负责的态度，解决蓝藻爆发这个太湖最大的生态问题。建立消除蓝藻爆发的目标，科学选择能大面积消除蓝藻爆发的技术及其综合集成，充分发挥我国能够集中力量办大事的社会主义体制优势和财力、人才、技术优势，在 2030 年至新中国成立 100 年之前分水域全面消除太湖蓝藻爆发，建设一个真正美丽的太湖。

第十篇　中国浅水湖泊蓝藻爆发分类防治

序

　　全国大部分湖泊已富营养化,其中有很大部分发生程度不等的蓝藻爆发(水华爆发),有些则不发生蓝藻爆发;蓝藻爆发治理存在许多误区,如治理富营养化就能消除蓝藻爆发,其实情况各不相同;治理蓝藻爆发归纳为八大类技术;治理、消除蓝藻爆发总体是减轻污染消除富营养化、降低蓝藻密度、修复生态恢复湿地的三大类综合措施;湖泊蓝藻爆发的治理和预防主要依据其自然地理、营养程度、蓝藻爆发、湿地等情况进行分类综合治理;只要发挥中国特色社会主义制度能集中力量办大事的优越性,建立消除和预防蓝藻爆发的目标,全民共同努力,就一定能达到人民希望看不见"三湖"等湖泊蓝藻持续爆发的期望。

一、中国湖泊蓝藻爆发及治理现状

1　蓝藻种类及其爆发

1.1　蓝藻种类

　　蓝藻在生物界中有不同称呼:三界系统学说中称浮游植物,五界系统学说中称原核生物,六界系统学说中直接称为蓝藻界。蓝藻一般分为非固 N 蓝藻和固 N 蓝藻。其中非固 N 蓝藻有微囊藻、颤藻、鞘丝藻等,微囊藻中包括铜绿微囊藻、水华微囊藻、惠氏微囊藻等;固 N 蓝藻有鱼腥藻、束丝藻、拟柱胞藻、蓝纤维藻等。一般认为微囊藻具有藻毒素。

1.2　蓝藻种类及其爆发

湖泊蓝藻爆发是湖泊水体中存在的蓝藻种源在合适生境下快速生长繁殖及缺少种间竞争条件下,蓝藻快速增加,达到一定密度而大面积浮于水面并能所视则称之为蓝藻爆发。蓝藻爆发是蓝藻水华爆发的简称,其中所说蓝藻是以蓝藻为主的各种藻类的集合体。

2　淡水湖泊蓝藻爆发生境条件

2.1　客观条件

有一定量的蓝藻种源;温度、光照、降雨、风等气候条件;水深、流速、水量、换水次数、波浪等水文水动力条件;水生生物对蓝藻的竞争,其中生物包括水生植物(含藻类)、动物、微生物,也包括各种蓝藻间的竞争。

2.2　人为条件

人为干扰产生富营养化;湿地大幅度减少;修闸筑坝,使湖泊成为可封闭水域,抬高水位,减少换水次数;调水,增加换水次数和自净能力;清淤,减少底泥释放污染物;打捞蓝藻降低藻密度;生态修复,减少底泥释放污染物和净化水体及抑制蓝藻繁殖。其中湖泊的富营养化,自然过程一般非常缓慢,可能成千上万年,在人为干预下则在较短时间内形成,一般仅需 10~20 年或更短。据 2005 年调查,当时 133 个湖泊就有 88.6%富营养化。

2.3　"三湖"蓝藻爆发原因为藻密度营养程度水温的"三高"

蓝藻爆发原因的"三高"因素以太湖为例。

2.3.1　藻密度高

藻密度高表示蓝藻种源种群越多,爆发规模就可能越大。所以,藻密度高是蓝藻爆发的根本性因素、直接根源。这里的藻密度高是客观自然因素与人为因素干预的综合产物。

如 1990—2007 年,由于富营养化和水温升高致使蓝藻种源种群数量日渐增多、爆发规模日益增大,引发 2007 年太湖供水危机。此后蓝藻爆发总趋势是日趋严重,如藻密度由 2009 年的 1 450 万个/L 增加至 2020 年的 9 200 万个/L(缺 2009 年前数据),为 6.3 倍,导致蓝藻爆发面积一直在高位运行,基本不受 N P 浓度在一定范围内波动的影响。如 2007—2020 年持续削减 TN 37%仍能满足蓝藻爆发的营养需求。

2.3.2　营养程度高

营养程度高致使蓝藻爆发。当水体中 P N 等营养盐含量超过一定限度时就称为富营养化,其使生态系统失去良性平衡,生物多样性受损。

（1）营养程度持续高位运行是蓝藻持续爆发的基本因素。营养程度高代表着人类活动对自然水体不合理干预的总和。营养程度高是使藻密度升高、产生蓝藻爆发的基本因素，在富营养化一定程度的范围内均可发生蓝藻爆发，不受此期间 P N 浓度下降或升高的影响。

（2）影响富营养程度的主要是人为因素，使大水体从贫营养化转变为富营养化，单纯的自然因素需要经过漫长的时间，一般至少要上千年。而人为因素，在现代的社会经济发展、城市化和大规模工业化进程的早中期，甚至只需要10~20年或更短的时间，如太湖的梅梁湖就是在20世纪80年代的10年中逐步进入富营养化的，而全太湖则在90年代进入富营养化。

2.3.3　水温高

太阳是地球能源的主要来源，天气的阴晴风雨状态决定了每天接受能源多少和光照强度强弱、时间长短，直接影响到水温。水温高是影响蓝藻爆发的自然因素的代表。

（1）水温高是藻密度升高、蓝藻爆发的必要因素。

根据世界气象组织的报告，目前世界气温呈上升的趋势。南北极冰雪融化的速度加快是地球持续升温的标志。因此，水温升高是当前的必然趋势。

每年春季蓝藻种源种群的多少主要取决于水温在9~12.5 ℃时蓝藻萌发（复苏）的程度。若春季水温升高较快，蓝藻就种源多、种群大，如2007年3月上旬的日均水温达到12.62 ℃，较2006年同期升高3.07 ℃，该年3月29日蓝藻就首次爆发，随后多次爆发。5月29日太湖就发生蓝藻爆发"湖泛"型供水危机。

水温高，爆发时间就长，爆发面积就大。2006年、2007年的年均日水温分别达到18.65 ℃、19.29 ℃，较2008—2010年均日水温高1~1.5 ℃，所以这2年的爆发面积为1990年以来的第1、第2高值；2006年前太湖蓝藻每年爆发时间长度一般为5~8个月，但2007蓝藻爆发时间有10个月，2015年、2017年更达到12个月。特别是由于冬季水温升高，如2017年、2018年1月的日均水温较多年平均日均水温6.27 ℃升高2~3 ℃，促使蓝藻提前萌发，加快藻密度升高速度，蓝藻爆发期延长，致使原来蓝藻不爆发的冬季12月、1月也发生蓝藻爆发。如2013年12月10日太湖爆发面积982 km²，原因是最高气温由9 ℃升至15 ℃，加之藻密度持续升高至超过4 000万个/L；2018年1月17日蓝藻爆发面积390 km²，其原因是最高气温从4 ℃升至13~15 ℃，加之藻密度超过8 000万个/L。若春季水温低，则蓝藻的萌发比例就低，直接影响到夏秋季蓝藻数量的增速。

（2）其他自然因素。水温高是影响蓝藻爆发的诸多自然因素的代表。其他还有如光照、紫外光线、风、雨、气压、水流、换水次数、pH、岸线形状、水体中的微量元素和细菌等自然因素，对蓝藻爆发的生境或种群起到一定或相当的影响。大自然活动异常也影响着温度。如 2022 年 1 月 15 日的太平洋汤加海底火山爆发，报道称可能使地球部分区域的气温下降 2 ℃，或可能在短期内降低藻密度和蓝藻爆发规模。另外，厄尔尼诺现象（指赤道太平洋东部和中部海面温度持续异常偏暖的现象）与拉尼娜现象（与厄尔尼诺相反的现象）可显著影响地球温度。还有不断加剧的种间竞争可影响藻密度和蓝藻爆发程度。这些因素中尚有许多不确定因素，有关研究者正在研究之中。

3　湖泊蓝藻爆发现状特点

3.1　湖泊蓝藻爆发特点

中国大部分湖泊已经富营养化，由于生境条件不同，有相当多富营养化湖泊发生程度不等和时间不同的蓝藻爆发，也有部分未发生蓝藻爆发。其特点：人口稠密和社会经济发达、入湖污染负荷大的区域、城市湖泊，容易发生蓝藻爆发，蓝藻爆发的程度较严重、时间较长；平原地区湖泊较高原、山区湖泊，蓝藻爆发的多、爆发较严重；南部地区湖泊较北部、西部地区湖泊蓝藻爆发的多、爆发较严重；长江流域湖泊蓝藻爆发为全国数量之最，程度最为严重；水深的湖泊不易发生蓝藻爆发；流速快、换水次数多的湖泊不易发生蓝藻爆发；水体平稳、换水次数少的浅水湖泊易发生蓝藻爆发。

3.2　大中型湖泊蓝藻持续爆发以"三湖"为主

（1）"三湖"。太湖、巢湖（见附图 10-1）、滇池（见附图 10-2）平均水面面积分别为 2 338 km²、780 km²、310 km²，均为人工控制型浅水湖泊，由于建设闸坝进行人工控制，其冬春季水位较原来升高 1m 或更多。太湖、巢湖平均水深 2~2.5 m，滇池 4.5 m。太湖为中国第三大淡水湖，其在冬春季为中国最大淡水湖。从 20 世纪 80 年代后期起发生零星小规模爆发，90 年代开始蓝藻规模爆发，爆发程度越来越严重，直至 2020 年均持续发生蓝藻爆发，蓝藻爆发面积在高位波动运行。巢湖、滇池蓝藻爆发时间和程度基本与太湖相仿，仅是蓝藻爆发有所早晚或爆发规模大小有所不等。"三湖"蓝藻已持续爆发 30 余年，其爆发面积占全国 142 个湖库的大部分，占 89.2%（2013 年）到 62.6%（2018 年）不等。

（2）鄱阳湖。其流域地跨江西等 6 省，水面面积 3 673 km²，是中国第一大淡水湖,蓄水284亿 m³,是非人工控制吞吐型自然湖泊,冬季枯水季呈河状;现水质为Ⅳ类,以往局部曾为Ⅴ类或劣Ⅴ类,2012年后曾发生数次水华爆发或小规模蓝藻爆发。

(3)洞庭湖。位于湖南省北部,水面面积2 625 km²,容积174亿 m³,是中国第二大淡水湖泊,吞吐型非人工控制湖泊,冬季与鄱阳湖相似水面面积很小。近年水质一般为Ⅳ~Ⅴ类,以往有时为劣Ⅴ类;2008年6—9月,东洞庭湖的大小西湖及附近连通水域首次出现轻度水华爆发,其后至2018年,该区域连续发生面积不等的水华爆发,其中2013年9月达400 km²。

(4)洪泽湖。人工控制型浅水吞吐型湖泊,水位13 m时水面面积2 152 km²、蓄水量42亿 m³,平均水深1.95 m,是中国第四大淡水湖;以往有些枯水年份由于水浅、水面面积小、水体流动性小致使大坝附近水域及成子湖(北部湖湾)曾发生数次小规模蓝藻爆发,此现象近年仍存在。

(5)云南洱海。面积257 km²,水量28亿 m³,平均水深10 m,形成于冰河时代末期,属高原构造断陷湖,为西南季风气候,注入澜沧江;以前湖水水质为Ⅰ~Ⅱ类,后退化为Ⅳ类、轻富营养,1996年和2003年及以后曾发生数次规模较大的蓝藻爆发,蓝藻主要聚集在东北沿岸湖湾,此处湖水透明度从4 m下降至0.5 m;后经治理水质改善为Ⅱ~Ⅲ类,蓝藻尚有轻度小规模爆发。

(6)内蒙古乌梁素海。黄河内蒙古段最大湖泊,水面面积285 km²,其中有芦苇面积百余平方千米。21世纪初在其北部有"水华"聚集或藻类爆发现象发生,其特点是蓝藻或藻类与芦苇共存,叶绿素 a 最大月平均值为40~77 μg/L,年均 TN 值一般超过4 mg/L,TP 为劣Ⅴ类。

(7)其他湖泊。如骆马湖、龙感湖、松花湖、高邮湖、梁子湖、瓦埠湖、白洋淀等也存在一定程度的蓝藻爆发现象。

3.3 小型湖泊蓝藻爆发比较多

国内有相当多的小型湖泊发生不同程度的蓝藻爆发现象。

(1)南京玄武湖。平均水面面积3.7 km²,平均水深1.5 m。曾发生过多次蓝藻爆发,1986年4月首次蓝藻爆发,出现"黑水",湖水发臭,5月大面积死鱼;2005年7月起再次蓝藻爆发,9月18日3 km²的湖面就像铺了一层厚厚的绿地毯;2007年7月发生大面积蓝藻爆发,水质恶化,散发出臭气,后经治理消除蓝藻爆发。

(2)武汉东湖。水面面积34 km²,水深4 m。1985年以前在主水面28 km²范围持续发生多次蓝藻爆发;后经治理基本不再发生蓝藻爆发,主水域2007年7月11日又发生一次蓝藻爆发,近年蓝藻又爆发,原因是在提升水质与消除蓝藻爆发二者之间没有进行科学平衡,即为提升水质而大量减少水体中鱼类数量以削减鱼类排泄物的污染,使削减蓝藻能力不足,致使蓝藻又爆发。其原因是目前湖泊考核的是水质而不考核蓝藻。现水质一般为Ⅴ类,局部为劣Ⅴ类。

(3)杭州西湖。水面面积 6.4 km²,水深 2.27 m。20 世纪 60 年代已开始富营养化,如 1980 年 TN 3.04 mg/L(劣Ⅴ类)、TP 0.14 mg/L(Ⅴ类)。1958年、1981 年曾二度出现蓝藻爆发现象,1958 年爆发时水体呈红色,称"红水",由蓝纤维藻引起,湖心藻密度 65 亿个/L;1981 年蓝藻爆发时水体呈黑褐色,称"黑水",由束丝藻引起,藻密度 6.77 亿个/L,占藻类总量的 98%。

(4)云南星云湖。水面面积 34.7 km²,水深 6 m。高原断层湖,近年由于富营养化,多年持续发生蓝藻爆发,至今蓝藻爆发依然严重。

(5)苏州金鸡湖。水面面积 7.4 km²,水深 1.8 m。近年发生多次轻度蓝藻爆发或水华聚集。

(6)唐山南湖。水面面积 3.43 km²,水深 2.5 m。曾为劣Ⅴ类水,发生蓝藻爆发。

(7)苏州元荡。水面面积 2 km²,曾为Ⅴ~劣Ⅴ类水,发生蓝藻爆发。

3.4　城市微型湖泊蓝藻爆发相当多

由于城市人口稠密和社会经济发达,全国相当多大中小城市的微型湖泊、塘、坑的污染日益严重,发展至富营养化,其中大部分城市湖泊发生蓝藻爆发或水华爆发:湖南长沙南郊公园漫竹湖、湘潭白石公园白马湖、长沙年嘉湖、湖南跃进湖、岳阳楼畔南湖、河南商丘南湖、广州流花湖、南昌南湖北湖、武汉南湖、昆明翠湖、湖北随州白云湖、扬州明月湖等。

3.5　部分水库发生蓝藻爆发

中国大小水库众多,由于城市化程度日益提高、社会经济日益发达,污染负荷入库增多,大部分已富营养化,有相当多水库蓝藻爆发或"水华"爆发,一般并非年年爆发,大多为间隔性爆发,蓝藻爆发水库的数量为上游山区水库少于下游平原水库。

(1)长江三峡水库支流回水区藻类爆发。三峡水库为峡谷型拦河大坝水库,175 m 高程蓄水 393 亿 m³,水面面积 1 084 km²,是我国第一大水库,年内水位变幅 30~50 m;2003 年水库蓄水后,支流回水区发生富营养化,支流中有小江、汤溪河、磨刀溪、长滩河、梅溪河、大宁河、香溪河等多条河流回水区发生不连续的多次蓝藻爆发或水华爆发现象。

（2）于桥水库。海河流域山区浅水型拦河水库，总库容 15.6 亿 m³，平均水深 4.6 m，最大水深 12 m，流域面积 2 060 km²。1997 年、2006 年、2009 年发生蓝藻爆发，达到叶绿素 a 130 μg/L、藻密度 1 亿~1.6 亿个/L；其间，TN 为劣 V 类、TP 0.029 mg/L（Ⅲ类）；次优势种为绿藻；污染源主要为外源和菹草的二次内源污染。

（3）洋河水库。海河流域山区平原拦河水库，总库容 3.86 亿 m³，水面面积 13 km²，平均水深 5.7 m。2009 年 TN 为劣 V 类、TP 0.039 mg/L（Ⅲ类）。1990 年大部分水域"水华"爆发；1992 年蓝藻（鱼腥藻）爆发；1995 年微囊藻爆发；1999 年全部水域"水华"爆发；2000 年、2001 年发生大面积"水华"爆发；2004 年蓝藻爆发，蓝藻密度 1.03 亿个/L；2007 年蓝藻爆发。

（4）官厅水库。海河流域，总库容 41.6 亿 m³，平均水深 7.6 m。2009 年 TN 1.07 mg/L、TP 0.063 mg/L，多次发生较大"水华"；2007 年微囊藻、鱼腥藻爆发，达到叶绿素 a 240 μg/L。

（5）湖北宜昌枝江市善溪冲水库。山区拦河水库，库容 2 040 万 m³，水深平均 13~14 m；2019 年藻类爆发，夏季藻密度 1.2 亿个/L，其中蓝藻密度 2 000 万个/L，TN 0.48 mg/L、TP 0.06 mg/L。

（6）高州水库。广东茂名市水源地，容积 11.5 亿 m³，正常水面面积 44 km²；水深 20~30 m；2009 年、2010 年在枯水期发生鱼腥藻爆发，最大藻密度达到 1.4 亿个/L。其间，平均 TN 0.67 mg/L（Ⅲ类），TP 0.014 mg/L（Ⅱ类）。

（7）其他蓝藻爆发水库。有浙江浦江仙华水库、浙江桥墩水库、长春新立城水库、唐山大黑汀水库、贵阳小关湖水库、江西乐平共青水库、福建山美水库、湖南冷水江涟泥水库等，曾在不同年份发生数次蓝藻爆发。

4 蓝藻爆发治理情况

4.1 一般采取治理富营养化和打捞水面蓝藻的方法

目前蓝藻爆发治理的常规措施有：防治水污染，改善富营养化，打捞水面蓝藻，调水，清淤等。这些措施一般对小微湖泊水库有相当好的效果，但对大中型浅水湖泊的效果不显著。如"三湖"经常规措施治理，富营养化均得到较大程度改善，但治理蓝藻爆发效果欠佳。

其中太湖自 2007 年至 2020 年共打捞蓝藻水 2 002 万 m³，蓝藻干物质含量以 P 0.68%、N 6.7%、有机质 76.7% 计，打捞的藻水相当于清除 P 680 t、N 6 700 t、有机质 7.7 万 t。打捞蓝藻仅能打捞太湖蓝藻年生产量的 2%~4%。

2007—2020 年太湖共清淤 4 200 万 m³(干重以 1.2 t/m³ 计)。太湖底泥含量以 P 611 mg/kg、N 1 068 mg/kg 计,相当于分别清除 P 30 794 t、N 53 827 t,减少底泥对上覆水体污染物的释放;淤泥中蓝藻含量以 0.6 kg/m³ 计(2008 年 3 月宜兴符渎港测定),相当于清除蓝藻 2.52 万 t。

2007—2020 年"引江济太"望虞河调水入太湖 106 亿 m³,梅梁湖泵站(含大渲河泵站)调太湖水出湖 109 亿 m³,二者合计直接带走污染物 TP 1 498 t、TN 37 492 t 和相当大数量的蓝藻。

4.2　治理后富营养化程度减轻而蓝藻爆发依旧严重

"三湖"自 20 世纪 90 年代起开始治理,均先后实施零点行动治理,均在减轻富营养化方面取得相当好的效果,但仍年年持续大规模爆发,爆发程度曲折起伏、高位运行,爆发程度总体基本未有减轻。如"三湖",其中太湖水质,从 2007 年发生蓝藻爆发、"湖泛"型供水危机时的劣Ⅴ类改善为 2020 年的平均Ⅳ类,其中西部沿岸水域为Ⅴ类、竺山湖为劣Ⅴ类。太湖平均 TN 从 2.35 mg/L 降为 1.48 mg/L、削减 37%,但 2017 年最大爆发面积 1 403 km²,超过发生太湖供水危机时 2007 年 1 114 km² 的 26%,且其间的藻密度增加了 5.36 倍。又如巢湖富营养化程度有较大改善,2018 年巢湖水质平均为Ⅴ类,其中 TN 1.44 mg/L、TP 0.102 mg/L,分别较历史最大值 1995 年 4.62 mg/L、0.41 mg/L 削减 68.8%、75.1%,但仍发生大范围的蓝藻爆发,如年最大蓝藻爆发面积 2016 年 237.6 km²、2017 年 338 km²、2018 年 440 km²,分别占巢湖面积的 31%、44.5%、57.9%,而 2018 年东巢湖的叶绿素 a、藻蓝素分别较 2012 年增加 159% 和 404%。滇池水质由劣Ⅴ类改善为Ⅴ类,蓝藻仍持续规模爆发。

4.3　治理后富营养化程度减轻而发生不连续的轻度蓝藻爆发

如鄱阳湖、洞庭湖原水质曾达到Ⅴ~劣Ⅴ类,但未发生持续规模蓝藻爆发。现经治理水质改善为Ⅳ类,但仍发生间歇性轻度水华爆发。

4.4　相当多小微型湖泊蓝藻爆发基本消除

如杭州西湖、武汉东湖、无锡蠡湖、南京玄武湖等湖泊经过治理基本消除蓝藻爆发,其中西湖完全消除蓝藻爆发。

4.5　相当多城市微型湖泊蓝藻爆发基本消除

因为城市微型湖泊均是景观湖泊,环境要求高,所以湖泊管理单位治理蓝藻爆发迅速而彻底。如上述提及的城市微型湖泊中,大部分蓝藻爆发均得到彻底消除,但少数在有些时候仍有反复。

4.6 蓝藻爆发湖泊治理后改善程度不等

十多年来,湖泊治理使富营养化程度得到明显减轻,小微型湖泊蓝藻爆发程度治理效果明显,大部分基本消除蓝藻爆发,部分有所减轻,但大中型湖泊蓝藻爆发程度基本未得到改善。

二、湖泊蓝藻爆发治理的误区

湖泊蓝藻爆发治理存在某些片面观点,导致有关部门决策的不正确或不全面。

1 认为治理富营养化就能消除蓝藻爆发

(1)此观点是未理顺富营养化与蓝藻爆发的关系。分两种情况:其一,对于流域地广人稀、社会经济欠发达、入湖污染负荷量少或水深较大的湖泊,此观点正确;其二,对于流域人口稠密、社会经济发达、入湖污染负荷量多的大中型浅水湖泊,此观点不正确,如"三湖"等湖泊仅依靠治理富营养化则不能消除蓝藻爆发。

(2)实际上,有些湖泊未消除富营养化也能够消除蓝藻爆发。一般认为,湖泊水质达到Ⅲ类就相当于消除富营养化。如东湖、西湖、玄武湖和蠡湖等中小型湖泊均未消除富营养化,水质仅改善至Ⅳ~Ⅴ类,就基本消除蓝藻爆发,其中西湖完全消除蓝藻爆发。

(3)治理、减轻富营养化不一定能马上减轻蓝藻爆发。如太湖从 2007 年供水危机起至 2020 年,通过 10 多年努力治理,其富营养化程度明显减轻,其中 TN 削减 37%。但其间蓝藻爆发程度均未减轻,藻密度反而从 2009 年的 1 447万个/L 升高至 2020 年的 9 200 万个/L,为 6.36 倍。这说明虽然努力治理,富营养化仍在蓝藻爆发的范围内,则蓝藻爆发仍不可避免,必须消除富营养化(如水质全面达到Ⅲ类)才能有利于减轻蓝藻爆发程度。

(4)专家一般认为已蓝藻爆发的如"三湖"这样的大中型浅水湖泊,仅依靠治理富营养化消除蓝藻爆发则应达到 TN 0.1~0.2 mg/L、TP 0.01~0.02 mg/L。

(5)生态环境部确定 TP、TN、叶绿素 a 的基准分别为 0.029 mg/L、0.58 mg/L、3.4 μg/L,且说明任一时段湖泊此三者的监测代表值均满足基准值时,藻类生长才不会危及水体功能。此充分说明治理 N P 及富营养化必须与除藻同时进行才能消除蓝藻爆发。

2 认为无须建立消除"三湖"蓝藻爆发的目标

"三湖"蓝藻爆发已持续 30 多年,原制定的各湖水环境总体治理方案中均未提出消除蓝藻爆发的目标,其他有关的政府文件中也均未提出。没有目标,就使有关湖长缺乏主动性、积极性和责任心,使有关科研机构、人员缺少研究消除蓝藻爆发的动力和财力支撑。

国家或流域至今未建立消除"三湖"蓝藻爆发目标,分析其可能的原因为:一是认为现在蓝藻爆发危害不大,2007 年供水危机已过去,不会再发生了,现在对蓝藻爆发已经习以为常了;二是消除蓝藻爆发的难度大、花费多,是世界性难题,没有好的技术能达到此目标,所以不宜制定目标。

3 未分清水华与蓝藻爆发概念的差异

有些人认为"水华"是 20 世纪中叶就存在的,所以蓝藻爆发无法消除。这是未分清水华与蓝藻爆发二者的差异。"水华"是太湖、巢湖在 1950—1970 年或更早的非富营养时期就存在的一种自然生态现象,"水华"组成可能是蓝藻或其他藻类,其规模一般较小,没有什么危害,那时候老百姓经常打捞"水华"藻类作为肥料。

蓝藻爆发是以蓝藻为主的藻类的"水华"爆发的简称。"水华"爆发也可能是其他藻类爆发。把蓝藻爆发统称"水华"不妥。因蓝藻爆发必须消除也可消除,但以往的少量"水华"一般不可能或不必要消除。

4 "湖泊水污染,根子在岸上,治湖先治岸"的观点具有二重性

此说法对治理河湖水污染、富营养化而言完全正确;但"治理蓝藻爆发即是治理富营养化"的观点不妥或不全面。此观点对于云南抚仙湖、洱海、洞庭湖、鄱阳湖那样的湖泊是正确的,对于"三湖"这样的浅水湖泊就不妥了,因其蓝藻年年持续规模爆发后根子已延伸到湖中,须在治理富营养化的同时大量削减湖中蓝藻数量,才能降低藻密度、消除蓝藻爆发。

5 "控 P 是消除蓝藻爆发关键因子"的提出有其局限性

"控 P 是消除蓝藻爆发关键因子"提出的原依据是加拿大安大略试验湖区开展历时 37 年的施肥试验的结论。因试验中的蓝藻是鱼腥藻和束丝藻等固 N 蓝藻,可从空气中获取 N,故认为难以控制 TN,以此认为只能控制 TP。

此结论的局限性如下：

（1）"三湖"目前主要是非固 N 的微囊藻，不是鱼腥藻和束丝藻，一般不能从空气中获取 N。

（2）现"三湖"的 P 本底值均较高。其中巢湖、滇池 P 本底值还较太湖高 1 倍。在 1993 年的《太湖》（孙顺才、黄漪平）中就指出，当水底发生厌氧反应时，可使底泥中不溶性 P 转化为可溶性 P。现今太湖蓝藻持续多年爆发，太湖底泥含有大量的死亡蓝藻的有机物质，在夏季湖底经常会在缺氧状态下发生厌氧酸化反应，释放可溶性 P，难以使上覆水体降低至 P≤0.02 mg/L 的水平，说明仅通过控 P 难以消除蓝藻爆发。

（3）低 P 也可能蓝藻爆发。如广东茂名高州水库，TP 已达到较低水平，2009 年、2010 年已达 TP 0.014 mg/L、TN 0.67 mg/L，但此时仍发生较大程度的鱼腥藻爆发。如湖北宜昌枝江市善溪冲水库，2019 年 TP 0.06 mg/L、TN 0.48 mg/L，仍发生藻类爆发，夏季藻密度达到 1.2 亿个/L。如海河流域于桥水库 2009 年发生蓝藻爆发时 TP 为 0.029 mg/L（Ⅲ类）。从国家地表水水质自动监测实时数据平台，近几年经常可以查到太湖、巢湖有些监测点水质 TP 达到 0.01~0.025 mg/L 的情况，但蓝藻仍年年持续爆发。由此说明，至少要 TP TN 同时达到Ⅱ类才行，蓝藻爆发的关键是 TP 的说法有其片面性。

（4）控 P 是消除蓝藻爆发关键因子的提法仅适合人口密度低、社会经济欠发达地区的湖泊，如洱海等。可通过治理富营养化削减 TP 达到Ⅰ~Ⅱ类而消除蓝藻爆发。故不必过多研究消除蓝藻爆发的关键是控 N 还是控 P，根据实际情况，只要能研究出消除蓝藻爆发的技术集成就是好的。同理，N/P 比学说是研究水体营养物质中氮、磷含量比例对蓝藻爆发影响的理论学说，也不必过多研究，应根据各个湖泊不同情况研究不同的治理方法。

（5）控 P 是关键仅能适合某一阶段。2007 年太湖供水危机以来，TN 得到相当多削减，而 TP 削减得很少或甚至反而增加。如太湖水质由劣Ⅴ类改善为 2019 年Ⅳ类，但 TP 2015—2019 年 5 年中均高于 2007 年的 0.074 mg/L，其中 2018 年上升到 0.097 mg/L，较 2007 年增加 31.1%；巢湖 TP 浓度由 2012 年的 0.107 mg/L 升高至 2018 年的 0.125 mg/L，升高 16.6%。

在 1990—2006 年，太湖的 TP 基本保持在Ⅳ类上下波动，而 TN 持续升高，1999—2011 年均达到劣Ⅴ类，甚至超过 3 mg/L，所以那时候国家把控制 TN 作为关键。如在《太湖流域水环境综合治理总体方案（2008 年）》中，2020 年太湖水质目标，TN 为Ⅳ类（1.2 mg/L），TP 为Ⅲ类（0.05 mg/L），其制定目标的基准年 2005 年分别为 2.95 mg/L、0.08 mg/L。

《太湖流域水环境综合治理总体方案(2013年修编)》中,将2020年太湖水质目标修改为 TN V类(2.0 mg/L)、TP 保持Ⅲ类(0.05 mg/L),很明显,当时认为2020年 TP 的目标可以达到,所以保持其原标准,认为 TN 达不到1.2 mg/L,所以2020年目标就从2008年方案的1.2 mg/L 降低为2 mg/L。但执行结果,2020年 TN 很容易达到 V 类,甚至达到了Ⅳ类1.48 mg/L,而 TP 在2013—2020年期间一直在Ⅳ类徘徊,基本未得到提升。这说明当时认为太湖治理 TN 是关键,而现在相当多专家又认为太湖治理 TP 是关键。

事实上,"三湖"这样的蓝藻多年持续爆发的浅水湖泊,在各阶段削减 TP TN 的难度和对其的认识程度均是不同的。应根据湖泊各个治理阶段的情况制订一湖一策各阶段的削减 TP TN 的方案,应该同时削减 TP TN,使其达到水功能区的水质目标。

6　打捞水面蓝藻能有限减轻爆发程度但不能消除蓝藻爆发

有些人认为打捞蓝藻就能够消除蓝藻爆发。打捞蓝藻是目前控制蓝藻爆发取得良好视觉和嗅觉效果的应急性重要措施。据估计,太湖、巢湖每年打捞蓝藻量与其蓝藻生产量之比,基本相仿,仅为2%~4%。所以,仅依靠打捞水面蓝藻不能消除蓝藻爆发。

7　关注控 P 而放松控 N 有造成"湖泛"的潜在危险

太湖2007年供水危机是由于"湖泛"形成的,而造成"湖泛"的一个主要因素是由于底泥和水体存在大量的含有 TN 的有机质,所以仅关注 TP,少关注 TN,蓝藻仍要持续爆发,"湖泛"在适当的条件下仍能够形成。应该说,治理太湖,消除蓝藻爆发与消除"湖泛"是同样重要的工作,所以从这方面分析,TP TN 均是关键,只是 TP TN 这二者的重要性在不同时期、不同水域是不同的,要兼顾。

三、湖泊蓝藻爆发治理技术

湖泊蓝藻爆发治理技术包括治理水污染、消除富营养化,削减蓝藻、降低藻密度,生态修复、恢复湿地,共三大类。本节主要论述削减蓝藻、降低藻密度,其技术主要包括抑藻、除藻两类。抑藻,一般理解为通过改变生境或进行种间竞争减慢蓝藻的生长繁殖能力。除藻,一般理解为直接消除蓝藻,其一为通过打捞、鱼类滤食等措施直接消除蓝藻;其二是通过物理、化学、生物等手段直接损毁蓝藻的一种或多种功能,如浮力、吸磷、储磷、光合作用、叶绿素等,使其死亡。抑藻、除藻两者有所不同,但无绝对界限,有时候可同时进行,两者削减蓝藻的速度快慢不等,但两者的作用均是减少蓝藻数量、降低藻密度,最终达到消除蓝藻爆发的目的。削减蓝藻技术有多类多种。

1 八大类除藻技术

(1)微粒子(电子)除藻技术。包括金刚石碳纳米电子技术除藻、复合式区域活水提质技术除藻、超声波技术除藻、光量子载体技术除藻、电催化技术除藻、光催化控藻等技术,均有抑藻和直接除藻的作用。

(2)安全添加剂除藻。包括"湖卫氧"除藻技术[其主要成分过酸碳钠入水后产生过氧化氢杀死蓝藻,成本低(根据蓝藻爆发严重程度为 20 万~150 万元/km^2)]、改性黏土除藻、天然矿物质净水剂除藻、食品级添加剂除藻、中草药和植物(也包括大麦秆)化感物质制剂除藻等技术。水体中添加了这些药剂后即产生除藻作用。另外,有些如硫酸铜、敌草隆等化学制剂杀藻,虽可直接杀死蓝藻,但对其他水生物具有很大毒害作用,因此非紧急情况不宜使用。

(3)混凝气浮技术除藻。此技术是利用混凝剂和气浮技术使水体和底泥表层的蓝藻和悬浮物、有机质浮于水面,再打捞去除,后进行藻水分离,或采用上述流程一体化设备打捞移出水面后送至岸上分离。或采用蓝藻打捞与分离一体化处置船。

(4)蓝藻底泥协同清除设备。即在清淤时同时清除底泥中及其上覆水体中的蓝藻。

(5)安全高效微生物抑藻除藻。使蓝藻死亡的微生物包括异体、附生二类。如蓝藻噬藻体(病毒)及其宿主,能够消除蓝藻。目前有相当多微生物具有抑藻除藻作用。其中固载微生物、TWC 固载土著微生物技术、武汉鄂正农微生物、大连正好环保的蓝藻洒洒清微生物等,效果相当好或比较好。

(6)改变生境除藻。如改变深度、压力、水温、光照、含氧量、营养物质等生境,使不利于蓝藻生长繁殖,或有利于能够消除蓝藻的有益微生物生长。其包括德林海高压减温除藻(有深井和高压除藻船两类)、推流曝气增氧除藻、遮阳除藻、降低水温除藻。

(7)生物种间竞争除藻。包括植物除藻(如采用芦苇湿地、紫根水葫芦、岸伞草、沉水植物除藻)、水生动物除藻(如鲢鳙鱼、银鱼、贝类、浮游动物或其他动物滤食蓝藻)。

(8)常规技术治理富营养化除藻。治理富营养化到一定程度,如 TN TP 降低至湖泊Ⅱ~Ⅲ类时,可减慢蓝藻生长繁殖速度。常规技术包括控源截污、调水、常规清淤、锁磷剂除藻、常规打捞蓝藻、生态修复等。

2　发挥水土蓝藻三合一治理技术作用

2.1　治理水体底泥蓝藻的技术

2.1.1　消除水体污染技术

水体污染物的来源是外源、底泥释放和蓝藻等生物死亡。消除水体污染就是消除进入水体中的 P N、蓝藻等各类污染物,有效提升水质。

2.1.2　消除底泥污染技术

底泥污染物来源是外源和蓝藻等生物死亡残体在底泥表层的积累。消除底泥污染就是消除存在底泥中的 P N、有机质和死亡蓝藻等各类污染物(主要是底泥表层的污染物)。

2.1.3　消除蓝藻污染技术

蓝藻种源在水体中自然存在,并在富营养化、高水温等人为和自然因素的作用下快速生长增殖,藻密度达到相当高程度而形成蓝藻爆发。消除蓝藻污染就是要在大力降低营养程度的基础上,实施全年彻底打捞清除水面水体和水底的蓝藻。

2.2　水土蓝藻三合一治理技术

水土蓝藻三合一治理技术是一类能够同时治理水体、底泥、蓝藻污染的技术(设备)。水体、底泥和蓝藻 3 类污染密切相关,其污染治理技术同样是密切关联,仅消除其中的 1 类或 2 类的作用有限,若采用能够同时治理 3 类污染的技术才有良好效果。选择技术要多方面比较,在治理效果、速度、节能、减排、投资、费用,特别是长期效果、能否达到治理目标等方面要进行充分比较。经调查总结分析,水土蓝藻污染的三合一共同治理技术是直接治理太湖水体的最优技术(治理太湖技术中的控制外源和恢复湿地另文论述)。

(1)三合一治理技术。水体、底泥和蓝藻污染的共同治理技术简称水土蓝藻共治技术。一般是三合一专用技术,不再需要分别使用除藻、清淤、净化水体的多种技术来治理太湖。三合一治理技术也可以是组合技术。

(2)开拓三合一治理技术是新时期治理太湖及蓝藻爆发的必要。治理太湖及蓝藻爆发必须降低藻密度、消除底泥污染和净化水体,若此三类治理技术组合实施或一步到位,则治理时间短、效果快、效果好、成本低、能源消耗少、可不占用土地。三合一治理技术一般应分水域实施,分水域的面积大小根据具体情况而定。

2.3 主要的水土蓝藻三合一治理技术

水土蓝藻三合一治理技术主要有:① 金刚石碳纳米电子水土蓝藻共治技术;② 复合式区域活水提质水土蓝藻共治技术;③ TWC 生物蜡净水清淤除藻技术;④ 光量子载体净水清淤除藻技术;⑤ 固化微生物净水清淤除藻技术;⑥ 光催化网分解蓝藻净水清淤技术等。另外,也可采用高压除藻、湖卫氧(原料为过酸碳钠)除藻等技术与其他净化水体和底泥技术组合的技术。

3 三合一治理技术的代表

金刚石碳纳米电子除藻技术是微粒子(电子)除藻技术的代表,也是水土蓝藻三合一治理技术的代表。该技术是通过释放电子,在阳光下产生光电效应、光催化作用,破坏蓝藻的细胞壁和细胞内部物质、杀死蓝藻、消除蓝藻。特点:能源省、不添加化学物质、易管理、成本低,一年四季运行,可长期大范围有效净化水体和底泥及除藻。该三合一治理技术,既是低碳技术:低能耗、低人工、无排放、无耗材;又是绿色技术:环保、治理水土污染、健康生态。低碳定义为:节能减碳,较低(更低)的温室气体(二氧化碳为主)排放。

4 综合除藻集成技术

治理太湖是一个庞大的综合性系统工程,仅依靠某项单一功能的技术无法全面治理好太湖,特别是消除蓝藻爆发这个世界性难题,须采取多技术综合集成治理,才能彻底消除巢湖蓝藻爆发和富营养化问题。

上述多种除藻技术在目前或今后均具有一定的可推广性,但在消除蓝藻爆发的效果、速度、彻底性、适应条件和费用等方面有相当大的差异,应在总结治理全国大中小型湖泊治理蓝藻爆发经验教训的基础上,根据实际情况试验后择优选取综合集成使用。

4.1 选择综合除藻技术十原则

(1)治理效果好。能够消除高密度蓝藻,除藻比例高。

(2)治理效率高。同样时间内消除的蓝藻多。

(3)治理效果持续时间长。治理效果一般应持续 1~2 年或更长。

(4)治理功能广。能够同时消除蓝藻、水体和底泥的污染。

(5)技术设备安全可靠。

（6）节能减排。

（7）实施操作简单容易。

（8）适应性强。如在低温、少氧、缺阳光、风浪、流速大等多种条件下均能实施。

（9）治理费用低。在达到同等治理效果时费用较低。

（10）技术设备容易管理、维护、保养。

4.2　水土蓝藻三合一治理技术

综合除藻技术中的首选类技术是水土蓝藻三合一治理技术。即是能够一次性同时治理水体、底泥和蓝藻污染的技术。不需要再另外进行清淤和净化水体，是很有潜力和值得推广的技术。水土蓝藻三合一治理技术分为专用技术与集成技术二类。

4.2.1　三合一专用技术

一种技术、设备能够同时治理水土蓝藻污染的三合一专用技术。其一，如微粒子（电子）类除藻技术中的 4 种技术均为三合一专用技术，其中，以① 金刚石碳纳米电子水土蓝藻共治技术为佳，而② 复合式区域活水提质水土蓝藻共治技术也可以；其二，安全高效微生物及制剂除藻技术的①～④种均是微生物类三合一专用技术。但在有水源地功能的大型浅水湖泊中需要过专家的安全审查关。

4.2.2　三合一组合技术

有几种技术、设备集成后能够同时治理水土蓝藻污染的三合一集成技术。除上述水土蓝藻三合一治理的专用技术外，其他技术很多可以组合成为三合一组合技术。

4.3　综合治理集成技术

在巢湖治理蓝藻中，应根据各水域具体的社会经济、自然地理、水文水动力、水污染、蓝藻的密度及爆发情况选择三合一专用技术或组合技术。首先可设置正常密度的微粒子（电子）类水土蓝藻污染的三合一专用技术设备进行治理，其次选择三合一组合技术治理。或可考虑采用综合集成技术治理，即在冬春季节实施一次"湖卫氧"的低成本的杀藻，在初夏实施第二次补充杀藻，同时设置低密度的水土蓝藻三合一专用治理设备，治理蓝藻效果更好、更快和费用更省。

5　治理、消除富营养化重要措施

主要是采取综合措施，加大力度治理污水厂、生活、工业和规模养殖业等类点源和种植业、城市村镇地面径流污染等面源。其中社会经济发达区域首先要扩大污水处理能力和污水厂提标,满足环境容量的要求。也包括有能力调水的尽量调水、改善水环境,生态修复恢复湿地吸收 N P、固定底泥和抑制蓝藻。

6 生态修复是除藻重要措施

制订全面的生态修复计划,使河湖植物型湿地恢复至 20 世纪 50—70 年代的规模,其在现阶段可起到较大的净化水体、固定底泥和抑藻除藻的作用;在消除蓝藻爆发后更可起到较好的保持蓝藻不爆发的稳定作用。

7 根据具体情况确定采取相应措施

各个大小不同的湖泊及不同的水域因为其社会经济发展、自然地理、水文水动力、水体和底泥污染、各种藻类及其爆发程度等情况各不相同,所以要分别采取不同的综合技术集成,以达到最有效、最快、最省费用和长期保持消除富营养化和无蓝藻爆发的最佳水环境。

四、治理湖泊消除蓝藻爆发总体思路

通过对太湖蓝藻持续爆发的分析,其原因是"三高":藻密度高,营养程度高,以水温高为特征的气候等自然因素的代表。以此确定治理湖泊、消除蓝藻爆发措施主要为三类:治理、消除富营养化(控制外源,包括点源和面源),削减蓝藻、降低藻密度,修复生态、恢复湿地。本部分内容主要论述削减蓝藻、降低藻密度。

1 大中型湖泊消除蓝藻爆发必须全流域统一规划

制订流域相应的综合治理方案,包括治理、消除富营养化,削减蓝藻、降低藻密度,修复生态、恢复湿地 3 类措施。

2 大中型湖泊要建立消除蓝藻爆发目标

如"三湖"治理蓝藻爆发应列入治理目标,利于提高"三湖"各湖长的积极性和主动性。没有治理目标,湖长就缺少消除蓝藻爆发的责任心、主动性和积极性,就难以消除"三湖"等水域的蓝藻爆发。国家的长江大保护战略和"三湖"水环境综合治理总体方案的修编及政府"十四五"专项规划中应列入消除蓝藻爆发的目标及相应技术集成措施。

3 实行污染源统一治理

对各类点污染源和面污染源从其源头及其排放直至进入河湖水体的路径进行全过程的有效控制和治理。"三湖"等大中型湖泊流域内的大中小型城市均要提高污水处理能力与环境容量相适应,并大幅度提高污水处理标准,与湖泊的水功能区水质目标相一致,一般应达到地表水湖泊标准的Ⅱ~Ⅲ类。加强污水处理设备、管网设施的管理,统一加大治理其他点源和面源的力度。其中,现代污水处理技术、工艺不断发展,如固载微生物技术和麦斯特气浮技术处理 TN TP,均可达到湖泊的Ⅱ~Ⅲ类。

4 治理富营养化与治理蓝藻相结合

大中型湖泊特别是"三湖"必须治理富营养化与治理蓝藻相结合,才能完全消除蓝藻爆发。其中治理富营养化包括控制外源和削减蓝藻、内源。

5 分水域清除蓝藻

大中型湖泊的面积较大,如一次性消除太湖蓝藻爆发一般难以做到,可分若干片水域进行治理,每片水域 $20\sim200$ km^2 不等,根据具体情况而定。分水域时其边缘应设置可阻挡蓝藻和风浪的围隔或竹桩、木桩、混凝土桩(外加滤布)的组合隔断等设施,隔断可是全程或半程不到底的,可以留有通航口子,隔断两侧可通过一定流量的水流,保障湖泊顺利泄洪。

6 改变以往仅打捞水面蓝藻的习惯

改变以往 10 多年仅在蓝藻爆发期单一打捞水面蓝藻的固有思路,改为采用多技术组合,一年四季全面打捞、削减水面水体和水底蓝藻的策略。除藻工作应从冬季就开始,如太湖蓝藻密度在冬季仅有 500 万~5 000 万个/L,夏季则有 1 亿~20 亿个/L,所以冬季打捞、消除蓝藻能更有效降低蓝藻的生长繁殖能力。事实上,有许多水土蓝藻三合一治理技术一年四季均能除藻。

五、湖泊蓝藻爆发分类治理与预防

蓝藻爆发治理的分类主要根据湖泊的大小、深浅、形状、径流量、换水次数、温度等自然状况,以及富营养化、蓝藻爆发和湿地等人为因素等情况综合确定。

1 大中小微型湖泊治理应分类区别对待

(1)城市微型湖泊蓝藻爆发较易治理。采用治理富营养化与削减蓝藻种源相结合措施,根据实际情况采用单一技术或技术集成均可。

(2)小型湖泊蓝藻爆发治理相对较容易。如蠡湖、玄武湖、东湖、西湖、金鸡湖等采取综合措施治理后已基本消除蓝藻爆发,其中西湖已经完全消除蓝藻爆发。其他4个湖泊要彻底消除蓝藻爆发仍需相当努力。其他小型湖泊,根据实际情况采用与此五湖泊相仿的或相应的综合治理技术治理蓝藻爆发。

(3)大中型浅水湖泊"三湖"蓝藻爆发治理难度最大。"三湖"治理虽难度大,但完全可治理好,只要根据实际情况把其分为若干水域,就可将用于小型湖泊治理技术经总结集成后用于"三湖"治理,更可采用近年创新的水土蓝藻三合一治理技术,大面积消除富营养化、底泥污染和消除蓝藻爆发。消除"三湖"蓝藻爆发的关键是:充分利用中国具有集中力量办大事的体制优势、人才优势、技术优势、财力优势、湖长制的管理优势,建立消除蓝藻爆发的信心和相应的治理目标,把消除蓝藻爆发列入国家、流域的计划中,采用科学合理搭配的综合技术集成。其他大中型浅水湖泊,根据实际情况采用与此相仿的治理蓝藻爆发的目标和技术集成。

(4)其他大中型湖泊治理。如深水湖泊、入湖污染负荷少的湖泊、换水次数多的湖泊等,根据具体情况确定治理方案。

2 深水湖泊水库治理

深水湖泊和大中型水库一般环境容量大和水温低,若水深超过10 m,可使水温低于9 ℃,则蓝藻一般处于休眠状态,不容易快速生长繁殖,更不会爆发,且由于风浪等因素,使水体能够上下运动和交换,就是水体上层存在一定的蓝藻,通过风浪、运动、交换等因素阻滞上层蓝藻生长繁殖,不易爆发。深水湖泊、水库必须严格控制污染负荷入湖、水质Ⅰ～Ⅱ类、控制营养程度,确保不发生蓝藻爆发和使水质达标。但若深水湖泊遭受较严重污染,则因为其容量大而比较难治理,所以一定要严格控制入湖污染。

(1)云南抚仙湖,水深100多米,水质由原来的Ⅰ类降低为Ⅱ类,有时为Ⅲ类,无蓝藻爆发。曾经有一段时间,其南侧2 km外的星云湖通过河道将蓝藻输入,但由于其水深,通过上下流动交换水体,降低水温,固未曾发生蓝藻规模爆发现象,后截断输送蓝藻通道,同时加大控制沿湖地区房屋开发的力度和规范开发评估的程序、手续,并且严格控制污水的无序排放和提高污水处理标准,使忧仙湖水质不再退化。抚仙湖应进一步加大控制污染源的力度,流域的全部城市污水均应进行处理,处理标准提高至湖泊标准Ⅰ～Ⅱ类,同时控制其他污染和地面径流的污染,有必要时可以采用大型治理设备或有效技术削减湖内污染物,使抚仙湖水质保持在Ⅱ类。

(2)云南与四川交界的泸沽湖,高原断层陷落湖泊,旅游胜地,水面面积50 km^{2}多,水深平均45 m,透明度超过10 m,既具有深水湖泊的特点,又是入湖污染负荷少的湖泊,所以其不会发生蓝藻爆发。预防措施是严格控制各类污染物入湖污染,水质保持Ⅰ类,就永远不会发生蓝藻爆发。

(3)三峡水库部分支流回水段的水华爆发,水深超过40 m,长江干流的流速很快,但支流回水段的流速很慢,相对平稳,易发生水华爆发。治理措施:其一,严格控制各支流外源污染;其二,在水库与支流交界处设置适当形式的隔断,使水库上层的藻水混合水体经由水体深层处通过,而不经水面通过,则可增加水深、降低水温、削减藻密度,基本消除蓝藻爆发,若有必要,可配合水土蓝藻三合一治理技术等除藻方法则可更好地消除蓝藻或藻类爆发。

(4)美洲五大湖之一的伊利湖面积2.57万 km^2,平均水深18 m,由于进入污染负荷量过多,也发生数次局部水域蓝藻爆发。若深水湖泊受到严重污染,因其体量大而比较难治理,所以深水湖泊必须严格控制入湖污染负荷。

3　污染负荷入湖少的湖泊治理

此类湖泊一般位于人口密度较低、社会经济欠发达区域,水质均较好,为贫营养或贫-中营养。相当多湖泊不会发生或应该不发生蓝藻爆发。如忧仙湖、泸沽湖、洱海等。预防蓝藻爆发的措施是严格控制污染负荷入湖,降低富营养化程度,保持Ⅰ～Ⅱ类水质。

(1)云南洱海,现状水质为Ⅱ～Ⅲ类,个别水域曾达到Ⅳ类,东北部水域发生多次轻度蓝藻爆发。此类湖泊可采用强化治理富营养化的措施,严格控制外源入湖,使入湖污染负荷持续减少至水质达到Ⅰ~Ⅱ类,就可基本消除或完全消除蓝藻爆发。若有必要,在局部蓝藻易爆发水域增加水土蓝藻三合一治理措施,以及在全湖加强生态修复措施,可更快、更彻底地消除蓝藻爆发。在控制外源中,首先要加大污水处理能力和提高污水处理标准,达到与洱海Ⅱ类的水功能区水质目标标准相符;其次,因为洱海流域有较大面积的坡地,所以应严格控制种植业、养殖业和地面径流的污染。

(2)相当多山区水库,均是人口密度较低、社会经济欠发达区域,其预防和治理富营养化和蓝藻爆发均可采用削减污染负荷、治理富营养化的措施,一般均能够达到目的。

4　换水次数多的大型湖泊治理

此类湖泊一般是水量大、环境容量大,本身不易发生蓝藻爆发。所以,防治此类湖泊蓝藻爆发的主要措施是削减污染负荷、降低富营养化程度。如洞庭湖、鄱阳湖、洪泽湖等。

(1)洞庭湖、鄱阳湖以往水质为Ⅳ~Ⅴ类,曾为劣Ⅴ类或局部劣Ⅴ类,但其主水流通过水域未发生蓝藻爆发。因其入湖水量多,换水次数达到15~20次或更多,水流速度快,带走的蓝藻和污染物多,不利于蓝藻生长繁殖和聚集。特别是冬季水位很低,水量少,好似一条河,所以冬季保存在湖底的蓝藻种源很少,春季的蓝藻增速就慢,所以一般不会发生蓝藻爆发。但在水面相对静止水域的个别时间段也曾数次发生蓝藻水华集聚或轻度爆发现象。其治理、消除蓝藻爆发的措施主要是严格控制入湖污染负荷。

(2)鄱阳湖、洞庭湖流域面积大,其周围大中小型城市很多,城镇化率正在日益提高,社会经济正在持续发展,正在进入或已经进入社会经济较发达区域,产生的污染负荷持续增加。采取的治理措施为:严格控制生活污染、工业污染和规模集中畜禽养殖业和污水厂四大点源和种植业的各类面源污染。其中特别要加大污水处理力度,提高污水处理标准,提标至与湖泊相应的水质目标Ⅲ类;加大生态修复力度;确保在正常情况下基本不减少换水次数,就是要建坝提高冬季的蓄水位,只能建设低坝。这样才能使湖泊水质尽快改善至Ⅲ类,完全消除蓝藻轻度爆发。

5　城市微型浅水湖泊治理

此类湖泊在城市中,百姓和政府对其的环境要求均比较高,要求清澈见底和水草旺盛、没有蓝藻爆发。因为治理要求高,治理速度要快,治理时间要短,一般采取单一常规除藻或综合除藻措施均可。

治理措施为:通过抽干水、清淤、放入优质水,或湖泊干涸一段时间使蓝藻干死或冻死;多种高效复合微生物技术:鄂正农微生物、固载微生物、TWC 微生物、大连正好蓝藻洒洒清微生物等;曝气、气浮(空气、氧气、臭氧)技术;安全添加剂技术:天然矿物质净水剂、改性黏土除藻、食品级的添加剂、中草药化感物质制剂、"湖卫氧"过酸碳钠等除藻技术;抽水过滤或生化处理;控源截污、建闸挡污、调水;生态修复;种间竞争,养殖鲢鳙鱼滤食蓝藻等;还有光量子载体技术、光催化等新技术。在上述措施中优选一种技术或优选若干种技术综合集成,治理蓝藻爆发和提升水质至Ⅲ类。

6　小型浅水湖泊治理

(1)无锡蠡湖、南京玄武湖、武汉东湖主湖区、杭州西湖、苏州金鸡湖等小型浅水湖泊。水质均曾为劣Ⅴ类,蓝藻曾年年爆发或多次爆发(其中西湖仅发生 2 次非微囊藻蓝藻爆发),经采取建闸挡污、控源截污、清淤、调水及河水处理、生态修复、养殖鲢鳙鱼滤食蓝藻等措施中的若干种进行综合治理,水质改善为Ⅳ~Ⅴ类,此时就基本消除蓝藻爆发。其中西湖是彻底消除蓝藻爆发,水质达到Ⅲ~Ⅳ类。但东湖鱼类的排泄物对水质有一定的影响,水质达到Ⅳ~Ⅴ类,有时只能达到劣Ⅴ类,需要继续采用上述有效技术综合治理,提升水质,全面消除蓝藻爆发。其他湖泊均应针对具体情况采用有效技术综合治理,提升水质,进一步降低蓝密度,确保蓝藻不爆发。

(2)云南星云湖。位于玉溪市江川县、忪仙湖以南 2 km。现状水质为劣Ⅴ类,蓝藻年年持续爆发。其原因为:城市和农村农业污染负荷大量排入星云湖;蓝藻多年持续爆发、千百次的生死循环,使底泥有机质大幅增加,并发生厌氧反应,使底泥中 TP 释放率加大。近年虽加大治理力度,采取多种治理措施,有一定效果,但不理想。

主要治理措施:对各类点源和面源进一步实施严格控污措施,其中,建设足够的污水厂和提高污水处理标准(提标改造或新建)至地表水湖泊标准Ⅲ类,根据现在的污水处理技术,完全可以做到,且投资不多和运行费用不贵;在星云湖中采取全面除藻措施,最优选择是水土蓝藻三合一治理技术,一次性放置数十台设备,同时消除富营养化、底泥污染和蓝藻污染,在 1~2 年内全面消除蓝藻爆发和水质提升至Ⅲ~Ⅳ类。

(3)云南杞麓湖。位于通海县,为高原断层陷落湖,水面面积 37 km²。现状水质 TP 为Ⅳ~Ⅴ类、TN 为劣Ⅴ类,蓝藻爆发。原因是城市和农村、农业污水大量入湖,污水处理能力明显不足和处理标准低,内源底泥污染严重,蓝藻爆发较严重。以往由于外源和内源的治理力度明显不足和治理方法不对,2020 年被生态环境部督察组点名批评为弄虚作假。

主要治理措施:全面制订科学的、实事求是的治理规划方案,对各类点源和面源进一步实施严格控污措施,其中,建设足够的污水处理能力和提高污水处理标准至地表水湖泊标准Ⅲ类;在杞麓湖中采取全面除藻措施,最优选择是水土蓝藻三合一治理技术,一次性放置数十台设备,同时消除富营养化、底泥污染和蓝藻污染,在 1~2 年内全面消除蓝藻爆发,将水质提升至Ⅲ~Ⅳ类。

(4)其他的小型浅水湖泊,同样可择优选取上述城市微型湖泊和小型浅水湖泊的治理技术,治理富营养化及结合除藻,可一次性在消除蓝藻爆发的同时改善水质至Ⅲ~Ⅳ类。

7 植被覆盖率高的湖泊治理

有些植被覆盖率高的湖泊同样发生蓝藻或藻类爆发,且爆发程度可能较严重,如内蒙古乌梁素海。分析其原因,乌梁素海在蓝藻或藻类爆发时,沉水植物大部分死亡,但以芦苇为主的植物覆盖率很高,约占一半,大面积芦苇应具有很强的净化水体能力和抑制蓝藻和藻类的能力,但在 21 世纪初发生面积较大的蓝藻和藻类的爆发,说明其进入的污染负荷很多,超过芦苇的净化能力和湖泊的环境容量,芦苇已来不及净化污染物。其时年均值 TP 为劣Ⅴ类、TN大于 4 mg/L。这个数值较太湖污染最严重时期的 TP TN 值还高。这类湖泊,自身具有较强的水体自我净化能力和抑制蓝藻能力。所以,治理措施主要是努力消除富营养化和削减污染,就能够消除蓝藻爆发。即采取一切有效措施减少污染负荷产生量和入水量,基本满足环境容量的要求,水质就能得到提升,蓝藻或藻类爆发就能基本得到消除。

8 大中型浅水湖泊治理

大中型浅水湖泊如"三湖",一般是入湖污染负荷多、水体污染和底泥污染较严重,藻密度高、蓝藻爆发较严重,植被覆盖率较低。所以,首选水土蓝藻三合一治理专用技术或组合技术进行治理。首先可设置正常密度的微粒子(电子)类水土蓝藻污染的三合一专用技术设备进行治理,其次选择三合一集成技术治理。或可考虑采用综合集成技术治理,即在冬春季节实施一次"湖卫氧"的低成本杀藻,在初夏实施第二次补充杀藻,同时设置低密度的水土蓝藻三合一专用治理设备,治理蓝藻效果更好、更快和费用更省。

8.1　大中型浅水湖泊蓝藻爆发最难治理的是"三湖"

"三湖"由于其面积大、风浪大,水体中悬浮物不易沉淀,且底泥中的污染物容易起浮、释放;30余年的蓝藻持续爆发,虽经努力治理,但蓝藻爆发程度一直在高位波动运行,年蓝藻爆发最大面积一般可达到占水面面积的30%~40%,甚至达到50%~60%,所以每年蓝藻的约百次生死循环,使水体和底泥中PN和有机质等污染物增加,且底泥在缺氧状态下容易发生厌氧反应,使沉积于底泥表层的死亡蓝藻所含的P和原底泥中所含的不溶性P转化成为可溶性释放进入水体。

"三湖"流域均是人口稠密、社会经济发达或较发达区域,污染负荷入水量多,水质不可能全面达到Ⅰ~Ⅱ类,不可能仅用治理富营养化措施就能消除蓝藻爆发,许多微型或小型湖泊蓝藻爆发的治理措施不能使用。所以必须采用以下措施:① 治理富营养化与削减蓝藻数量密切结合;② 分水域治理;③ 改变仅在蓝藻爆发期间打捞蓝藻的治理方法为全年彻底消除水面水体和水底蓝藻的策略;④ 加强控源截污,大力控制和削减污水厂、生活、工业和规模畜禽养殖4类点源和种植业、农村、地面径流、水产养殖、垃圾等各类面源。其中污水厂是"三湖"流域的主要污染源,须提高污水处理能力,提高污水处理标准至地表水湖库Ⅲ类,才能有望使"三湖"及其入湖河道全面达到湖库标准Ⅲ类,特别是巢湖的南淝河虽经努力治理,但污染仍然严重,其必须进一步加大污水处理力度和污水处理提标至Ⅲ类,否则难以满足环境容量的要求和达到湖库Ⅲ类标准;⑤ 采取水土蓝藻三合一治理的专用技术或综合技术,同时消除水体、底泥和蓝藻污染。其中或可结合采用"湖卫氧"除藻技术,可降低成本和实施大面积快速杀死蓝藻;⑥ 结合科学调水,控制沿途污染,调好水入湖、净化水体、削减蓝藻;⑦ 在改善生境的基础上实施生态修复,恢复20世纪70年代湖泊水域的植被覆盖率,起到净化水体、底泥和抑制蓝藻的作用,并在消除蓝藻爆发后确保不再发生蓝藻爆发现象。

只要有全面消除蓝藻爆发的决心和目标,根据湖泊面积大小和治理程度的难易采取科学合理的水土蓝藻三合一治理技术,则经10~20年努力,必能全面提升水质至Ⅲ类和消除蓝藻爆发。

8.2　洪泽湖治理

该湖也是大型浅水湖泊,平均水深1.95 m。其主水流经过水域的换水次数多,达到20次,较"三湖"的换水次数多近10倍,所以一般不会发生蓝藻爆发。但有些枯水年份,因为水浅、水面面积小、水体流动性小,在温度高的季节

水温升高,致使大坝附近水域及成子湖曾发生数次大规模蓝藻爆发。治理措施如下:

(1)持续实施南水北调水量进入洪泽湖,提高大坝附近水域及成子湖在缺水季节的水位,使水温升高的幅度大幅减小,一般就不会发生蓝藻爆发。

(2)加大治理外源力度,主要是增加污水处理能力和提高污水处理标准至地表水湖泊标准Ⅲ类,加大治理农业和畜牧业污染的力度,进一步减轻富营养化。

(3)加大湿地保护和修复生态力度,吸收营养物质、固定底泥、抑制蓝藻生长。这样可完全消除蓝藻爆发,达到Ⅲ类水。

人与自然是生命共同体,人类必须尊重自然、顺应自然、保护自然,继续推进湖长制、河长制,充分利用有利的自然地理条件,以蓝藻爆发问题为导向,顺应民心,因势利导建立满足百姓期望消除蓝藻爆发的目标,发挥中国特色社会主义制度能够集中力量办大事的优越性,全民共同努力,一定能够消除以"三湖"为主的全国各湖泊的蓝藻爆发。

展望未来(结束语)

习近平总书记在全国生态环境保护大会上指出:

充分发挥党的领导和我国社会主义制度能够集中力量办大事的政治优势,充分利用改革开放 40 年来积累的坚实物质基础,加大力度推进生态文明建设、解决生态环境问题,推动我国生态文明建设迈上新台阶。

生态环境是关系党的使命宗旨的重大政治问题,也是关系民生的重大社会问题。

广大人民群众热切期盼加快提高生态环境质量。我们要积极回应人民群众所想、所盼、所急,大力推进生态文明建设,不断满足人民群众日益增长的优美生态环境需要。

绿水青山就是金山银山;山水林田湖草是生命共同体;让自然生态美景永驻人间,还自然以宁静、和谐、美丽。

要把解决突出生态环境问题作为民生优先领域。要深入实施水污染防治行动计划,保障饮用水安全,基本消灭城市黑臭水体,还给老百姓清水绿岸、鱼翔浅底的景象。

确保到 2035 年,生态环境质量实现根本好转,美丽中国目标基本实现。

遵照习近平总书记的指示精神,治理好太湖,全面消除蓝藻爆发,是功在当代、利在千秋的事业。

以对人民高度负责的精神,真正下决心把太湖污染治理好、全面消除太湖蓝藻爆发,努力走向社会主义生态文明新时代,为人民创造良好的生产生活环境。

太湖蓝藻爆发是太湖最大的生态问题,是百姓最为关心的生态问题,遵照习近平总书记指示"抓好生态文明建设,攻克老百姓身边的突出生态环境问题",做好和实施好"有关太湖治理各项规划方案",树立信心,建立全面消除蓝藻爆发的总体目标和阶段性目标,加快推进深入治理太湖、全面消除蓝藻爆发的步伐。

治理太湖,一切从实际出发,标本兼治、攻坚克难,防止急功近利、做表面文章;咬定全面消除太湖蓝藻爆发的目标稳扎稳打,扎扎实实围绕目标解决问题。要创新治理太湖、消除蓝藻爆发的技术集成综合措施;科学研究单位、机构在研究治理蓝藻基础理论的基础上,加快研究治理消除蓝藻爆发的应用性技术研究。

治理太湖,需要工程技术措施与保障措施密切结合。保障措施是实施工程技术措施的保障,没有保障措施则工程技术措施无法实施或不能获得最佳效果。保障措施是治理太湖的基础,太湖流域统一行动,万众一心,公众参与,攻坚克难,发挥出治理太湖的最佳效果和创造尽可能短的治理周期。

充分发挥党的领导和我国社会主义制度能够集中力量办大事的政治体制优势、财力优势、人才优势、技术优势,建立在2030—2049年前全面分水域消除太湖蓝藻爆发的目标,研究创新治理太湖消除蓝藻爆发的应用性技术集成综合措施,尊重自然、顺应自然、人工修复(治理)与自然修复相结合,人工修复促进自然修复,因势利导,充分利用自然能力修复(治理)太湖、减轻蓝藻爆发的机遇,确保新中国成立100年之前,全面彻底消除蓝藻爆发,解决世界认为大中型浅水湖泊难以解决蓝藻爆发的难题,建设一年四季美丽的太湖。

参 考 文 献

[1]《中国河湖大典》编纂委员会.中国河湖大典:长江卷(上、下)[M].北京:中国水利水电出版社,2010.

[2]太湖流域管理局,江苏省水利厅,浙江省水利厅,等.2008—2020太湖健康报告[R].上海:太湖流域管理局,2009—2021.

[3]太湖流域管理局,江苏省水利厅,浙江省水利厅,等.2007—2020年太湖流域水情公报[R].上海:太湖流域管理局,2008—2021.

[4]黄漪平,范成新,濮培民,等.太湖水环境及其污染控制[M].北京:科学出版社,2001.

[5]孙顺才,黄漪平.太湖[M].北京:海洋出版社,1993.

[6]孔繁祥,宋立荣.蓝藻水华形成过程及其环境特征研究[M].北京:科学出版社,2011:10.

[7]湖湖.中国内陆水体有害蓝藻水华发生的环境影响要素综合分析取得进展[C]//中国科学院南京地理与湖泊研究所.南京地湖所科研进展合辑.中国科学院南京地理与湖泊研究所,2021-12-03.

[8]朱广伟.内源营养盐循环对太湖蓝藻水华态势的影响研究取得进展[EB/OL].南京地湖所科研进展合辑,中国科学院南京地理与湖泊研究所,2021-12-07.

[9]Jef Huisman,荷兰阿姆斯特丹大学.王丹蕊编译.蓝藻水华的形成机理及防治动态[J].Nature Reviews Microbiology,2018.

[10]谭啸,孔繁翔,于洋,等.升温过程对藻类复苏和群落演替的影响[C]//中国水环境污染控制与生态修复技术高级研讨会电子版论文集.广州:中国环境科学学会水环境分会,2008:23-27.

[11]专家组.2020年贡湖蓝藻应急处置工程环境影响报告书[R].2021-03-29.

[12]朱喜,胡云海,周吉,等.河湖污染与蓝藻爆发治理技术[M].郑州:黄河水利出版社,2021.

[13]朱喜,胡明明,孙阳,等.河湖生态环境治理调研与案例[M].郑州:黄河水利出版社,2018.

[14]朱喜,胡明明,孙阳,等.中国淡水湖泊蓝藻暴发治理和预防[M].北京:中国水利水电出版社,2014.

[15]王鸿涌,张海泉,朱喜,等.太湖蓝藻治理创新与实际[M].北京:中国水利水电出版社,2012.

[16]王鸿涌,张海泉,朱喜,等.无锡地区水污染防治和水资源保护[M].北京:中国水利水

电出版社,2009.

[17]陈中斌,黄玲琳.降水对太湖蓝藻水华发生的影响[R].富营养化技术专刊,2010(2).中国水利发展网,2010-04-23.

[18]生态环境部办公厅.关于发布国家生态环境基准《湖泊营养物基准—中东部湖区(TP、TN、叶绿素a)》(2020年版)及其技术报告的公告(公告2020年077号)[R].2020-12-30.

[19]张扬文,朱喜,王惠,等.防治"湖泛"保护太湖[J].水资源保护,2009(增刊):49-51.

[20]朱喜.太湖蓝藻大爆发的警示和启发[J].上海企业,2007(7):6-8.

[21]朱喜.太湖近年总磷升高原因及其治理措施[EB/OL].华南河湖长学院公众平台,2020-07-21.

[22]朱喜.太湖"湖泛"·供水危机·还会发生吗?[EB/OL].水利天下公众平台,2022-01-07.

[23]张泉荣,范成新,苏华,等.贡湖南泉水厂取水口底泥调查及污染分析报告[R].2007.

[24]朱喜,等.太湖梅梁湖区生态清淤工程项目建议书(一、二稿)[R].无锡市水利设计研究院,1999.1、2000.9.

[25]朱喜."水环境治理八大误区"的分析[EB/OL].华南河湖长学院公众平台,2020-07-06.

[26]朱喜.论太湖调水不会升高总磷[EB/OL].水利天下公众平台,2021-11-03.

[27]朱喜.基于太湖四次洪水对PN的不同影响研究分析[EB/OL].水利天下公众平台,2021-11-14.

[28]朱喜.太湖清淤有效果吗?[EB/OL].水利天下公众平台,2021-11-25.

[29]朱喜.打捞蓝藻有用吗?能消除蓝藻爆发吗?[EB/OL].水利天下公众平台,2021-12-12.

[30]朱喜.深入治理太湖的几点建议[EB/OL].水利天下公众平台,2021-12-21.

[31]朱伟,宗璞,章元明,等."引江济太"对2016年后太湖总磷反弹的直接影响分析[J].湖泊科学,2020,32(5):1432-1445.

[32]杨金艳,王雪松,沈顺中,等.环太湖出入湖河道污染物通量[M].南京:河海大学出版社,2019:57-59.

[33]朱喜,潘正国.德林海除藻技术及案例[EB/OL].水利天下公众平台,2022-06-10.

[34]褚君达,姚琪,徐惠慈.梅梁湖水环境保护河道入湖口挡污工程调控研究(直湖港武进港)[R].南京:河海大学,1996.

[35]中国水利水电科学院,水利部太湖流域管理局,江苏省水利厅,等.改善太湖流域区域性水环境的引水调控技术研究总结报告(第一阶段)[R].北京:中国水利水电科学院,2006.

[36]朱喜,吴煜昌,徐道清.无锡市区水资源保护规划[R].无锡市农机水利局,1995.3.

[37]朱喜,张春,陈荷生,等.无锡市水资源保护和水污染防治规划[R].无锡市水资源保

护和水污染防治规划编制工作领导小组,无锡市水利局,2005.8.

[38] 朱喜,张春,陈荷生,等.无锡市水资源综合规划[R].无锡市人民政府,无锡市水利局,2007.8.

[39] 朱广伟,秦伯强,张运林,等.近70年来太湖水体磷浓度变化特征及未来控制策略[J].湖泊科学,2021,33(4):957-973.

[40] 太湖流域管理局.太湖流域水(环境)功能区划[R].上海:太湖流域管理局,2010.

[41] 国务院.太湖流域水环境综合治理总体方案[R].2008.

[42] 国务院.太湖流域水环境综合治理总体方案(修编)[R].2013.

[43] 朱玫,等.科学治太铁腕治污——江苏省太湖流域水污染防治体制机制研究[M].北京:科学出版社,2015.

[44] 李小韵,朱喜.望虞河"引江济太"调水改善太湖水质分析[C]//江苏省水利学会.第十届江苏水论坛论文集.2020.

[45] 朱喜,朱云.无锡市河湖综合治理成效问题及对策[J].河湖管理,2020(2).

[46] E20水网固废网.太湖总磷控制目标未达成,背后的产业机会在哪?[EB/OL].2021-06-10.

[47] 朱扣,朱喜.固定化载体微生物技术及应用案例[C]//载体固化微生物在富营养化河道内的实践与思考论文集.2021.

[48] 朱喜.太湖治理四阶段成效[EB/OL].水利天下公众平台,2022-06-02.

[49] 朱喜.治理平原河网水污染净化河水提升水质[EB/OL].水利天下公众平台,2022-02-16.

[50] 朱喜.《城镇污水处理厂污染物排放标准》修改单和过度提标的思考[EB/OL].水利天下公众平台,2022-03-03.

[51] 朱喜.高标准污水处理新技术NP达Ⅰ~Ⅱ类[EB/OL].水利天下公众平台,2021-12-02.

[52] 朱喜.污水厂提标能不能达到Ⅱ~Ⅲ类?[EB/OL].水利天下公众平台,2021-11-15.

[53] 胡洪营.中国城镇污水处理与再生利用发展报告(1978—2020)[M].北京:中国建筑工业出版社,2021.

[54] 陆吉明.麦斯特高速离子气浮技术处理污水提高总磷排放标准的技术研究报告[R].无锡:无锡沪东麦斯特环保科技股份有限公司,2020.

[55] 北京信诺华科技有限公司使用固化载体微生物除藻试验的技术总结[R].2020.

[56] 江苏中星环保设备有限公司,热水碳化减量节能技术总结[R].2021.

[57] 国家环境保护总局.国家质量检验检疫总局.地表水环境治理标准:GB 3838—2002[S].2002.

[58] 国家环境保护总局,国家质量检验检疫总局.城镇污水处理厂污染物排放标准:GB 18918—2002[S].2002.

[59] 朱喜.消除太湖蓝藻爆发和污染技术交流[EB/OL].河湖网公众平台,2021-10-26.

[60]朱喜.深入治理太湖.消除富营养化和蓝藻爆发[EB/OL].水利天下公众平台,2021-10-23.

[61]张民,史小丽,阳振,等.2012—2018年巢湖水质变化趋势分析和蓝藻防控建议[J].湖泊科学,2020,32(1):11-20.

[62]杨柳燕,杨欣妍,任丽曼,等.太湖蓝藻水华暴发机制与控制对策[J].湖泊科学,2019,31(1):18-27.

[63]朱伟.太湖蓝藻水华的暴发规律与一些问题[R].《水资源保护》线上分享会–第四期,2021.12.24.

[64]孔繁翔.国内外富营养化湖泊治理与蓝藻水华控制的经验与进展[R].无锡学术报告会,2008.

[65]刘永定.我国蓝藻水华治理近20年来的重要进展[EB/OL].中国科学院水生生物研究所,2021.

[66]赵广立,徐旭东.治理蓝藻水华无需研究基础科学问题？大误![EB/OL].中国科学报,2022-03-04.

[67]马建华,朱喜,胡明明,等.太湖蓝藻爆发现状及继续治理措施[J].江苏水利,2017(3).

[68]朱喜,李贵宝,王圣瑞.太湖蓝藻暴发的治理[J].水资源保护,2020,36(6):106-111.

[69]朱喜.水土蓝藻三合一治理是消除蓝藻爆发优选技术[EB/OL].水利天下公众平台,2022-01-20.

[70]朱喜.太湖蓝藻持续爆发关键因素为三高——藻密度高营养程度高水温高[EB/OL].水利天下公众平台,2022-02-09.

[71]除藻技术的优缺点比较、应用现状与新技术进展[EB/OL].水环境与水生态,2022-01-02.

[72]朱喜,刘丽香."TWC生物蜡"治理河湖技术及案例[EB/OL].水利天下公众平台,2022-04-03.

[73]朱喜,卢骏.湖卫氧蓝藻治理技术及案例[EB/OL].水利天下公众平台,2022-04-20.

[74]朱喜,袁向东.污泥及藻泥热水炭化减量节能新技术及案例[EB/OL].水利天下,2022-04-24.

[75]朱喜,张习武.金刚石薄膜纳米电子治理河湖技术及案例[EB/OL].水利天下,2022-04-29.

[76]朱喜,杨俊,王喜华.光量子载体水土蓝藻三合一治理技术及案例[EB/OL].水利天下公众平台,2022-05-05.

[77]南京瑞迪建设科技有限公司.复合式区域活水提质除藻技术总结[R].2020.

[78]范功端,林茜,陈丽茹,等.超声波技术预防性抑制蓝藻水华的研究[J].水资源保护,2015,31(6):158-164.

[79]苏州正奥水生态技术研究有限公司.光量子载体净化水体底泥技术总结[R].2019.

［80］潘刚.改性黏土在太湖梅梁湖十八湾除藻试验技术总结［R］.2008.

［81］天津市安宝利亨环保工程建设有限公司天然矿物质制剂净化水体技术总结［R］.2018.

［82］王雪平.食品级添加剂除藻试验技术总结［R］.晋中市,2018.

［83］谢平.鲢鳙与藻类水华控制［M］.北京:科学出版社,2003.

［84］冯胜,李定龙,秦伯强.太湖水华过程中微生物群落的动态变化［J］.宁波大学学报（理工版）,2010,23（1）:7-12.

［85］无锡德林海环保科技股份有限公司.加压灭除蓝藻整装成套设备技术研究报告［R］.2017.

［86］朱喜,吴林锋.分水域消除太湖蓝藻爆发方案［EB/OL］.水利天下公众平台,2022-06-14.

［87］武汉鄂正农科技发展有限公司.一种快速絮凝并去除水体中蓝藻的方法［专利］.专利号:410382658.3,2007-04-18.

［88］无锡智者水生态环境工程有限公司.利用植物化感物质制剂消除蓝藻的技术总结［R］.2018.

［89］安徽雷克科技有限公司.雷克环境富藻水磁捕处理技术总结报告［R］.2019.

［90］朱喜,吴林锋.太湖（河湖）水体底泥和蓝藻污染治理八大类技术汇总［EB/OL］.水利天下公众平台,2022-06-20.

［91］马林环境科技有限公司.富营养化水体中总氮总磷降低及水质改善原理［R］.2007.

［92］朱喜修复生态.太湖湿地能恢复如初吗？［EB/OL］.水利天下公众平台,2022-01-02.

［93］朱喜,张春,陈荷生,等.无锡市水生态系统保护和修复规划［R］.无锡市人民政府,江苏省水利厅,2006.

［94］钱新.太湖水生态修复技术与工程实践［R］.《水资源保护》线上分享会-第七期,2022.

［95］杨柳燕.太湖水生态环境变化的驱动因素和对策分析［R］.《水资源保护》线上分享会-第七期,2022.

［96］袁萍,朱喜.梅梁湖治理现状及继续治理思路［J］.水利发展研究,2014（6）:44-48.

［97］朱喜.综合治理太湖水环境措施和效果［C］//2011 中国环境科学学会学术年会论文集:第一卷.北京:中国环境科学出版社,2011.

［98］无锡市人民政府.无锡市水利现代化规划［R］.2012.

［99］联合国环境规划署国际环境技术中心,刘建康译.湖泊与水库富营养化防治的理论与实践［M］.北京:科学出版社:2003.

［100］朱喜,朱云.大数据结合治理太湖消除蓝藻爆发实践的思路［J］.水资源开发与管理,2020（1）:70-77.

［101］朱喜.中国淡水湖泊蓝藻爆发分类防治［EB/OL］.水利天下公众平台,2022-03-27.

［102］王丽婧,田泽斌,李莹杰,等.洞庭湖近 30 年水环境演变态势及影响因素研究［J］.环

境科学研究,2020,33(5):1140-1149.

[103]中共中央办公厅,国务院办公厅.关于全面推行河长制的意见[R].2016.

[104]中共中央办公厅,国务院办公厅.关于在湖泊实施湖长制的指导意见[R].人民日报,2018-01-06.

[105]朱广伟,秦伯强,张运林,等.2005—2017年北部太湖水体叶绿素a和营养变化及影响因素[J].湖泊科学,2020,33(5):1140-1149.

[106]朱喜,朱云.太湖蓝藻爆发治理存在的问题与治理思路[J].环境工程技术学报,2019,9(6):714-719.

[107]朱喜,李贵宝.三峡水库支流回水段藻类爆发治理思路[J].水资源开发与管理,2019(4):25-30.

[108]朱喜.无锡市创建河长制成效问题和深入推进思路[J]河湖管理,2018(1).

[109]湖湖.反弹的困惑:极端气候事件加剧湖泊蓝藻水华的正反馈机制[EB/OL].中国科学院南京地理与湖泊研究所科研进展合辑,2021-07-14.

[110]湖湖.强化湖泊综合治理,推进区域可持续发展[EB/OL].中国科学院南京地理与湖泊研究所科研进展合辑,2021-11-26.

[111]湖湖.水深决定命运:湖泊中氮磷的角色扮演[EB/OL].中国科学院南京地理与湖泊研究所科研进展合辑,2020-03-06.

[112]湖湖.中国湖库蓝藻水华规模及驱动因子的时空格局研究取得进展[EB/OL].中国科学院南京地理与湖泊研究所科研进展合辑,2020-06-05.

[113]湖湖.中国流域水环境演变及其驱动因素研究取得进展[EB/OL].中国科学院南京地理与湖泊研究所科研进展合辑,2021-06-10.

[114]小宗,赵斌.对长江中下游水体的蓝藻水华来次一揽子的分析[R].生态学时空,2019.8.22.

[115]朱广伟,许海,朱梦圆,等.三十年来长江中下游湖泊富营养化状况变迁及其影响因素[J].湖泊科学,2019,31(6):1510-1524.

[116]郑小红,肖琳,任晶,等.玄武湖微囊藻水华暴发及衰退期细菌群落变化分析[J].环境科学,2008(10):2956-2962.

[117]李一民.中国湖泊和水库有害藻华的规模和驱动因素[J].水环境与生态,2022(13):30.

[118]谢平.翻阅巢湖的历史[M].北京:科学出版社,2009.

[119]陈旭清,胡明明,朱喜,等.滇池蓝藻爆发治理思路与措施[J].环境科学导刊,2017(增刊).

[120]王梦梦,张玮,杨柳燕.紫外辐射刺激蓝藻多聚磷酸盐积累促进蓝藻水华暴发[EB/OL]Algae Hub 藻智汇 2022-08-12 江苏.

附　图

编写五部技术专著四个规划

自左至右，自上至下：编撰出版 5 部专著：河湖污染与蓝藻爆发治理技术 .2021；河湖生态环境治理调研与案例 .2018；中国淡水湖泊蓝藻爆发治理与预防 .2014；太湖蓝藻治理创新与实践 .2012；太湖无锡地区水资源保护和水污染防治 .2009。4 个规划：无锡市水资源综合规划报告 .2007；无锡市水生态系统保护和修复规划 .2006；无锡市水资源保护和水污染防治规划 .2004；无锡市区水资源保护规划 .1995。

附图 2-1-1 太湖流域示意图

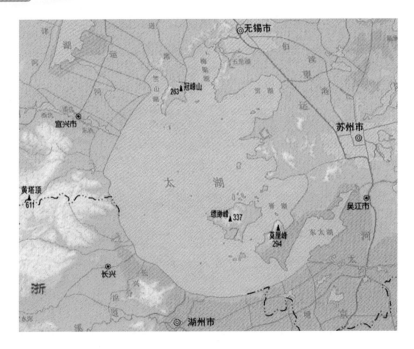

附图 2-1-2 太湖分区图

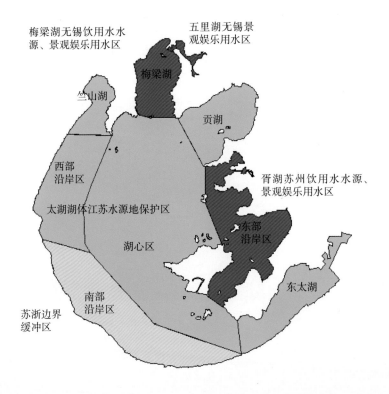

太湖周围城市位置图

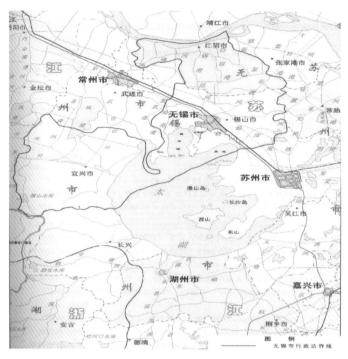

太湖蓝藻爆发图

上述 4 幅均为 2007 年蓝藻爆发图

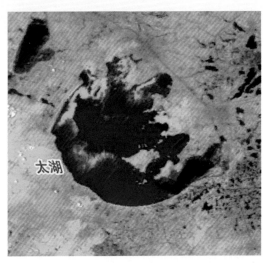

2007年"5·29"供水危机前蓝藻爆发图　　　　　2019年5月27日蓝藻爆发图

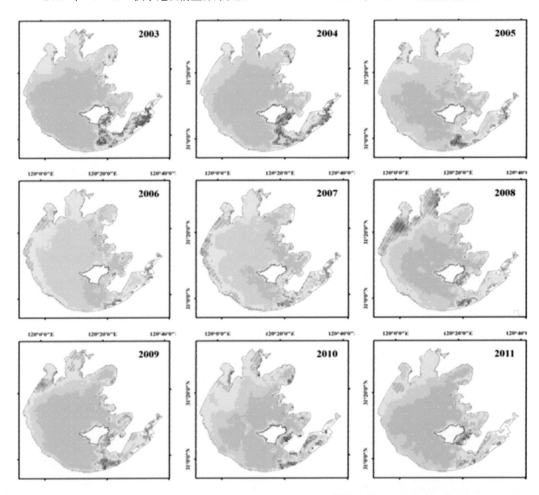

上述9幅为2003~2011年太湖蓝藻爆发图

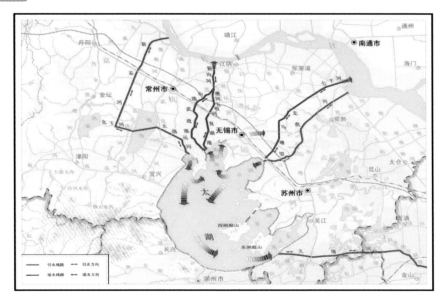

设备外形（上）和运行（下）

附图 6-2 麦斯特高速离子气浮技术污水处理设备　TP 提标可至 I ~ Ⅲ类

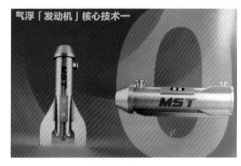
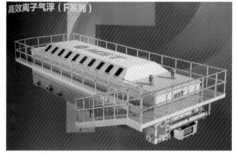

高速离子气浮喷嘴　　　　　　　　　高速离子气浮污水处理整体设备

附图 6-3 固载微生物非有机碳源硫自养反硝化工艺污水处理 TN 提标设备

非有机碳源硫自养反硝化污水处理工艺立式反应罐　TN 可提至 I ~ Ⅲ类

附图 7-7-1 金刚石薄膜纳米电子技术设备

附图 7-7-2 金刚石薄膜纳米电子技术治理河湖原理图

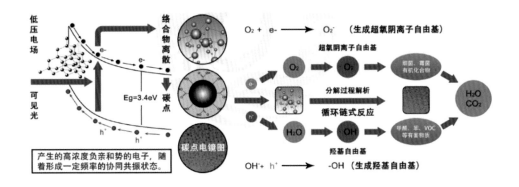

附图 7-7-3 金刚石薄膜纳米电子技术结构

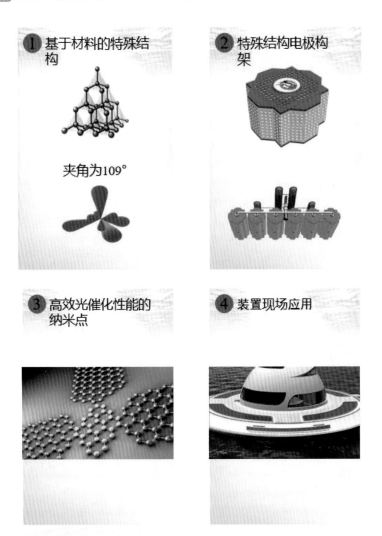

附图 7-7-4 水利实用技术和环境科学创新技术产品证书

附图 7-7-5 安徽省淮北市李大桥闸河道治理项目

上图为治理前，下图为治理后

附图 7-7-6 和县境内得胜河水道示意图（左）及现场照片（右）

附图 7-7-7 纳污坑塘治理项目

治理前、中（上4幅）和治理后（下4幅）

梅梁湖北部十八湾除藻项目监测点分布

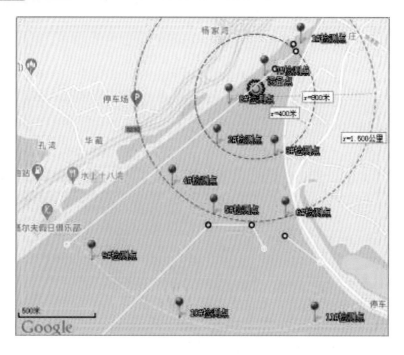

附图 7-7-9 梅梁湖十八湾蓝藻治理项目

治理前（左侧）、中（中间）、后（右侧）对比

附图 7-7-10 云南滇池除藻试验项目对比图

滇池马村湾治理前蓝藻爆发　　　　　治理后无蓝藻爆发

附图 7-8-1 复合式区域活水提质除藻技术设备

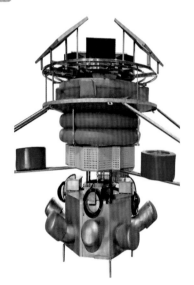

活水循环综合装置

能量释放模块

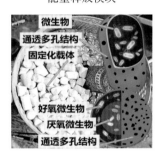

微生物
通透多孔结构
固定化载体
好氧微生物
厌氧微生物
通透多孔结构

载体固化微生物

活水循环装置

碳纳米核磁模块

星云湖除藻试验项目

治理前——蓝藻爆发　　　　　治理中——蓝藻死亡　　　　　治理后——蓝藻消除

附图 7-8-3 雄安白洋淀治理项目

高级氧化模块治理白洋淀　　　　　　　治理后水域风景美丽

附图 7-8-4 竺山湖除藻试验项目

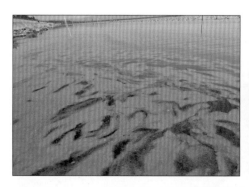 

2020.5.26 ~ 6.16 治理区外（左）内（右）蓝藻爆发对比

治理区内水体清澈见底 　　　　　治理区外围布置的围隔和木桩等隔断

竺山湖除藻试验水域内外蓝藻爆发程度明显对比

附图 7-9-1 光量子载体图

附图 7-9-2 光量子载体技术专利证书等

附图 7-9-3 苏州吴江区同里湖大饭店景观池蓝藻治理项目

同里湖大饭店景观池治理前　　　　　　　　20 天治理后

附图 7-9-4 苏州吴江区林港村河道蓝藻治理项目

吴江区林港村河道治理治理前蓝藻爆发　　　　　治理后无蓝藻爆发

附图 7-9-5 武汉墨水湖蓝藻治理项目

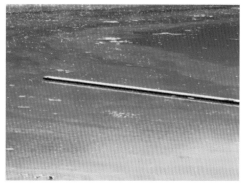 

治理前蓝藻污染严重，腥臭味、淤泥臭味冲鼻　　治理 40 天后水质清澈透明，消除蓝藻爆发

附图 7-11-1 "TWC 生物蜡"固载土著微生物技术

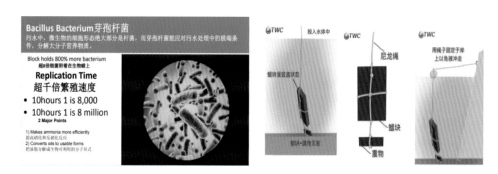

"TWC 生物蜡"固定技术

"TWC 生物蜡"结构

"TWC 生物蜡"澳大利亚阿斯彭公园湖泊治理项目

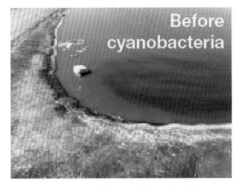

澳大利亚阿斯彭公园湖泊治理前   治理后

附图 7-11-3 澳大利亚昆士兰 Kinbombi 水库蓝绿藻整治项目

昆士兰 Kinbombi 水库治理前   治理后

附图 7-11-4 北京通州景观鱼塘治理蓝藻项目

第一阶段：蓝绿藻全面爆发到基本根除，并进行针对性治理（2019 年 5 月 14 日 ~ 2019 年 6 月 5 日）

2019 年 5 月 14 日：蓝绿藻开始全面严重爆发，生物蜡已经投放

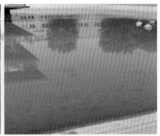

通州区景观鱼塘治理前（2019.5.14）

第四阶段：水体变为浅棕色，清澈度和透明度提高，水体生态完全系统修复（2019年7月19日～2019年10月）

2019年7月1日：

治理后（2019.7.1）

附图 7-11-5 重庆西南大学鱼塘蓝藻治理课题研究项目

鱼塘 A 5月24日水面长满蓝藻（1）　　　　鱼塘 A 5月24日水面长满蓝藻（2）

鱼塘 A 8月24日水面看不见蓝藻（1）　　　　鱼塘 A 8月24日水面看不见蓝藻（2）

TWC 生物蜡净化养殖池塘研究项目

养殖池塘水环境净化研究项目布置图

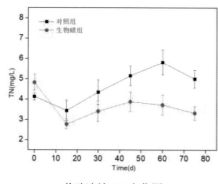

养殖池塘 TN 变化图

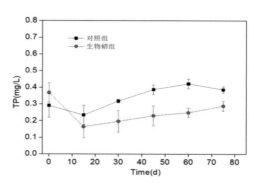

养殖池塘 TP 变化图

附图 7-11-7 **廊坊市永金渠治理项目**

廊坊市永金渠治理前　　　　　　　　治理后

广西玉林某湍急河道治理项目

水流速度较快的玉林河道中施工图（1）　　　　　　施工图（2）

附图 7-11-9　**宁波陶公河治理项目**

宁波陶公河治理前　　　　　　　　　　治理后

附图 7-11-10　**西安皂河治理项目**

西安皂河（明河段）治理前　　　　治理后 1 个月，暗渠中的生物蜡

附图 7-11-11 重庆隆家沟水库治理项目

重庆隆家沟水库治理前　　　　　　　　治理后

附图 7-11-12 重庆人民水库治理项目

重庆人民水库治理前　　　　　　　　治理后

附图 7-12-1 岳阳南湖蓝藻治理项目

治理前（6月6日）　　　　　　　　治理后（6月9日）

武汉东湖蓝藻爆发治理水域与未治理水域对比图

左侧：施用湖卫氧 24 小时后，蓝藻无聚集　　　　　右侧：未治理水域，蓝藻爆发严重

附图 7-12-3　**无锡新吴区蓝藻爆发河道治理项目**

治理前蓝藻爆发严重（6 月 16 日）　　　　治理后无蓝藻爆发（6 月 17 日）

附图 7-13-1　**德林海治理蓝藻技术装备图（10 类）**

1 蓝藻打捞船

2 固定式藻水分离站（装置）图
（全国建设德林海技术固定式藻水分离站27座）

昆明滇池龙门藻水分离站

洱海挖色藻水分离站

杨湾藻水分离站（江苏无锡太湖）

七里堤藻水分离站（江苏无锡太湖）

洱源西湖藻水分离站（云南大理）

塘西河口藻水分离站（合肥巢湖）

藻水分离池

藻水分离溶气设备

3 车载式藻水分离装置

（藻水分离能力：1000m³/d、1500m³/d，全国已配置 19 辆）

4 集装式组合藻水分离装置

（浓藻浆处理能力：2000m³/d、3000m³/d，全国已经配置 8 套）

5 船载式藻水分离装置

（浓藻浆处理能力：1500m³/d、3000m³/d）

6 蓝藻打捞加压控藻船

（装置的藻水处理能力：50m³/h、100m³/h、400m³/h，全国已配置 32 首）

7 深井加压控藻平台

（每日可处理藻水 4.8 万 ~ 9.5 万 m³，全国已配置 27 套设备）

无锡太湖控藻平台控制室

云南玉溪星云湖控藻平台控制室

8 水动力控藻器

（控藻技术参数：垂向流速 >0.1m/s 或水平流速 >0.3m/s）

9 德林海清水车

（治理黑臭水体净水车）

10 无人机鹰眼系统及监测预警船

蓝藻无人机鹰眼系统图

多功能监测预警船

1 太湖卫星遥感监测

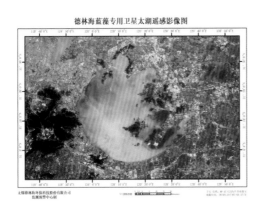

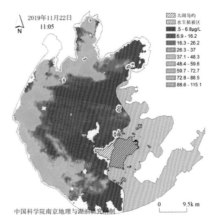

2 星云湖卫星遥感监测

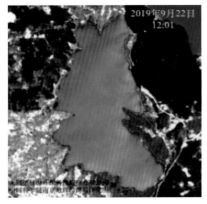

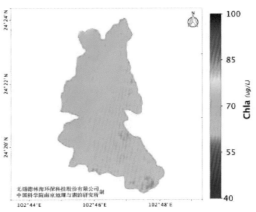

星云湖 HY-1C 卫星 CZI 影像　　　　　星云湖叶绿素 a 浓度结果

3 洱海卫星遥感监测

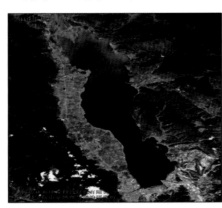

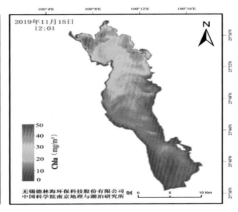

洱海 HY-1C 卫星 CZI 影像　　　　　洱海叶绿素 a 浓度结果

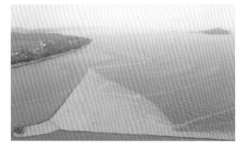

(1)太湖治理水域治理前蓝藻爆发　　　　治理后消除蓝藻爆发或减轻蓝藻爆发

(2)巢湖治理水域治理前蓝藻爆发　　　　治理后消除蓝藻爆发或减轻蓝藻爆发

(3)滇池治理水域治理前蓝藻爆发　　　　治理后消除蓝藻爆发或减少蓝藻爆发

(4)洱海治理水域治理前蓝藻爆发　　治理后消除蓝藻爆发或减轻蓝藻爆发

(5)星云湖治理水域治理前蓝藻爆发　　治理后消除蓝藻爆发或减轻蓝藻爆发

附图 9-1　太湖分水域治理示意图

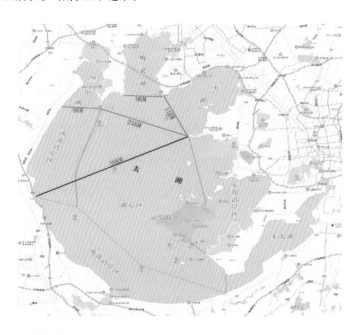

附图 10-1　巢湖流域水系图

附图 10-2　滇池流域位置图

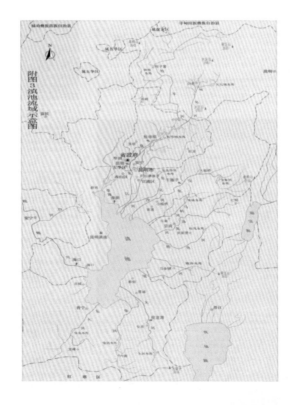